深海生物学
深海底生物的自然史

DEEP-SEA BIOLOGY
A Natural History of Organisms at the Deep-Sea Floor

〔英〕约翰·D. 盖奇（John D. Gage）
〔英〕保罗·A. 泰勒（Paul A. Tyler）　　著

王春生　钟小先　周怀阳　译

科学出版社

北　京

图字：01-2014-2456 号

内 容 简 介

本书全面介绍了栖息于深海环境中的生物的自然历史，描述了多样化的动物区系，并综述了采集与研究这些生物的方法。通过探讨生物觅食、呼吸、繁殖、生长和扩散的过程，本书阐述了这些深海生物的生态学特性及其与它们生活的极端环境之间的关系。最后，本书探讨了人类活动对这个地球上最大的生态系统的初步但可能重要的影响。

本书适合高年级本科生和研究生以及海洋学和海洋生物学领域的研究人员阅读。

审图号：GS 京（2024）0401 号

图书在版编目（CIP）数据

深海生物学: 深海底生物的自然史/(英)约翰•D. 盖奇(John D. Gage), (英)保罗•A. 泰勒(Paul A. Tyler)著; 王春生, 钟小先, 周怀阳译. —北京: 科学出版社, 2024.6
书名原文: DEEP-SEA BIOLOGY: A Natural History of Organisms at the Deep-Sea Floor
ISBN 978-7-03-078623-4

Ⅰ.①深… Ⅱ.①约… ②保… ③王… ④钟… ⑤周… Ⅲ.①深海生物 Ⅳ.①Q178.533

中国国家版本馆 CIP 数据核字（2024）第 109399 号

责任编辑：马 俊 郝晨扬 / 责任校对：杨 赛
责任印制：赵 博 / 封面设计：无极书装

科学出版社 出版
北京东黄城根北街 16 号
邮政编码：100717
http://www.sciencep.com

北京富资园科技发展有限公司印刷
科学出版社发行 各地新华书店经销

*

2024 年 6 月第 一 版 开本：787×1092 1/16
2025 年 1 月第二次印刷 印张：25 1/4
字数：600 000

定价：280.00 元

（如有印装质量问题，我社负责调换）

父母之恩，难以回报
献给我们敬爱的父母

凯瑟琳（Kathleen）和吉姆·盖奇（Jim Gage），
菲莉丝（Phyllis）和汤米·泰勒（Tommy Tyler）

译 者 序

本书由苏格兰海洋生物学会盖奇教授和英国南安普敦大学泰勒教授两位国际著名海洋生物学家共同编著；前 3 章介绍了深海生物学发展的历史、深海的物理环境与深海生物的研究方法，第 4～14 章用大量经典标本和来自海底观察设备拍摄的海底照片全面系统地阐述了深海巨型、大型和小型底栖动物的群落结构、时空分布模型，并通过对其摄食、代谢、繁殖、发育、物种形成和起源等过程的研究，阐明了深海生物如何适应于生活在本来并不适合它们栖居的环境中的生态学；最后，介绍了人类对这个地球上最大的生态系统的潜在重要影响。本书是一本经典的深海生物学专著，尽管已出版 30 多年，其间重印过几次，但一直未出版新的版本。在本书之后，极少再有"深海生物学"同类的专著出版。2001 年，牛津大学出版社出版的《深海生物学》（*The Biology of the Deep Ocean*）侧重于阐述深海生物的摄食、生长、发育、听觉和感觉系统等特征及其对深海环境的适应机制。本书则更加系统和全面，不仅阐述了摄食、代谢、繁殖、发育等特征，而且对深海生物研究的历史、方法及时空分布生态学，以及人类对深海生态系统的潜在影响都有阐述。本书还配有大量经典的海底生物照片，图文并茂，可读性更强，更易引起读者的兴趣。

2012 年，"蛟龙"号载人潜水器海试成功激起了国人对了解深海，尤其是深海生物的极大热情。2013 年后，"蛟龙"号、"深海勇士"号和"奋斗者"号载人潜水器相继投入科学应用，进一步引起国人的持续关注，我国的深海生物学研究也步入大发展时期。因此，本书不仅对我国从事深海大洋研究工作的人员有借鉴意义，而且对想了解深海生物的非专业人士来说也值得一读。

原著由于出版年代较久，有些专业术语和生物学名在当前学术研究中已经进行了修订，在译者翻译时作了译注。此外，一些深海生物的相关学名或术语没有相应的中文名，译者不得不按自己的理解新拟，但仍保留了其原有的外文名称。

本书由封面署名的 3 位译者主持翻译。刘镇盛研究员做了大量校对工作，董昌明、张东声、周亚东、林施泉、刘倩、张睿妍、孙栋、王跃云、鹿博和沈程程等同事为部分章节的翻译及文字编辑工作提供了帮助，在此感谢他们在处理本书大量细节时的耐心帮助和有效工作。

本书涉及的内容非常广泛，包括海洋生物、海洋地质、物理海洋和海洋化学等众多学科及大量调查装备等相关内容，加上译者水平有限，不足之处在所难免，敬请广大读者朋友们批评指正。

译　者
2023 年 1 月于杭州

前　言

地球表面的 2/3 为海洋所覆盖,其中 90% 位于大陆浅海边缘之外,大多数水深在 2 km 或 2 km 以上。因此,我们有理由认为在全部固体地表中,深海海底是最为典型的环境,而栖居在深海海底的生物是典型的生命形态。迄今为止,由于这个生物栖息地离我们很遥远,观察和采集生物样本很困难,仅极少数科学家对其中的生物有所了解,姑且不说浸制标本,活体样本都少之又少。尽管如此,自从早期大洋考察以来,人类仍对深海中存在生命的可能以及最"恶劣"环境中存在的生命形态本质充满好奇。

本书旨在对深海环境生物学的已有知识作介绍。深海环境包括几乎全被沉积物覆盖的深海海底及其上的覆水层,即海底边界层(BBL)。已发现的深海动物或深藏在沉积物中,或在沉积物表面活动,并偶尔被深海海流挟带。现在我们知道,这些动物可以在极深海沟的最深处生存下来,甚至有时达到惊人的数量,显然它们并未受到 1000 atm① 以上大气压的巨大压力影响,也没有受到完全无太阳光照射且温度仅在冰点以上 1~2℃ 低温的影响。这些生命如何在看似最为不利的环境中幸存下来?它们是什么样的生命形态?深海是某些在其他地方已经绝迹很久的古老生命残存物种的保护区吗?从开阔大洋清澈水域表层浮游生物的稀少程度来判断,深海的食物输入是很少的,那么生物种群是如何在这样的环境中生存下来的?

现在人们已经认识到,这些深海生命形式以及它们在浩瀚深海中的全部活动的重要意义不仅限于学术研究。人类数量的不断增长和工业化的持续发展已导致排放到环境中的废弃物不断增加,其结果就是人类在全球范围影响着他们自身的生活环境。我们所熟知的维持地球上生命生存的海洋/大气系统的不稳定平衡最终会被这些变化所打破。人们已经认识到,我们必须对大尺度的生物地球化学过程如何控制海洋和大气的化学平衡有新的深刻了解,认识海洋生物过程的重要性以及海底作为 CO_2 和其他高毒性元素的巨大储存库的重要意义。在广阔的海洋表层发生的光合作用固定了大量来自大气的碳。这些碳以有机生物量或无机物骨架结构的形式最终沉降到海底,在海底,它们或者形成深海沉积物被固定下来,或者循环返回水体中。这种海洋"深阱"效应可能随空间和时间而变化。只有深入了解这些生物地球化学循环及其与全球大气过程的相互作用,人们才可以预测综合性人类活动对地球的影响,如大气 CO_2 含量增加。

上述问题以及与此相似的问题才刚刚开始引起人们的注意,更不必说回答了,许多重大发现毫无疑问将留待日后完成。谁曾设想过,外来动物区系"绿洲"的存在与热泉密切相关,热泉周围存在的生物量可能比水下其他任何地方都高得多。更引人注意的是,

---

① 1 atm=1.013 25×10⁵ Pa

这些"并行"的生态系统所需能源并不是来自太阳，而是来自细菌引发的化学变化。

深海唤起了科学界某些思维最为活跃的学者的好奇心，这些学者在过去的 20 年间促进了理论生态学新思想的建立。在深海生物学中，由于资料极其匮乏，有时某些观点可能被坚持和保留下来，却远未能得到证实。同时，许多过去的想法和假设现在已经不再适用，新的观点不断涌现出来并取而代之。然而，我们是否已经积累了有关深海动物、它们的生活方式、它们与所处环境的相互作用以及它们的生物地球化学活动的足够信息来对生态学作出粗略概括，这依然值得商榷，特别是现在我们对浩瀚海洋的研究还很少。

我们希望本书能够传达给读者我们自己在认识深海底栖生物过程中的兴奋之情。我们在写作时试图避免全面归纳，旨在提供像理论那样"确凿"的资料，以便让读者在相互对立的论点之间作出判断。然而，自有幸对深海进行研究以来，我们对深海及深海种群特性的认识在短时间内迅速发生着变化，这也凸显了我们现有数据的匮乏以及在研究中冲破教条思想限制的必要性。

在本书编写过程中，我们审慎地着重叙述深海底栖动物并概括关于这些动物的自然史的资料。这些资料大部分来自我们收集的拖网标本或海底照片，也有一些来自深潜器的观察。采用的方法在本书前面的章节中作综述。后面的章节涉及整个群落结构与分布，并试图了解与底栖生物活动有关的过程。后面的论题可能需要非常专业的设备，能在海床上进行自主测量，而不受制于水面船只。读者可以在相关章节中找到这些专业仪器设备。

本书适合对生态学过程感兴趣的高年级本科生和研究生。对于那些想学习更多有关地球上最大的生态系统生命知识的热心的非专业人士，我们同样希望本书能令他们感兴趣。最后，本书要将深海生物学进行全面概括是不可能的。但是，我们会尽可能地引导读者纵览生物学家以及在各自领域内比我们更权威的其他专家所著述的文章。

我们希望本书不仅为所有对深海感兴趣的人提供有用的入门指南，而且激励他们查找与这一环境生物学有关的与日俱增的文献资料。

致　谢

　　尽管本书由我们负责，但它的编写与完成离不开许多朋友和同事的鼓励与帮助。我们要特别感谢以下人士，他们中的许多人都很耐心地阅读了本书的部分章节或其中的部分内容（相关章节在括号中给出；但我们仍对任何遗留的错误负全责）。苏格兰米尔波特大学海洋站 J. A. 艾伦（J. A. Allen）博士（第 5 章）；英国沃姆利海洋科学研究所（IOS）迪肯实验室 M. V. 安杰尔（M. V. Angel）博士，阅读了全文的草稿，指出了许多错误和不一致之处，并提供了许多建设性的建议；IOS 的 D. S. M. 比利特（D. S. M. Billett）博士（第 4 章）；挪威卑尔根大学 O. 贝格斯塔特（O. Bergstad）博士（第 4 章和第 16 章）；IOS 的 A. J. 古迪（A. J. Gooday）博士（第 5 章）；苏格兰奥本邓斯代夫纳奇海洋实验室（DML）J. D. M. 戈登（J. D. M. Gordon）博士（第 4 章和第 16 章）；马萨诸塞州伍兹霍尔海洋研究所 J. F. 格拉斯尔（J. F. Grassle）博士（第 8 章）；英国自然历史博物馆 K. 哈里森（K. Harrison）博士（第 5 章）；DML 的 R. 哈维（R. Harvey）先生为文字处理软件从一个系统转移到另一个系统提供了宝贵的帮助，并纠正了许多拼写和表达上的错误；纽约哥伦比亚大学拉蒙特-多尔蒂地质观测站芭芭拉·赫克尔（Barbara Hecker）博士（第 9 章）；英国诺丁汉大学 D. M. 霍尔迪奇（D. M. Holdich）博士（第 5 章）；西雅图华盛顿大学 P. A. 朱马斯（P. A. Jumars）博士（第 11 章）；IOS 的 R. S. 兰皮特（R. S. Lampitt）博士（第 4 章和第 11 章）；法国布雷斯特法国海洋开发研究院（IFREMER）维奥莱纳·马丁（Violaine Martin）女士为我们提供了第 15 章中的大部分图片；J. B. L. 马修斯（J. B. L. Matthews）教授和 J. 莫赫林（J. Mauchline）博士（均来自 DML）在本书的构思阶段提出了建设性的意见，并给予了支持和鼓励；格拉斯哥大学 P. S. 梅多斯（P. S. Meadows）先生（第 14 章）；IOS 的 A. L. 赖斯（A. L. Rice）博士帮助我们对书名进行选择，对各方面进行了富有建设性的讨论，并提供了大部分显示深海生物的海底照片，为本书作了插图；南安普顿大学 K. J. 理查兹（K. J. Richards）博士对第 2 章的海底边界层部分给予了热情的指导；雷丁大学与英国自然环境研究委员会（NERC）信息系统部门的 G. 罗宾森（G. Robinson）博士（第 2 章）；IFREMER 的 M. 塞贡扎克（M. Segonzac）博士给我们寄来了一份未出版的热泉生物照片检索表；普利茅斯海洋生物协会 A. J. 索思沃德（A. J. Southward）博士提供了第 14 章的照片；DML 的一名暑期打工的学生露辛达·维克斯（Lucinda Vickers）小姐，耐心地完成了大量的、经常几乎看不清的笔迹更正工作，并在文字处理方面提供了帮助；佛罗里达州海洋学研究所海港分所 C. 杨（C. Young）博士（第 2 章）；马萨诸塞州伍兹霍尔海洋研究所辛迪-李·范·多弗（Cindy-Lee Van Dover）博士（第 15 章）；哥本哈根大学博物馆的 T. 沃尔夫（T. Wolff）博士，他为

第 15 章提供了宝贵的帮助，并友好地提供了各种铠甲虾航次报告中的图片原件。最后，我们感谢 NERC 和其他科考船的船长及船员，多年来我们在这些船上工作，他们的技术和耐心为我们及其他同事，特别是海洋科学研究所迪肯实验室的同事，提供了对深海海床进行采样的机会，并拍摄了本书使用的动物类群照片。

图 8.10 和图 15.13，版权归美国科学促进会所有（1978 年、1984 年）；图 15.13，经授权转载自《自然》杂志，版权归麦克米伦杂志社所有（1981 年）；图 5.2 和图 16.1，由《海洋》杂志提供，版权归伍兹霍尔海洋研究所所有；图 9.7、图 9.8、图 13.4、图 13.5，经爱丁堡皇家学会许可转载；图 12.1，经许可转载自《微生物学年度评论》，版权归年度评论出版公司所有（1984 年）；图 4.44、图 4.47、图 5.5，经卡塞尔出版公司许可发布；图 7.3、图 8.9、图 9.1、图 9.14、图 9.15、图 12.2，经约翰·威立父子出版公司许可重印，保留所有权利；图 2.2、图 2.6、图 2.7、图 4.10、图 4.19、图 5.14、图 12.5、图 13.20、图 14.11，经新泽西州恩格尔伍德·克里夫斯的普伦蒂斯-霍尔出版社许可重印；图 5.8，经华盛顿特区史密森学会出版社许可转载；图 2.11，经拉蒙特-多尔蒂地质观测站许可转载。

目　　录

第三部分 空间分布格局

第四部分 变化过程：时间模式

第五部分　并行系统和人类活动的影响

第一部分

深海生物学的发展、物理环境和研究方法

在深海生物学短暂的研究历史中,人们对深海物理性质和过程了解的迅速增加在很大程度上决定了深海生物学研究所采用的方法,深海环境对于地球上的多数生命来说既遥远又似乎不友好。在"挑战者"号开拓性航海时期,人们几乎没有有关深海海洋测深学的知识,对于广袤的海盆也从未进行过测深研究。由于调查船在海盆大范围调查时拖网采集到的深海较大型动物有一定的相似性,人们认为深海沉积物中的动物物种稀少且几乎连续均匀分布。受这种观点左右的研究人员认为,采用现有相对粗糙的技术装备进行单次和广泛区域的拖网采样,就可对深海生物学进行概述。正如 Spärck(1956a)用图描述的那样,采用几次拖网取样的方法来评估大洋动物区系的想法对于拥有巨大面积和容积的区域来说是荒谬可笑的:正如乘着热气球在地面上空随便撒一张网捞起了一名邮递员和一名警察,就推断出地面上的人群可能完全由邮递员和警察组成的扭曲的结论!

如今生物均匀分布的概念仅在有限的情况下被接受。随着我们解决深海复杂物理结构问题能力的不断提高,生物学研究需要在不断减小的空间和时间尺度进行,便于理解与深海底有关的生物模型和短暂的现象。

第1章　研究历史

　　研究发现栖居在深海海底边界层的生物种群的历史很短暂，只比蓝鲸的最长寿命（约 120 年）略长一点。这和深海的遥远以及研究这个环境的困难程度有关：我们的研究方法受装备的限制，必须做到在水面大气压下封装仪器舱和观察舱，并使其能抵抗几千米深海中的高水压。

1. 深海底动物区系的早期考察

　　在 19 世纪中叶，挪威牧师/博物学家迈克尔·萨斯（Michael Sars）和他的儿子 G. O. 萨斯通过对挪威西海岸的深水峡湾海底生物进行采泥调查，列出了近 100 种生活在深度超过 600 m 的无脊椎动物。甚至更早的时候，在 1918 年，英国探险家约翰·罗斯（John Ross）在寻找西北航道期间，从超过 1.6 km 深处回收的测深绳压载物上偶然发现了一种多臂筐蛇尾（图 1.1）。后来，詹姆斯·克拉克·罗斯（James Clark Ross）和 J. 胡克（J. Hooker）于 1839~1843 年搭乘"厄瑞玻斯"（Erebus）号和"恐怖"（Terror）号在南大洋的探险航海中，在深度达 1.8 km 的探测锤的泥浆中发现了动物，并描述在南极大陆坡上"充满动物生命"。这些发现激发了 19 世纪英国人的好奇心和喜欢冒险的精神。为了铺设新的跨海海底电缆，在对海洋进行勘查时，探测锤显示海洋最深的地方存在着生命。不幸的是，对于维多利亚时代的科学家而言，所采集到的标本从来没有被恰

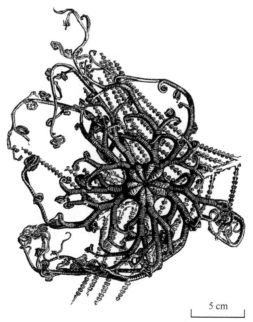

5 cm

图 1.1　缠绕在柳珊瑚分支上的筐蛇尾
在生活时，其细分支臂可扩展呈网状以捕获由海流挟带来的生物（仿 Agassiz，1888）

当地描述过，而且当时盛行的观点认为，长期在黑暗、缺乏植物生命并且水压达到几百个大气压的环境下，绝对不可能存在生命形态。

2. 动物生命的"零"概念

爱德华·福布斯（Edward Forbes）是爱丁堡大学一位年轻的教授，他的工作目的起初是证实深海中不存在生命，然而，他却因为在促进早期深海探索方面的贡献超过其他所有人而受到人们的赞誉。受到在爱琴海（Aegean）疏浚工作的启发，他提出了 0.6 km 以下的深海是"无生命地带"这一概念（后来的工作表明，爱琴海的深海生物尤其稀少）。他关于生命临界点的观点立即受到其他人的挑战。当时，达尔文关于物种起源的著作刚刚发表，在爱丁堡大学充满着活跃的学术氛围。这一时期，人们尝试在能到达的最深海底进行采样，为发现依然存活的古老生命形式提供了可能，这些生命形式过去只在大量的沉积岩化石中被发现。查尔斯·威维尔·汤姆森（Charles Wyville Thomson）是爱丁堡大学的一位讲席教授，他前往挪威拜访了迈克尔·萨斯，观察了萨斯在罗弗敦峡湾（Lofoten Fjord）深处收集来的海洋动物样品等第一手资料。样品中包括具有茎的罗弗敦根海百合（*Rhizocrinus lofotensis*）（图 1.2），这

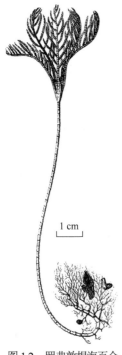

1 cm

图 1.2 罗弗敦根海百合（*Rhizocrinus lofotensis*）（仿 Thomson，1874）

种棘皮动物在此之前仅发现过化石遗迹，这激起了威维尔·汤姆森的极大兴趣，并为当时和后来的研究带来了一种希望，即深海为那些我们认为已经灭绝的生物提供了避难所。

3. "挑战者"号探险和国家考察的时代

威维尔·汤姆森在回来后立即和一位有声望的朋友 W. B. 卡彭特（Carpenter）一起说服了伦敦皇家学会，在英国皇家海军的协助下组织了航次，进行深水考察。英国皇家舰艇"闪电"（Lightning）号和"豪猪"（Porcupine）号分别于 1868 年夏天和 1869 年、1870 年夏天在英国的西北海域以及伊比利亚半岛附近海域进行了考察。这些开拓性的考察发现了新的生命形态，它们是通过冲洗从 4289 m 深度挖出的寒冷的黏土状海泥获得的。令人吃惊的是，这些海泥几乎全部由表层浮游生物沉降下来的微小单细胞生物的骨骼残骸组成。

根据这些航次采集到的标本，威维尔·汤姆森确信，在最深的海底可以找到生命。他们还发现深海水团的温度具有不连续性，这一有趣的观测结果引起了关于海洋环流的公开辩论。上述观测和思考，加上皇家海军为铺设海底电报电缆进行路线勘测的需要，为推动 1872～1876 年英国皇家舰艇"挑战者"（Challenger）号环球航次的组织提供了必要的帮助。这一开拓性的航次主要是由威维尔·汤姆森组织的，后来由其直接领导。毫无疑问，这次巡航不仅为我们认识深海底栖生命奠定了基础，而且使早期海洋学研究有了重大的突破。研究人员在水面下 5.5 km 处找到了动物生命，但并未发现"活化石"。

相反，研究人员发现了一个似乎呈全球性分布的动物群，显示出高度多样性（尽管直到20世纪60年代，细孔径拖网和筛网的普遍使用才使人们可以准确鉴别这些极具多样性的动物类群）。在随后对采集的样本进行研究的过程中，获得的生物学成果资料足足有34卷之多，这些书籍以及后来美国和其他欧洲国家进行的国家级海洋调查的成果直到今天还都是描述性资料不可或缺的来源。这些海洋调查是以承担调查的船只名字来命名的，以此作为纪念：法国伟大的阿尔方斯·米尔恩-爱德华兹（Alphonse Milne-Edwards）指导下的"工人"（Travailleur）号、"护身符"（Talisman）号；由摩纳哥亲王阿尔贝（Albert）一世个人指导和赞助的"燕子"（Hirondelle）号、"爱丽丝公主一世"（Princess Alice I）号、"爱丽丝公主二世"（Princess Alice II）号；丹麦的"英戈尔夫"（Ingolf）号和挪威的"迈克尔·萨斯"号；德国的"瓦尔迪维亚"（Valdivia）号以及美国的"布莱克"（Blake）号和瑞典的"信天翁"（Albatross）号。这个航海时代以瑞典的"信天翁"号于1947～1948年在大西洋的航行和丹麦的"铠甲虾"（Galathea）号于1950～1952年的环球航行宣告结束。自19世纪中期以来地球上的最后一块未知之地——深海，在"铠甲虾"号的环球航行调查中被揭开了神秘面纱："铠甲虾"号在菲律宾海沟10 190 m深处发现了动物。

4. 现代定量研究产生的生态学概念

在20世纪50年代，苏联生物学家对深海研究进行了大范围的拓展，他们成功地采集到了最深海沟中的多种底栖动物，并将"铠甲虾"号开创的工作继续下去。他们采用改进的沿岸调查中使用的采泥器进行太平洋和其他海洋的沉积物定量采集。他们的研究成果确立了深海底栖生物量的区域分布和水深分布状况的一般规律。

在20世纪六七十年代，对深海底生命形态的生态学研究工作主要由美国科学家所主导，特别是伍兹霍尔海洋研究所的霍华德·L. 桑德斯（Howard L. Sanders）和罗伯特·R. 赫斯勒（Robert R. Hessler），以及后者后来在斯克利普斯海洋研究所进行的一系列研究。他们使用细网孔网筛冲洗截留过去尚未采集过的小型动物，发现它们的物种多样性出人意料的高。这一意外发现激发了种群生态学家的兴趣，他们对在食物如此匮乏、表面上看来极为不利的环境中生物能够维持如此丰富多样性进行了大量的理论推测。由地质学家使用的设备衍生而来的箱式取样器的出现，使得人们首次采集到沉积物生物群落研究的定量样品，它们在质量上与从近海沉积物中采集到的样品具有可比性。同时，深潜器的投入使用不仅使我们收集到了以前只能从拖网或海床照片上所知道的较大动物生活方式的丰富资料，而且为直接在海床上进行生态学试验提供了一种方法。

5. 多学科研究项目

20世纪七八十年代，国际研究项目激增。许多项目由多学科组成并聚焦特定区域。海洋学家首次密切关注来自海面的有机物质通量，并在固定站位进行连续几年的测定和采样。繁殖与呼吸的季节性变化的意外发现对早期深海底生命活动节律保持绝对恒定的假设提出了挑战。不依靠海洋表面光合作用的驱动，而依靠热泉和烃类冷泉喷出的硫氧化细菌和嗜甲烷细菌所支持的富饶的生命"绿洲"的发现，以及被诱饵捕获器所吸引过来的巨型端足类和其他食腐动物种群的发现，都表明我们对深海生命本质还远未完全了解。

第 2 章　深海物理环境

1. 海 底 地 形

深海底地形（图 2.1）是海底扩张与无机和有机颗粒物沉积作用之间的一种平衡。围绕海洋盆地的周边是宽度不等的大陆架。大陆架通常在深度 200 m 左右的坡折处终止，在此深度以下的深海处，人们认为不存在植物生命。在南极，因为有冰盖的质量，陆架的外缘处于约 500 m 处。如果我们认可这种地形的评判标准，那么可以说深海是从陆架坡折处开始的。这一评判标准比基于光合作用的深度来定义深海更加稳妥，因为在巴哈马群岛外深达 268 m 的海洋中发现有附着的海藻（Little *et al.*，1985）。

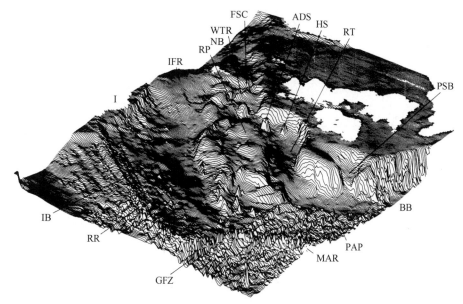

图 2.1　不列颠群岛以西东北大西洋北部的深海主要地形特征

这幅图为东北方向，展示了雷克雅内斯海脊（RR）从冰岛（I）向南延伸的崎岖地形；东西走向的查利·吉布斯断裂带（GFZ）将其与大西洋中脊（MAR）的北部分隔开；雷克雅内斯海脊的西侧延伸到位于格陵兰岛南部以东的拉布拉多海盆；而海脊的东侧则融入了冰岛海盆（IB）较为平缓的地形。这个海盆以东海岸为界，有一大块几乎完全淹没的大陆地壳构成的罗科尔深海高原（RP）及其相关北岸。这个"微大陆"被罗科尔海槽（RT）与北欧大陆地壳分离。浅台，包括将挪威海盆（NB）与更偏南的大西洋海盆分开的冰岛-法罗海隆（IFR）和威维尔·汤姆森海脊（WTR），使得寒冷的北极冷水从挪威海溢出，通过法罗-设得兰深海水道（FSC）流入冰岛海盆和罗科尔海槽，形成深海水团（见第 12 页）；两座海山，平顶的安东·多恩海山（ADS）和赫布里底海山（HS）位于罗科尔海槽东部的陆架隆起上。后一个海盆通向更深的豪猪深海平原（PAP）。位于爱尔兰西南部的陡峭大陆边缘被一个大的台地，即豪猪海湾（PSB）和更远的比斯开湾（BB）大陆斜坡上的众多峡谷所破碎[计算机制图，承蒙雷丁大学 NERC 信息系统部门的 G. 罗宾森（G. Robinson）博士提供]

自陆架外缘向下，海床的坡度显著加大，这就是大陆坡（图 2.2）。有的大陆坡结构简单，等深线相互平行并均匀地间隔开，也有的包含一系列的不规则性，显示出完全凹凸不平的斜坡。大陆坡是海洋地壳和大陆地壳之间的边界。板块构造理论告诉我们，这些地方的地壳是由一系列活动的板块系统构成的，地壳或在洋中脊扩张中心形成，或在地震活动活跃的板块边界因板块俯冲而消减，后者在太平洋最为典型（图2.3）。"被动"或无地震活动的板块边界则以大西洋为典型（Leader，1985）。大陆坡的坡度变化也可能因为有海台和海底峡谷的出现而中断。海底峡谷表现为像裂缝一样的不规则的沟槽，向下切割大陆坡，它是各种物质向深海盆地运输的通道。在冰河时期，海平面比较低，可能发育有更多、更大的海底峡谷，向陆坡下运输物质的过程也更加活跃。然而，集中沿着海底峡谷的内潮引起的底层流足以使沉积物再悬浮（Gardner，1989）。峡谷的"V"形剖面可能就是浊流侵蚀的结果（参见第19页）。许多海底峡谷都可以追溯到毗邻的大陆架上，常常始于大河的入海口处。

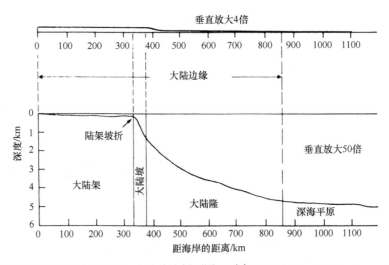

图 2.2 典型的被动（无地震活动）大陆边缘剖面图（引自 Anikouchine & Sternberg，1973）

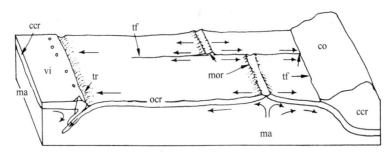

图 2.3 海盆的地质构造显示了覆盖于地幔（ma）上的大洋地壳（ocr）运动（箭头）

图右侧被动大陆（co）边缘的陆地地壳（ccr）覆盖于大洋地壳之上。直线型的洋中脊（mor）扩张中心可能因转换断层（tf）而偏移。图左侧沿活动大陆边缘处俯冲带形成海沟（tr），与火山或火山岛（vi）相邻，这一地貌在西太平洋尤为典型

在被动大陆边缘的坡底处，陆坡来源的沉积物形成一种典型的很厚的楔形层，称为大陆隆。如果大陆坡处在一条大河的出海口处，这时就可能有大量的冲积沉淀物形成所谓的海底扇。大陆隆的地形通常比大陆坡要平缓得多，但它可能会被从峡谷坡延伸下来的沟槽所切断。在水深约 4 km 的环境下，海床变得平坦并显露出大面积相对平缓的深海平原，从 4 km 缓缓地延伸至 6 km 的深度。它们常常呈波浪形或完全没有特征，或者可能被无数的平顶山或海山所中断（图2.1）。这些平顶山或海山是已经停止活动的洋底

火山，不露出海面，有时连成一条山脉（Epp & Smoot，1989）。海山可以比洋底高几千米，它们的剖面图显示其坡度最高可达 25°，比海洋中其他任何主要的海底地形更为陡峭。洋中脊将全球深海平原分隔开（图 2.1，图 2.3，见图 15.2）。洋中脊是新的大洋地壳形成的地方，它几乎是连绵不断的，占洋底面积的 33% 左右。通常对称地沿着洋中脊两边挤出新的大洋地壳的过程，使两翼的岩石圈板块分开。地球球形的固体几何形状迫使其形成一系列被称为转换断层的裂缝，它们像巨大的砍痕与洋中脊主轴成直角（图 2.3）。洋中脊通常出现在海平面以下约 2.5 km 水深处，随着离洋中脊距离的增大，海底水深不断增加到 5～6 km，远洋沉积物不断沉积并覆盖在凹凸不平的大洋地壳表面，使得薄的大洋地壳不断下沉。这里通常形成毫无地理特征的广袤海底平原，其典型的坡降大约在1∶1000。如果海底平原的边界就是活动的板块边界，大洋地壳（岩石圈）会不断弯曲和变深，最终俯冲至相邻的大陆板块下而消失，就会有很深的海沟出现（图 2.3）。在太平洋"活跃的"大陆边缘以俯冲带为主，海沟最为发育。其结果就是尽管太平洋海底扩张速度较大，其面积却在不断缩小，而大西洋的情况与之正好相反。如果海沟与一板块俯冲到相邻大洋板块之下的岛弧系统相关联，该海沟就发育为最活跃的地震活动区（图 2.3）。海沟的深度超过 6 km，在马里亚纳海沟（Mariana Trench）的"挑战者深渊"（Challenger Deep），深度可达 11 km 以上。地球表面任一给定高度或者深度的表面积之间的相对比例可用陆高海深曲线来表示（图 2.4b），它与被动大陆边缘剖面图表面上很相似，但是不能把两者弄混（图 2.2）。目前所使用的术语都是自然地理学上的术语，对应的生态深度带如下。

（1）潮下带：低潮线至 0.2 km。

（2）次深海带或半深海带：0.2～2 km。

（3）深海带：2～6 km。

（4）深渊带：6 km 以深。

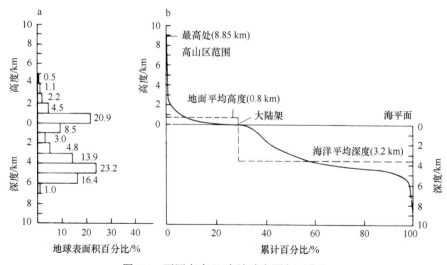

图 2.4　不同高度/深度地球表面积百分比

a. 分布频率；b. 由图 a 中频率累计作陆高海深曲线图。本图不应与图 2.2 所示的大陆边缘的相似剖面图混淆

在描述海洋深度带时，本书全篇都使用这些术语。然而，我们也将看到，深度带的

术语不能生硬地套用。在深海中，动物的垂直成带现象似乎更多地依赖于生态学诸因素的相互作用，而不是简单取决于与深海坡度有关联的物理变量。对于深海，需要采用多元的定量方法来阐述（参见第9章）。

2. 深层水团及其形成

采用地形学术语，深海起始于大陆架边缘，而从水文学观点来说，通常认为深海是永久性温跃层下的区域（图2.5）。永久性温跃层是水体中的跃变层，这里的温度随深度增加快速下降，直到4℃以下，温度下降梯度才变小。

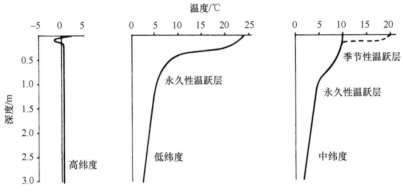

图 2.5　不同纬度带温度垂直剖面

在全世界大多数的海洋中，0.8～1.3 km 深处温度变化趋向稳定，但北大西洋除外，地中海溢出流在中等深度进入大西洋，使4℃等温线下降至约4 km 深处。表层海水受到太阳辐射的加热作用（在中纬度，随季节循环形成更浅的季节性温跃层）、海岸径流冲淡水和风的混合影响，而永久性温跃层使深海免受海面这些因素的直接影响。中纬度地区由于风力影响，海水表面混合层的深度大大增加（在大西洋东北部特别明显），因此永久性温跃层下的深层水团变深，等温线沿远离赤道的方向逐渐降低。在靠近两极纬度较高的区域，深层水团和等温线将重新变浅（图2.6），这个温度变化规律对理解深海动物受温度影响的垂直分布有重要意义（参见第9章）。

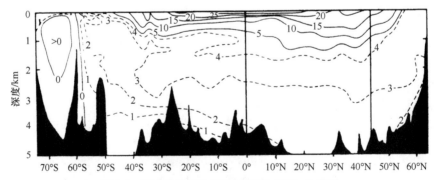

图 2.6　西大西洋南北向断面温度（℃）分布图

图中显示了赤道附近的温度梯度很大，等温线有向两极下沉的趋势，在两极，水团变得越来越等温（引自 Svedrup *et al.*, 1942）

　　然而，在永久性温跃层下面，水的温度和盐度不是固定不变的。世界上主要的海洋洋底大部分被最初形成于南冰洋或北冰洋的格陵兰（Greenland）/挪威海（Norwegian Sea）的水团占据（图 2.7）。只有表层水密度变得足够大才会下沉到海洋底部，它要么因蒸发或结冰而含有更多的盐分，要么由于热量损失而温度更低，然后下沉到与它密度相同的水层并扩散。要变成海洋中的深层水，海面温度必须极低。由于上升流的作用，深层水最终又返回到海面，形成从低纬度流向高纬度的回流。海洋中最深层的水来自位于南极大陆的海岸附近，特别是冬季表层水温低至-1.9℃的威德尔海（Weddell Sea）。这些冷水（图 2.8）和深层暖咸水的上部水体（绕极水）混合得到调和的深层水，它们沿着威德尔海西部大陆架边缘流向帕默半岛（Palmer Peninsula），和西部陆架水混合，下降后成为威德尔海底底层水。之后再与绕极水中较深的咸水混合形成南极底层水（AABW）（Mantyla & Reid，1983）。

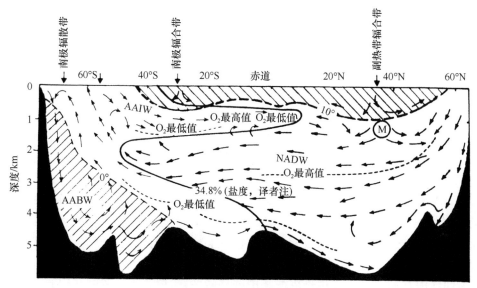

图 2.7　大西洋南北断面水团的主要活动

图中显示了来源于威德尔海（左）的高密度、低温南极底层水（AABW），延伸至 40°N 左右；上覆为较低密度、冷的南极中层水（AAIW）。北大西洋深层水（NADW）起源于靠近格陵兰的挪威海（右），源于墨西哥湾流的高密度表层水与低温北极水的混合水下沉。温暖、高密度的地中海海水（M）从东由直布罗陀海峡进入大西洋。相似的向北洋流模式也存在于太平洋，但太平洋从北极返回的深海洋流并不强烈（引自 Turekian，1976）

　　南极底层水（AABW）通常指代这一区域特征非常相似的水团（-0.4℃；34.66‰），它们在罗斯海（Ross Sea）形成，离开阿黛利海岸（Adelie Coast）成为 AABW。AABW 下沉成为绕极底层水并形成分支从而流入各大洋（图 2.7）。在大西洋西侧，支流可上升至大于 5 km 的高度，但在东侧，水流受到沃尔维斯海岭（Walvis Ridge）的阻挡而不能上升。这些水一部分通过大西洋中脊的断裂带漫入东北大西洋。AABW 支流向印度洋和太平洋海盆扩展，直到受到如东太平洋海隆那样的海岭的阻挡。

　　覆盖在 AABW 之上和全世界大多数深海平原上的是较低密度的水，由挪威海表层水下沉形成，称为北大西洋深层水（NADW）。相对较为温暖（9～12℃）、含盐量较高（35.3‰～35.5‰）的水通过北大西洋海流流入挪威海。这些水通过以下过程变冷：①侧向混合了

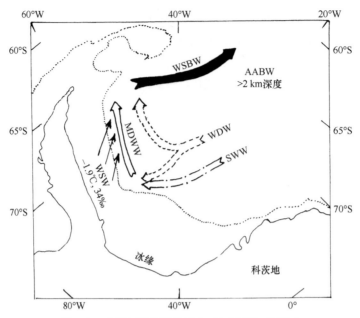

图 2.8 威德尔海南极底层水（AABW）的形成
WSW. 西部陆架水；WDW. 温暖深水；SWW. 冬季表层水；WSBW. 威德尔海底层水；MDWW. 冬季混合深层水。虚线
表示陆架边缘。详见正文内容（改自 Warren，1981）

极地水；②在冬季由于失热，大气变得非常寒冷，使海面与海底之间水的密度梯度减小，从而破坏了水体的稳定性。在垂直方向产生对流，在挪威海和格陵兰海形成深层水与底层水。所形成的水的条件密度（σ_t）为 28.1，导致在 0.6 km 以下形成一个几乎均匀的水体。部分挪威海深层水通过利马海槽向北流入中部极地海盆。其余的水涌出格陵兰-冰岛-苏格兰海岭（Worthington，1970；Warren，1981）并进入北大西洋。在北大西洋，大部分水又通过 0.8 km 深的法罗浅滩海峡或 0.45 km 的法罗-冰岛海岭的峰顶。低温水也涌出威维尔·汤姆森海岭，从法罗浅滩海峡进入罗科尔海槽北部（见图 2.16）。这条进入西北大西洋海盆的路线经过由丹麦海峡中的格陵兰-冰岛海隆形成的 0.6 km 深的海底岩床（图 2.9；详情参看图 2.1 地形图）。

来自上述两个来源的海水覆盖在大西洋海水上方，形成东北大西洋深层水。该水团核心逐渐沿着冰岛南部大陆坡的等深线向下伸展，之后伸向雷克雅内斯海脊东部侧面，最后向西和西北方向离开，穿过 53°N 查利·吉布斯断裂带进入 1.5～3 km 深的西北大西洋洋盆（图 2.1）。它在那里和从丹麦海峡溢流形成的西北大西洋底层水汇合形成北大西洋深层水（NADW），沿着西部边界潜流在 1～5 km 深的北美东部大陆坡向南流去。虽然 NADW 因携带了上层水而比 AABW 更咸一些，但由于水温较高，NADW 的密度仍然较低。因此，只要这两个水团相遇，NADW 就会覆盖在 AABW 上面。NADW 扩散到整个南大西洋，并向东包围南非。它的高盐中心区域可以深入北印度洋和太平洋（Reid & Lynn，1971）。

虽然这些水团（AABW 和 NADW）覆盖了相当大部分的洋底，但是也有其他深海水团覆盖着固定海域的洋底。例如，东北大西洋的欧洲海盆通过吉布斯断裂带仅接纳少量的 NADW，深层流绝大部分向西流去。AABW 存在于海盆最深处的直接证据仅限于

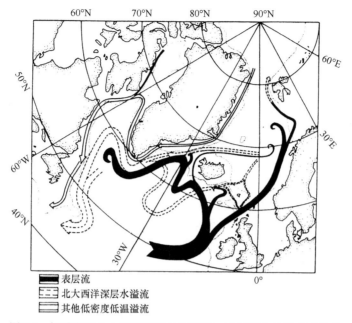

图 2.9　挪威海和北大西洋亚极地高密度、冷深层水的形成及路径
温暖表层海流（＞4℃）的冷却和下沉（用卷曲的末端表示）。其他较低密度的冷溢流如图所示（引自 McCartney & Talley，1984）

硅酸盐含量反常高这一点（Mann *et al.*，1973）。从最东部的苏格兰-格陵兰海岭溢流分支而来的东北大西洋深层水出现在 2～3.5 km 深的海底（Ellett & Martin，1973；Ellett & Roberts，1973；Ellett *et al.*，1986）。在较浅的东部地区，浓度较低的拉布拉多海水（LSW）覆盖着深度为 1.5～2 km 的大片海床（Lonsdale & Hollister，1979）。LSW 是由格陵兰南面和西面的水混合成的深层水形成的，并在中层向东扩展，那里水的密度比高温高盐的直布罗陀海水（或者不太准确地说地中海海水）还要高（Cooper，1952）。直布罗陀溢流水是由次表层的地中海溢流水从直布罗陀海底山脊冲入大西洋形成的。它向北和向西扩展并覆盖欧洲西部大部分的大陆坡。在南部，它的深度达 2.45 km（Meincke *et al.*，1975），而在不列颠群岛西部，深度仅为 0.8～1.2 km。

　　在太平洋北部，不存在深层水的主要来源。这是由于北太平洋表面海水含盐量太低，即使在温度很低的冬天，也无法冷却到使其密度增大至足以下沉的程度（Warren，1981）。

　　在地中海，截然不同的情况产生了有利于形成深层水的条件。经过直布罗陀海峡流进地中海的表层水含盐量相对较高，它顺着北非海岸向东流并分出支流流向北部。在封闭海盆内，海水蒸发量很大，盐度增加。冬季，在北爱琴海、亚得里亚海和利古里亚海，低温离岸风冷却高盐的表层水，引起大规模的海水翻转，形成浓度很高的深层水和底层水。但是，这并不是前文提到的大西洋高盐核心中层水团；这是黎凡特中层水（Wüst，1961），它是由冬天土耳其南海岸外密度较低的水形成的，向西流至深度为 0.2～0.6 km 的直布罗陀海床。

　　这些深层水团在生态学上的主要意义不在于它们的含盐量/温度特性，而在于它们被氧气充分饱和。所有这些水团都是在海洋表层形成的，因此，它们的含氧量和大气含氧量处于平衡状态。当它们下沉后，虽然氧气慢慢地为代谢所消耗，但除了局部地区，如黑海那样最低含氧区和缺氧海盆之外，深海水团中的氧浓度仍足以维持全球深海底沉积物处于氧化状态。在开阔的大洋中，海床附近的氧浓度在印度洋和太平洋是越往北越低，因为这些地区离北大西洋深层水的生成地（提供含氧水的地方）最为遥远（Mantyla & Reid，1983）。在高生产率的区域（如处于热带的太平洋东部和阿拉伯海），氧浓度达到最低，这可能导致次深海沉积物处于缺氧状态。在某些地区，如地中海，在沉积物中被称为腐泥的黑色层就是在过去相似的缺氧状态下产生的。

3. 深海底海水的物理性质

除了静水压力和海流能以外，深海中物理性质的主要特征就是其各项参数在温跃层以下的任一特定位置上的变化幅度是很小的。与沿岸水域不同，太阳辐射并没有直接的生态学意义，因为所有的光（除生物体发光外）在 1 km 深处都将消失。然而，太阳辐射的确通过影响海面浮游生物的生产而间接影响着深海，这些浮游生物中有一部分通过食物链进入深海生态系统（参见第 11 章）。

3.1 温度和盐度

深海海水的温度在–1～4℃之间变化（Svedrup et al.，1942）。地中海和红海例外。在地中海，深度为 0.6～4 km 时水温约为 13℃；在红海，深度在 2 km 的底部水温可以达到 21.5℃。而在热液羽流附近，水温非常高（参见第 15 章）。南极深层水的温度是已发现的最低温度，为–1.9℃。

盐度相对来说也是恒定的，深度在 2 km 以下，接近 34.8‰±0.3‰，在极深处减少到 34.65‰（Svedrup et al.，1942；Menzies，1965）。

3.2 氧浓度

深海水团的含氧量几乎是饱和的。此外还发现在开阔的大洋下 0.5～0.6 km 深处存在紧邻大陆坡的最低含氧层（图 2.7），以及在如黑海那样的封闭海盆 250 m 以下存在缺氧的并且无生命痕迹的水层。然而，由于深层水团会运动到离产生地很远的海域，氧气在这一过程中就会被代谢消耗。在北太平洋的深水中氧浓度较低，为 3.6 ml/L（Mantyla & Reid，1983）。有证据表明（Bruun，1957），在紧靠深海海床的地方，氧浓度稍稍减少（0.15 ml/L）。

3.3 静水压力

最容易预测的物理变量就是静水压力。水深每增加 10 m，静水压力就提高 1 个大气压（1 bar 或 10^5 Pa）。压力增加影响深海生物的酶催化速率，特别是在低温环境下（Somero et al.，1983）。

3.4 沉积物类型

裸露的坚硬岩石在深海中相对较为罕见，主要见于陡峭的大陆坡、海山和洋中脊。

其他固体底质是由海水中的无机沉淀物形成的,如磷酸盐沉淀,或者在热泉周围形成的金属氧化物和硫化物沉淀物。在较小范围内,锰结核形成硬底质,并具有它们特定的动物区系。在大陆坡和大陆隆存在粗粒的陆源沉积物,它们因浊流的挟带和沉积物的坍落而迁移至此。从冰山融化而来的冰筏沉积物也是构成粗粒沉积物的一部分。由于受到上覆水生产力的影响,在广阔的洋中脊两侧和深海平原则覆盖着由生物产生的软泥或淤泥(图 2.10)。生物远洋沉积物被定义为含有超过 30%生物遗骸的沉积物。典型的硅质软泥是由硅藻产生的,分布于高生产力水层不同深度的海床上,在高纬度地区尤其丰富;放射虫软泥也含有硅,但出现在热带高生产力水层下。有孔虫软泥则由碳酸钙组成,分布于高生产力水层下、碳酸钙补偿深度(CCD)以上的海床上,在这一深度带,碳酸钙以溶解形式存在。翼足类软泥含有高比例的翼足类软体动物的文石壳。它们也富含碳酸盐,但由于文石比有孔虫壳的方解石溶解得更迅速,翼足类软泥的分布并不广泛。这些生物软泥可能快速堆积,有时高达每千年几厘米。在缺乏营养的海洋环流中心下面可以发现红黏土,包括火山灰和由风吹来的主要来自沙漠地带的大气尘埃。这些物质的堆积速度仅为 0.1~1 mm/1000 a。

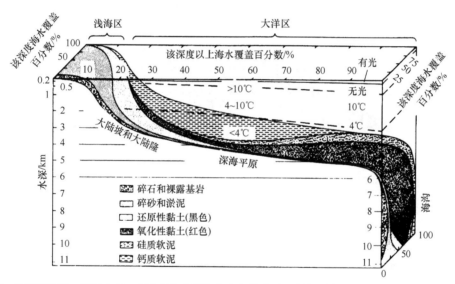

图 2.10 海洋深度带,显示在任一深度的海底被海水和各种类型沉积物覆盖的百分比(引自 Wright,1977)

这些沉积物覆盖着沿洋中脊扩张中心形成的海洋地壳,它的厚度变化取决于其覆盖的年代和沉降速率。在洋中脊附近,它们仅表现为薄薄的表层,而在大陆边缘,地壳很古老,沉积物可能有几千米厚,特别是在毗邻被动大陆边缘的深海平原下面(图 2.11)。沉积物覆盖层使深海海床变得平坦,只有遇到深海丘陵、深海高原和海山时才会发生起伏。

虽然沉积物以无机物为主,但是它的确包含某些有机物,有机物的含量取决于上覆水层的生产力。在生产力高的地方,有机物含量可能超过 0.5%,而在不具有生产力的水下,这个数值可能小于 0.1%。大多数海沟紧靠大陆边缘,因此那里的沉积物是由陆源物料提供的,此外,海沟也像捕获器一样具有收集陆源物料、阻止其进一步向远洋的深海平原扩散的作用。海沟是地震活跃区,因此,其两侧有岩石露头,分选不良的沉积物的坍落很常见。

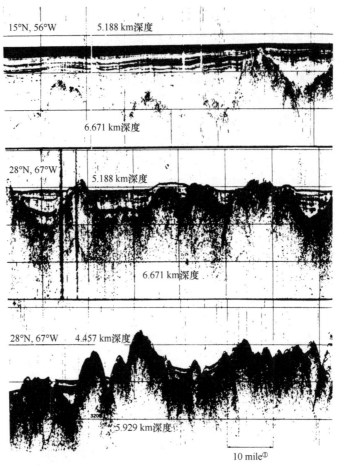

图 2.11　地震剖面，显示在北大西洋，覆盖地壳的沉积物的厚度随着离洋中脊的距离增大而增加（引自 Heezen & Hollister，1971）

3.5　底层流

这里描述最后一个重要的物理参数——底层流能量，它是迄今为止被人们考虑得最少的一个参数，相关数据非常少。大多数深海底的照片显示，海床光滑而平缓，仅仅由于受到深海动物及其对沉积物的影响，平坦的海底带有一个明显的痕迹（图 2.12），这个问题我们将在第 14 章中讨论。深层温盐环流突破地形限制，沿大陆边缘聚集形成深层边界流，在长时间内可能影响深海沉积物的重新分布。海流的这种活动可能使海底产生波澜（图 2.13a）或使沉积物云再次悬浮（图 2.13b）。然而，锚定在近海底的海流计的记录表明，这种低温高密度海水的流速不是恒定的，而是随一天两次的潮汐变化而增加，在比斯开湾的大陆坡上，涨潮时逆坡而上，落潮时顺坡而下；此外，在遥远的大洋也能观测到这种内潮现象（Gould & McKee，1973；Cavanie & Hyacinthe，1976）。虽然内潮的影响周期以半日为主，但它们能够通过大小潮的振荡作用进一步影响底层流能量的长期变化，该影响在春分和秋分达到最大。

---

① 1 mile=1.609 344 km

图 2.12 "深拖"所拍的海底照片（参见第 3 章），显示了爱尔兰大陆坡下 1.7～1.8 km 处近 20 m² 的泥沙底。可以看到丰富的生物丘和火山口，以及底层流活动对海床起到的平滑作用[由斯克利普斯海洋研究所 P. 朗斯代尔（P. Lonsdale）博士提供]

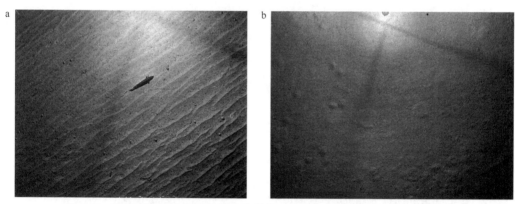

图 2.13 受底层流活动影响的深海底照片，拍摄自与图 2.12 相同的照相断面
a. 爱尔兰上陆坡 1.1 km 深度处的强烈涟漪状沉积物。可以看到海胆（小而圆的物体）和一条大的鼠尾鱼（突吻鳕）；b. 海流抚平的海底和深度约 2.95 km 处悬浮沉积物引起的微浑浊底层水（由斯克利普斯海洋研究所 P. 朗斯代尔博士提供）

在极地深层冷水的迁移路线经过的海流持续活动区域，特别是沿着大陆隆，沉积波和沟状海床是常见的。这种深海流似乎和海底雾状层（BNL）有关联，可以观测到海流的透光性非常差，这是因为海底侵蚀产生的物质悬浮在海水中（Eittreim *et al.*，1976；Lonsdale & Hollister，1979）。

这些南向（北半球）或北向（南半球）的环流会产生周期性振荡，其原因是动能向更小尺度传输，这种涡旋现在被认为为深海水团运动提供了大量能量。人们认为，50～200 km 规模的中尺度涡旋具有的能量就高达背景流能量的 100 倍。一般情况下，中尺度涡旋是被墨西哥湾流那样的强表层流甩出而形成的（图 2.14），或在多风暴地区受风应力而产生。它们与气旋和反气旋类似，可以导致大气中的"天气变化"，但持续时间比气旋和反气旋更长，个别的涡旋可以持续超过两年的时间（Richardson，1985）。这种来自涡旋的能量被传送到深海，引起持续数天到数周的"海底风暴"，当流向赤道深处的寒流逆转时，会产生间歇性强流，其日平均速度大于 15 cm/s，并且风暴间隔 5～100 天（Hollister & McCave，1984；Hollister *et al.*，1984；Weatherly & Kelley，1985；Gross *et al.*，

1988）。在此期间，大量的沉积物可能被转移并在静止期再次沉积形成几厘米厚的沉积层，因此这一周期也有显著的悬浮沉积物峰值特征（图 2.15）。Wyrtki 等（1976）和 Dickson（1983）讨论了全球涡旋动能分布，如图 2.16 所示。高活动性导致的海底沉积物粒级分布的扰动推断与强海底边界流有关。由于风应力的影响，中尺度涡旋甚至在远洋深海平

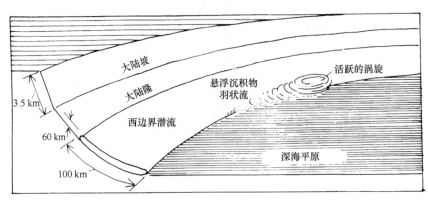

图 2.14　脱离自墨西哥湾流的中尺度涡旋与向南流的深海边界流相互作用，在新英格兰附近大陆隆处产生海底风暴。深海涡旋呈椭圆形，约为 30 km×5 km，高度未知。深海涡旋与深海洋流一起冲刷着海底，挟带顺流而下的泥土，最终在沉积物漂流过程中重新沉淀下来（重绘自 Hollister *et al.*，1984）

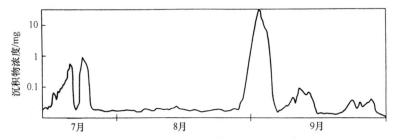

图 2.15　西北大西洋高能底部边界层试验（HEBBLE）站点所测得的超过 10 周的近海底水中沉积物浓度。峰值与 7 月末和 9 月初出现的强烈海底风暴一致（引自 Hollister *et al.*，1984）

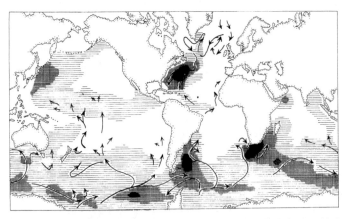

图 2.16　近表层涡旋的涡动能（阴影部分）和深海洋流运动（箭头表示）的全球分布模型
高密度冷水从两极向三大洋的海盆移动，洋流在地球自转产生的地转偏向力影响下向西偏移，沿海底地形流动。图中阴影部分的密度表示不同的动能大小，水平阴影线表示 4～10 cm²/s，交叉阴影线表示 10～20 cm²/s，黑色阴影表示大于 20 cm²/s。涡旋涡度传输到海底与深海洋流相互作用，侵蚀并重新分配沉积物，使沉积物按粒级重新沉淀至海底（修改自 Hollister *et al.*，1984）

原上也有可能出现（Dickson & Hughes，1981；Klein，1988）。这样的深海风暴是难以预测的，而且侵蚀性极强；在西北大西洋风暴最猛烈的时候，研究测定的悬浮沉积物浓度为 12 g/m^2。周期性的海底风暴形成的侵蚀-沉积变化规律与河口的情况相差无几；全球沉积物的粒级递变层分布证实了这一点。在地理学上，海底风暴对于高度悬浮沉积物的转移有重要的意义，它也许和动物一起漂流穿过深洋洋盆，这些动物在正常情况下是不能适应漂流迁移的。在生物学上，它们的重要性表现为在底栖动物生存期间重复不断地对其进行扰动（Aller，1989），因此影响着底栖生物群落结构（参见第 8 章）。

沉积物的其他扰动是由于沉积物顺坡向下运动过程中的内部变形产生的。根据变形程度的不同，这些扰动被描述为沉积物滑坡、坍塌、泥流和浊流（Nardin *et al.*，1979），后者，即浊流，就是将海底峡谷冲刷成崎岖地形的主要作用力（Shepard & Dill，1966）。滑坡和坍塌发生在 2° 左右平缓的大陆坡上，移动的沉积物有几百米厚、几千米长。它们对沉积物的结构影响相对较小，但是，在斜坡上却留下一个断崖，并且在地震造成的基部发展成一个丘状地形。泥流是沉积物在角度小于 0.5° 的坡度上顺坡缓慢运动。浊流是高速密度流，它挟带沉积物和水的混合物顺坡漫游，将沉积物沉淀在大陆隆和深海平原上。在 1929 年的纽芬兰外大浅滩，浊流以 55 节的初始速度将淤泥运送了 640 km，最后在深海平原上沉淀形成了 1 m 厚的沉积层（Leeder，1985）。浊流和泥流都是难以预测的事件，常常是由于地震引起的。虽然在单个生物寿命期内可能没有意义，但是，它们的出现（频率为 $10^2 \sim 10^4$/a）一定会对海底动物有显著的影响，甚至导致其大面积消亡。研究发现（Mayer *et al.*，1988）由于这个事件，砾石波在 3.85 km 深度沉淀，与热泉和冷泉有关的群落在此发育（参见第 15 章）。

为了了解栖居深海底的动物如何对它们的生活环境作出响应，我们必须了解紧邻海床的水体的物理性质和物理变化。

近底层的海流与底边界摩擦，在垂直方向上产生一个厚度各异的均质层（在水平方向并非均质），层顶的密度梯度很大（Richards，1990）。这一均质层被称为海底边界层（BBL），延伸几十米进入水体中。它的厚度受到湍流混合衰减的限制，它从海流和地球的旋转作用中汲取能量。它的上边界高度与层顶流速成正比而与科里奥利参数成反比。在这个高度上，压力梯度与科里奥利力平衡，而剪切力已不足以增强背景湍流混合。

很少有研究涉及 BBL 的生态学意义，但 BBL 的运动影响许多参数，包括对底栖生物幼虫的补充、营养物质流至海床和废弃物离开海床、滤食性动物的存活以及底栖动物跟踪气味和察觉震动的能力（Nowell & Jumars，1984）。Smith 和 Hinga（1983）给出的 BBL 生物学定义为"海底上覆水层中的沉积物群落和生物群体（在海床上 100 m 范围内）"。底栖动物会进入这一水层中摄食、繁殖或逃避捕食者，而游泳动物如鱼类也会来到 BBL 进行捕食。这个概念主要应用于软底质，但即使在岩石表面，也可能找到"分层的"生物群落（*sensu* Messing，1985）。

虽然这个生物学的定义足以用来界定物种运动，但采用数学方法对 BBL 进行描述显得更为严谨。BBL 的概念源自对海底附近物理特性剖面的分析，找到深海底一个混合良好的水层（Wimbush & Munk，1970；Armi & Millard，1976）。Richards（1984）指出，BBL 的厚度可能为 0~100 m，水平范围可达数十千米。BBL 的数学关系式由下列作者给出：Wimbush（1976）、Richards（1982，1984）、Nowell 和 Jumars（1984）、Grant 等

（1985）。Nowell 和 Jumars 也考虑到了各种类型海流的生态学意义。Maciolek 等（1987a）在他们的著作中综述了深海 BBL 物理学与相关的生物过程。

我们将 BBL 的数学关系建立在 Wimbush（1976）和 Richards（1982）工作的基础上，根据海流的性质对 BBL 进行分层（图 2.17）。

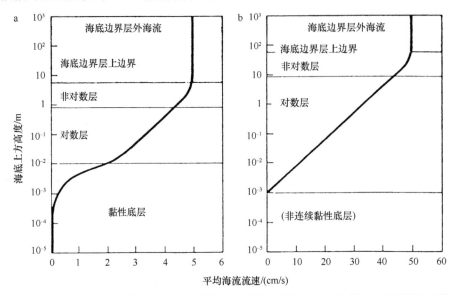

图 2.17　a. 海底边界层的二维结构。由于受到地球三维旋转的影响，随着离海底高度增加结构发生旋转，整体呈螺旋形。b. 在湍流对数层中盐度、温度和悬浮固体等物理性质均一，速度随离海底高度的增加而呈线性增大（以对数形式增大）；在该层上方，流速逐渐变为海底边界层外海流的速度。在相对缓慢流动的过程中，薄层将以黏性或层流的形式在底部移动；但是，当海流更快或者底部粗糙时，对数层将一直延伸到海底上方 1 mm 到 10 m 左右（引自 Hollister et al.，1984）

对于一个稳定流 U_0，BBL 的最大厚度（h_0）由下式确定（Richards，1990）：

$$h_0 = \frac{0.1 U_0 \left(f/N \right)^{1/2}}{f} \qquad (2.1)$$

式中，f 是科里奥利参数；N 是由浮力频率（水体稳定性的一个量度）描述的密度分层特征。

$$N = \left[-g \frac{\delta \rho}{\delta_z} \frac{1}{\rho} \right]^{1/2} \qquad (2.2)$$

式中，g 是重力加速度；ρ 是流体密度；z 是距离海底的高度；δ_z 是距离海底高度（z）变化的微元。

边界层上方的海流可视为"潜在的"或"无摩擦的"，这里不存在水平切应力，因此，当海流离开边界并在某一高度上移动时速度保持恒定。

然而，在边界层内，海流逐渐减速贴近海底，直到边界附近出现无流动的极端状态，这时海流的黏性很大，且 $U=0$（Maciolek et al.，1987a）。

在黏性底层上方的对数层（logarithmic layer），其变化曲线由下式给出：

$$U_z = \frac{u^*}{x} \ln \frac{Z}{Z_0} \qquad (2.3)$$

式中，u 为冯·卡门常数（von Karmans constant）（0.4）；U_z 为海底上方高度为 z 处的速度；u^* 为边界剪切速度（$=\sqrt{\tau/\rho}$，这里，τ 是剪切应力，ρ 是密度）。通常取 $u^*=U_0/30$，这里，U_0 为海底边界层上方的流速；Z 是距离海底的高度；Z_0 为粗糙元素，来自沉积物颗粒或表面纹理结构。

在流体动力学粗糙条件下：

$$Z_0 = \frac{x_s}{30} \tag{2.4}$$

式中，x_s 为粗糙元素或颗粒直径。

在流体动力学平滑条件下：

$$Z_0 = \frac{9v}{u^*} \tag{2.5}$$

式中，v 是水的分子运动黏度（$1 \times 10^{-6}\,\mathrm{m^2/s}$）。

因此，在平缓的湍流中，速度剖面由 v 和 u^* 确定。在强烈的湍流中，速度剖面由 u^* 和海底颗粒大小决定。当 u^* 增大时，粗糙元素会增加，从而引起黏性底层（见下文）消失，水流将被粗糙颗粒诱导的尾流所主导。

在流体动力学上，平滑流和粗糙流之间的"分界线"由惯性力和黏性力之间的平衡来确定，并采用根据粗糙元大小确定的雷诺数表示：

$$Re = \frac{x_s u^*}{v} \tag{2.6}$$

当雷诺数小于 3 时，在流体动力学上被认为是平滑的，而当雷诺数大于 70 时，被认为是粗糙的。

显然，在海流速度和与海底间距离的对数之间存在直线关系（图 2.17）。值得引起注意的是由于地球旋转，随着海底上方高度的增加，会产生旋转影响。

对数层边界和 BBL 上方海流之间的水层称为非对数层。

邻近平滑海底的黏性层称为黏性亚层，它的厚度由下式确定（Wimbush，1976）：

$$Z_v = \frac{12v}{u^*} \tag{2.7}$$

速度变化根据下式确定：

$$\frac{u}{u^*} = u^* Z_v \tag{2.8}$$

黏性亚层很薄。若海流中 $u_0=3$ cm/s（$u^*=0.1$ cm/s），那么 $Z_v=1$ cm，并且随流速增大而减少（Wimbush，1976）。

不过，这个亚层对于被严格局限于海底活动的那些动物来说是有意义的。

如果任何结构，诸如颗粒、动物壳或动物大小超过这个亚层厚度的 1/3，则黏性流变为湍流。湍流将侵入海床内部 0.1 mm。

因此，BBL 必然对永久栖居在海底以及在海底与水体间迁移的那些动物产生深刻的影响。紧靠海底的 BBL 受海床粗糙度、动物挖掘的土墩和壕沟甚至动物本身存在的影响。海底越粗糙，施加在上覆水层的剪切应力越大，从而形成湍流并产生更厚的 BBL。

这对于那些放置在海底的仪器如移植实验仪器也有相当大的影响（参见第 8 章和第 13 章），这些仪器可能自身也会诱发湍流，并使自然条件的影响发生改变。

BBL 的外边界可能也是一个限制因素。在海底上方的这一高度可能出现强烈的密度不连续性（Richards，1990），它对动物或颗粒的垂直上升运动起到阻碍作用。锋面过程可导致逃离 BBL 的物理过程出现，这时，倾斜的边界与等密度面交叉并形成天气尺度的涡旋（synoptic scale eddies）。海表层涡旋动能的向下传输也可能使 BBL 变形（Klein，1988）。

基于这些研究，我们可以概括地说，BBL 在海底上方形成一个重要的物理结构，受到海底地形的调整，又反过来影响底栖动物和颗粒的分布。

4. 深海中的连续性和季节性

在广袤的深海中，盐度、温度和氧含量大范围内的均一性导致过去人们错误地认为深海生态系统是均一稳定的。这一简单的认识认为海洋物理环境的主要变量是压力和深海水团运动，其中，压力随海洋深度的增大而成比例增大，而深海水团在 BBL 以海流形式运动，有时也会形成浊流。这一时间和空间均一性的概念受到了来自各方的质疑。在物理环境中，由深海潮汐引起的底层流的昼夜变化，以及由输送到海底的涡旋产生的海底风暴所引起的主要水动力扰动普遍存在，表明水动力环境要比以前人们设想的环境更富含能量，变化更不规则。有关海面有机物垂直通量的研究显示深海环境也可能存在季节性变化（Tyler，1988）。这方面内容在第 11 章深海食物及觅食策略中也有涉及，我们也注意到深海生物和沉积物生物群落的生理学过程也具有季节性变化。更为长期的变化，如厄尔尼诺（El Niño）事件这样的气候变化引起海面生产力的变化，可能改变深海种群如食腐端足类的补充量和现存量（Ingram & Hessler，1987）。而深海海胆每年零星得到成功补充可能与中尺度涡旋帮助挟带和扩散它们的浮游幼体有关（Gage & Tyler，1985）。因此，这个地球上最大的生态系统是不稳定的，深海环境并不像人们原来想象的那样没有变化。相反，它显示了物理层面上的多变性，尤其是底层流能量和底部颗粒物的输运，以及潜在的某些生态过程的季节性。这是一种悖论，我们将在本书的有关论题中予以回答。

第3章 深海底生物的研究方法

为了研究深海底边界的生物（这个边界已经远远超出了现有的深海潜水员的活动范围），生物学家需要一个工作平台来布放生物检测、观察和实验所需的采样设备与实验仪器装备。这个平台有两种形式：一种是专用的海洋调查船；另一种是研究型潜水器，一般从作为"母船"的调查船上对其进行操控。

一般来说，这种调查船的航行或"航次"往往持续几天到几个月。为深海航次所做的准备工作必须非常缜密，因为采样的地方离陆地很遥远。这种任务的组织工作是很复杂的，它包括全面的船舶管理。主管航次的科学家负责确定采样所用的仪器装备和船上实验分析所需的仪器设备。由于深海底栖动物的类群不同（将在第二部分开头概述），对它们进行采样或布放设备进行研究时往往会出现不同的问题。此外，精确估计海底的深度、确定船舶的位置以及与此有关联的任何舷外作业设备、获取关于海底特征和上覆水柱的结构及动力学资料，都是促使航次取得成功的重要因素。首席科学家必须确保航次调查活动按计划进行，必须和在实验室内进行实验设计一样严格。采样设计已经成为一门独立学科，读者可参考 Elliott（1971）、Barnett（1974）和 Green（1979）的简要叙述。然而，采样设计必须要适应海上工作的现实条件和难以预料的情况，如恶劣的天气；恶劣的天气使布放在海中的装置处于极度危险中。因此，设备损失和海上工作的高额成本都是我们必须面对的现实。

本章我们将描述深海海洋调查船的主要特点，并对一些用来采集和观察海底边界层生物所必需的取样装置和辅助设备进行介绍。至于其他用于原位监测海底生物活动的更专业的设备，我们将在后面的有关章节中进行介绍。

1. 海洋调查船

海洋调查船种类繁多，本书无法对不同类型的调查船进行综述；不过，所有的调查船都具有某些共同的基本特征。它们的推进系统经过特殊设计，不是为了加速，而是使船只在到达作业站位时能够保持原地不动。尽管这样的船只常常配备能满足非生物学功能的装备，但它们需要特定的基本装备来采集深海生物样品。典型的综合性单体调查船的工作甲板鸟瞰图如图 3.1 所示。

1.1 "A"形架和吊车

为了在船舷侧面投放采样设备，需要在甲板上留出空间以便用"A"形架或吊车进行吊放和回收作业。最常见的类型是在船的尾部或船身中部安装配有移动滑轮组的起重龙门架或"A"形架。吊车也常常用来垂直吊放取样装置。当设备正在被牵引时，"A"形架特别适用，它也可用于垂直吊放采样装置或牵引拖网或采泥器。如果将"A"形架

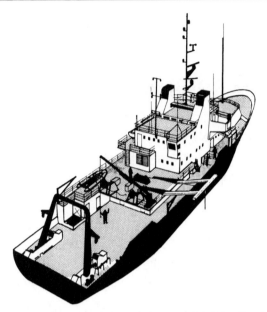

图 3.1　英国皇家调查船"挑战者"号的船尾工作甲板

"挑战者"号由英国自然环境研究理事会管理，是一艘 54.3 m 长的小型多功能调查船，可调螺距螺旋桨和船首推进器使船只可自由停泊于作业站位。"挑战者"号上载有 14 名科学家，可不补充燃料进行长达 32 天的海上航行。船上有一条 13 km 长的深拖网缆绳（直径 13～19 mm），2 条直径 22 mm、长 3.4 km 的重拖网缆绳，安装于实验室下方的滚筒上。当需要降低船只纵摇运动对缆绳造成的影响时，缆绳则牵引至船尾或船中部"A"形架的滑轮上（由 NERC 研究所提供的"威尔士"号调查船图纸修改而来）

安装在船尾，在布放时会有最大的垂直运动。因此，为了垂直吊放采样装置，如箱式取样器（见第 35 页），辅助的"A"形架和吊车常常被安装在船中部附近（如英国皇家调查船"挑战者"号，图 3.1），将这种垂直运动可能引起的颠簸对样品的危害减少到最低限度。

　　张力计通常由安装在滑轮上或"A"形架的滑轮组上的重力传感器组成。用于测定放缆时缆绳上的张力，并感应采样器是否到达了海底。在布放箱式取样器时，张力读数是关键（见下文）。在拖网或采泥器快速到达海底时也会有指示。

1.2　绞车和缆绳

　　调查船的主缆绳有许多不同的类型。由于铰接在一起的缆绳直径减小，整根缆绳的直径常常一头逐渐变小呈"尖细形"，这有利于减轻缆绳自重和拖拽阻力施加给缆绳的总负荷。这些缆绳通常是由 16 股镀锌的高强度钢丝配以缆芯组成的，虽然它非常牢固，但如果放绳时操作不当，可能会产生"猫爪结"或纽结。为了消除这个隐患，新型钢缆已被开发出来，它是由 3 根不会打结的主缆组成，即使缆绳上没有张力也不会打结。此外，缆绳里有一根可导电的缆芯，它可以为设备上的灯或传感器提供电源，不过它的长度一般只能到达中层水的深度。

　　为了采集海洋最深处的样品，垂直投放采样设备至少需要 11 km 的缆绳（电缆）。如果采样设备被牵引，则确保采样设备沉到海底所需的缆绳长度取决于缆绳自重和阻力、牵引的速度（在钢缆上的阻力）和深度。放至最深处的缆绳自重和阻力变得很重要，结果造成放出的缆绳长度与水深之比不断减小（图 3.2）。当缆绳末端没有物品时，被拖曳的缆绳是笔直的，它的角度取决于缆绳单位长度上的阻力、放缆速度和牵引速度。由于从绞车上放出缆绳需要时间，因此要确保使用的缆绳长度正好足够将设备沉到海底并停放于目标位置。如果缆绳上的重量加大而阻力却很小，则缆绳开始向下弯曲，舷外端和海平面的夹角增大；如果缆绳末端负载的阻力加大，如拖网，则导致缆绳向上弯曲，这个夹角则会减小（图 3.3a）。因此，通过在缆绳上加重物的方式来人为加重拖网可以

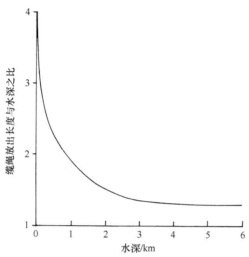

图 3.2　船相对于陆地运动速度为 1 节情况下，使采样工具（锚式拖网）触底所需放出的缆绳长度与水深之比

由于采样工具的拖曳力相对小，放出的缆绳重量较大，在 1 km 水深以内所需放出的缆绳长度达到水深的 2 倍以上（资料引自 Carey & Hancock，1965）

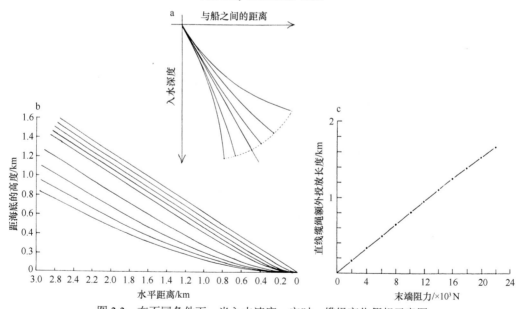

图 3.3　在不同条件下，当入水速度一定时，缆绳变化假想示意图

a. 随着与质量有关的缆绳末端阻力的增加（从左至右），缆绳弯曲形态的变化：左侧曲线显示了末端重量大于水的阻力时的缆绳形态（如装置为底表撬网或锚式拖网）；右侧曲线显示当重量逐渐小于阻力时的缆绳形态（如装置为渔网）。注意在不拖载重物时假定缆绳是直线。这些曲线显示了向缆绳上增加重物来加重拖网有利于缩短使装置到达海底所需的缆绳长度。
b. 随着阻力加大（可能由于取样装置开口度增大），缆绳曲线假想示意图。c. 底表撬网投放中计算得出的所需额外缆绳长度与末端阻力的函数关系。图 b 和图 c 的计算采用数值法（引自 Booth & Gage，1980）

大大缩短到达海底所需放出缆绳的长度（Rowe & Menzies，1976；Laubier *et al.*，1972）。在不施加重物、装置较轻、阻力较小的情况下，我们有理由假定，放出的缆绳将是笔直的。这时，在速度恒定的情况下，放出缆绳的最小值取决于放出缆绳的重量。当装置较重、阻力较大时，如渔网，装置因速度改变受到的阻力变化对缆绳弯曲的影响变得很重要，并进一步影响保持直线所需放出缆绳的长度（图 3.3b，图 3.3c）。水体的流速变化也将对放缆长度计算产生很大的影响，不过人们对此知之甚少。由于这个原因，使用声波信标或声脉冲发射器（见下文）可达到最佳精度。Kullenberg（1951）和 Laubier 等（1972）就深海缆绳投放的力学原理给出了更为详尽的描述。

1.3　转环和弱连接

当一种装置由 10 km 长的缆绳所牵引时（如常见的拖网和撬网），因缆绳从卷筒处松开，在缆绳上会产生巨大的扭矩。在被牵引的装置附近套上滚珠轴承的转环（见图 3.12a），使缆绳得以旋转而不至于纠缠在一起，否则很容易降低缆绳的强度甚至使其断裂。弱连接（见图 3.12a）由细小规格的钢丝绳或安全销组成，它们在承受额定负荷时断裂（这个负荷必须小于钢丝绳的"断裂临界点"，在这一临界点钢丝被永久性拉伸并即将断裂）。被牵引的装置在海底遇到暗桩时，从采样装置后部到弱连接近船一侧装配的安全索（见图 3.12a）会将采样装置拉离障碍物，这样就避免了样品、采样装置和数米长缆绳的损失。

1.4　精密的声脉冲发射器

声波信标有多种用途，将它们附于采样装置上或夹在采样装置附近的缆绳上就可以监控装置布放的深度。最初，它们被用作拖网或抓斗取样的辅助工具，探测采样装置是否触及海底（Bakus，1966；Bandy，1965）。声脉冲发射器的信号常常与精密深度记录仪（PDR）使用同样的应答器接收（见下文），但是，对于在船后方一定距离牵引的设备来说，常常需要使用后向或定向水听器。当直接接收的信号和从海底反射的信号汇集在一起时，研究人员就能知道装置已经触底。也可以通过分析两条声呐路径的延迟时间，一条直接接收来自声脉冲发射器的信号，另一条接收从海底反射回来的信号，就可以测出声脉冲发射器相对于调查船在垂直平面上的精确位置（图 3.4a）。连续对这一操作进行监控就可以计算出装置在海底的运动轨迹（图 3.4b）。Hessler 和 Jumars（1974）描述了声脉冲发射器在箱式取样中的运用，用于测定取样器在海底上方的距离。相对大型的设备，如箱式取样器，可以给声脉冲发射器一个反射信号，在船上就可以直接监控设备与海底的相对位置。

1.5　导航

所有现代深海调查船都装配有使用传送卫星的卫星导航系统和"台卡"导航仪或使用岸基中频无线电测向发射台的罗兰 C 导航系统。当前，全球定位系统（GPS）已投入使用，并将在 20 世纪 90 年代中期全面实施。GPS 根据来自多达 24 个卫星的信号提供超精确的卫星定位。这样至少有 4 个卫星处于船船上空，即位于地平线上方 5°以上。

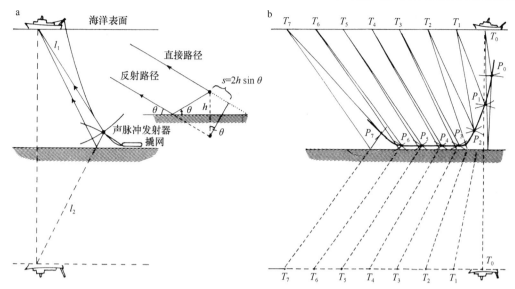

图 3.4　用声脉冲发射器跟踪采样装置在海底的位置

a. 固定在海底撬网附近缆绳上的声脉冲发射器和船舶之间的声呐路径与装置触底时声脉冲发射器和船舶之间的声呐路径之差 s 等于 $2h\sin\theta$，h 为声脉冲发射器到海底的距离（θ 表示的角度如图所示）。得到这两种声呐路径的长度就可以确定声脉冲发射器相对于船只在垂直平面上的准确位置。声脉冲发射器位于两个圆圈的交点上，一个圆圈环绕船只，另一个圆圈环绕船只以海底为对称面的"投影"，两个圆圈的半径分别为 l_1（直接路径）和 l_2（反射路径）。这两个圆圈相交于两点，两交点对称位于船只垂直面两侧。b. 表示船只的连续位置（T_0、T_1 等）和声脉冲发射器所监控到的拖网位置（P_0、P_1 等），根据这个模型绘制出的曲线（根据 Laubier *et al.*，1972 重新绘制）

　　上述每个系统在其工作范围限定之内都能提供船舶采样位置的连续读数。利用这些数据可以画出采样装置在海底的位置曲线图（采样装置一般位于船舶后方 5 km 或更远的位置）。Holme 和 Willerton（1984）对海底生态学研究中船舶和采样装置的定位问题作过综述。在近期几次对特定站点进行深入研究的深海科学考察中，声应答器（通常 3 个或 4 个）被散布在海底（图 3.5），采样设备的相对位置由这些声应答器和经纬仪或全

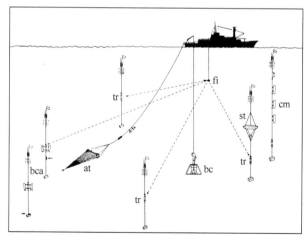

图 3.5　1980 年法国科考船"让·沙尔科"号在德默比航次时使用的 4 台声应答器阵列，用于绘制图中各种生物研究装置的位置图和海底轨迹图。tr. 安放在海底的应答器锚系；fi. 携带听传感器的拖曳的"鱼"；at. 阿氏拖网；bc. 箱式取样器；bca. 诱捕相机；st. 沉积物捕获器；cm. 多海流计锚系（修改自 Guennegan & Martin，1985）

球定位系统测得的绝对位置所确定（Rowe & Sibuet，1983）。这种应答器可以放置在海底且滞留相当长的时间，在长期实验中对该位点进行再次调查时，这些应答器将会有重要的价值。

1.6　精密深度记录仪

使用精密深度记录仪（PDR）的精确回声探测可以获得精确的采样深度，它们将被显示在记录纸带上或以数码方式记录下来。由于声波在不同物理性质的水中的传播速度不同，这些数据需要根据海洋地理区域经验表，通过人工或计算机程序进行修正。PDR可用于在布放采样装置前对某区域进行粗略考察。要绘制更详细的深海区域地形图，则需要由多波束回声探测仪与计算机高速绘图仪联用所组成的测绘声呐如"SEABEAM"，它将最直观地描绘出海底地貌（Renard & Allenou，1979；Rowe & Sibuet，1983）。

2. 研究型潜水器

虽然海上船舶用于深海生物研究已经有一个多世纪，但最近 20 年来，将载人和无人研究型潜水器用于生态考察与原位试验方面取得了快速的进步（Geyer，1977）。

2.1　载人潜水器（深海研究型运载器）

这些载人潜水器（DSRV）可用于采样和观测研究，特别是在海上船只和无人潜水器操纵的采样装置难以到达的地域，如岩石陡坡和海底峡谷。Heirtzler 和 Grassle（1976）提到，与遥感相比，利用潜水器观测自然环境诸成分的相互关系更加清晰直观。载人潜水器的主要优点就是它为在深海底进行实验操作以及在限定的区域，如热液喷口周围进行仔细观察创造了条件。更具体地说，Grassle（1980）认为，潜水器是下列作业的唯一手段：①采集小范围的特色样品；②在一个指定站点多年反复采样；③将采样装置插入海底而不扰动沉积物；④绕过复杂地形区域的障碍物航行；⑤采集水体中指定水层的样品。只有少数载人科考潜水器有能力进入深度超过 1 km 的海域（Heirtzler & Grassle，1977）。在那些有潜入 1 km 深度能力的潜水器中，最尖端的要数"约翰逊海链"号，它采用树脂玻璃而不是钢制外表（图 3.6）。对于更深潜的潜水器来说，它需要带舷窗的钢制或钛制外壳，其中最为人们所熟知的就是 1964 年美国的"阿尔文"号（图 3.7），以及法国的"西亚纳"号和"鹦鹉螺"号。其中，"阿尔文"号和"西亚纳"号分别有深潜 4 km 和 3 km 的能力，而有能力深潜到 6 km 的潜水器只有"鹦鹉螺"号（见图 15.3）、美国海军的"海崖"号、俄罗斯的"和平 I 号"和"和平 II"号以及日本的"深海 6500"号。因此，它们可以深入除海沟以外的所有深海中。全部实验都必须在潜水器机械手操纵控制能力及其最大起重能力范围之内进行。Rowe 和 Sibuet（1983）总结了可以由"阿尔文"号操作的装置，包括深海海床采样装置和实验操作装置。深海研究型运载器"阿尔文"号在深海实验中的应用将在本书第 6、8、11、12、14 和 15 章中叙述。然而，在深海中潜水器研究的主要问题是它们昂贵的费用，在布放和回收时受气候的限制以及研究者可能遭遇危险（Rowe & Sibuet，1983）。

图 3.6 "约翰逊海链"号载人潜水器在母船的船尾甲板上。其上方的"A"形架可将其提升放进水中和从水中吊起。潜水器有厚达 10 cm 的透明丙烯酸外壳，其内可承载一名驾驶员和一名观测人员，全景视野良好（由美国佛罗里达大西洋大学海洋研究所海港分所提供）

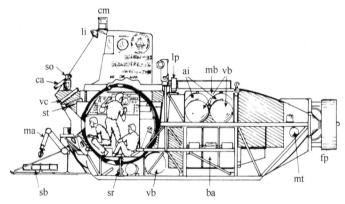

图 3.7 载人深潜潜水器"阿尔文"号，它的主驾驶和两名科学家在钛压力舱内（黑线表示）。在用于采集样品和操控实验的机械手（ma）下方，配备有可旋转的样品篮（sb）；图中其他标记如下：ca. 照相机；st. 闪光灯；vc. 视频照相机；so. 声呐；li. 探照灯；cm. 流速计；mb. 主压载水舱；vb. 可调压载水舱；ai. 空气；mt. 水银纵倾调节器；ba. 电池；fp. 主螺旋桨；lp. 可旋转抬升螺旋桨；sr. 球形释放器。画线区为复合泡沫浮力材料（修改自 Ballard，1982）

2.2 无人研究型潜水器（遥控运载器）

这些运载器包括一系列拖航的、栓航的和自由移动的运载器，它们通常是从海面进行控制的。拖航的遥控运载器（ROV）是由深拖设备包发展而来的，它们包括美国的声学导航水下地质探测器（ANGUS）和较新的"阿尔戈"号运载器，这两种运载器都是装有多种传感器的拖带滑撬。虽然没有独立的推进装置，但"阿尔戈"号有能力在 6 km 深度运行，在海底上方 20～40 m 高度上由同轴电缆牵引，通过同轴电缆能很精确地进行各种操作。这根同轴电缆同时为运载器提供电力并传送运载器上各种传感器传来的数据。这些传感器包括大面积的可视图像系统，它与旁侧声呐结合在一起，以便提供海底的宽带图像。小型 ROV "小贾森"号（图 3.8）是遥控运载器和大型潜水器成功接合的范例，采用脐带缆连接方法将"阿尔文"号和"阿尔戈"号进行连接。遥控水下操纵器（RUM）（Busby，1977；Jumars，1978）产生于遥控轨迹运载器盛行的时代，这些运载器可以被设计成在海底爬行。水下遥控器受海洋研究浮标，即一种漂浮的科考平台的控制，并由此获得电力（Jumars，1978）。在"泥潭"号考察期间（Thiel & Hessler，1974），水下遥控器在已有照相机和可视功能基础上被成功地改进，可以在圣迭戈海槽 1.22 km 深处精确定位并取 4 根 10 cm×10 cm 的四方形岩芯样本（Jumars，1978；Jumars & Eckman，1983）。Smith（1974）及 Smith 和 Hessler（1974）也采用水下遥控器来研究圣迭戈海槽中深海鱼的呼吸和测定沉积物需氧量。依靠自身电力运行的无缆水下遥控器包括法国的"逆戟鲸"号和日本的"海豚-3K"号。这些类型的运载器在很多国家正处于积极的发展过程中，并可能提供低成本、便携的仪器供各方使用，既包括使用照相和视频进行初步观测研究，也包括操作研究，如取岩芯和海底实验仪器的布放与回收（Hanson & Earle，1987）。它们也可用于在海底的广泛调查。摄影作为深海生物学家的一种工具将在后文中进行讨论。

潜水器在深海研究中已经不可或缺，并展现出激动人心的发展前景。

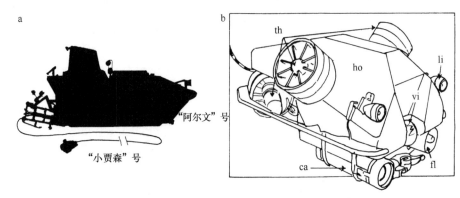

图 3.8 "阿尔文"号（a）和小型遥控运载器（ROV）"小贾森"号（图 b 为内部放大图）通过 61 m 长的脐带缆连接在一起。ca. 照相机；fl. 闪光灯；th. 助推器；vi. 视频照相机；li. 灯；ho. 运载器外壳。图 a 修改自 Ballard（1975）；图 b 修改自国家地理学会

3. 采 样 设 备

早期航海中使用的设备（参见 1 章）由粗网孔拖网和采泥器组成，常常用粗麻绳靠人力硬拖上来（Mills，1983；Rice，1986）。尽管它们已经更新为更为先进的采样装置，但这些设备今天仍被人们使用。

在科考船的有限范围内，布放的采样器类型取决于采集样品的类型：是采集大量样品以代表某个已知海底区域内的种群特点，还是只需选择性地采集这一区域某一具有代表性的动物？所用的采样装置类型还取决于采集的目标生物或群落的大小（采集沉积物细菌所用的器具与捕获大型游泳动物所用的器具是不同的）。把握采集样品的季节性时机也是很重要的，在后文中将讲到，某些深海过程是由生产力的季节性变化所驱动的，因此，需要制订季节性采样计划。采样装置的布放方式也是多种多样的，有些是牵引，有些是垂直起降，还有些则是无缆吊放，如"自由落体"采样器。因此，采样器的选择及其布放取决于多种因素。在本节中主要讲述较为普遍的采样方式，它们不断发展并用于采集深海海底边界层的生物样品。此外，我们还将对它们的用途作概述。

3.1 定性/半定量采样器：拖网

20 世纪以来，深海生物学研究最主要的装备之一就是阿氏拖网（图 3.9a），它也被称为西格斯比或布莱克拖网[它们分别根据美国先驱博物学家亚历山大·阿加西斯（Alexander Agassiz）使用过的船和船长的名字来命名的]。这是一种双边桁拖网，由沿海地区渔民一度普遍使用的装置改制而成。它有一个网孔 20 mm 的主网，囊内衬网孔 10 mm 的虾网。阿氏拖网主要用于采集大量的海底大型动物和靠近海底生活的动物（参见第 4 章）。大的桁拖网，如图 3.9b 所示，它同样由沿海渔业设备发展而来，也可用于捕捞大型动物。

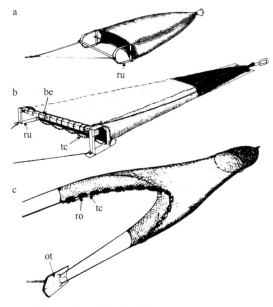

图 3.9　按大致尺寸绘制的不同的海底拖网

a. 3 m 宽的阿氏拖网；b. 法国在最近的研究中使用的 6 m 宽大桁拖网；c. 半球式网板拖网。ru. 金属滑板；be. 木桁；tc. 链条；ro. 拖网底绳上的橡胶滚筒；ot. 钢制"V"形截面网板（图 a 和图 b 根据 Guennegan & Martin，1985 的画图修改）

各种拖网已用于采集深海底栖鱼类。每种拖网都获得不同的渔获物，反映了鱼类行为和生活方式的变化，所以调查结果之间的比较往往很困难，除非使用类似的渔具，以标准化的方式捕鱼。研究利用大型商用双拖网板拖网已成功地在 1.25 km 左右的水下捕鱼（Gordon & Duncan，1985），但是大多数采集底栖鱼类标本的拖网是小型马里诺维奇半球式网板拖网（OTSB）（Merrett & Marshall，1981；Gordon，1986）。这种半球式网板拖网（图 3.9c）有一条长 14.7 m 的主缆，并且可以捕捞深度超过 5 km 的深海鱼类。在拖航期间，OTSB 的进度可以由安装在拖网入口和翼端中间的声脉冲发射器来监控。OTSB 捕捞时可用单缆或双缆来牵引。捕获物量随使用方法的改变而变化，但是，一般大型商用双拖网板捕获大型无脊椎动物和鱼类的量较多。OTSB 在北大西洋被人们广泛地使用，捕获数据被用于制作深海底栖鱼类分布的标准化图集（Haedrich & Merrett，1989）。

特殊的囊装置已经被研制出来，当回收网时，它可以隔离并保护捕获物免受热冲击。网中的许多物种在捕捞时很少受到挤压，因而更适宜于生理学研究或养殖。相比静水压力的下降，大多数深海动物更难以忍受温度的上升，但很显然有鱼鳔的鱼是例外。

随着采用电子仪器测定网在海底的滞留时间和周边的水文信息，捕捞技术有了大幅度提高。下文将对底表撬网作更详细的描述。

3.2 底表撬网

最初的底表撬网是 20 世纪 60 年代由美国伍兹霍尔海洋研究所开发出来的（Hessler & Sanders，1967），并且随后（Aldred *et al.*，1976；Rice *et al.*，1982）被设计改进用于捕捞较小型的深海底动物。伍兹霍尔底表撬网（图 3.10a）由一个扁平的网袋组成，类似于一张浮游生物网，安装在一个金属框架内，与宽滑道相连，从而防止沉入沉淀物中，设计为向上运动。采集网的网口大小为 81 cm×30 cm。金属框架的开口由一对切割板制成，切割板边缘可以升高或降低。主网用网孔由 1.0 mm 的单纤维尼龙制成，它被用钢丝网编织的笼子保护在框架中。在拖网回收至海面过程中，为了尽量减少网中样品被冲走，一个约 1.3 m 长圆锥形的延长网从撬网后面伸展出来，并用帆布保护起来以免被海底擦伤。最初袋口边缘弯折成一定的角度，它可以将最上层的沉积物剥离下来。但是，这样做的结果是撬网的入口迅速为沉积物所堵塞。对铰链叶片稍作调整，使其切割边与滑板水平或略朝上翘（图 3.10b），令人吃惊地发现，这一调整可以更好地收集到生活在沉积物-水界面的小型动物样品（Gage，1975）。

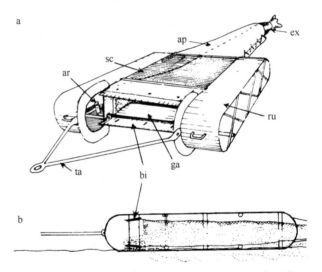

图 3.10　a. 有拖曳臂（ta）的伍兹霍尔底表撬网。有帆布（ap）保护的牵引袋（ex），ru. 滑板；sc. 保护主袋的金属网；bi. 呈典型采样角度的铰合板；ga. 处于打开状态的铰链形成的门；通过定时器控制装置释放弹簧加载臂（ar），实现闭合。b. 在深海中使用底表撬网可能的操作模式。轻微上扬铰合板和撬网前方的金属板可以搅动沉积物，使沉积物和其中的动物群处于悬浮状态，将其一同吸入张开的网口

在监测采样器是否到达海底的电子指示器尚未出现前，常常需要多放出一段牵引绳，以确保采样器在被牵引时依然停留在海底。这段牵引绳会扰动采样器前方的沉积物。虽然可以提高小型动物的捕获量，但是会吓跑更活跃的物种。设计尼龙网袋是为了过滤和留住沉积物及直径>1 mm 的动物；在实际使用时，捕获物常常是由动物和细小颗粒的烂泥混合物组成的，它们要经过仔细的清洗（见第 38 页）。

拖网在海底拖行的时间达到 1 h 左右之后，定时释放的闸门将入口关闭，既可保护样品在采样装置通过水体时免受浮游生物的污染（装置的重量以及相对较小的开口可以防止装置在沉降到海底的过程中捕捞到鱼类），又可防止回收过程中烂泥混合物中重量轻的小型动物从开口处流失。

虽然底表撬网的出现引领了深海生物学新时代的到来，但是在操作上它仍然有其局限性。例如，在海底以不同的速度牵引时获得的捕获物之间易存在差异（Gage *et al.*，1980；Harrison，1988）。在研究中需要测定在海底实际拖曳的距离以及在采样前照相记录海底的情况，英国海洋科学研究所迪肯实验室的研究人员用他们的声学监测底表撬网（AMES）解决了这些问题。这种撬网由又宽又重的滑撬金属框架组成。入口的尺寸为2.29 m× 0.61 m，并装有开/关机械装置。主网由 4.5 mm 涤纶丝网组成，丝网上有一个1.0 mm 网孔的囊，长度为 1.5 m。在撬网顶部装有耐压罩（压力屏蔽室），里面有一架照相机和电子闪光灯，可以在撬网入口前方向下、向前任意倾斜从而拍摄海底照片。框架上安装有精密声脉冲发射器，装置在下沉到海底的过程中头部是向上的，这时声脉冲发射器每秒发出一个单一脉冲；当装置到达海底时会水平躺于海床上，这时声脉冲发射器发出第 2 个脉冲；连接到其中一个开启杆上的水银倾斜开关发出第 3 个脉冲指示覆盖入口的网已经放下来。如果在捕捞期间撬网离开了海底或者拖网结束，则相应的信号消失（Aldred *et al.*，1976）。

研究人员对这种设计加以改进，用 3 个独立的网代替单网（图 3.11），两个外网的网孔为 4.5 mm，中间网的网孔为 1.0 mm。在中间网的上方有一个上底拖网，其网孔为 0.33 mm，

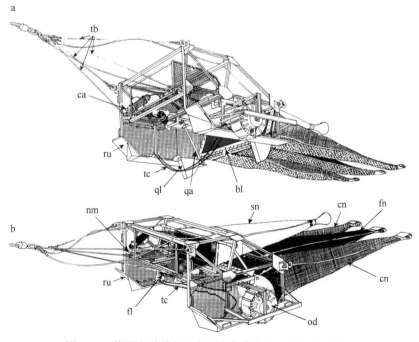

图 3.11　英国海洋科学研究所迪肯实验室开发的底表撬网

a. 由下向上看的侧面图；b. 从上向下看的侧面图。tb. 拖曳绳；ca. 照相机；ru. 金属滑板；od. 轮式里程计；tc. 链条；sn. 上底拖网；cn. 粗网目外网；fn. 细网目内网。撬网口在由底部下降和上升期间，通过铰链式遮阳帘（bl）关闭网口，接触海底后，连接扇形臂（qa）的扇形杆（ql）将铰链式遮阳帘推至水平打开位置；nm. 撬网监控器；fl. 闪光灯（引自 Rice *et al.*，1982）

用于收集靠近海底的浮游生物。照相机在海底上方的高度可以变化，以获得拍摄底表动物的最佳分辨率。将轮式里程计耦合到电位计上，用于测定装备在海床上方拖曳的距离。它可以在牵引时进行测定，并通过声波将信息发送回船上（Rice *et al.*，1982）。将网口前方所拍摄的海底区域的情况和最终捕获物进行比较，发现采样装置经常漏掉在照片上清晰可见的很大的底表生物，每一次拖网的捕获结果都不尽相同（Rice *et al.*，1979；Rice，1987）。因此，即使采用这种复杂的工具，其结果依然是有偏差的，并且在最理想的情况下，也只能提供海底群落构成和现存量的半定量估计值。

上述采样装置和直到 20 世纪 60 年代所使用的其他全部拖曳式深海底采样装置一样，实质上都不是定量的。在当时来说，这并不是一个最主要的问题，因为研究主要解决的是动物地理学的问题。然而在 20 世纪 60 年代初，考察重点从动物地理学的问题转向了更多的定量研究，特别是当小型生物群的相对重要性（从数量和现存量方面）被确定时。由于船时成本高，使用仅在很小区域取样的浅水底栖取样器是不切实际的。

3.3 锚式采泥器

锚式采泥器（图 3.12a）是一种半定量的沉积物采样器，利用其能知道采样器插入沉积物的深度（图 3.12b）。根据刺穿深度和所获得的沉积物量可以估计出采样的面积（Sanders *et al.*，1965）。它有一个帆布做的收集袋，用 2.5 cm 网孔的尼龙网支撑。在 Carey 和 Hancock（1965）的锚箱式采泥器（图 3.12c）中，网袋被 57 cm 宽的钢箱代替。在钢箱剪切边装上了坚固的钢牙。在采泥器入口处安装了一个带铰链的喉阀，它被设计用于防止采样器在布放和回收时受水层动物的污染。

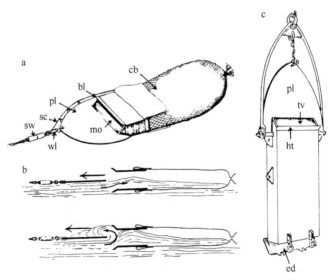

图 3.12 半定量采泥器

a. Sanders 等（1965）的伍兹霍尔深海锚式采泥器。pl. 刨削面；mo. 网口；bl. 上下缘切割刀片；cb. 收集袋。b. 操作模式，上图为采泥器剥离 10 cm 厚的上层沉积物，直到前方的材料阻塞了入口（下图），便不再继续收集沉积物。大箭头表示拖曳方向。c. Carey 和 Hancock（1965）的锚箱式采泥器。与前者相比有相似的刨削面（pl）；加固的钢牙（ht）镶嵌在切割边上，采样时"V"形带铰链喉阀（tv）向上翻，并保护样本在回收时不被冲走；从图中带铰链的后门（ed）取出沉积物样本。其他标记：sc. 安全索；wl. 弱连接；sw. 转环（图 a 和图 b 引自 Sanders *et al.*，1965）

在锚式采泥器和锚箱式采泥器这两种采泥器中，均在入口前设计了一个起滑翔作用的平面，防止采泥器进入沉积物太深。这个平面使采泥器能够剥离体积达 1.3 m² 的最上层 10 cm 沉积物。潜水员在浅海中对锚箱式采泥器的观察表明，可能只采集了一半的区域，进入箱内的小部分沉积物堵住了箱子的入口（图 3.12b），因此不能继续收集更多的沉积物（Gage，1975）。研究也表明，锚箱式采泥器在采集体型小、有游动能力的动物方面仍有不足，它比不上采用范氏铰合采泥器和潜水员细致的手工取芯采样。锚箱式采泥器采集的穴居动物样品相对没有偏差，但是对于那些生活在沉积物表面的生物，采集它们的效率不高（Hessler & Sanders，1967；Gage，1975）。

3.4 定量采样器：抓斗和箱式采样器

深海底栖动物的定量研究开始于"铠甲虾"号（Spärck，1951），而就世界范围来说，始于 1949 年苏联的项目（Mills，1983）。直到 20 世纪 70 年代初期，主要的定量采样器是奥克安（Okean）、坎贝儿（Campbell）或彼得森（Petersen）采泥器（Spärck，1956b；Eleftheriou & Holme，1984）。这些铰合采样器相当于在浅海中使用的采样器的放大版，它们各有局限性；或者采样太少，或者更重要的是插入沉积物的穿透力容易因铰合采样器的颚瓣形式不同而发生变化。进一步来说，它们会产生一种压力波，将表面的沉积物颗粒和栖居在沉积物表面的重要的轻体动物"吹"到一旁。这些偏差使得它们不能用于定量研究。在早期的采样器中，赖内克（Reineck）箱式取样器（Reineck，1963）有接近完美的设计，但是只能采集小范围表面样品，后来的地质学获取岩芯的取样管是由它改进设计出来的（Bouma，1969）。

Hessler 和 Jumars（1974）在美国斯克利普斯海洋研究所和圣迭戈（San Diego）美国海军电子实验室（USNEL）的共同努力下，研制出 USNEL 箱式取样器。这种取样器已经成为深海定量采集小型动物的标准采样装置，同时，它插入某一深度深海沉积物中的面积精确。该装置回收相对不受扰动的样品，面积达 0.25 m²（50 cm×50 cm）。一般来说，该面积已足够大，可以提供非常有意义的生物数量，即使对于那些栖居深海的低密度种群也已足够。早期的设计后来在斯克利普斯和新墨西哥州的桑迪亚（Sandia）实验室的共同努力下得到了改进，图 3.13a 显示的就是后来的设计。USNEL 箱式取样器由一个可以拆卸的两端开口的正方形钢质取样箱连接到一个重力柱上所组成。取样箱由安装在支架上的平衡环的导引插入沉积物中。在吊放时铲刀由取样器顶部的弹簧插销固定在水平位置上，盖住箱子顶部。箱子顶部的翻板阀在降落时受连杆控制一直打开，这使它在下降时容许水流通。因此，当箱式取样器抵达海底时可以将压力波效应减至最小。箱式取样器携带着固定于箱体上方 25 m 处牵引线上的声脉冲发射器从船上垂直下降。在海底上方的高度和随后的触底由声脉冲发射器监控。同时，船上的张力仪提供采样装置触底的即时指示。

箱式取样器大约以 60 m/min 的速度下降，直到接近海底，这时它的下降速度减小至 15～20 m/min。当采样装置到达海底时，框架留在海底，让沉重的压舱和取样箱渐渐插入沉积物内部（如图 3.13 所示），使弹簧插销抽回，释放出关闭铲刀所需的缆长。当开始收缆时，铲刀臂就开始向下挖掘进入沉积物内部，直到它把取样箱的底部封闭。当

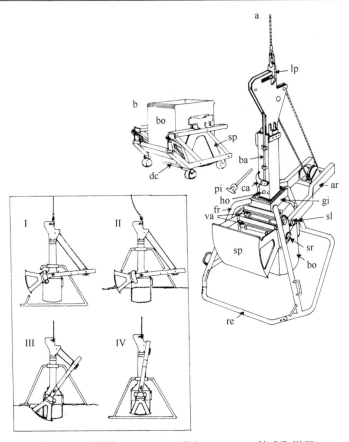

图 3.13　赫斯勒（Hessler）/桑迪亚 USNEL 箱式取样器

a. 用船舶钢缆吊起准备投放的采样装置示意图（套图内 I~IV 表示操作顺序，即采样装置在抵达海底前、在海底和离开海底后的状态）。在甲板上将插销（pi）插入铅质重物舱底部的孔（ho）中，防止其从支架（fr）上的平衡环（gi）中滑落；锁板（lp）上有一个由弹簧控制的插销，通过一根滑杆锁住，用来防止滑轮系统上的缆绳将可拆卸取样箱（bo）下的铲刀（sp）臂（ar）拉至关闭状态。在到达海底（图 II）时，较重的取样器通过平衡环滑至沉积物中，转动凸轮（ca）使滑杆向下滑动，将原用于防止缆绳拉过的锁上的插销从锁板上打开。原用于防止取样箱两侧成对窗口阀（va）关闭的一个精制的连接装置断开，在取样器上升至水面的过程中可以使取样箱顶部密封。收紧已着底的取样器（图 III）上方松弛的缆绳，向下摆动铲刀臂，使铲刀切入沉积物中，然后通过铲刀上的槽沟（sl）与中柱上带铰链的连接吻合，将铲刀沿取样箱的下边缘拉紧。这使得取样箱被完全密封，整个装置携带样品离开海床（IV）。b. 与铲刀一起被取出的装有样品的取样箱示意图，铲刀与机械臂断开连接（sr）而被释放，放在下方的推车（dc）上。然后移除下方的框架（re），将样品从装置上运出并用于检测

拉出采样装置时，在铲刀上表面的铅片或橡胶片密封住取样箱的底部。当取样器被向上拉时，缆绳的张力明显增大，当取样器从海底沉积物中拉出时，张力又突然减小，采样装置以 50 m/min 的速度被回收。一次成功的箱式取样器取样的样品的上覆水应该是澄清的（其特点是水温低），表层沉积物未受任何扰动。一旦拉上甲板，从取样器中取出箱体（图 3.14），然后过筛或进行分样。"栅格"改进型是装上用 25 个 10 cm×10 cm 正方形子样按线形排列的网格（Jumars，1975a）。研究已证明，这一改进对于了解深海小尺度空间变化很有价值（参见第 6 章）。

　　仔细处理所得到的箱式样品可以为研究栖居于沉积物中的小动物群落提供极好的定量样品，明显优于用铰合取样器获得的样品（Smith & Howard，1972）。然而，它们也不是毫无偏差的。Jumars（1975b）指出，最外围的"栅格"子样中的动物数量比内层的 9 个子样的数量少很多，表明在大多数动物栖居的表层沉积物上仍然存在一些压力

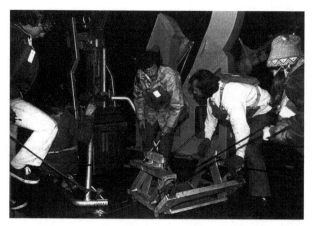

图 3.14　"托马斯·华盛顿"（Thomas Washington）号船尾甲板上的 USNEL 箱式取样器的照片
照片显示用于支撑和定位样品箱的推车（前景）[由斯克利普斯海洋研究所 R. R. 赫斯勒（R. R. Hessler）教授提供]

波效应（参见第 6 章）。因此，许多定量分析均只用 9 个内芯的样品。取样箱中央小直径的取芯管可用于研究最小型的动物和微生物。USNEL 箱式取样器成为深海调查中的标准采样装置，并在世界范围内得到广泛的应用。

3.5　SMBA 多管取样器

这种装备（图 3.15）由苏格兰海洋科学协会（SAMS）研制，它提供了一种使用小口径取芯管而且几乎无压力波影响的采样方法（Barnett *et al.*，1984）。这种多管取样器

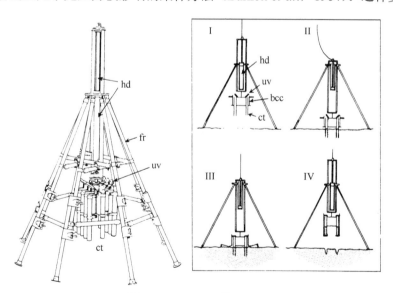

图 3.15　SMBA 多管取样器
在外框架（fr）内，水力阻尼器（hd）支持的滑动框架携带着一组取芯管组合（ct）。插图显示在海床上的操作顺序：触底后（I），缆绳松弛，上封盖（uv）处于开启状态的取芯管组合（图中只显示了两个）在水力阻尼器作用下缓慢插入沉积物中（II）。收缆吊起取样器时，每个取芯管顶部的封盖首先关闭（III），然后释放取芯管的底封盖（bcc），向下摆动直至接触到海底表面。继续收缆，从海底拉出取芯管（IV），沉积物芯样被上方的封盖密封并阻留。当取芯管从沉积物中拉出时，底封盖就位并帮助阻留取芯管上升至海面（修改自 Barnett *et al.*，1984）

的设计基于克雷布取芯器（Craib，1965），它由一个外框架及其支撑着的由多个内径为56.5 mm（面积 25.1 cm^2）的塑料取芯管组合组成，该组合悬挂于充满水的阻尼器上。当装置下降时，框架落到海床上（见图 3.15 中插图），缆绳松弛，阻尼器阻挡着取芯管组合，使其徐徐下降并尽可能缓慢地插入海底。取芯管上下部均被球阀机构所密封，防止在回收取样器时损失或扰动取芯管内的样品。这种装备即使在采集最小和最轻的颗粒时也不会产生压力波的扰动。通过对海底容易再悬浮的植物碎屑絮凝物进行采样，证明了该装置的采样效率（Gooday，1988）。另外，除采集动物和微生物样品外，将该装置加以改进，可成功地用于原位测定微生物的新陈代谢过程（Patching et al.，1986）。

3.6 其他采样器

上述所设计的这些采样器都要利用船上的缆绳。然而，Rowe 和 Clifford（1973）描述了将伯奇-埃克曼（Birge-Ekman）箱式取样器（20 世纪早期开发出来的一种小型定量采样器）加以改进，供"阿尔文"号使用或供浅水潜水员使用。这种体型小、重量轻的取样器由大小为 15 cm×15 cm、两端开口的箱子组成，采用潜水器机械手将其插进海底，并且采用弹簧为动力、带铰链的铰合颚的方式关闭底部。

为南极陆架作业而改造的大型多箱式取样器可以携带 9 个相互独立的面积为 12 cm×20 cm 的箱式取样器，还加装了视频摄像监视器（Gerdes，1990），改进后非常适宜在深海中作业。

3.7 样品冲洗

用粗孔拖网收集到较大的深海动物样品，一般在回收过程中已经清洗干净，可以直接在甲板上区分样品的主要类别。然而，采用大多数细孔拖网和箱式取样器捞起了大量的细小沉积物，从中分离细小脆弱的动物时，动作必须极度轻微。采集浅海底栖生物所采用的那些方法往往不够细致，对更易受损的深海样品造成严重的破坏。研究证明从沉积物中轻轻地分离细小动物的最好方法是 Sanders 等（1965）提出的淘析技术。将淤泥状样品等分后放进一个加装了出水口的改进过的淘洗桶内（图 3.16）。加入大量过滤的海水，水流使样品悬浮于水中。悬浮物从出水口流至一个细孔筛网上，动物留在筛网内，

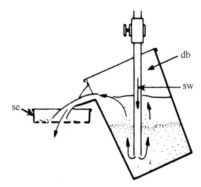

图 3.16 用于淘洗深海底栖生物样品的淘析设备

db. 淘洗桶；sw. 流入的过滤海水；se. 细网目筛，用来过滤流出海水中的动物（引自 Sanders et al.，1965）

而过滤掉所有小于筛孔的沉积物颗粒（所用筛孔目数取决于要保留的动物的类别，参见第7 章对于筛孔目数大小与小型动物的大小分类的讨论）。残余物一般用 5%甲醛（用海水配制）固定，最后用 80%乙醇长期保存。可以在保护液中加入少量的丙二醇（1%体积），以免用低倍双目显微镜对样品进行分类的时间过长从而引起动物完全脱水。

4. 照相和电视

关于在深海中使用摄影技术的著作已经发表了很多（Hersey，1967；Heezen & Hollister，1971；Menzies *et al.*，1973；Rowe & Sibuet，1983）。虽然通过潜水器视频记录直接观察在某些研究中更好，但照片为我们提供了深海底永久性的视觉图像，在这一点上，它比其他任何技术都优越。在现代研究中，研究人员经常将照相机安装在滑撬上使用（有时与底表撬网一同使用，参考上文有关章节），或安装在潜水器上，或安放在诱饵捕获器上方（见下一节）。倾斜拍摄的海底照片比垂直向下拍摄的照片更能清晰地分辨出海床表面构造和小型生物。此外，还可以在上面加上透视网格（perspective grid），这样可以获得更精确的定量结果（Barham *et al.*，1967；Grassle *et al.*，1975；Wakefield & Genin，1987）。在深海研究中使用的照相机主要类型包括如下几种。

（1）下视立体照相机，朝下安装在垂直的缆绳上，可用于拍摄海床的平面图像（图 3.17a）。相机会不停地进行纵向运动，当与海底接触时，相机的电子闪光灯闪烁，拍摄照片并转动胶卷到下一格，准备下一次拍摄（由于深海中缺乏亮光，许多深海照相机的快门没有实际用处）。

（2）照相机倾斜安装在船尾拖曳的滑撬上，按事先设定的时间间隔进行拍摄（图 3.17b）。

（3）照相机装入多种拖曳仪器内，如"深拖"号（Busby，1977）或"鳐鱼"号（图 3.17c），它类似于在 ROV 一节中所描述的"阿尔戈"号运载器。这种装置通常包括浅地层剖面测量仪、旁侧声呐以及质子磁力仪。将它们沉降到海床上方 15～200 m 处，并以大约 1.5 节的速度拖曳。覆盖大范围的照片分辨率有限，不利于鉴别深海中的生物，但这些照片对于深海海床自然状态的大尺度调查是很有用的。

（4）脱离运载器的照相机系统，如"深睡"号（Lampitt & Burnham，1983）（图 3.17d）。它可以独立于考察船而长时间布放在海床上，并于日后收回。一旦布放完毕，照相机将在长时间内按设定的时间间隔拍照，同时，将海流速度和方向记录在系泊的海流计上。吊放结束时，通过声学释放器或定时释放器将照相机释放并使其离开海床，浮到水面上由船舶回收。"深睡"号已经成功布放测定了超过 6 个月的海底季节变化（图 11.3）。

（5）水下电视尚未在深海研究中得到广泛的应用，因为照相机与海面船舶之间的导电电缆会流失大量的电能。然而，使用光学纤维来传送信号可以解决这一问题。连接到潜水器或游动的运载器上的高分辨视频摄像机和记录仪是记录深海生物行为的一种优良手段（Laver *et al.*，1985）。现在，高分辨率摄像机可以生成与静止照相机几乎一样好的单一画面。Rowe 和 Sibuet（1983）指出，水下电视的未来在于控制遥控操纵器和运载器的发展。电子照相机的未来发展将进一步帮助解决水中长距离传送信息的有关问题。

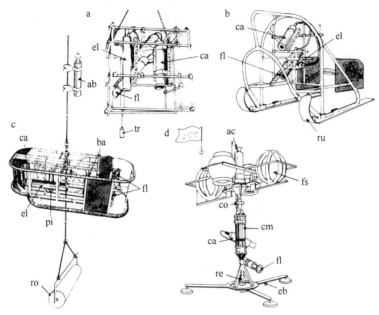

图 3.17 拍摄深海海床的装置

共同标记：ca. 照相机；fl. 闪光灯；el. 电子设备。a. 拍摄深海海床的立体照相机系统，由英国普利茅斯海洋生物学会（MBA）的 A. J. 索思沃德研发。框架内两个向下拍摄的照相机和闪光灯由悬挂在下方的小型触发器（tr）与海底接触时触发，电子元件位于另一个压力舱内。b. 由普利茅斯海洋生物学会（MBA）的 A. J. 索思沃德使用的海底摄影滑撬。自动相机和闪光灯由安装在滑行装置（ru）上的金属框架所保护，可在海床上拖行。c. 深拖照相机"鳐鱼"号（类似的装置在美国被称为"安格斯"）（与其相似但更加精细的系统"深拖"号拍摄了图 2.12 和图 2.13）。3 m 长的框架由一个刚好与海底接触的重型滚筒（ro）压载；在高度 3 m 处，倾斜于垂直面 10° 的照相机视野范围为 7 m²。整套系统中有双闪光和电池组（ba），由安装在缆绳上的声脉冲发射器（pi）和声波信号浮标（ab）监控。d. "深睡"号无运载器延时照相机系统，由英国海洋科学研究所研发。倾斜的照相机视野可以良好地分辨海床上的凸起和诸如植物碎屑形成的"绒毛"等物质，这些在下视拍摄中很难分辨出来。装置还配备了海流计（cm）和罗盘（co）；尽管装置受下沉力作用沉入海底，在接收到由船只声波控制系统发出的声波信号后，它可以依靠浮球（fs）的作用产生足够的浮力并上升到水面。ac. 声波指令系统；re. 释放器；eb. 可伸展底座（图 a 和图 b 引自 Southward *et al.*, 1976；图 c 引自 Guennegan & Martin, 1985；图 d 引自 Lampitt & Burnham, 1983）

（6）声学跟踪。这一新方法采用了一组高分辨率窄波束声呐，这些声呐作为自由载具系泊在深海底。该仪器能够通过测量单个远洋动物的目标强度来检测和跟踪它们，并可能提供较大的游动动物受有机物质流入或流出 BBL 影响的运动数据（Smith *et al.*, 1989）。

4.1 诱饵捕获器

在 19 世纪末 20 世纪初摩纳哥亲王阿尔贝一世巡航期间，诱饵捕获器首次在"燕子"号上使用。各种各样最新的诱饵捕获器的设计几乎都采用缓慢溶解的释放装置，经过一定的时间后释放压载重物，使装置在玻璃浮球的浮力作用下上浮至水面（图 3.18a～图 3.18d）。直到 20 世纪 70 年代中期，Isaacs 和 Schwartzlose（1975）才首先将诱饵捕获器和照相机相结合用来研究深海（与此相似的法国装置如图 3.18c 所示）。这种装置自由下落到海床，延时照相机在预先设定好的间隔时间拍下诱饵的照片。当布放期结束时，照相机通过声波释放仪接受海面指令，释放出来并浮出海面。事实已经证明，诱饵捕获器可成功用于抓捕和观察那些会游走并均匀散布在海床上的动物，如巨大的端足类甲壳动物和大型鱼类，这些动物可能会逃避拖网式采样器而难以捕获（Dayton & Hessler，1973；Dahl *et al.*，1976；Hessler *et al.*，1978；Thurston，1979；Ingranm & Hessler，1987）。从上层水落入深海中的大量食物的去向也可以采用这种方法来检查（Rowe & Staresnic，1979；Rowe & Sibuet，1983）。

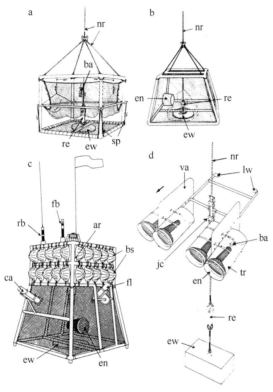

图 3.18　各种类型的深海诱饵捕获器

共同标记：nr. 尼龙绳索；re. 镁释放装置；ew. 可伸展压载重物；bs. 浮球；ba. 诱饵；en. 进口。图 a 和图 b 是相对较小的诱饵捕获器，体积约为 0.8 m³，外框架为塑料管，有释放装置，可以释放环状可伸展压载重物，使捕获器连同其捕获物可以靠尼龙绳上方的玻璃浮球（图中未显示）的浮力作用上升至水面。捕获器（图 a）可以使被诱饵吸引的较大捕食者进入，像窗帘的侧边一样可以通过弹簧（sp）控制关闭，使压载重物释放时动物被困在捕获器中。图 b 的捕获器较小，入口是简单的圆锥形。图 c 是法国海洋开发研究院使用的较大的诱饵捕获器。也可以用作自由运载器，40 个浮球直接系在体积为 8 m³ 的方形笼子上方。这个捕获器装有延时照相机（ca）、闪光灯（fl）以及声学释放器（ar），可以对母船指令进行应答。闪光灯柱（fb）、旗帜和无线电信标（rb）在捕获器上升到水面时可以起到定位作用。图 d 是自由定向的诱饵捕获器组合，由斯克利普斯海洋研究所设计，用于采集食腐端足类。捕获器通过叶片（va）、平衡器（lw）和连接尼龙绳的夹子（jc）实现自由定向。与图 a 和图 b 相似，带有可扩展的压载重物的释放系统，使捕获器在设定的时间上浮至水面。每个小的亚克力捕获舱（tr）的圆锥形网口总是面向洋流方向（箭头表示）放置于下游，动物会被捕获舱内的诱饵气味吸引（引自 Guennegan & Martin，1985）

4.2　原位测定海底生物过程

迄今为止，所讨论的方法都是为了收集或观察深海无脊椎动物或鱼类。某些生物过程，如生长、繁殖，可以通过这些样品的时间序列来确定。然而有一些生态过程可以从个体或种群水平进行原位测定。沉积物中的生物再迁入测定是在长期布放的已去除动物的天然沉积物的托盘里进行的。该托盘最后被回收到海面上（Grassle，1977；Maciolek *et al.*，

1987a，1987b；Grassle & Morse-Porteous，1987；Desbruyères *et al.*，1980），同时，用相似的实验通过放置在深洋洋底的"木岛"研究了可以再迁入木头上的动物（Turner，1973；Maddocks & Steineck，1987）。原位测定代谢过程的方法得到了发展，这是因为深海生物通常不能在没有维持海底温度和压力的特殊采集器中存活下来。

研究要测量的两种决定深海中代谢速率的参数是在封闭环境中的耗氧速率和营养盐交换量（Smith & Hinga，1983）。这些研究已描述了在大型无脊椎动物、鱼类以及在整个沉积物群落中测定这些参数的原位设备。有关这两种原位设备更详细的情况，分别在第 8 章和第 11 章中讨论。

第二部分

深海底边界层的生物

在本书中，我们将焦点集中在栖居海底边界层的动物生命类型。世界范围的深海采样已经证明，生命的辐射进化已经渗透到全世界海洋的各个部分。从北冰洋极地冰盖下的深处直到最深的海沟最深处都已经找到了动物生命。事实上，只有在硫化细菌很繁盛的缺氧海盆中才没有动物生存。

动物的类型

海底边界层动物由两类组成：一类是生活在海底被称为底栖生物的动物，另一类是底游动物，它们生活于海底之上的上覆水中，包括游泳的或漂浮的生命形态，其中有些动物在或长或短的时期内生活于海床上，甚至埋藏在海底。

这并不是否认其他与海底紧密接触的主要生命类型的重要性，但是，在正常情况下，这些生物的整个生命都在上覆水中游泳（游泳动物）或漂浮（浮游生物）。海洋表面生物群落的生物量是最高的，随着深度的增加呈指数递减，到 4 km 深处生物量约为海面生物量的 1%（Angel & Baker, 1982）。然而，Wishner（1980a）从附着在"深拖"仪器的网中发现（参见第 3 章），在海底上方 100 m 处，生物丰度开始增加，到海底上方 10 m 处丰度为原来的 2 倍。Wishner 发现了与海底边界层息息相关的形形色色大量而新奇的底游生物群落，其中优势类群为小型桡足类甲壳动物。不过，偶尔也有深海海参（参见第 51 页）和水母这样的大型胶质生物占优势的情况（Barnes et al., 1976；Childress et al., 1989）。底游生物群落包含了一些完全营浮游生活的物种，但主要由亲底物种组成（Wishner, 1980b）。除了什么都吃的食碎屑动物之外（Gowing & Wishner, 1986），几乎还没有人知道这一动物群落的分类学组成及其生态学的情况。我们不应将其当作一个单独的群体进行讨论，除非它是由底栖物种的幼体或幼体扩散形成的（参见第 13、15 章）。

浮游植物是通过光合作用固定太阳能的单细胞植物，因此它们的生活区域仅限于真光层，即水柱上部 100 m 左右。尽管令人惊奇地发现在热液口处某些特异的深海动物依靠微生物化能合成活动获得能量，但在深海中的绝大多数生命所需能量最终依赖于海表浮游植物的生产。对深海中动物丰度的研究需基于这一事实（第7章）。

在浅的沿海海域（浅海区，相对大洋区而言），浮游群落与底栖和底游动物群落之间的分界与深海中相比并不明显。在深度浅的地方，水流运动比较激烈并且水体混合较为充分，使浮游和底栖群落之间有更多的交叉。例如，很多物种在幼体阶段分布在浮游生物中并在其中摄食，而其他物种在成体阶段则可能迁徙到中层水中觅食，如某些涟虫类，或者在中层水中繁殖，如一些多毛类（对于分类学门类的描述参见下文）。在深海中，巨大的深度限制了生物在真光层和底游层之间的这种耦合，但这也并不是完全不存在的（参见第11章）。绝大多数底栖动物的早期发育通常都局限于海底边界层；我们可以推测，它们的幼体形态是自由游动的，但是它们并不觅食，所以自由游动期的时间长度受到排卵时所储存的食物存量限制。

底栖动物可以再细分为通常活跃的、爬行的或生活在海洋表面的附着生物——底表动物以及潜居于沉积物内部的生物——底内动物。在浅水中，底表动物占所有大型底栖动物物种的4/5左右（Thorson，1955）；大多数呈辐射分布，与沿海地区各种各样的沉积物和物理条件错综复杂的微环境有关，如珊瑚礁这样的生物构造所形成的微环境。在深海中，这种分类并没有太大意义，更常用的是根据体型大小进行分类，根据粒径谱的峰位置不同可以反映出生物生活方式的差异（见第7章）。最大型的巨型底栖动物包括通常居住在海床上的动物，它们足够大，可以在海底照片中分辨出它们，并可以用拖网将它们捕获。在分类学研究上，既有惊喜的收获，同时也存在某些困难。有一些大型的穴居动物，如螠虫动物和肠鳃类动物，我们对它们还知之甚少，但人们认为在深洋海床上经常看到的较大的洞穴和排泄物隆起的土丘就是它们造成的（见图4.15b，图14.2，图14.5～图14.8）。根据大小，它们大多数都属于巨型底栖动物。同样，巨型阿米巴虫是一类特殊的巨型脆弱原生动物，属于有壳的根足虫类，根据它们在海底照片中的大小和显著性，它们也应当属于巨型底栖动物的组成部分！在正常情况下，原生动物属于底栖动物中尺寸最小的物种。此外，尽管大多数贴近海底并从上覆水中获取食物的底表动物体型很大，可以在海底照片中看见它们，但是这类动物中也有一些种类如苔藓虫，它们的形态非常细小，不用显微镜肯定看不见。

因此，在接下来的第二部分对组成深海海底边界层生物多样性的动物种群的综述中，我们将以适当宽松的标准来观察和考量这些特殊类群和它们的亲缘物种。对于这些生物分类群的形态和生活方式将予以简单的描述，仅着重介绍生物的觅食关系以及深海生活的特殊问题。我们将对绝大多数无脊椎动物分类群的一般形态和躯体组织进行综述，并对无脊椎动物分类进行较为全面的总结。有关上述问题的更详尽的介绍可以参考由George和George（1979）编写的半通俗性、百科全书式的关于无脊椎动物海洋生命的教科书，或者其他有关无脊椎动物的很好的课本。

我们将从第4章的大型动物开始，然后是第5章的较小动物。诚然，从深海生态过程的角度，更自然的叙述顺序应当是从小型动物到大型动物，因为在包括深海在内的所有环境中，大量的小型生物构成了生物与物理环境物质交换的基础，如在海洋中的碳循环。

第 4 章　巨型底栖动物

1. 漫游巨型底栖动物

体型大而活跃的生命形态可以称为漫游巨型底栖动物，与它相对的是固着巨型底栖动物。漫游巨型底栖动物包括一些自早期深海勘查工作以来就很容易用拖网和撬网捕获的物种。因此，在这些动物中，以棘皮动物门（通常是表皮带刺的动物，包括海胆和海星）占优势，仅次于它的是节肢动物门十足目甲壳动物（包括昆虫、蜘蛛和螃蟹）以及各种海底生活的鱼类，这些动物最为人们所熟知，在深海底栖动物和近底层生活的动物中它们的分类系统研究也最为完善。然而，一种以前鲜为人知的由巨型端足类甲壳动物（在其他环境中只能算是苍蝇大小）组成的食腐动物群落的发现，说明了漫游巨型底栖动物不一定都会被海底拖网所捕获。

1.1　棘皮动物：海蛇尾和筐蛇尾

在现代棘皮动物的五大纲中，海蛇尾纲（海蛇尾和筐蛇尾）、海星纲（海星）、海胆纲（海胆）和海参纲（海参）是漫游底表动物的重要组成部分。在人们相对熟悉的深海区域，如罗科尔海沟，海蛇尾占所采集到的棘皮动物物种的 27%，而在数量上，它们远远超过（63%）采集到的其他巨型底栖动物。尽管这类在深海中生存发展最为成功的群体的外形是很保守的，但他们仍然以巨大数量生存在浅水中和海床上。它们包括活跃的海底爬行物种，用它们柔软的腕在沉积物表面"划动"从而寻找食物（真蛇尾科），以及拥有更长的带刺腕的物种（棘蛇尾科），棘蛇尾栖居在固着底表动物（参见下面章节）的肢体上，以便诱捕和过滤底流带来的小颗粒食物。这种生活方式在蔓蛇尾亚目中得到进一步发展。它们利用自己长长的腕缠绕在海鳃和柳珊瑚的躯干四周，紧紧抱住。研究拖网标本和海底照片显示，衣笠蔓蛇尾（*Asteronyx loveni*）可以伸展出 1 或 2 个腕在海床上方 20～35 cm 高度处抓住许多生物或非生物颗粒（Fujita & Ohta，1988）。这个高度处于 BBL 的对数层内，在这里再次悬浮的海底物质剧烈地混合（Jumars & Nowell，1984）（见图 2.17）。但是，大多数深海海蛇尾的捕食似乎是多样化的，没有专一的捕食对象，其中会游走的底表动物都是机会主义杂食者，这是因为它们的食物种类最为多样（Tyler，1980；Pearson & Gage，1984）。也许最负盛名的是大型的像白骨一样颜色的莱曼瓷蛇尾（*Ophiomusium lymani*）（图 4.1），虽然它是一种海底爬行动物，但比较小型的物种更少移动。它在除北冰洋以外的所有海洋盆地的大陆隆和较低的大陆坡上数量很丰富。诺曼裸盾蛇尾（*Ophiophthalmus normani*）（图 8.8 中可以看到）的种群密度更大，它们生活在加利福尼亚大陆边缘地块的次深海海盆中。在那里，Smith（1985a）已经观察到在装有诱饵的延时照相机系统周围该物种丰度达 700 ind./m^2。其他物种（阳遂足科和 Amphilipidina）半埋入海底生活，只将它们长长的腕的端部露出从而探查沉积物表面以便寻找碎屑食物。

图 4.1　大型世界性海蛇尾莱曼瓷蛇尾（*Ophiomusium lymani*），"深睡"号在豪猪海湾（东北大西洋）2 km 深处拍摄。这个海蛇尾样本的体盘直径达 27 mm，在海底移动时长腕在沉积物表面留下了浅浅的沟痕
[由英国海洋科学研究所 A. L. 赖斯（A. L. Rice）博士提供]

相比其他大型底栖动物，海蛇尾类有着更广泛的深度分布（Cherbonnier & Sibuet，1972；Grassle *et al.*，1979；Tyler，1980；Gage，1986）。然而，虽然包括诺曼裸盾蛇尾在内的许多其他海蛇尾在深海中都具有世界性的分布，但在最为人们所熟知的北大西洋海域，特有的动物可以进一步被划分为东大西洋和西大西洋两部分（Mortensen，1933）。

1.2　海星类

在躯体形态和行为方面，海星类与浅水物种几乎没有什么不同。体型最大的成员来自一类典型的深海海星家族——项链海星科，深海照片（图 4.2）和深海潜水器观测的情况表明，它们靠长长的多棘的腕向上伸进海流中，采用过滤的方法从海流中获取食物。一般认为翅海星科膜海星属（*Hymenaster*）的许多物种将自己埋在沉积物中，只有奇特的肌肉质缠卵腔的开口露出来透气。但是，近几年来，人们常常拍摄到它们在沉积物表面。在深海中，海星可能是移动缓慢的"捕食者"（Dayton & Hessler，1972，定义其为活颗粒的摄食者，有的仅摄食活颗粒，有的也摄食死颗粒或无机物颗粒）。在太平洋的俄勒冈外海，通过检查胃含物显示（Carey，1972）海星物种的摄食类型沿着一条断裂带发生显著的变化。在潮下带是食肉动物占优势，到 4.25 km 深度则表现为杂食动物。深海海星一般来说是兼性觅食动物，它们从沉积物中所含的小生物或者从较大的被捕食动物或动物的残骸中获得食物。"深睡"号拍摄到相对大一些的物种 *Plutonaster bifrons*（图 4.3），或者犁开表面沉积物（见图 14.3），或者掩藏在几厘米深的地方，只将它的腕顶端露出，可能就这样待上几天，也许能找到大的埋藏猎物或尸体的腐肉作为食物（Lampitt，1985b）。瓷海星科物种在深海中分布很广（Madsen，1961a），它们的胃部通常填满沉积物，这说明它们摄入大量沉积物。然而，对棘腕海星属（*Styracaster*）和胸海星属（*Thoracaster*）物种的消化道内含物的分析表明，它们对于较粗的颗粒选择性较差（Briggs，1985）。最常见的瓷海星可能是蓝泥瓷海星（*Porcellanaster ceruleus*），广泛分布于全球海洋中。与其他的瓷海星一样，这个小物种大部分时间躺在临时性的浅浅的洞穴里，与上覆水保持着联系（图 4.4），只是定期冒出来摄取表面沉积物或调整位置（Madsen，

图 4.2 大型的项链海星优雅美神海星（*Freyella elegans*）伸出腕部在海床上游动，照片显示伸出 11 只腕，拍摄于豪猪海湾口 4 km 的深海。通常认为这种项链海星以及其他项链海星摄取近海底流挟带的悬浮颗粒（由英国海洋科学研究所 A. L. 赖斯博士提供）

图 4.3 海星 *Plutonaster bifrons*
拍摄于东北大西洋豪猪海湾 2 km 的深海。可以看到海星躯体埋在浅表沉积物中，管足从轻微上翻的腕顶部伸出。被大量生物扰动的沉积物上的暗带是由刚刚沉积下来的植物碎屑形成的（由英国海洋科学研究所 A. L. 赖斯博士提供）

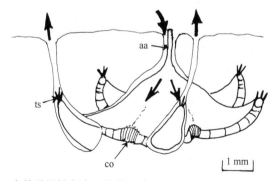

图 4.4 小的世界性食底泥的蓝泥瓷海星（*Porcellanaster ceruleus*）
图中可能显示其正在沉积物中取食。筛状器官（co）产生的水流从顶端附器（aa）形成的通道流入，从腕端板棘（ts）形成的通道流出（改编自 Shick *et al.*，1981，北极浅海 *Ctenodiscus crispatus* 物种的相关分析和图像）

1961b；Shick *et al.*，1981）。这些海星和其他深海动物一样，它们的活动范围基本上都在深海，它们的分布亦非常广泛。例如，深海的瓷海星科的分布是世界性的（参看第 10

章）。而集中分布于次深海带的物种，其世界性分布则受到更多的限制（Alton，1966；Sibuet，1979；Gage *et al.*，1983）。像海蛇尾一样，深海海星的分布与深度的关系表现得也并不十分明显（Cherbonnier & Sibuet，1972；Gage *et al.*，1985）。

1.3　海胆类

在深海中，海胆在多刺的基础上展现了广泛的体态多样性。在罗科尔海沟中，它们占巨型底栖动物物种数目的 14% 和个体数的 11%。"规则的"海胆保留辐射对称，呈刚性球形（图 4.5）或者如柔海胆科呈软垫形（图 4.6）。后者包括某些大型的物种，直径约为 280 mm，并且有一个由覆瓦状的骨板组成的"壳"，它的形态依靠主动将海水泵入体腔内得以维持。在将深海捕获物回收到甲板上以后，我们常常可以看到颜色鲜艳的柔海胆慢慢地像泄了气一样变成平坦的柔软的盘子。它们中大多数可能是杂食动物。常见的一种北大西洋物种 *Phormosoma placenta* 在沉积物外表面摄食，对此，Grassle 等（1975）曾经有过描述：从潜水器观察到它们在新英格兰外海密密麻麻地聚集成直径 40～50 m 的群体并在海床上移动，就像"庞大的野牛群"。许多具有坚硬甲壳的物种，如 *Echinus affinis*，也曾被观察到聚集活动，由"深睡"号在其他地方拍摄到它们附着在植物碎屑的残片和海参纲动物的排泄物堆上，在 1 h 内就将这些碎屑吃光了（Billet *et al.*，1983；Lampitt，1985a）。不规则的海胆是底内动物，它们挖洞藏进沉积物内并且用高度变异的棘和管足作为工具从沉积物中觅食。我们可以通过和浅水物种类比来推断，它们所挖掘的洞穴以漏斗状的连接管与海底表面连通，从而使水流通过。仅生活在深海的 Pourtalesiidae 物种常见于富营养的深海底（Mironov，1975），它们的变异达到了惊人的程度，变成了像被拉长的瓶子的造型（图 4.7），可能在海泥表面挖洞。它们薄而脆弱的壳使其在深海拖网回收中很难不受破坏。

图 4.5　海床照片显示出沉积物上一个食底泥的规则的海胆 *Echinus* sp.（可能是 *E. norvegicus*），海胆外壳直径约为 5 cm。它可能正在摄食刚由两个大开口通道掘出的浅颜色的沉积物。照片拍摄于东北大西洋豪猪海湾 0.98 km 深海处（由英国海洋科学研究所 A. L. 赖斯博士提供）

图 4.6　柔海胆科 *Phormosoma placenta*（直径约为 10 cm）正在沉积物表面上寻找食物。由背部伸出的奇特白色灯泡形突起在拖网样本中未曾发现，其功能尚不明确。拍摄于东北大西洋豪猪海湾 1.4 km 深海处（由英国海洋科学研究所 A. L. 赖斯博士提供）

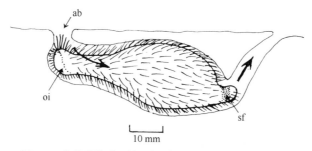

图 4.7　奇特的瓶状不规则深海海胆 *Echinosigra phiale*

图中显示出它可能在自然状态下掘穴的姿态。这种海胆最有可能摄食表层沉积物，沉积物沿"头端"棘丛产生的前洞穴（ab）流入位于口腔入鞘（oi）末端的口；"尾端"肛门后方的后突起附近有丰富的纤毛，称为肛下小带（sf），可能将水流向后泵出，沿通道流到海床表面（修改自 Mironov，1975）

　　在北大西洋，它们在水平范围的分布已为人们所熟知，大多数海胆纲动物出现在整个地区，基本上只有次深海物种的分布范围比较受限（Mortensen，1907；Gage *et al*.，1985）。

1.4　海参类

　　海参类动物在很多深海区域都是占优势的底表无脊椎动物，关于这个类群的近期研究工作，Billett（出版中）作了很好的综述。

　　完全生活在深海中的平足目海参体型庞大，并通过吞食沉积物产生生物扰动作用（参见第 14 章），因此常常被看作深海底栖群落中占优势的动物。海参的所有 5 个目都有生活于深海的代表种，它们中的大多数外形都有点像香肠的形状，芋参目和无足目是体型较小的底内动物。食底泥的无足目多轮参科（图 4.8）分布广泛并可能在某些太平洋海沟的底栖群落中占优势地位（Hansen，1956；Belyaev，1970，1989），而芋参（如分布广泛的 *Molpadia blakei*）的挖掘能力造就了在深海海床的照片上所看到的像火山一样的小土丘（见图 14.6a，图 14.9a）。楯手目和平足目的物种通常要大得多，凝胶状的躯体非常接近中性浮力，口和肛门位于腹部，环绕在口部的触手将沉积物扫进腹侧的口腔内。这种摄食方式被比喻为"真空清洁机"，因为它们似乎只摄取最表层可能也是最富含营养的沉积物颗粒，但是不同形态的触手对不同颗粒的选择性的影响尚不清楚（Billett et al.，1988）。

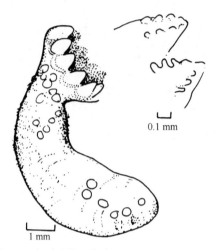

0.1 mm

1 mm

图 4.8　小型无足目海参 *Myriotrochus bathybius*

与其他多轮参属（*Myriotrochus*）海参一样，这种小型动物可能以表层沉积物为食，它们埋在沉积物中，仅有触手从头部伸出。图中所示触手来自保存后收缩的标本。在生活状态时这些触手会伸出像手指一样的形状。类似的多轮参科生物在太平洋深海沉积物表面上也被拍摄到（Heezen & Hollister，1971）（引自 Gage & Billett，1986）

　　楯手目 *Scotothuria herringi* 和 *Paelopatides grisea*（图 4.9）具有由管足愈合而成的边缘，边缘的起伏波动被认为可能近似于乌贼的游泳模式（Hanson & Madsen，1956；Billett et al.，1985），并且"阿尔文"号的观察者惊奇地发现 *Paelopatides* 向后翻着筋斗游动（Grassle et al.，1975）。平足目蝶参属物种奇特的长长的尾巴可能有助于漂浮。在中太平洋北部（Pawson，1985）远离海底的中层水拖网中捕获的游泳物种长尾蝶参（*P. longicauda*）可达 0.5 m 长，一起被捕获的还有 *P. depressa*、*Benthodytes lingua* 和 *B. typica* 的幼体（Billett et al.，1985）。此外，在其他物种中还有由疣足愈合而成的叶状帆（图 4.10a）。*Peniagone*、*Scotothuria* 和 *Enypniastes* 中的海参可以在离海底几千米的拖网中被发现；*P. diaphana* 甚至被发现于海洋表面（图 4.10b）（Billett et al.，1985）。它们靠保持身体前部和帆向上的姿势进行游泳，但海底照片显示，在日本东部外海大陆坡上类似于水母的物种 *Enypniastes eximia*，的确至少部分时间待在海底，可能是在沉积物表面有选择性地觅食（Ohta，1985），因此，其生活方式可以被认为是底游型（图 4.11）。"阿尔文"号潜水器在南加利福尼亚次深海海盆中观察并采集到一个明显完全靠近底游生活的物种 *Scotoanassa* sp.，它们是密集的凝胶状动物群的主要组成部分，在海底边界层水域中游动（Barnes et al.，1976；Childress et al.，1989）。

　　Ohta（1983）从海底照片中观察到 *Peniagone japonica* 和其他几种带有厚凝胶状体壁或疣帆位于前部的海参总是顺着水流的方向游动（图 4.12）；在缺乏其他方向指示的情况下，这些动物成为海流方向最敏感的指示动物。人们认为，顺流运动和帆的结构有关，与其十分类似的其他物种，如 *Scotoplanes*（参见下面章节），它们没有帆而逆流游动。

图 4.9 大型食底泥海参 *Paelopatides grisea*

靠锯齿状边缘的起伏波动在豪猪海湾（东北大西洋）2 km 深海的沉积物表面缓慢移动（照片由英国海洋科学研究所 A. L. 赖斯博士提供）

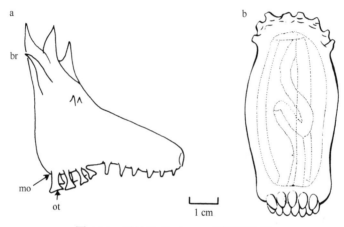

图 4.10 平足目 *Peniagone* 海参的体态

a. *P. wyvilli*，图中可看到它的口部（mo）上方具有由背部疣足愈合而成的帆（br），周围围绕着一圈用于取食沉积物颗粒的口触手（ot）；b. *P. diaphana* 的游动取食模式，可看到典型的游泳海参的"大口袋"结构。口周围的口触手在下端，像帆一样的管足边缘在最上端（图 a 根据 Mortensen，1927 重绘；图 b 引自 Lipps & Hickman，1982）

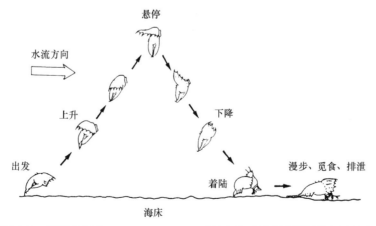

图 4.11 平足目海参 *Enypniastes eximia* 在深海海底边界层的游泳行为过程

根据在日本东部外海大陆坡拍摄的照片推测（修改自 Ohta，1985）

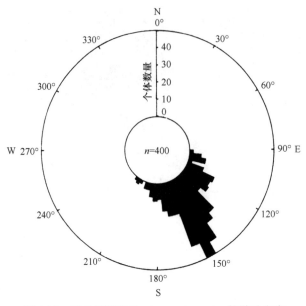

图 4.12　平足目海参 *Peniagone japonica* 的游动方向

根据日本西部外海 1.7 km 深处约 1 h 定时拍摄的照片记录，显示出它明显顺着来自北北西向的一条弱洋流游动（约 335°）
（引自 Ohta，1983）

通过潜水器观察，Pawson（1976）推断，大约有一半的已知平足目海参物种具有游泳的能力，后来 Pawson（1982）认为，游泳是从一个地域转移到另一个地域的共同方式。Miller 和 Pawson（1990）推断，游泳是为了逃避捕食动物，迁徙特别是为了寻找食物，以及为了幼体和成体的繁殖扩散。平足目海参在某些富含营养的海沟里可能形成高密度的群落，*Elpidia longcirrata* 在北太平洋千岛-堪察加海沟的捕获物中占总重量的80%，在那些地方，沉积物富含碎屑食物。丰富的食物条件可能也是 *Scotoplanes* 成群结队生存于此的原因，它们可以利用旁侧像腿一般的管足"漫步"在沉积物上（Hansen，1972）。在圣迭戈海槽底部，Barham 等（1967）在深潜潜水器"的里雅斯特"中观察到一群这样的深海"真空清洁机"在弱的海底流中不紧不慢地朝逆流方向移动。他们认为，这些海参是受到含有机物更丰富的沉积物的吸引。在豪猪海湾的海床上，照片拍摄到许多大小相似的小型平足目海参 *Kolga hyalina* 密集地聚集在一起（见图 6.2），"深睡"号拍摄到它们"成群结队"花费 16 h 经过照相机的视野，在它们走过的路径上留下的排泄物堆满了海床（Lampitt & Billett，1984）。停在海床上的"深睡"号拍摄到沉积物中掺入了成堆的植物碎屑，这可能是集群出现的原因（Billett *et al.*，1983）。*Enypniastes* 的出现似乎和不稳定的大陆坡有关，在这里，频繁的浊流和/或坍塌造成了不能游动的底栖生物的贫乏。但是，在这个地方积累了大量陆生植物的残骸（Ohta，1983）。同样地，深洋海沟的丰富营养和不稳定的环境可能也是经常在这里发现高密度的海参动物群落的原因。更进一步来说，这样一种机会主义者的生活方式可以解释为何某些物种的捕获量非常不均衡，在同一个站点多次重复拖网中有时会有几百个个体，有时只有几个甚至一个也没有。

海参是棘皮动物在深海中分布最广泛的物种，许多物种都出现在多个海盆里。有几个物种被认为在全球范围分布，具有世界性分布，如 *Oneirophanta mutabilis* 和长尾蝶参

（*Psychropotes longicauda*）。Hansen（1975）提出了令人信服的观点，即某些次深海带和一些深海带物种分布广泛与海流有关联，在这些物种早期的进化过程中，海流输送它们的成体或尚处于浮游阶段的幼虫，使其广泛分布于各大海洋。

次深海带物种，如 *Benthogone rosea*（图 4.13）或 *Benthothuria funebris* 具有狭窄的垂直分布带，而出现在深度约 2.6 km 以深的物种一般来说在深海区有广泛的垂直分布（Hansen，1975）。

图 4.13　大型平足目海参 *Benthogone rosea* 用它的腹部双排管足在沉积物表面 "漫步" 的情景。它用口（右下方）周围的触手进行摄食。照片拍摄于东北大西洋豪猪海湾 1.5 km 深海处（由英国海洋科学研究所 A. L. 赖斯博士拍摄）

1.5　巨型底栖多毛类

有几种蠕虫或像蠕虫的动物，它们既是底表底栖动物，又足够巨大而成为巨型底栖动物的组成部分。像其他很多更会游泳的巨型底栖动物一样，它们通常是食肉动物或者食腐动物。在身体分节的环节动物门中最大的一类是多毛纲，多毛纲中大多数大型的深海物种隶属于多鳞虫科。例如，*Macellicephala hadalis*（图 4.14）分布广泛，出现在最深的太平洋海沟中，并且已经被拍摄到在海底游泳的镜头（Lamche *et al.*，1976）。另一个物种 *Eunoe hubrechti*，经常出现在东北大西洋 2 km 深左右的拖网中，并且在幼年期（可能会游泳）遍布于水体。矶沙蚕科明管虫 *Hyalinoecia tubicola* 也可能存在世界性的分布（参见第 10 章），是部分北大西洋大陆坡上部最常见的底表无脊椎动物的一种。

1.6　底表半索动物

在很深的地方，半索动物门包括一类不大为人所知的底表动物，称为紫肠鳃动物，其颇具特征的环状螺旋排泄物堆（图 4.15b）常见于深海底的照片中（在化石中亦有记载）。动物本身（图 4.15a）虽然偶尔也被拍摄到（Thorndike *et al.*，

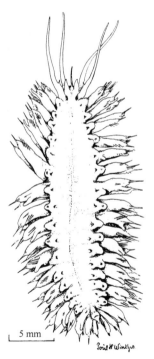

5 mm

图 4.14　大型多毛类多鳞虫 *Macellicephala hadalis*，由 "铠甲虾" 号考察太平洋海沟时首先被发现（引自 Kirkegaard，1956）

1982)，但是由于非常纤细而很少被采集到（Bourne & Heezen，1965；Heezen & Hollister，1971）。这些物种似乎是通过其吻中带黏液的丝状体来捕捉浅表面颗粒进行觅食的。根据海底照片，Lemche 等（1976）认为，在觅食时，它们长着感觉触须的头摇来摇去，以免重复先前搜寻过的地方，这一点从它尾部排出的排泄物连续但不重叠地覆盖在沉积物表面即可看出。排泄物路径突然终止的起始端和突然终止的终端没有洞口，有力地说明了它们通过游泳到新的地方觅食。那些更常见的掘穴半索动物在深海中含量颇丰，这已被箱式取样结果所证实，研究人员在箱式取样器采集的样品中已经发现了肠鳃纲动物，它们藏匿在分叉的洞穴体系中（Mauviel *et al.*，1987；Romero-Wetzel，1989）。洞穴常常围绕一个大土丘（见图 14.9d），应该是由掘洞的肠鳃纲动物所挖的，可以在全球范围所拍摄到的海底照片中普遍观察到。

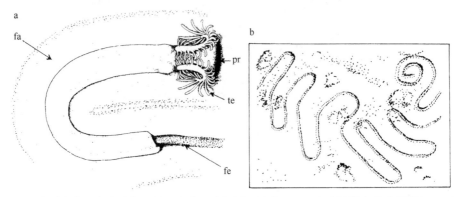

图 4.15　a. 大型食底泥半索动物，按照海底照片复原。用吻（pr）和头端伸出的分叉触角（te）从沉积物中取食，在海底摄食区（fa）移动时由尾端排出线状排泄物（fe）。b. 半索动物在海底留下约 1 m 宽颇具特征的环状螺旋形排泄物踪迹。这种底表半索蠕虫可以长到近 1 m 长[图 a 修改自 Lemche，1976，以及 Thiel（1979a）的海底照片；图 b 根据 Heezen 和 Hollister（1971）的海底照片绘制]

1.7　巨型底栖掘穴蠕虫

蝟虫是掘穴虫（图 4.16），其中一部分体型很大，是穴居巨型底栖动物的组成部分，通常它们在深海沉积物中的数量众多。

在次深海带和包括最深的太平洋海沟的超深渊带，它们可能在富含有机物的沉积物中密集出现（Barnard & Hartman，1959；Wolff，1970；George & Higgins，1979），也会出现在有机物不丰富的深海带区域。它们多数属于 Bonelliidae，具有一个长长的像舌头一样扁平的采集食物的吻（图 4.16a～图 4.16c），吻从短胖的躯体内伸出，腹面朝上以不同的方向覆盖在沉积物上，躯体完全埋在软质沉积物"U"形或"L"形洞穴内（见图 14.10）。它们擦过沉积物表面，将"舔"过的印记留在沉积物表面的洞口周围，从深海底照片中可以看到这些印记呈现出圆形花状图案（图 4.16d）。Heezen 和 Hollister（1971）将它们称为"轮辐"印记。沉积物表面的碎屑膜粘到蠕虫吻分泌出来的黏液上并被转移到上表面，然后像一根黏性的卷须沿犁沟输送到底部的口腔。Ohta（1984）发现，在孟加拉湾拍摄到的海床照片中，从洞穴开口处构成的星形图案的辐条形状的长宽比和辐条数之间存在线性关系，并且他建立了一个简单的模型（图 4.17b），即对于某一指定形状的辐条，计算出为了最有效地摄食且消耗最少能量的最大辐条数，这一模型与拍摄到的星形图像非常吻合。

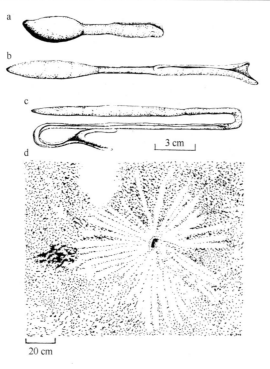

图 4.16　a～c. 螠虫动物躯体和吻不同程度的伸长（也见图 14.10，该图显示了不同伸长程度与吻在穴中取食活动的关系）；d. 由大型掘穴螠虫用吻摄食时造成的沉积物表面呈轮辐状的觅食踪迹。左侧圆形花状被扰动的沉积物区域可能是其下方穴中虫体运动造成的张性断裂（图 a～图 c 引自 Vaugelas，1989；图 d 照片拍摄于孟加拉湾 4.01 km 深海处，Ohta，1984）

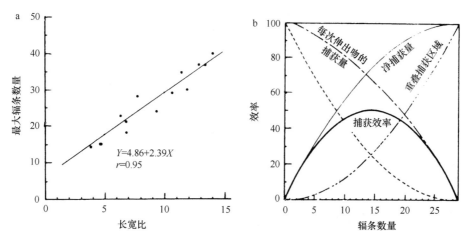

图 4.17　a. 长宽比（轮辐长度除以宽度）和觅食洞穴周围的"饱和的"轮辐图形中所观察到的最大辐条数之间的关系；b. 螠虫觅食行为的几何模型。伸出的吻产生轮辐状觅食痕迹，形成一个半径恒定的圆形，"效率"指的是净捕获量减去因辐条数增加而产生的重复捕获

　　深海螠虫动物典型的"L"形洞穴内水平盲端部分可能在沉积物上形成带有"裂缝"的土丘（见图 4.16d，图 14.8c）。它覆盖着掘穴虫藏匿的躯体（Vaugelas，1989）；表明这些裂缝的形成可能是当吻收缩回来时躯体膨胀的压力造成的结果（见图 14.10）。

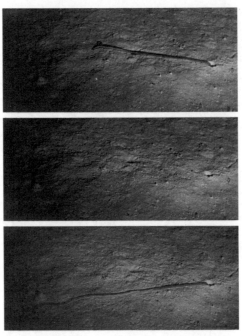

图 4.18 "深睡"号在豪猪海湾 4 km 深处拍摄记录的定时画面（其中的一部分）

图中可看到一个大型掘穴螠虫伸出的细长舌形摄食吻。伸出的吻长度超过 50 cm，因此完全伸展开的虫体长度可能达到 1 m
（可参见图 14.10）[由英国海洋科学研究所 R. S. 兰皮特（R. S. Lampitt）博士提供]

"深睡"号在东北大西洋拍摄到直径 1 cm 的舌头状的吻（至少 50 cm 长），它从显著的洞穴中露出来搜寻食物（图 4.18）。这几乎可以肯定是一个非常大的螠虫的摄食吻；动物本身太大或埋得太深，因此未曾被撬网或拖网捕捞过（Lampitt，1985a）。当然，直径大于 1 m 的轮辐图形很可能是螠虫制造出来的，这也已经在马德拉群岛深海平原上被拍摄到（Huggett，1987）。此外，由粪便团和沉积物堆积而成的火山形状的大土丘在加利福尼亚的圣卡塔利娜深海海盆的底部很显著，也很常见（Smith *et al.*，1986），这些粪便团和沉积物是由次深海带和浅水的螠虫动物从它们典型的"U"形洞穴中强力喷射出来的。这样的火山堆，通常和觅食的坑联系在一起，是浅水物种的特征，如螠虫 *Echiurus echiurus*，这些物种在缺氧的沉积物中建造了"U"形的深洞穴，而在这些缺氧环境中不适合挖掘一端封闭、可堆积排泄物和废弃物的"L"形洞穴——很显然"L"形洞穴更适合深海带相对氧化很好的沉积物内部。

雄性的螠虫身材短小，适应于寄生在雌性身体上。这可能是对深海资源有限、种群密度低、种间相遇机会减少的一种适应性变化。受精卵发育成担轮幼虫并上升到大洋洋面（Gould-Somero，1975）。北大西洋已知有 20 多个物种，其中有一部分也报道于太平洋和印度洋，这说明它们在全世界范围内分布（Dattagupta，1981；Zenkevitch，1966）。

1.8 海蜘蛛类

在节肢动物门中，长足海蜘蛛或海蜘蛛纲属于螯肢动物（包括蜘蛛、蝎和蜱螨）。海蜘蛛一般很大，从海底照片中可以看见它们，因此也被归为巨型底栖动物。海蜘蛛在北冰洋和南极海特别丰富，在其他地方只有在深海中才有的物种在两极海域的浅水中就有分布。Arnaud 和 Bamber（1987）列出 96 种已知的深海物种，仅包括出现在 2 km 以下深处的物种。大西洋的深海海蜘蛛动物区系是最为人们所熟知的，在已知的 125 种出现在 250 m 以下深度的物种中，51 种只生活于次深海带，25 种只生活于深海带（＞2 km），还有 9 种在次深海带和深海带中都可以生活，而其余的则广泛分布于从陆架至不同水深，包括 7 种分布于陆架至 2 km 以上的水深范围。在太平洋，*Nymphon* 中的物种已经在 7.37 km 深海处被发现（Arnaud & Bamber，1987）。大型的物种（巨吻海蜘蛛科）是最常见的深海海蜘蛛，最大的巨吻海蜘蛛 *Colossendeis colossea*（图 4.19）腿完全伸开的长度达 0.5 m。又长又细的腿支撑着修长的躯体，像踩 "高跷" 一样帮助其在柔软的海底行走（Wolff，1961）。然而，Grassle 等（1975）记录了巨吻海蜘蛛的长腿像雨伞一样一张一闭离开海底向上游动，再降落下来，如此反复在海底上方移动。

图 4.19　深海巨吻海蜘蛛 *Colossendeis colossea* 在自然状态下行走于沉积物上[引自 Lipps & Hickman，1982 的深海活样本图集，由 J. W. 赫奇佩思（J. W. Hedgpeth）绘制]

虽然人们对于深海海蜘蛛动物了解甚少，但研究表明，大多数的属具有世界范围分布，有几个物种在一个以上甚至在所有的海盆中被发现；而其他的物种仅主要分布在某一海盆内（Stock，1978）。正如浅海物种一样，深海海蜘蛛引人注目的由肌肉组成的吻可用于吮吸来自固着生活的无脊椎动物集群的生命物质，首先是水螅，此外也吮吸黑角珊瑚、海笔和海葵。Murray 和 Hjort（1912）注意到它们经常共同出现在拖网捕获物中。

1.9　巨型食腐端足类

很难想象通常躯体细小的囊虾总目甲壳纲动物（参见第 5 章）可以成为巨型底栖动物的一员。然而，诱饵延时照相机和捕获器的开发（Isaacs，1969；Hessler，1974；Dayton & Hessler，1972；Hessler *et al.*，1972；Paul，1973）使研究人员发现了生存于深海中、隶属于端足目光洁钩虾科的高运动力巨型囊虾。这种迄今尚未被预料到的动物激励着人们在过去约 10 年的时间里对深海生物学进行了大量的科学研究。

最为人们所熟知的物种是巨型动物 *Eurythenes gryllus*（图 4.20），成体长度可达140 mm。然而，鲜为人知的 "超巨型" 物种 *Alicella gigantea*，已知可以长至 188 mm，这两个物种都具有世界性分布（Barnard & Ingram，1986；DeBroyer & Thurston，1987）。*Eurythenes* 和其他属的端足动物被大量地吸引到设置在寡营养的中北太平洋和富营养的北大西洋深海捕获器中（Schulenberger & Hessler，1974；Schulenberger & Barnard，1976；

Thurston，1979；Hargrave，1985）。虽然关于它们的生态学特征了解还很有限，但是这些端足类和其他很多动物一样，属于高运动力的食腐动物，包括甲壳纲的十足目动物、海蛇尾纲动物、多毛类、八腕目软体动物、海参纲动物和很多靠近海底生活的鱼类。这些食腐动物很快被吸引到具有丰富食物的大洋洋底，并迅速消耗掉这些食物。食腐端足类具有适合切开、咬断、咀嚼的口器，但是，在一些食腐动物的消化道里研究发现了沉积物，因此可以推断食腐也许不是它们唯一的生存方式。

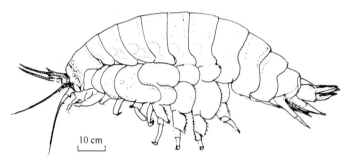

图 4.20　巨型食腐端足类 *Eurythenes gryllus*，根据新捕获的样品在池中游泳的照片绘制

　　放置在深海海沟的诱饵捕获器证实了超深渊环境是甲壳纲动物，主要是端足目动物特有的保护区，在相邻的深海区可以捕获到各式各样的自然种。然而，光洁钩虾依然是深海平原和海隆上最常见到的食腐甲壳纲动物，而在大陆坡则是十足目甲壳纲动物占优势（Hessler *et al.*，1978；Desbruyères *et al.*，1985）。诱饵能迅速吸引食腐端足目动物，说明这些动物非常普遍，相比之下，用海底拖网很难甚至根本抓不到这些动物。Thurston（1979）观察到游泳能力强应该使它们很容易逃避拖网，并且认为端足目动物通常会靠近离海底 0.5 m 及以上的诱饵捕获器。这和 Wolff（1971）的看法一致，后者乘坐法国早期深潜深海潜水艇"阿基米德"号，在马德拉群岛外深度 4.16 km 处观察到海底 1～2 m 内有大量快速游泳的端足类和等足类。根据视频录像记录，被吸引到具诱饵的自由运载器的端足类 *Euthythenes gryllus* 的平均游动速度约为 7 cm/s（Laver *et al.*，1985）。

　　很明显，尽管生活在完全黑暗的环境中，这些端足类一定具备了高度发育的感觉器官，才能使其达到所观察到的局部高种群密度。几次观察结果表明，海流的方向对端足类和其他食腐动物寻找食物有重要的意义。诱饵照相机所拍摄到的端足类就是从水流的下游方向过来的，在潮流高峰期它们对诱饵的反应达到最大（Thurston，1979；Desbruyères *et al.*，1985），这证实了前面所做的猜测（Isaacs & Schwartzlose，1975；Guennegan & Rannou，1979；Lampitt *et al.*，1983）。但人们仍然不知道食腐端足类在两餐之间的空余时间是在哪里度过的。由于它们是大型动物，有可能一动不动地躺着，隐藏在沉积物内部等待猎物的出现。但是，根据最佳觅食理论，Jumars 和 Gallagher（1982）说明了食腐动物在寻找远处食物时两种更有效的觅食途径。第一种途径可能最适合底栖动物，如海蛇尾纲动物，它们不能游动离开黏滞的次表层（在这一层内，尸体腐肉"气味"的扩散比其在上方水层中扩散得更慢）。在这里的沉积物表面，动物将随机移动，或者更好的方法是与海流成直角方向运动直到发现腐肉的味道，然后逆流运动，并比较单侧或两侧的气味强度从而最终寻找到气味的源头。第二种途径是悬停于黏滞层上方，在那里，无论水平方向还是垂直方向的湍流混合将扩大，带有食物气味的化学羽流会从源头顺流扩散开来。当端足类动物检测到气味之后，就会跟以往一样顺流和逆流来回移动，像盘旋的小虫或蚊子。如果捕获的成果能够补偿游泳/盘旋所需的额外能量消耗，动物就会使用这种更有效的捕食策略。Jumars 和 Gallagher 认为，这种能量消耗可以利用漂浮机制减少到最小，而且很有趣的是，*Eurythenes* 是油性体质，它的体内含有脂肪层。

在北太平洋中部的深海区，采用诱捕器的方法对食腐端足类的分布和觅食行为进行评估，对上述观点进行检验（Ingram & Hessler，1983；Smith & Baldwin，1984a）：结果表明，靠近海底（底栖的）的种群和栖居于中上水层、离开海底的种群同时存在。近海底的食腐端足类由 *Paralicella* 和弹钩虾属（*Orchomene*）的物种组成，它们的长度小于 2 cm，并且出现在沉积物内 1 m 处。因为这些物种与沉积物挨得很近，它们可以找到并采掘到从上层水落下的不同大小的食物或来自海底的尸体腐肉。由于海流在这一水层流动速度最慢，这些物种与其上层水体的物种相比对气味信号的敏感范围更窄。体型大得多的 *Eurythenes* 端足类属于离开海底的群体（这也可能包括鲜为人知的"超巨型"物种 *Alicella gigantea*），并且在离海底 10～20 m 处丰度最大，在那里它们可以广泛地感应周围的化学环境，并且在寻找食物时利用埃克曼（湍流）层上方较快的背景流（Ingram & Hessler，1983；Charmasson & Calmet，1987）。

Wilson 和 Smith（1984）主张，至少对于长尾鳕来说，从它局部的密度和响应的次数两方面来看，它们采取"等待"的觅食策略，而不是 Jumars 和 Gallagher（1982）提出的"寻觅"策略。Wilson 和 Smith 提出，食腐动物在海底上方盘旋寻找尸体腐肉，可能使它们不能在近海底竞争者顺流到来之前及时获取从上层水落下的食物。然而，"等待"的策略也许要求在附近落下食物的概率相对较高，即使如此大的食物团下落的时空频率是未知的。对于 *Eurythenes* 来说，小个体局限在较低的高度（<20 m），在这里，食物的供应较为丰富，沉积物也可以为它们躲避捕食者提供掩护。大的个体则在北太平洋中部 5.8 km 深处到最浅 1.8 km 处都有捕获。体型大的成体可以在较高的地方大面积搜寻食物从而使它们遭遇捕食者的风险较小。在北太平洋中部不同海盆地域采集到的样品中，*Eurythenes gryllus* 的遗传变异性相对较低，这表明该物种具有较高的扩散能力，以及/或者该区域具有较一致的选择压力。但在海山种群之间存在一些遗传变异，这可能是由隔离或不同的选择压力导致的（Bucklin *et al*.，1987）。在西北大西洋，系泊在离海底 20 m 处的诱饵在 38 h 内完全被 *E. gryllus* 消耗掉，每个个体聚集在诱饵旁边平均仅为 30 min，就在这段时间内吸收了相当于它们体重 30%～68% 的食物（Hargrave，1985）。虽然人们认为雌性动物可以多次孵化，但是孵卵期的雌性从来没有被捕获到。据推测这是因为它们在此时并不积极搜寻食物，所以不受诱饵的吸引。

1.10　高等甲壳动物

虽然在浅水中大量存在，但与囊虾总目甲壳纲动物相比，深海中的底栖甲壳动物（包括螃蟹、虾和对虾）和口足目甲壳动物（虾蛄）的数量相对较少。在 300 种已知的口足目甲壳动物中，只有 14 种已知在 300 m 以下深度生活，在 1.3 km 以下则尚未发现任何种类（Manning & Struhsaker，1976；Hessler & Wilson，1983）。十足目甲壳纲动物也有类似的种群数量骤然下降现象（Zarenkov，1969；Pequegnat *et al*.，1971；Wenner & Boesch，

1979），但是，因为捕捉较为活跃的动物可能有些困难，已知的最大深度也许不能反映它们真实的深度分布范围（Hessler & Wilson, 1983）。在热带浅水水域内，品种繁多的游泳类十足目甲壳动物在深海中非常普遍（Crosnier & Forest, 1973; Roberts & Pequegnet, 1970; Pequegnet, 1970a）；镰虾（褐虾科）有时在深海拖网中数量特别多。它们平躺着用扁平的吻突嵌入海床里并将身体蜷曲起来，靠多刺的身体和钙化外壳很好地保护自己不被天敌捕食（Rice, 1981）。然而，海底照片显示：它们也可能被迫漂移，它们的足正好接触到海底，与海流成直角；Lampitt 和 Burham（1983）阐述了这种积极的策略，综合了"守株待兔"和伏击掠夺者两种优势，既可以减少能量消耗，又减少了遭受鱼类攻击的可能（鱼类可以感受到游泳带来的震动）。它们日常的食物是大型底栖动物，如从海底挖出的小双壳类软体动物。*Bythocaris* 属于常见于浅水中的藻虾科。它们以及大的真虾下目对虾，如棘虾属（*Acanthephyra*）和对虾总科的近对虾属（*Plesiopenaeus*），通常像机会主义食腐动物一样靠近海底游泳，被吸引到设置在北冰洋和北大西洋的诱饵捕获器从而被拍照记录下来（Bowman & Manning, 1972; Desbruyères *et al.*, 1985; Rowe *et al.*, 1986）。

在爬行虾蟹类（短尾亚目）中，奇特的扁平物种多螯虾科现在仅局限于深海范围，并且通常丰度很高（Firth & Pequegnet, 1971; Wenner, 1978），而 *Willemoesia* 只在 3 km 以下被发现（Gordon, 1955）。但是，这一种群的化石可追溯到三叠纪和侏罗纪的浅水水域中，这个类群的现代代表物种被"挑战者"号所发现，证实了"深海是'活化石'的储藏库"这一传统观点（Wolff, 1961）（参见第 10 章）。海底照片显示出 *Willemoesia indica* 占据着沉积物中的沟槽；拖网标本中的胃含物显示它以食腐或捕食其他动物的方式为生（Young *et al.*, 1985）。另一个爬行类群海螯虾科，包括龙虾，尽管分布扩展到更深的大陆架，但它的多样性中心仍在次深海带（Holthius, 1974）。

各种各样的异尾类甲壳动物家族，包括铠甲虾和寄居蟹是深海中种类最多样的十足类甲壳动物。给人印象最深的就是令人畏惧的长满刺的、粉色的石蟹[新石蟹属（*Neolithodes*）]（图 4.21，见图 4.27）。它和类似蜘蛛的石蟹科的其他种类都只分布在高纬度的浅水中。在其他异尾类甲壳动物中，种类最多的是铠甲虾（铠甲虾科）（Tirmizi, 1966; Pequegnat & Pequegnat, 1970; Ambler, 1980），主要生活于次深海带的拟刺铠虾属（*Munidopsis*）（图 4.22）中就有超过 100 种，但在 3 km 以深发现的不到 20 种（Gordon, 1955; Wolff, 1961; Birstein & Zarenkov, 1970）。密度高达 360 ind./hm^2 的萨氏拟刺铠虾（*Munidopsis sarsi*）出现在豪猪海湾 800 m 以深的深度，而高密度的 *M. subsquamosa* 成群结队地出现在太平洋热泉周围（见图 15.9c，图 15.10b）。多样性第二高的是寄居蟹

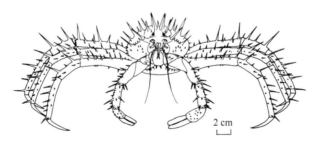

图 4.21 从北大西洋罗科尔海槽采集到的多刺隆背新石蟹（*Neolithodes grimaldi*）
正面图显示了其防卫刺的高效排列方式。这些刺使其体表面积增加了约 300%（由苏格兰海洋生物协会 J. 毛赫莱恩博士提供）

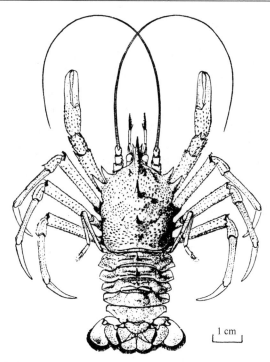

图 4.22 深海拟刺铠虾（*Munidopsis rostrata*）（北大西洋，引自 Agassiz，1888）

（寄居蟹科），不过该科也几乎只在大陆坡上部生活，仅有 1 或 2 个属，如拟寄居蟹属
（*Parapagurus*）和 *Tylaspis* 的活动范围深度超过 3 km（Wolff，1961；Menzies *et al.*，1973）。
然而，这两个种群中多样性最高的地方还是在热带浅海区。

真正的蟹（短尾亚目）有多达 3500 个高度分化的物种，但是在深海中发现的分类
系统中独立的物种仅有 125 种左右（Wolff，1961；Pequegnat，1970b；Griffin & Brown，
1975；Griffin & Tranter，1986）。这也许是因为它们食肉/食腐的生活模式比原来寄生蟹
和铠甲虾筛选沉积物的觅食方法提供的机会要少一些。最大且人们最熟悉的深海寄生蟹
是怪蟹属（*Geryon*）和查氏蟹属（*Chaceon*），如三刺怪蟹（*G. trispinosus*）（图 4.23），它们
在东北大西洋大陆坡上部很常见；在大陆坡较深的地方，取而代之的是 *Chaceon inglei* 或者
C. gordonae，这取决于纬度高低。沿着大西洋美洲大陆坡，*Chaceon quinquidens* 居住在掘
进淤泥内 0.75 m 深的地道和拱形洞内，形成海底表面的主要地理特征（Malahoff *et al.*，
1982），随着时间的推移，这可能明显有助于沉积物沿大陆坡向深海输送（Hecker，1982）。
根据从爱尔兰西部拖网采集到的三刺怪蟹样品中不同体型大小的分布，似乎动物个体在它
们早期生活史期间必须进行大规模的垂直迁移，即从较深的定居地区洄游到它们繁殖后代
的大陆坡上的浅水区（Hepper，1971）。标记实验已经证实了怪蟹属和查氏蟹属（Melville-
Smith，1987）的洄游能力，在西南非洲外海 *C. maritae* 每天的最大洄游距离长达 2 km。怪蟹
属和查氏蟹属可能是现代仅有的两类被商业性开采的深海无脊椎动物，在纳米比亚（西南
非洲）外海和北美东海岸外海的主要水产业使用食饵诱捕篓对其进行捕捞（参见第 16 章）。

此外，分布于深海的几个深海蟹物种，如仿四额齿蟹属（*Ethusina*），通常比怪蟹属
和查氏蟹属个头小，身体也没有那么强壮。

图 4.23　大西洋三刺怪蟹（*Geryon trispinosus*），摄于东北大西洋豪猪海湾 0.5 km 深处。可能被照相机惊扰，这只蟹摆出了受到威胁的姿势（照片承蒙英国海洋科学研究所 A. L. 赖斯博士提供）

1.11　头足类

深海头足类在形态学上都产生了适应性变化，包括鱿鱼、乌贼和章鱼。这些物种在深海海底边界层很少有记录，这也许说明了采集样品很困难。而大多数在深海中报道的是偶尔出现的游走动物或者由于向下洄游而来的动物（Roger，1969；Roper & Young，1975；Lu & Roper，1979）。耳乌贼科中的乌贼小物种常见于大陆坡上部的近海软泥沉积物中，不过只有深海八腕目有须亚目（须蛸科）真正适应深海底栖生活，它们通常很少活动，靠中性浮力生活从而使能量消耗低，并且像水母一样缓慢地移动（图 4.24）。从深潜器和海底照片中有时能看见它们，但是用拖网很难捕获（Roper & Brundage，1972）。

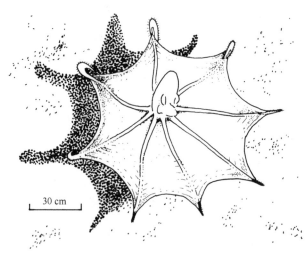

30 cm

图 4.24　八腕目有须亚目软体动物悬停在维尔京群岛外深海海床上方
卷曲的腕末端分布着精致的刚毛似的触须，可能在觅食时有触觉功能[根据 Roper 和 Brundage（1972）的照片绘制]

虽然俄罗斯科学家在卡普布朗外海捕获到的 *Cirroteuthis* 物种臂展约为 250 cm，但大多数物种体型都比较小。面蛸属（*Opisthoteuthis*）异常扁平，但最宽处仍很少超过 20 cm。它们的日常食物似乎不是大洋性鱿鱼所食的浮游甲壳动物，而是底栖多毛类和囊虾总目甲壳动物。有触须的八腕目软体动物也可能是食腐动物，它们曾被安放在深海海床上具诱饵的延时照相机所吸引并被拍照。*Vampyroteuthis infernalis* 是世界性物种，它们借助有蹼的腕像钟形罩或雨伞一样有节奏地开闭式游动。虽然在外观上类似于有触须的章鱼，实际上它是一种“活化石”，是一个与现代章鱼亲缘关系很远、仅见于侏罗纪的物种（Bandel & Leich，1986）。

1.12 底栖鱼类

底栖鱼类包括的物种比较少，如鳐和鲼，它们显然适应了沉积物表面的底栖生活方式，游泳方式多种多样，它们的活动范围或多或少地局限于海底边界层。后者和八腕目有须亚目可能是底游动物最重要的组成部分（Marshall & Merrett，1977）。从深海底拖网中已知的底栖鱼类接近 1000 种，最有代表性的科描绘在图 4.25 中。

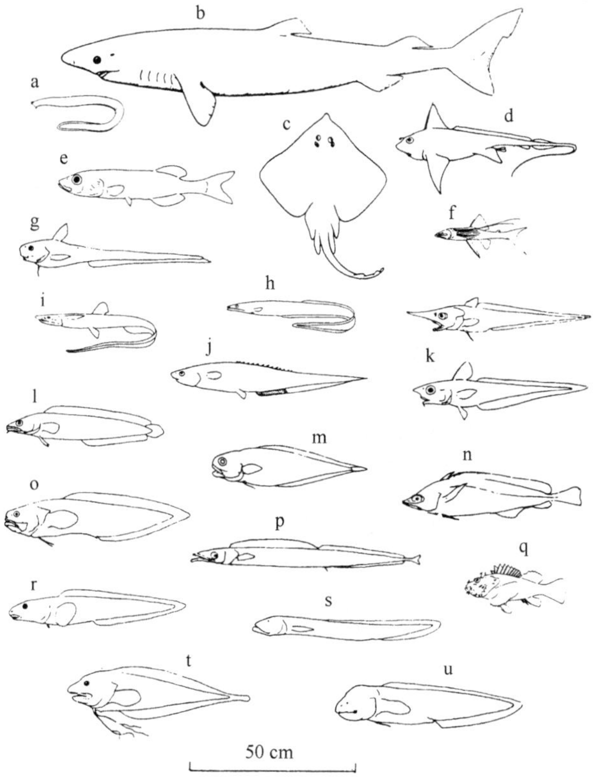

图 4.25 与深海底边界层有关的鱼类主要科举例

a. 盲鳗科盲鳗属（*Myxine*），次深海上部、底栖性；b. 角鲨科睡鲨属（*Somniosus*），次深海上部、底栖性；c. 鳐科鳐属（*Raja*），次深海、底栖性；d. 银鲛科兔银鲛属（*Hydrolagus*），次深海上部、底层游动性；e. 平头鱼科黑口鱼属（*Narcetes*），底层游动性；f. 青眼鱼科深海狗母鱼属（*Bathypterois*），次深海-深海、底栖性；g. 辫鱼科大辫鱼属（*Ijimaia*），次深海、底栖性；h. 合鳃鳗科合鳃鳗属（*Synaphobranchus*），次深海-深海、底层游动性；i. 海蜥鱼科海蜥鱼属（*Halosaurus*），次深海、底栖性；j. 背棘鱼科背棘鱼属（*Notacanthus*），次深海、底层游动性；k. 长尾鳕科，上为颞孔鳕属（*Trachyrhynchus*），下为突吻鳕属（*Coryphaenoides*），次深海-深海，底层游动性；l. 狮子鱼科副狮子鱼属（*Paraliparis*），次深海，底层游动性；m. 鼬鳚科深水须鼬鳚属（*Benthocometes*），次深海，底层游动性；n. 深海鳕科拟深海鳕属（*Antimora*），次深海，底层游动性；o. 胎鼬鳚科独趾鼬鳚属（*Oligopus*），次深海-深海、底层游动性；p. 带鱼科等鳍叉尾带鱼属（*Aphanopus*），次深海上部，底层游动性；q. 鲉科鲉属（*Scorpaena*），次深海上部，底栖性；r. 绵鳚科狼绵鳚属（*Lycodes*），次深海，底栖性；s. 胶鼬鳚科柄臂胶鳚属（*Sciadonus*），次深海-深海、底层游动性；t. 狮子鱼科玫瑰狮鱼属（*Rhodichthys*），次深海，底层游动性；u. 胶鼬鳚科胶鼬鳚属（*Aphyonus*），次深海-深海、底层游动性底栖种类包括无颌的像鳗一样的盲鳗科、鳐科和高等的硬骨鱼类，如鲽形目和鮟鱇目，它们的活动范围涵盖浅水到陆坡的深处。盲鳗仅在次深海被发现，它们是以大型游泳动物尸块为食的重要食腐动物。它们用大量黏滑的分泌物将动物尸体包裹起来，阻止其他动物前来抢食。正如在浅水中一样，深海鳐科是活跃的捕食者，在海底上方巡航的运载器经常拍摄到它们在寻找小的猎物。这些小猎物包括鱼类和甲壳纲动物以及隐藏在沉积物中的软体动物，鳐可能利用它们发育良好的嗅觉组织"闻"到这些猎物。在较高纬度浅水水域，典型的"守株待兔"型捕食者的分布范围也可延伸至深海陆坡，这些类群具有宽大的头部和相对较小的身体，如鲉（鲉科）、绵鳚（绵鳚科）和狮子鱼（狮子鱼科）。狮子鱼在太平洋品种繁多；在千岛群岛-堪察加海沟 7.23 km 深度获得的短吻狮子鱼（*Careproctus amblystomopsis*）是最深记录的鱼类之一。在南半球高纬度海域，南极鱼科（Nototheniidae）的部分物种分布范围也延伸至深海中。然而，分布最广泛并最有代表性的深海底栖鱼类的动物出现在较低纬度地域。

这些鱼类包括三脚鱼（青眼鱼科），如深海狗母鱼属及其近亲。通过照片和潜水器的观察，它们已经为人们所熟知，它们"栖息"在淤泥上，长在尾部的鳍刺伸得很长，两个腹鳍便于站立，藏在逆流海流中，胸鳍伸向前方，因此突出的鳍刺伸展出来就像多根天线一样（图 4.26）。由于有发育良好的侧线系统，它们可能对游泳的猎物产生的振动非常灵敏。深海狗母鱼和其他底栖动物（如鲉科）一样依靠负浮力生存，它们既没有鱼鳔也没有产生浮力的其他手段。

图 4.26　比氏深海狗母鱼（*Bathypterois bigelowi*）在墨西哥湾的海床上采取典型的"守株待兔"的觅食策略。这种鱼可以长到 30 cm 以上[根据 Heezen 和 Hollister（1971）的照片绘制]

在靠近海底生活的鱼类中，只有少数的鱼没有鱼鳔。它们几乎全部都属于软骨的鲨鱼、银鲛和平头鱼；前两个物种像鲼一样具有大型油性肝脏，使得其具有中性浮力（Corner *et al.*，1969）；而平头鱼体内骨骼的骨化程度低，肌肉含水多，这也使它们接近中性浮力。生活在深海中的鱼面临着采取低能耗、捕食/食腐生活方式的同时保持中性浮力的自然选择压力，研究发现在深海生活的鲼都有增大的油性肝脏和柔软含水的肉体，这也证实了这一点（Bone & Roberts，1969）。生活在深海中的鲨鱼具有典型的深色皮肤，是活跃的捕食者，其身躯常常发育得很大。偶尔在具诱饵的海底照相机拍摄的照片上出现的最大型的鱼是冷水睡鲨（角鲨科）（图 4.25）；格陵兰睡鲨（*Somniosus microcephalus*）能长至 6 m 以上，活动范围从海面一直到 1.2 km 深度。

在靠近海底生活的硬骨鱼存在着明显的趋同进化，即趋向于将身体拉长，总是有由许多鳍刺支撑的长的背鳍和臀鳍。长尾鳕科，如突吻鳕属（*Coryphaenoides*）（图 4.25，图 4.27，图 4.28）已为人们所熟知，在自由游动并习惯于生活在近深海底的鱼类中占压倒性的优势地位，在丰度和分类的多样性方面均如此（约有 300 个已知物种）。它们的分布中心位于热带到温带地域的大陆坡上，并且物种的丰富程度和生物量均排在海底边界层最优势的鱼类之中。它们包括了从 20 世纪 50 年代以来被开发的最重要的渔业物种（参见第 16 章）。

图 4.27　深海食腐动物薄鳞突吻鳕和大的多刺隆背新石蟹（*Neolithodes grimaldi*）被吸引到"深睡"号放置在东北大西洋豪猪海湾 2.456 km 深的海床上用布包裹着的鱼饵旁边。照相间隔时间为 4 min，这些鱼被拍到在诱饵处待了 15 min（引自英国海洋科学研究所 A.L. 赖斯博士）

图 4.28　突吻鳕（*Coryphaenoides* sp.）摇晃着长尾巴游泳的情形。宽阔的下鳍为头朝下在沉积物上觅食提供了必要的浮力。照片拍摄于豪猪海湾 1.4 km 水深处（引自英国海洋科学研究所 A.L. 赖斯博士）

像大多数靠近海底生活的鱼类一样，突吻鳕具有发育得很好的大鱼鳔，而在薄鳞突吻鳕[*Coryphaenoides*（*Nematonurus*）*armatus*]中，大大的肝可占体重的 13%，由此产生浮力（Stein & Pearcy，1982）。它们有多种摄食方式，可以觅取混杂的食物，包括移动的猎物，有时甚至是游走的猎物，也有小鱼和静卧海底的尸骸（Sedberry & Musick，1978），长尾鳕很容易被吸引到安放在深海底上的诱饵照相机和捕获器中（图 4.27，Isaacs & Schwartlose，1975；Wilson & Smith，1984；Desbruyères *et al.*，1985）。有些物种似乎更适合捕食小型的游动猎物，它们用宽大且具小牙齿的口紧紧地咬住猎物，长鳃耙则可将小的甲壳纲动物挡在口外，此外还拍到其他一些物种用尾巴慢慢摆动的方式游动（图 4.28），有时，它们鼻子朝下、尾巴朝上寻找在沉积物表面或上方的食物（Marshall & Bourne，1967）。它们通常有几个粗而短的鳃耙、受约束的第 1 对鳃裂以及位于厚实铠甲般鼻突后面的突出的口[颏孔鳕属（*Trachyrincus*）鼻突的发育尤其完善，见图 4.25]。加利福尼亚外海具诱饵的"魔鬼照相机"拍摄的胶片支持了早期的猜测，即这一形态结构使得这些鱼可以从下方伸出口并在淤泥中翻找，吮吸沉积物表层的食物，通过鳃裂滤掉小型无脊椎动物（Marshall，1973；Isaacs & Schwartzlose，1975）。

　　具诱饵的延时照相机的记录已经表明深海鱼类对潮流的响应，当潮流最强时，有较多的鱼出现（图 4.29）。具诱饵的海底视频摄像机也表明它们倾向于逆流游动，正如我们已经看到的食腐类端足目动物那样，这似乎是它们寻找食物的一种策略，即跟随水流带来的气味踪迹长距离寻找食物落点（Wilson & Smith，1984）；同时，让鱼类吞下遥测声波发射器的实验表明，突吻鳕是只活跃在海床上方的游牧式的捕食动物，没有证据表明它们采取"守株待兔"的觅食策略；实验也表明，突吻鳕多次离开食饵又返回（Priede & Smith，1986；Priede *et al.*，1990）。当然，它们的嗅觉组织似乎发育得相当完善，足以使它们能够从有气味的水流中找到食物碎屑。研究通过对诱饵捕获器吸引突吻鳕的结果进行建模，实现了对突吻鳕现存量的评估（Desbruyères *et al.*，1985）。突吻鳕还具有侧线感觉系统，在头部发育特别良好，它的侧线延伸至又长又尖细的尾部。这个复杂的系统被认为有助于感应并追溯来自猎物的低频振动（Marshall，1979）。像大多数靠近海底生活的鱼类一样，突吻鳕在大陆坡上品种繁多，数量巨大，特别是在中低纬度地区。出现在 2 km 以深深海的突吻鳕，包括世界性物种薄鳞突吻鳕和分布在太平洋的 *Coryphaenoides*（*Nematonurus*）*yaquinae*。众多突吻鳕物种的食物分配似乎可以通过它们不同的深度分布范围反映出来，中上层的觅食动物在大陆坡上最常见到，而它们的游泳猎物的垂直迁徙有可能到达海底。某些物种必须向上移动来捕食中层水中的猎

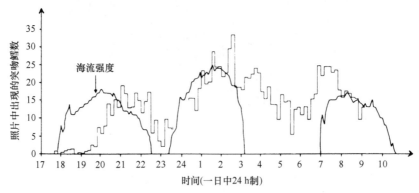

图 4.29　布放在比斯开湾 4.7 km 深处的诱饵照相机周围 35 m² 面积内观察到的突吻鳕（主要为薄鳞突吻鳕）的数量与海流强度的关系（引自 Desbruyères *et al.*，1985）

物，*C. rupestris* 曾在离海床 1.44 km 深处被捕获（Haedrich，1974）。然而，Priede 等（1990）的声波追踪研究工作表明薄鳞突吻鳕和 *C. (N.) yaquinae* 已经被监听到有 99.8% 的时间待在海床附近。

鼬鳚目鱼类包括鼬鳚科和胎鼬鳚科，也出现在浅而温暖的水域中，并且是第 2 个重要的类群（已知约有 150 种）。它们的体形与长尾鳕相似。人们对于它们的食性了解还很少。不过，像长尾鳕一样，雄性鼬鳚具有发出嗡嗡声的机制，它和鱼鳔连在一起，可以在与其他异性个体相遇时发出声音信号。平头鱼的数量也很多，和长尾鳕和鼬鳚一起构成北大西洋三大优势鱼类（Haedrich & Merrett，1988）。平头鱼有较为细长的身体，大大的嘴，并且似乎以海底附近超大体型的浮游生物为食，如磷虾。海蜥鱼和棘背鱼也有细长的身体，海蜥鱼还具有宽大的向前突的铲状鼻突，用来捕捉浅海底栖甲壳动物。"阿尔文"号上的观察者观察到短吻拟海蜥鱼（*Halosauropsis macrochir*）通常平稳地贴近海底，面朝海流，偶尔向下游捕捉从海底游来的海胆（*Echinus affinis* 的近亲）（Grassle *et al.*，1975）。更多像鳗一样的棘背鱼科有小的端位口，以海笔和海葵这些固着底栖动物的碎块为食。

深海鳕（深海鳕科）的躯体不那么细长，但是数量很多，已知就有 50 余种。它们与突吻鳕一样，在肛门附近常常具有一个精巧的会发光的器官，它包含有共生的发光细菌。由于有宽大的端位口、细密的牙和众多的鳃耙，深海鳕很适合捕食形形色色游动的动物（Gordon & Duncan，1985），并且有一些物种还可以用具感觉功能的鳍条探查海底沉积物从而寻找食物（图 4.30）。深海鳕在毗邻听觉囊的鱼鳔前室内有一种特有的"耳垫"，其功能就像水下测音器。最大的物种大吻拟深海鳕（*Antimora rostrata*）呈世界性分布，生活于 0.4～3 km 深处。

图 4.30　深海鳕用它长而灵敏的腹鳍条探查淤泥从而寻找食物（根据 Heezen & Hollister，1971 重绘）

人们了解最多的营底栖生活的鳗类是合鳃鳗，分布水深延伸至大于 3 km 深处。它们和平头鱼一样，似乎捕食靠近海底的体型大的浮游猎物。深海鳗大部分时间都埋藏在沉积物中生存（Grassle *et al.*，1975）。

总体来说，对底栖生活鱼类的营养生态学进行深入细致的研究结果表明，大多数鱼类都有类似的食谱，通常以浮游的或比较善于游动的底表生物为食，同时还表明它们很少捕食底内动物（McLellan，1977；Sedberry & Musick，1978；Mauchline & Gordon，1985，1986）。底栖生活鱼类的丰度和多样性似乎在次深海带最高（Haedrich *et al.*，1980；Pearcy *et al.*，1982；Merrett & Domanski，1985；Gordon & Duncan，1985；Gordon，1986；Snelgrove & Haedrich，1987）。有一些证据表明，整体而言，这可能与次深海和深海底栖生物有关（Hargreaves，1984），它们为深海鱼类提供了大量的食物（Pearcy & Ambler，1974；Marshall & Merrett，1977）。

2. 固着巨型底栖动物

这些动物通常附着在岩石露头上，如大陆坡、崎岖不平的海山或大洋扩张中心的玄武岩上；或者附着在铁锰结核以及从冰山底部掉落的石头上；或者直接附着在沉积物上。它们还大量固着生活在大陆坡边缘的冷泉和富含硫化物的热泉等地（参见第 15 章）。

虽然可供利用的适宜附着的基底可能是固着动物分布的限制因子，但以悬浮物颗粒为食的生活方式决定了它们的形态。

2.1 海绵

在多细胞动物中，海绵（多孔动物门）也许是最简单的生命体，但它们仍是种类繁多、进化成功的类群。它们的生物学过程鲜为人知，尤其是深海物种。在温带和热带浅水水域，寻常海绵纲和钙质海绵纲数量众多而且种类多样；而在深海中，它们很大程度上被六放海绵纲或玻璃海绵所取代，后两者在寒冷的浅海、极地海域，特别是南极也很丰富。其中最为人们所熟知的是偕老同穴属（*Euplectella*），它们具有由硅质长骨针所构成的似维纳斯花篮一样精致美丽的骨骼。它们和一系列深海拖网所捕获的其他形态的海绵如图 4.31b 所示。浅水寻常海绵动物外包硬壳的习性在深海中较为少见，大多数物种具有直立的大致辐射对称的体型，靠近根部变纤细，如同细长的柄。这种变细倾向在体形像花瓶的全囊海绵属（*Holascus*）和拂子介属（*Hyalonema*）（图 4.31a，图 4.31c）上显得更加突出。六放海绵纲的体壁尤其多孔，在内部领鞭毛细胞或领细胞的作用下，提供营养和呼吸的水流进入体内，挟带废物的水流排出体外。显然，海绵嗜食微小生物的觅食习性需要水流供应有机颗粒，可以预期，它们在营养充沛的海底丰富度及密度将达到最大，而在又深又贫瘠的海底的海绵样本似乎又小又轻。海绵的这种花瓶形状有利于其利用黏滞层（底边界层）内的海流速度梯度：在海绵顶端（出水口）上方相对较强的海流产生的压差作用下，水流被引进花瓶下部外侧的入水口（Levinton，1982）。六放海绵有时可以在深海，特别是陆坡上呈高密度聚集性分布。英国海洋科学研究所绘制了鸟巢海绵（*Pheronema grayi*）（图 4.32）在爱尔兰西南外海豪猪海湾的分布图，在这张图上，海绵分布的水深上下限都很明显。这里的海绵个体密度可以达到 5 ind./m^2，并且和限制性生存于海绵群落的其他大量生物共同生存，该群落可能依赖于大量近海底悬浮物形成的水文条件而生存。

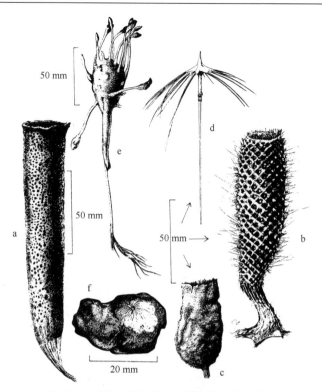

图 4.31　深海六放海绵和寻常海绵的体型大小
a. 全囊海绵属（*Holascus*）；b. 偕老同穴属（*Euplectella*）；c. 拂子介属（*Hyalonema*）；d. 枝根海绵属（*Cladorhiza*）；
e. *Asbestopluma*；f. *Sphaerotylus*（图 b 仿 Thomson，1877；其余引自 Koltun，1970）

图 4.32　鸟巢海绵（*Pheronema grayi*）照片拍摄于大西洋东北部豪猪海湾/浅滩 1.2 km 水深处，在水深
1.0～1.3 km 处出现密集分布带。该种海绵为其他众多生物提供栖息地，在左侧可见海鞘和铠甲虾（感
谢英国海洋科学研究所 A. L. 赖斯博士供图）

　　在深海发现的寻常海绵，如枝根海绵属（*Cladorhiza*）和 *Asbestopluma*（图 4.31d，
图 4.31e），为奇特的杆状形态，水深分布范围广。在千岛-堪察加海沟从几百米到 8 km
以上深度都有它们的踪迹（Koltun，1970）；它们还分布于像北太平洋中部那样表层低生
产力水域下方食物贫乏的海盆中央区域（Levi，1964；Pawson，1986）。它们奇特的形
态在某种程度上非常适宜在资源匮乏的环境中生存。然而，从拖网标本中显示出来的体

形可能并不能代表真正在海底生活的种类形态（图4.33）。不论怎样，更为"正常的"外包硬壳的寻常海绵（图4.31f）在次深海带被发现。

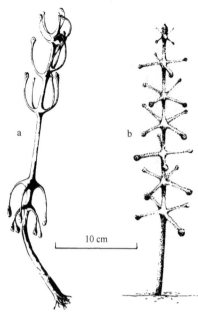

图4.33 枝根海绵（*Cladorhiza concrescens*）

a. 拖网标本；b. 原位状态附肢展开的自然形态（图 a 引自 Agassiz，1888；图 b 根据 Heezen & Hollister，1971 照片重新绘制）

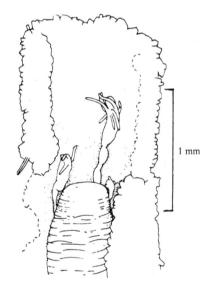

图4.34 体表寄生的裸芽螅，类似于 *Perigonimus*。附在倭革囊星虫（*Phascolion* sp.）的头部末端，而星虫又寄居在长外砂虫（*Hyperammina elongata*）产生的管内。该种发现于西撒哈拉海域 2 km 深处（引自 Gooday，1984）

2.2 水螅和底栖水母

腔肠动物门的共同特点是水螅口周围的触手上有刺细胞（刺丝囊），但没有肛门。这类动物包括水螅、海鳃（海笔）、柳珊瑚（海扇）、珊瑚和海葵。每一类中都有成功适应深海生活的代表种。

水螅属于水螅纲。它们像丛生灌木一样聚集在一起，水螅从向外伸展的分支上产生。水螅是种类最多样的腔肠动物类群。通常它们在较强海流掠过的大陆坡底部生长繁盛。不过，*Halisiphonia galaheae* 曾在克马德克海沟 8.21～8.3 km 深处被拖网捕获（Kramp，1956），在这个海沟同时捕获的还有美羽螅（*Aglaophenia tenuissima*），人们已知它曾经在深度小于 600 m 处出现过。此外，在比斯开湾很深的地方发现的另一个常见物种也曾在北极和大西洋海岸的浅水中出现。总体来说，水螅中被广为研究的物种包括真正的深海物种和广深性物种（Verwoort，1985）。*Branchiocerianthus imperator* 在印度洋-太平洋深海中的分布范围延伸到水深仅 2 m 的地方（Lemche *et al.*，1976），在这一深度，人们认为它是依靠多触手的冠清扫海底来觅食（Foell & Pawson，1986）。其他 4 种同属的水螅已知出现在从潮下带到超深渊带的深处，不过绝大多数深海中的水螅体型小很多。水螅的繁殖经过一个形似小水母的短暂的水母期。某些小的裸芽螅种类（在水螅周围没有硬壳覆盖）已被发现附着在巨型单细胞原生动物（巨型阿米巴虫）上（参见第 5 章），甚至附着在会移动的底表动物上，如双壳类动物和星虫（图 4.34）。

Stephanoscyphus 中的物种包括底栖发育阶段和常见于上层水的钵水母纲（真水母）发育阶段的种类，它们广泛分布于深海底，但在生活史中的水母阶段十分短暂。这些动物具有水螅体阶段（在其他真水母中通常缩短或根本就不存在），这与捕蝇草（图 4.35）相似，它们生长在长长的甲壳质管中（图 4.36），并且以高密度的形式存在（Aldred *et al.*，1982）。

图 4.35　形似捕蝇草的底栖海葵 *Actinoscyphia aurealia*，照片拍摄于非洲西北部卡普布朗外海约 2 km 深处。该物种通常将它的捕食陷阱面向弱底层流的上游。但肠内含物分析显示该物种可能以悬浮的碎屑为食，可能呈高密度分布（引自 Aldred *et al.*，1979）

2.3　海笔、柳珊瑚和深海珊瑚

如同在浅水中一样，珊瑚虫纲在深海腔肠动物门中占有重要的地位。这些深海种类的水母阶段完全消失。这一类群包括软珊瑚目、黑珊瑚目、柳珊瑚目（角质珊瑚）、海葵目、群体海葵目和海鳃目（海笔），海笔具有将躯干固着于沉积物内部的强壮的肉质柄，摄取食物的珊瑚虫生长于露在沉积物外边的躯干上部。它们和被称为管海葵的角海葵目都具有长长的肌肉质身体，竖直埋在软质沉积物由沉积物黏合成的黏液管中，是本类群仅有的两种不需要固着于硬质基底上的动物。人们已经了解珊瑚虫纲物种的不同形态，但从海底照片上对种类进行鉴别仍然非常困难。它们也可能常常出现在生产力和能量更高的边缘地区，在那里它们可以大规模地附着在石块、贝壳和砾石上。其他深海海葵，如 *Galatheanthemum profundale*（图 4.37）在极深的深海被发现。包括寡营养的海盆中央区域在内的深海沉积物中普遍生长着角海葵，深海照片拍到它们长长的触手在海流作用下不停泳动（图 4.38）。伸展开的触手触碰沉积物表面，被认为是它们在沉积物中觅食（Lemche *et al.*，1976）。然而，广泛出现在深海中的大型物种 *Sicyonis tuberculata* 肠内含物显示，它们是机会主义杂食者，从小的碎屑颗粒到相对大的运动猎物（Lampitt & Paterson，1988）；"深睡"号拍摄的照片表明，口盘可以随底流的变化而改变方向（图 4.39）。此外，海底照片显示体型大的海葵在布满结核的东北太平洋赤道寡营养海底缓慢漂移（Foell & Powson，1986）；这种生活习性或许会增加它们拦截猎物的机会。

群体海葵通常是像海葵一样的群居动物，它们经常寄生于其他动物的体表，鞘群海葵属和相关属的物种附着于大陆坡固着生物，如珊瑚、海绵、蠕虫管或者寄居蟹居住的贝壳上。

图 4.36　底栖钵水母 *Stephanoscypus* 的管状器官（通常大部分埋藏）（左下部是放大的横剖面图），具有繁殖能力的水母体正在收缩的管体内部发育（重绘自 Kramp，1959）

图 4.37　深海海葵 *Galatheanthemum profundale*（Galatheanthidae）
上部躯干和触手可以缩回几丁质的管中，体表还附有一个铠茗荷（引自 Carlgren，1956）

图 4.38　角海葵 *Cerianthus multiplicatus*，拍摄于东北大西洋豪猪海湾 0.4 km 深处（感谢英国海洋科学
研究所 A. L. 赖斯博士提供）

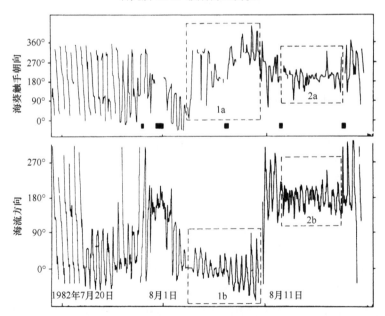

图 4.39　上图：深海海葵 *Sicyonis tuberculata* 口盘及其四周的触手朝向记录，由"深睡"号拍摄于豪
猪海湾 4.1 km 深处。黑色条段表示海葵完全收缩的时段，记录中的其他断带表示体盘处于水平位置的
时段。两个朝向恒定的时段分别标记为 1a 和 2a。下图：海流方向，根据"深睡"号上的海流计记录；
两个朝向恒定的时段分别标记为 1b 和 2b（引自 Lampitt & Paterson，1987）

海底布满海鳃和柳珊瑚常常是营养状况良好的一大特征，它们常常呈斑块状分布。它们可能还是相对高能量深海底的良好指示生物；在海底拍摄的照片显示海鳃的朝向非常一致（图 4.40，图 4.41），表明它们可能也能够根据海底海流方向的改变主动改变朝向，因此它们在海底照片中可以对海流方向提供灵敏的指示（Ohta，1983）。为人们所熟知的深海伞花海鳃 *Umbellula*（图 4.42）像百合一样膨大的单株珊瑚体和有柄海百合非常相似。该属常见于较为贫瘠的相当深的海底，可能是摄食大颗粒的肉食动物，也许以游泳生物为食。珊瑚虫这一增大体型的倾向与其摄食大颗粒食物有关，这种倾向已经在某些腔肠动物类群中发现，而且这一倾向在贫瘠的海盆物种中也很明显，因为在贫瘠的海盆地区，像底栖被囊类动物一样（参考下文）摄食大颗粒食物或肉食性，从能量的角度与摄食小颗粒的悬浮食物相比是更好的觅食策略。

丛生、群居生长的竹柳珊瑚 *Acanella arbuscula*（图 4.43a）常见于北大西洋中等能量供给的大陆隆 2 km 深度的周围，而分布更加广泛的其他物种如深海柳珊瑚 *Primnoa*（图 4.43b），在世界范围很深的地方都能找到，它们像蕨类植物一样的枝杈位于同一平面内，可能与海流方向成直角以滤食细小的浮游动物。然而，这种柳珊瑚可能是一个"画圆的好手"，见图 14.8g 所描绘的那样，通过这种方式与沉积物接触可能对它们有某些益

图 4.40　在大西洋东北部豪猪海湾约 1 km 深处的海鳃照片
左侧为有棘海鳃（*Pennatula aculeata*）；右侧为枪海鳃（*Kophobelemnon stelliferum*）（照片由英国海洋科学研究所 A. L. 赖斯博士提供）

图 4.41　海床上密集的柳珊瑚，几乎都是 *Callogorgia verticillata*，也有海胆 *Echinus melo* 分布，拍摄于东北大西洋 0.1 km 水深的约瑟芬海山海流流过的山顶（照片由英国海洋科学研究所 A. L. 赖斯博士提供）

图 4.42　具有长柄和大型珊瑚虫的深海伞花海鳃 *Umbellula*，在塞拉利昂深海平原 5 km 深处（标尺只是大约值）（根据 Heezen & Hollister，1971 照片重新绘制）

处。格外艳丽的虹柳珊瑚 *Iridogorgia*（图 4.43c）的分支从光彩夺目的主干呈螺旋状伸展开来。黑珊瑚形态修长，枝蔓丛生，轴向主干为角质（图 4.43d），与柳珊瑚颇为相似。它们被发现于海沟最深处（Pasternak，1977），并且在海流湍急的海山以及氧气供应良好的海底峡谷的边缘生长繁盛，可高达 2 m。

2.4　深海石珊瑚

　　热带地区石质造礁珊瑚（石珊瑚目）的亲缘种在深海中也颇具代表性。鉴于其丰度，它们在有机物通量、底栖动物的现存量以及深海方解石和文石的形成方面都具有相当重要的作用。在全球范围的研究已经发现了 *Lophelia*、筛孔珊瑚 *Madrepora* 和链叶珊瑚 *Desmophyllum* 的群落（包括亚南极地区）生长在次深海带（Zibrowius，1980；Cairns，1982）。这些珊瑚礁可以长得像山一样，高达 18 m（Wilson，1979a）。而如今在大西洋大陆坡上部存在的孤立珊瑚礁可能是遭受坍塌和侵蚀而灭绝的曾经全球分布的物种的残留（Menzies，1973）。珊瑚礁为其他形形色色的动物提供了附着的基质和避难所（Le Danois，1948；Zibrowius *et al.*，1975；Wilson，1979b）。深海单体珊瑚是大陆边缘深海沉积物的一大特征。这些珊瑚通常比较大，骨架呈圆锥形杯状（图 4.44），有时黏附在翼足类软体动物的贝壳上。最大的物种（直径达 3.5 cm 左右）在深海最深的地方被发现。这些珊瑚很可能是被动的肉食者，它们用自身长长的带刺丝囊的触手捕捉游动的小动物。

2.5　海百合和海羽星

　　这些种类共同组成海百合纲，是现存棘皮动物 5 个纲中最原始的类群。有柄形态在古生代数量丰富，但是它们在很久之前已经衰落，主要是被更高等的海羽星或栉羽枝目所取代。在生活史早期，它们便转换为半自由的附着生活，用腹部卷须状的触手附着在海底。550 种以上的栉羽枝以相当大的密度在热带浅水区分布，而仅 80 种有柄的海百合分布于深海，有时在更富有营养的深海地区很丰富，在这些地方，底层流适合它们被动过滤觅食的生活方式。Roux（1987）对有柄海百合的生态学、生物地理学和系统发育史进行了很好的综述。

　　位于体盘中央面朝上的口周围围绕着 5 只腕（在基部可能有分叉）和支撑的管足，用于将带黏液的卷须捕捉到的颗粒送到口中。这种觅食机制依靠海流将悬浮的食物颗粒带到腕上伸开的管足上，这些管足可以有效地截留体型较小的浮游生物碎屑和悬浮物。

　　颗粒选择性被认为是受到步带沟宽度的限制，步带沟将颗粒沿腕传送到口中，同时，还受到捕捉活跃生物的管足能力的限制。浅水中的海百合具有各种复杂的觅食姿势（参见 Meyer，1982 的综述）。虽然人们对发现于深海洋盆沉积物表面的深海海百合科物种

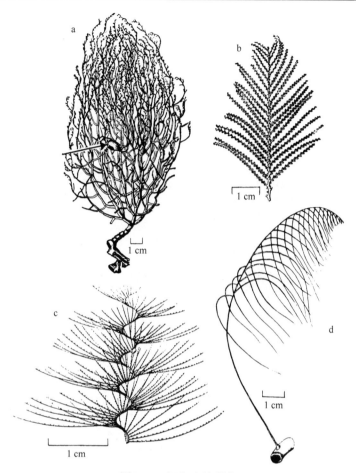

图 4.43　深海八放珊瑚

a. 竹柳珊瑚群体 *Acanella arbuscula*，体表寄生着一个小型海葵 *Actinauge*（箭头指出），附着在一个枝上，用它的体盘缠绕着主干；b. 深海柳珊瑚 *Primnoa*；c. 虹柳珊瑚 *Iridogorgia*；d. 深裂黑珊瑚（角珊瑚）*Bathypathus*（引自 Agassiz，1888）

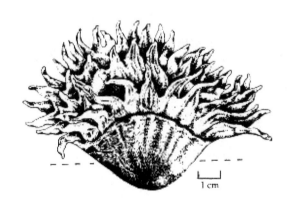

图 4.44　深海中的单体石珊瑚——扇形珊瑚 *Flabellum goodei*

虚线表示在正常情况下钙质骨架埋进沉积物中的大约深度（引自 Menzies *et al.*，1973；Marshall，1979）

的觅食行为所知甚少，但仅有的少数数据显示它们的腕和羽枝展开并伸进海流中，形成平面过滤扇，主要过滤水平方向的水流（Macurda & Meyer，1976）。在东北大西洋的海百合也许是人们所最熟悉的，已知有 4 科 9 属 12 种（Roux，1985）。由于利用海底撬网从硬质海底捕捉有柄海百合比较困难，人们主要通过深海照片对它们进行了解（图 4.45，图 4.46）。在东北大西洋大陆坡 *Diplocrinus wyvillethomsoni* 和 *Porphyrocrinus thalassae* 物种的密度通常为 5～7 ind./m^2，偶尔可以达到 10 ind./m^2；这些动物可以根据海流方向进行定向，使腕向海流方向弯曲形成抛物线形过滤扇（图 4.46）。当受到潜水器的机械手扰动时，海百合的腕慢慢紧闭起来（Conan *et al.*，1981）。张开的海百合扇拦截颗粒的速率似乎与海流流速有明显的关系（Leonard *et al.*，1988）。

图 4.45　小的纤细深海海百合 *Bathycrinus gracilis* 的照片

它使用末端小根固着在东北大西洋豪猪海湾口 4 km 深的沉积物上。柄只有约 10 cm 长（由英国海洋科学研究所 A.L. 赖斯博士提供）

图 4.46　长柄的等节海百合的照片

由"约翰逊海链"号深潜器拍摄于巴哈马海域 0.6 km 深处的沉积物表面。图中显示了典型的倾斜抛物线形过滤扇，柄顺水流方向弯曲。这种海百合以及相近的物种可能会利用它们柄上的触须在沉积物表面"爬行"（由美国佛罗里达大西洋大学海洋研究所海港分所 C.M. 杨博士提供）

在东北大西洋，有柄的海百合从 330 m 直到最深处都有分布，在 1.5～3 km 深处物种丰度达到最大值。但是，在热带西大西洋和西太平洋，峰值则出现在 0.2～0.6 km 深处，因此，这种原始类群似乎不以深海作为避难所。确切地说，它们的出现似乎反映出大陆边缘伴随着季节性上升流而产生的高初级生产力和沉降通量（Roux，1982，1985）。有柄的物种正新海百合（*Metacrinus rotundus*）出现在日本西部外海次深海带上部，人们认为它们以再次悬浮的海底物质为食；根据采集到的样本，人们认为这些动物可能通过截断固着柄并利用在柄基部的触须爬行找出强海流的位置，以便从海流中找到再次悬浮物。这种运动在其他物种中也可以见到，如图 4.46 所示，在海床上产生相当密集的微分布。这种情况的出现似乎与海底附近巨砾或者不规则硬质海底的海流速度的变化有关（Fujita *et al.*，1987）。

2.6　被动悬浮摄食的适应性

在深海中，被动悬浮摄食的无脊椎动物形态高度适应于最大限度地抓捕食物颗粒。在浅水中往复运动的海流或潮流中，被动悬浮摄食的动物形成呈扁平扇形的捕捉面，与海流成直角；而在更为湍急的海流中，它们呈辐射状排列或形如丛生灌木。在持续单向海流中，它们会形成碟形扇状并将凹面迎着海流，这种方式在抓捕颗粒时比平坦表面更加有效（Grigg，1972；Warner，1977）。但反常的是，捕捉食物的一面可能在支撑结构的背流面，这里微湍流和下降的流速将有助于它们拦截和捕食食物颗粒，正如沙粒倾向于堆积在卵石或漂砾的背流面，而不会沉积在常被海流冲刷的暴露表面。在深海中，虽然底层流可能较强，但海流计的记录显示，水流离开海底的运动常常表现为在单向运动的本底流上叠加了朝各个方向的往复运动。在中等流速的海底，不能改变朝向的固着生物常常长有柄，但像灌木一样低矮，向四周生长，如竹柳珊瑚 *Acanella arbuscula*（图 4.43a）。在这里，珊瑚虫可以从各个方向接触海流，显示出近底埃克曼层内更复杂的湍流和海流多变的方向。其他类型生物则可能以主动或被动的方式改变朝向，如水螅、海鳃、某些柳珊瑚，如丑柳珊瑚、黑角珊瑚和海百合，它们采用碟形或效率稍低的浅"V"形截面，单个珊瑚虫或管足的排列以及触须的位置也都是按照这个方式排布的。这些生物长得足够高，可以使觅食的珊瑚虫进入与海底摩擦少的上层快速海流中。在海山上，悬浮摄食的底表动物的丰度和朝向似乎与海底的地形和它们对海山底流环境的影响有关。在太平洋海山上被动悬浮摄食的固着底表动物的照片表明，这些动物的自然状态和分布情况很好地指示了地形对盛行海流的增速作用。动物的成带分布现象反映了不同区域的海流强度：螺旋状的纵列黑珊瑚形成的珊瑚林位于完全裸露的坡上，与海绵动物丰富的区域重叠，下方裸露较少的陆坡上则是柳珊瑚和分枝黑珊瑚（Genin *et al.*，1986；Moskalev & Galkin，1986）。

2.7　主动悬浮觅食者：深海藤壶

几乎 50 种左右的深海围胸总目（通常非寄生，营自由生活）藤壶属于原始的有茎类群——铠茗荷科（茗荷亚目），某些种类如小铠茗荷（*Arcoscalpellum regium*），除去柄长度可达 6 cm，非常引人注目。它们附着在各种基质上，包括岩石露头和结核，甚至黏附在某些固着动物上。铠茗荷广泛分布在深海的各个深度带。在更为特化的茗荷类中，蟹花茗荷（*Poecilasma kaempferi*）被发现外寄生于十足目甲壳动物，包括多刺隆背新石蟹（*Neolithodes grimaldi*）的身上（Williams & Moyse，1988）。更加特化的无柄的藤壶亚目，在受海浪猛烈冲击的海岸岩石上很常见且数量颇丰，其中有几种体型相当大的物种可以在陆坡上部找到。例如，深板藤壶（*Bathylasma hirsutum*）常出现在苏格兰外海威维尔·汤姆森海脊 0.6 km 深度的海底硬基质上，它的壁板残骸可以形成粗质的贝壳沙砾沉积物，这些沉积物顺着海流进入深洞中，使得那里的海流流速减缓。

和潮间带的藤壶一样，深海藤壶具有 6 对胸足，足末端有纤细的触须，主要用于过滤水中的小食物颗粒。目前还不清楚大部分大体型和单个深海物种的生长状态是否源于它们摄食大颗粒食物或活的小型猎物。它们似乎不存在于极度贫瘠的海盆中，但人们在克马德克海沟大于 7 km 深处也曾采集到铠茗荷。

生活于低纬度浅水中的藤壶体型细小、体被钙质外壳，已被发现于深海中，它们穴居在百慕大海域约 1 km 深的海底有孔虫砂中（Newman，1971）。

2.8　苔藓动物

苔藓动物门是固着且主动悬浮摄食的动物，在深海中趋向于形成像水螅那样分支的集群，而不是在浅水硬基底上常见的外包硬壳的群落。像海绵那样，这种外包硬壳的形式是高扰动潮间带和潮下带动物的特征，在这些地方尽管海草的叶状体表面提供了额外的栖居场所，但觅食悬浮物的动物体型必须能抵抗水流冲击。每个细小的个体几乎整个被包在像盒子一样的外骨骼中，可以通过有纤毛的捕食组织——触手冠形成水流来过滤食物颗粒。有研究表明，诸如体型大的有柄深海苔藓动物——掌苔虫属（*Kinetoskias*）（图 4.47）也能以浅表沉积物为食，研究人员曾经拍摄到它们携带孢子的枝干向下弯曲触到海底的照片（Menzies *et al.*，1973）。另一个来自北大西洋深海的直立的苔藓动物 *Levinsella magma* 可高达 18 cm。

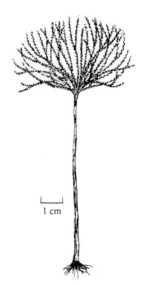

1 cm

图 4.47　大型深海苔藓动物掌苔虫 *Kinetoskias cyathus*
首次在挪威海被发现，体型相对巨大，直立生活在深渊中，长而柔软的柄端部的假根将其固着在沉积物上（引自 Marshall，1979）

近几年来，研究发现苔藓动物科、属在深海中具有丰富的多样性。虽然也有一些体型相对较大的种类，但是大多数体型较小而且脆弱，很难采集到完整的样品。不过，它们出现在海底最深处，有时数量巨大。例如，研究人员曾在罗科尔海槽用底表撬网一次性采集到 140 个小型分支形态的 *Euginoma vermiformis* 样品（Hayward，1978，1981，1985）。

除了这些硬壳包覆的形态外，也曾发现很小的栉口目苔藓动物（缺少钙化体壁）标本与软壁有孔虫（在第 5 章中描述）及其他生物共生（图 4.48）。这些生活形态向我们展示，正常情况下附着在硬基底上的固着生物如何适应在深海软泥上生存（Gooday & Cook，1984）。

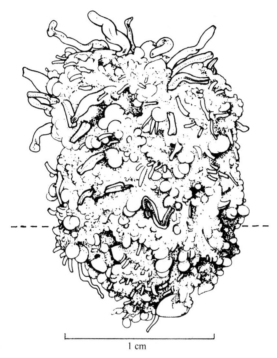

1 cm

图 4.48 栉口目苔藓动物诺尔苔虫 *Nolella* 从"泥球"软壁有孔虫 *Lana* 中伸出，从豪猪海湾 3.8 km 深处由拖网捕获。软壁有孔虫的一大团小管组成了散布的球形抱球虫壳，虚线表示在自然状态下埋于沉积物中的部分（引自 Gooday & Cook，1984）

2.9 腕足动物

古生物学家非常熟悉的腕足动物门是另一类具有触手冠、主动悬浮摄食的古老类群，它们在深海中具有较好的代表性。这类动物被钙化贝壳包裹，直接或者利用短柄或肉茎附着在坚硬的表面。某些物种，如 *Macandrevia crania* 和拟钻孔贝（*Terebratulina retusa*）的分布范围从涨潮线一直延伸至水深接近 4 km、具有较丰富营养的深海。至少在地中海，*Gryphus vitreus* 仅出现在沿着大陆架海流掠过的边缘地区（Emig，1975，1987）。而有一些体型小的物种的分布仅限于深海，人们对它们所知甚少。有 2 种可能是世界性分布的物种，它们在北大西洋、北冰洋以及西太平洋所采集的标本中出现，但数量很少，它们是广深性分布种，从大陆坡延伸到深渊区（Zezina，1975，1981）。

无铰类的物种——大西洋深海盘壳贝（*Pelagodiscus atlanticus*）形似帽贝（图 4.49a），附着在坚硬的基质上，广水深分布，分布范围遍及全球，它的幼体（图 4.49b）在海洋表面浮游。另一种有铰类的物种 *Cryptopora gnomon*，它的壳是双壳，光滑、透明、壁薄。*Cryptopora gnomon* 被认为躺卧在沉积物表面，用黏附在大的沉积物颗粒上的纤巧的柄一样的肉茎伸向海流的上游方向（Curry，1983）。

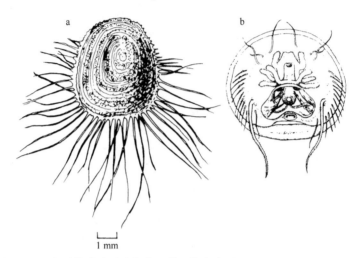

图 4.49　深海无铰类腕足动物大西洋深海盘壳贝（*Pelagodiscus atlanticus*）

a. 成体，卷须状肌丝固定在坚硬的表面；b. 深海盘壳贝的浮游幼体，已经变形以适应长时期的浮游生活（图 a 根据 Odhner，1960 订正；图 b 引自 Marshall，1979）

2.10　底栖被囊动物：微小颗粒食性到大颗粒食性

海鞘（海鞘纲）是底栖被囊动物，它们在浅海中是繁盛的主动觅食悬浮物的动物群体，通常通过大的鳃囊抽取水滤出悬浮的有机颗粒。它们在深海的软底质区有着很高的多样性，而在浅水中很少见到。Millar（1965）与 Monniot 和 Monniot（1975，1978）在综述中认为，它们极有可能是复系的，辐射分布到深海各个区域；包含了显著的形态学上的趋同进化以及摄食结构的改变以适应颗粒物匮乏的深海。就像深海中许多其他觅食悬浮物的类群一样，浅水生物外包硬壳的集群在深海中很少见到，生物个体几乎总是独居的。然而，虽然本质上属于主动觅食悬浮物的动物，但深海底栖被囊动物有时也会采取被动觅食悬浮物的方式，以降低能量消耗，它们将黏液网撒向海流，并且通过改变朝向，使过滤孔面向海流的流向敞开，利用海流来增强抽水效率。除了"正常"的有纤毛鳃囊的物种外，按变异程度的高低顺序排序，依次是：虽已退化却依然保留有纤毛鳃囊的矮生物种（图 4.50）、有柄无纤毛鳃囊的微小颗粒食性物种、属于 Octacnemidae 的陷阱捕食物种，它们既是微小颗粒食性又是大颗粒食性，具有小的无纤毛鳃囊和宽大的入水口（图 4.51）；最后是体型大一些的肉食物种，现在将它们放在单独的纲——Sorberacea 中，它们完全没有鳃状囊。肉食性物种利用由入水孔演化而来的强有力的指状裂片迅速抓住猎物，如 *Gasterascidia sandersi*（图 4.52）。它们膨大的胃里填满了各种各样的捕获物，包括有孔虫、线虫、多毛类和小的甲壳纲动物。*Octacnemus* 也是体型大

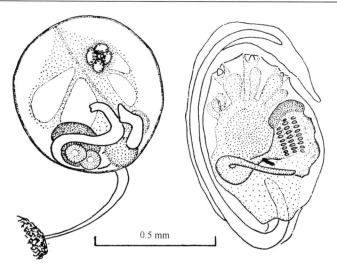

图 4.50　已知最小的海鞘，深海物种 *Minipera pedunculata*（皮海鞘科），与浅海 *Tridemnum* 海鞘的蝌蚪形幼体对比（引自 Monniot & Monniot，1978）

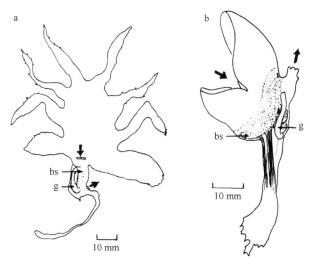

图 4.51　深海 *Octacnemus* 海鞘，可以看到有大的裂片"陷阱"和相对较小的肠（g）和鳃囊（bs）
a. *Octacnemus ingolfi*；b. *Megalodicopia hians*。箭头表示水流流入和流出鳃囊（引自 Monniot & Monniot，1978）

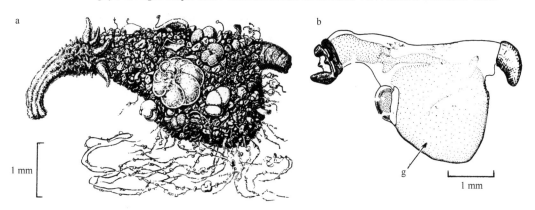

图 4.52　被囊动物 *Gasterascidia sandersi*
a. 表面观显示覆盖沉积物颗粒的被膜；b. 去掉被膜，显示出膨大的肠（g）（引自 Monniot & Monniot，1968）

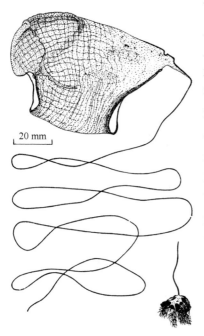

20 mm

图 4.53 发现于千岛-堪察加海沟中的巨大有柄海鞘 *Culeolus longipedunculatus*（芋海鞘科），膨大的鳃囊上遍布血管网形成的网格，但是仍然比只充满小颗粒的个体大许多。在活体状态下，柄会立起来，使入水口张大，朝向水流方向（引自 Vinogradora，1970）

而鳃囊缩小的物种，它只具备较弱的过滤细小颗粒的能力，具有进化得很好的入水管，张开后形成两个敞开的风帽状结构，*Megalodicopia* 也是如此（图 4.51b），以便通过关闭大的口唇诱捕小动物。*Octacnemus*（图 4.51a）有 8 片大的口裂片，但是现在尚不清楚这个通常有点纤弱透明的海鞘躯体是如何抓捕它们消化道中发现的各种不同的猎物的。其他深水海鞘可能来自不同祖先，分别隶属于 3 目 6 科 10 属；其中有些体型特别大（图 4.53），支撑在肉质柄上，但是所有的物种都有简化的鳃囊，而缺少浅水物种带有纤毛的柱头。这个趋同进化的特征在深海中普遍存在，但是在浅水种中却极少见，因此，这必然提高了它们的适应性。然而，尽管人们已经知道在它们的消化道里有细小的有机颗粒，可是对其消化机制并不了解。虽然有猜测说，它们是通过有节奏的强有力的抽吸作用吸入海水，但是就食物贫乏的深海底来说，更恰当的解释应当是海鞘改变朝向，使海流直接穿过鳃囊，用扩张的内柱分泌的黏膜捕获有机颗粒，浮游性海樽正是这样捕食的。不同科的许多物种体型都很小，鳃囊简单并覆有纤毛。它们通常呈球形，像根一样的延伸部分将沉积物颗粒聚集在被囊上，一半埋藏在海泥中。这些动物形态结构的上述退化，可能意味着它们具有性早熟（在发育早期就达到性成熟）现象，这可能是食物匮乏的结果。

在"正常"的海鞘中，没有一个物种在深海中很丰富，现有的物种都属于皮海鞘科。

深海被囊动物种类数最大值似乎出现在 4 km 深度左右，约有 70 种，它比深海中其他无脊椎动物出现种类数峰值的水深更深（Vinogradova，1962a；参见第 9 章）。在深度超过 5 km 以上数量大大减少，这也许反映出人们很少在如此深的地方采集到样品（Monniot & Monniot，1978）。

在深海中沉积和再悬浮的颗粒相对较为稀少，可能在很大程度上促使被囊动物趋向于捕食以底层浮游生物为代表的稀少但更富营养的活的颗粒物（Monniot，1979）。而这一捕食习惯反过来又导致被囊动物的体型增大以及柄长增加，向捕食小的游泳动物迈出了进化的一小步。

第5章　大、小、微型底栖动物

这类动物通常可按体型大小再进行细分，这和第 7 章中介绍的大小等级谱图的峰值是对应的；其中，大型底栖动物则是被孔径 1 mm 的筛网截留的动物（Mare，1942；McIntyre，1969）[①]；小型底栖动物定义为被孔径 62 μm 的筛网截留的动物。大多数单细胞生物，如原核生物（缺乏真核单细胞的外层细胞膜）、酵母类细胞、某些原生动物（单细胞动物，有些带有相对复杂的组织，如纤毛）以及某些早期的后生小型底栖动物，其大小范围从 40 μm 左右到 2 μm，组成另一种类型，称为微型底栖生物（Thiel，1983），它介于小型底栖动物和细菌之间。

但是，关于在深海中的微型底栖生物级别以上的底栖生物，按大小进行组群划分的生态学和分类学依据都极少。这是因为在深海中，生物倾向于小型化（参见第 7 章），以至于深海常被称为"小生物的栖息地"（Thiel，1975）。显然，这个倾向并不影响早前描述的一些巨型底栖动物。例如，食腐端足目动物的进化趋势已经完全相反，趋向于巨型化。不过，小型化的倾向在大型底栖动物中很明显（Sanders *et al.*，1965；Rowe & Menzel，1971；Rowe，1971a）。此外，Hessler（1974）发现，在北太平洋中部箱式取样器样品中，必须用 0.3 mm 的筛网才能获得很少的大型底栖动物，而这些捕获的个体都小到可以归入小型底栖生物中。事实上，从非常贫瘠的海域采集的箱式取样器样品中，采用 1 mm 筛网通常收集不到动物，即使从更富营养的大多数深海地区也只能得到很少的动物个体。Hessler 和 Jumars（1974）建议，采用"小型底栖动物"和"大型底栖动物"这些术语，将时下传统的类群划分引入深海研究中；Jumars 和 Gallagher（1982）评论说，"明智的做法是将不同大小的橙子进行比较，而不是用橙子和苹果作比较"。另一个不同点就是深海大、小型底栖动物体质很脆弱；除非采样者万分小心地处理这些样品，否则这些躯体娇嫩的动物很少能被完整无损地捕获。这是由于这些动物不像在充满活力的浅水沉积物中的亲缘种那样需要厚厚的表皮，厚重的外骨骼或构造坚实的外壳。因此，在这些样品采集和过筛的过程中过分搅动会导致无法辨认这些物种。

大型底栖动物形态千变万化，实际上它们在海底照片中无法观察到，但是在沉积物中其数量却很丰富。大型底栖动物与小型底栖动物共同构成深海中数量最多、组分多样的深海底栖生物。在 20 世纪 60 年代以前，它们大多由于躯体小而常常在拖网中漏掉或者在清洗过筛巨型底栖动物捕获物的过程中损失。然而值得一提的是，H. J. 汉森（H. J. Hansen）在丹麦"英戈尔夫"（Ingolf）号考察（1895～1896 年）大西洋北部水域的工作是一个例外：在航海过程中他用细密的真丝纱网收集到了 70 种小的原足类甲壳动物，其中有 49 种是新物种，总共有 106 种是先前已知的物种。在 20 世纪 60 年代，美国伍兹霍尔海洋研究所采用的细目取样法表明，当时从深海采集到的深海动物大部分仍然只

[①]根据目前的资料，小型底栖动物定义为被孔径 32 μm 的筛网截留的底栖动物；大型底栖动物则是被孔径 250 μm 的筛网截留的底栖动物

是从博物馆浸渍标本中认识的，它们仅仅是丰富多样的深海底生命中的冰山一角（Sanders & Hessler，1969）：当采用 0.5 mm 或更小孔径的筛网过滤清洗带泥的拖网或撬网捕获物时，研究人员发现了大量先前不认识或知之甚少的物种（图 5.1）。

图 5.1　罗科尔海槽 2.2 km 深处浅表层撬网样品经 0.42 mm 筛网淘洗后留下的残留物在显微镜下的照片
在多种钙质碎片中可见多种大型底栖动物和聚集性的有孔虫，包括涟虫（右下方），散落的双壳类贝壳，包括原鳃类和 *Vesicomya atlantica*（圆形的半透明贝壳），以及蛇尾类的后期幼虫

即便人们对这些至少从数量上在动物类群中占绝大多数的小型动物的认识仍然非常欠缺，但只要了解沿岸沉积物中的底栖动物，就会很容易认识这些小型动物的生命形态。当然，深海底栖类群与沿岸底栖类群存在种、属间的差异，有时也有科的差异。但对深海底栖动物分类的认识一般与浅水中未被侵袭的软泥中的研究相似。此外，深海和浅水软泥沉积物中动物类群似乎在较高纬度地区具有更高的分类相似性，这里的温度变化特征和深海中的情况通常很相似。

1. 大型底栖动物

1.1　组成

人们对深海大型动物区系的了解远比巨型底栖动物要少。但近几年来，这一小体型的动物类群给群落生态学的研究者发现新物种带来更多的机遇。这一结果源于在"艰苦"的贫瘠地区研究发现了丰富的物种多样性，这是人们远未预料到的。关于多样性如此之高的各种解释将在第 8 章中讨论。

尽管在分类学上多样性丰富，但定量采样的结果表明，全球范围的深海沉积物中的群落组成几乎没有变化；海水深度和食物源输入似乎对整体系统发育平衡的影响非常小（表 5.1）。该动物群主要由多毛类环节动物组成，占总量的 1/2～3/4，这与海岸沉积物中的情况相似。依照多度顺序，下一个是各种小体型的囊虾总目甲壳类动物，如涟虫类、原足目、端足目和等足目；接下来是几乎所有的软体动物门，包括腹足纲、双壳纲（包括贻贝和蛤蜊）以及掘足纲（角贝），但是不包括大多数较大和较活跃的头足纲。其他大型底栖动物类群包括丰富的蠕形动物类群，如纽形动物门（纽虫）、星虫、特异的无肠类群——须腕动物门、曳鳃动物门、螠虫动物门和肠鳃动物门；最后两类体型大，已经在第 4 章的巨型动物掘穴虫中讨论过。通常，大型底栖动物的底内动物也包括各种各样体型较小的代表性物种，那些属于游走和固着的底表动物类群，它们大多数被归为"巨型底栖动物"。这些代表性物种包括：各种海绵、比较小的海蜘蛛、腕足动物、小的底表内肛动物、蛇尾、瓷海星、无足海参纲动物，如小的蠕虫形掘穴科、海参纲无足目锚参科、Myriotrochidae 以及球形皮海鞘，它们通常用柄附着在沉积物颗粒上。这些大型底栖动物的动物图解说明如图 5.2 所示，它们是北太平洋中部的一个箱式取样器中所包含的物种。

表 5.1　新英格兰外海 2.1 km 深处 21 m² 沉积物中动物的分类学组成（Grassle *et al.*，1990）

	种类数	科数
腔肠动物门（Coelenterata）	19	10
水螅纲（Hydrozoa）	(6)	(3)
珊瑚纲（Anthozoa）	(12)	(6)
钵水母纲（Scyphozoa）	(1)	(1)
纽形动物门（Nemertea）	22	1
曳鳃动物门（Priapulida）	2	1
环节动物门（Annelida）	385	49
多毛纲（Polychaeta）	(367)	(47)
寡毛纲（Oligochaeta）	(18)	(2)
螠虫动物门（Echiura）	4	2
星虫动物门（Sipuncula）	15	3
须腕动物门（Pogonophora）	13	5
软体动物门（Mollusca）	106	43
双壳纲（Bivalvia）	(45)	(18)
腹足纲（Gastropoda）	(28)	(18)
掘足纲（Scaphopoda）	(9)	(4)
无板纲（Aplacophora）	(24)	(3)
节肢动物门（Arthropoda）	185	40
涟虫目（Cumacea）	(25)	(4)
原足目（Tanaidacea）	(45)	(8)
等足目（Isopoda）	(59)	(11)
端足目（Amphipoda）	(55)	(16)
海蜘蛛纲（Pycnogonida）	(1)	(1)
苔藓动物门（Bryozoa）	1	1
腕足动物门（Brachiopoda）	2	1
棘皮动物门（Echinodermata）	39	13
海胆纲（Echinoidea）	(9)	(2)
蛇尾纲（Ophiuroidea）	(16)	(6)
海星纲（Asteroidea）	(3)	(3)
海参纲（Holothurioidea）	(11)	(2)
半索动物门（Hemichordata）	4	1
脊索动物门（Chordata）	1	1
总计	798	171

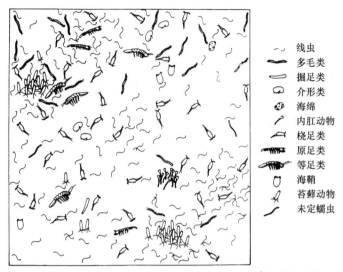

线虫
多毛类
掘足类
介形类
海绵
内肛动物
桡足类
原足类
等足类
海鞘
苔藓动物
未定蠕虫

图 5.2 　北太平洋中部（28°26′N，155°30′W）0.25 m² 海底发现的动物

为了方便读者观察，图为放大比例绘制，所有动物实际大小比图中显示小得多（引自 Hessler & Jumars，1977）

1.2 　多毛类

多毛纲是海洋中环节动物门的主要代表类群。多毛纲环节动物通常占大型底栖动物个体总数的 1/2 左右，占物种数量的大约 1/3 到接近 1/2。多毛纲环节动物、甲壳纲囊虾总目和双壳类软体动物可能是大型底栖动物的核心类群。多毛纲环节动物是分类上非常多样的一类，这一多样性体现在因适应不同的生活方式和觅食策略而形成令人眼花缭乱的各种不同形态。已知的 82 科 5700 个物种中，很少是来自深海的，这种情况一直持续到奥尔加·哈特曼（Olga Hartman）和克里斯汀·福查德（Kristain Fauchald）在洛杉矶用艾伦·汉考克（Allan Hancock）天使基金开展研究工作之前。这些具有里程碑意义的研究工作中描述了从 58 000 多个标本中分离出的 374 个物种，其中 100 多个物种是新发现的，这些标本来自 20 世纪 60 年代早期伍兹霍尔海洋研究所沿欢乐角-百慕大（Gay Head-Bermuda）横断面采集的底栖生物样品（Hartman，1965；Hartman & Fauchald，1971）。这些以及后来的研究工作描绘了深海多毛纲环节动物的特点：小体型动物与浅水物种相比身体体节数通常减少（图 5.3）。目前人们对美国东海岸外海大陆坡上的多毛纲环节动物已经进行了深入研究，从大陆坡和大陆隆广泛的箱式取样器中鉴别出大约 400 种多毛纲环节动物，它们构成了大型底栖动物总量的约 45%。在所记录的 47 个科中，双栉虫科、异毛虫科和海稚虫科的物种数最多，每个科的物种高达 35 个（Blake et al.，1987；Maciolek et al.，1987a，1987b）。

多毛纲环节动物的世界性分布趋势有限，虽然它们可在深度范围上分布广泛，但大多被局限在单一的洋盆中。和其他深海动物一样，多毛纲环节动物深海物种倾向于比大陆坡上的物种分布更加广泛。例如，在北大西洋，已经有 78% 的深海物种被发现于东、西大西洋，而次深海物种仅有 58%。然而，至少有和深海物种一样多的次深海物种似乎在世界范围内分布，并且呈广深性垂直分布（参见第 10 章对于在这些明显广泛分布的物种中可能的"兄弟姐妹种"的讨论），这些次深海多毛纲环节动物在大西洋和北太平洋似乎都是普遍存在的（Kirkegaard，1980，1983）。

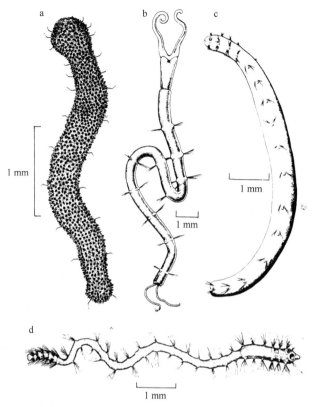

图 5.3　来自欢乐角-百慕大断面处的深海沉积食性的多毛纲环节动物

a. 扇毛虫 *Flabelligella papillata*（体长 3.8 mm）；b. 欧文虫 *Myriowenia gosnoldi*（体长 20 mm）；c. 扇毛虫 *Fauveliopsis brevis*（体长 7 mm）；d. 异毛虫 *Aparaonis abyssalis*（体长 7 mm）。图 a~图 c 上方为头部，图 d 右侧为头部（图 a、b、d 引自 Hartman，1965，经艾伦·汉考克基金会许可使用；图 c 引自 Hartman & Fauchald，1971，经艾伦·汉考克基金会许可使用）

　　虽然人们已经将 1 或 2 种既足够大又足够活跃的物种视为巨型底栖动物（参见第 4 章），但大多数则是营固着生活的小型掘穴生命形式。它们将头端的触角或触手伸出、暴露在沉积物表面从而寻找食物，如海稚虫科（见图 11.5）和双栉虫科（图 5.4a），而其他表面沉积食性的动物，如扇毛虫科（图 5.3a，图 5.3c，图 5.4b）、海蛹科和梯额虫科，它们好像不加选择地吞咽沉积物。许多其他沉积食性的动物似乎具有更加积极主动的掘穴生活方式，包括异毛虫科（图 5.3d）、丝鳃虫科、单指虫科，可能还包括 Lumbriconereidae 动物。后者中可能有一些是食肉动物，它们有带齿的颚和肌肉质咽，有时咽可外翻吞咽猎物，这一点和其他肉食性科一样，如齿吻沙蚕科、Glyeridae 和叶须虫科。其他物种，如欧文虫科物种（图 5.3b），利用身体的分泌物和沉积物颗粒搭建一个保护性栖管。小个体的科如海女虫科、豆维虫科（图 5.4c）和白毛虫科的物种都有肉食性动物。摄食悬浮物的动物很少；浅水中悬浮摄食食性的缨鳃虫科具有大而复杂的"触手冠"（Fabriciinae 亚科），用于捕食，而在深海该科的代表类群主要为小的、能运动的豆缨虫亚科物种，其退化的触手冠被认为是对选择性沉积食性的二次适应（Fauchald & Jumars，1979，他们对多毛纲环节动物觅食方式和其他功能类型进行了全面描述）。

　　在沉积物回迁托盘实验中研究发现了小头虫科小头虫属（*Capitella*）、豆维虫科毛轮沙蚕属（*Ophryotrocha*）或海稚虫科的多毛类动物是最早迁移且群落密度很大的类群，

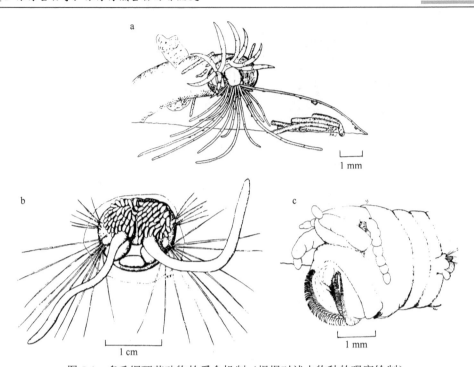

图 5.4　多毛纲环节动物的觅食机制（根据对浅水物种的观察绘制）

a. 双栉虫 *Amphicteis* 正在利用它的觅食触手转移碎屑颗粒；在转移过程中可能会用带纤毛的触手进行颗粒挑选。b. 扇毛虫 *Pherusa* 头部觅食器官外翻（图 5.3 中无法观察到）；两个大的触须在耙子似的刚毛的帮助下拾取颗粒。c. 颚外翻的豆维虫 *Schistomeringos*，这种动物可能取食多种食物类型[图 a 由 P. A. 朱马斯（P. A. Jumars）绘制；图 b 和图 c 由 K. 费于沙尔（K. Fauchald）绘制]（引自 Fauchald & Jumars，1979）

特别是那些含有大量有机聚集体、马尾藻碎片或植物碎屑的絮凝物（floc）的地方（参见第 8 章）。在加利福尼亚湾深海的一个软质沉积物热液区域的石油饱和沉积物中，研究人员发现了密集的毛轮沙蚕种群（Grassle *et al.*，1985）。很明显，这个动物种群可以迅速对裸露或尚未开发的栖息地作出反应，但是它们很快就会被强者取代。因此它们可能像浅水中那样作为深海扰动的指示生物。

1.3　寡毛类

20 世纪 60 年代（Cook，1970）环节动物门寡毛纲动物深海物种的发现表明，这个鲜为人知的种群几乎都是小型底栖动物范畴的、线形的、沉积食性的蠕虫，它们生存于深海和浅海沉积物中，有时是底栖生物的重要组成部分（Giere & Pfannkuche，1982）。就像它们的亲缘动物蚯蚓一样，海洋寡毛纲动物以摄取沉积物中的有机颗粒为食。*Tubificoides aculeatus* 在美国中大西洋陆坡上大量的箱式取样器采样中的丰度排第五位（占大型底栖动物个体的 3% 以上），在这里以及从美国东海岸采集到的类似的样品中记录的物种数多达 18 个（Blake *et al.*，1987；Maciolek *et al.*，1987a，1987b）。虽然并不普遍，但是在上述美国东海岸的箱式取样中鉴别出了约 26 个物种，并且目前已知超过 25 个物种来自 1 km 以上深度，很可能有更多的物种等待人们去发现。大多数海洋寡毛类（>90%）属于颤蚓科，其中，较深处的物种分布比次深海物种更加广泛（Erseus，1985）。

1.4　星虫类

星虫动物门是另一群蠕虫状的、摄食沉积物的动物（图 5.5a），它们在深海中丰度较大。其中大部分星虫，如戈芬星虫属（*Golfingia*）和方格星虫属（*Sipunculus*）在沉积物内掘穴生活，少数如盾管星虫属（*Aspidosiphon*）和倭革囊星虫属（*Phascolion*），在沉积物上方移动，将身体隐藏在适宜的"栖息地"中，如年老的腹足纲软体动物或掘足纲软体动物的壳内。值得注意的是在它们侵入深海的过程中，似乎仅辐射进化出少量的新物种；许多物种，如 *Phascolion strombi*，从浅的潮下带一直到深海带都有分布。例如，在东北大西洋的 31 个深海物种中，只有 12 个局限分布于大于 1 km 深度的深海中，而有 6 个则明显具有广深性和广泛的分布（Cutler & Cutler，1987）。其中一个原因可能是它们早期发育模式为漂浮幼体（图 5.5b），这种幼虫在大洋浮游生物中很常见。星虫科最大的物种是挪威方格星虫（*Sipunculus norvegicus*），通常超过 10 cm 长，因此属于掘穴巨型动物的组成部分。戈芬星虫属（戈芬星虫科）物种在挪威海接近 400 ind./m^2 的高密度（Romero-Wetzel，1987），而在加利福尼亚外海圣尼古拉斯盆地的高有机质含量沉积物中达 320 ind./m^2（Thompson，1980）；星虫类动物 *Aspidosiphon zinni* 是新英格兰外海 1.2 km 深的箱式取样中占优势的物种，个体数达 355 ind./m^2，占大型底栖动物个体数的 6% 或 7% 左右（Maciolek *et al.*，1987a，1987b）。在更为贫瘠的豪猪海湾深海平原，星虫动物的平均密度为 13 ind./m^2，依然是大型底栖动物生物量的主要贡献者（Rutgers van der Loeff & Lavaleye，1986）。

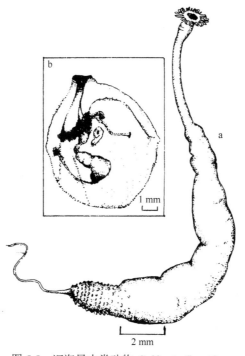

图 5.5　深海星虫类动物 *Golfingia flagrifera*

a. 用于觅食的内翻吻部向外伸出，顶部是一丛感觉触手；b. 漂浮幼体，可能属于方格星虫属（*Sipunculus*）（图 a 引自 Marshall，1979；图 b 引自 Åkesson，1961）

传统上认为星虫动物可以翻转的咽反映出它们不加选择地摄食沉积物的生活方式（Murina，1984）。然而，*Golfingia nicolasi* 的胃含物已经表明其中的有机物含量相比周围环境沉积物中的有机物含量有大幅度的提升（Thompson，1980），说明对有机颗粒的摄食存在选择性。

1.5　须腕动物

已知的须腕动物主要来自深海。它们有两大类群：一类是大的红色羽毛状被套动物或须腕动物，它们附着在硬基质上，其分布局限于热泉和冷泉（参见第 15 章）；另一类是小得多的管栖须腕动物（图 5.6），它们主要生活在还原性沉积物中。通常，后一类群有长而细小的由蛋白质和几丁质构成的管状器官，在早期的采集过程中被当作拖网碎片而忽略，直到 20 世纪 50 年代，大的样本被俄罗斯生物学家从太平洋海沟中用撬网捕获，这才引起人们的注意。它们在形态上非常简单，虽然在身体前部有一根或多根长长的触须，但成体既无口腔也无消化道。它们以自然姿态深入沉积物内部（图 5.7），它们的营养获取依赖于体内共生的化能合成细菌，这些细菌能够将存在于高有机物含量的沉积物中的化合物进行氧化、分解和还原（Southward，1986，1987；Southward *et al.*，1986）。它们的系统发生关系至今存疑，但是有时在大陆坡和海沟峡谷里含有较多有机物的沉积物中，它们的个体非常丰富，在这些地方已经发现了已知物种中的最大物种 *Zenkevitchiana longissima*，其生活在 8～9 km 深的地方（Ivanov，1963）。须腕动物的种类非常丰富，有些种类分布的广度和深度比较有限（Southward，1979）。*Siboglinum atlanticum* 是东北大西洋峡谷陡坡一侧富含有机物的沉积物中的主要组成部分。在比斯开湾的桑坦德峡谷中，它的最高丰度带宽度超过 100 m（Southward & Dando，1988）。根据对美国东海岸外海大陆坡和大陆隆的大量研究，须腕动物通常占大型底栖动物总数的 1.6%～1.75%，现存物种超过 12 个（Blake *et al.*，1987；Maciolek *et al.*，1987a，1987b）。

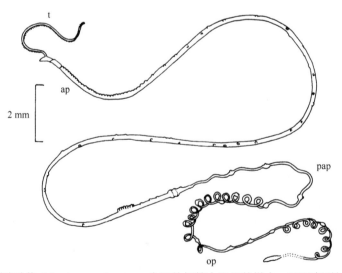

图 5.6　从深海须腕动物 *Siboglinum atlanticum* 生活的栖管中取出的样本，可观察到触须（t）、身体前端（ap）；环带后部（pap）是一个灯泡状的挖掘器官，后体（op）通常穿入虫管的下部末端（引自 Southward *et al.*，1986）

1.6　其他蠕虫

在其他蠕虫状的类群中，已知涡虫纲（扁虫）和纽形动物门（纽虫）出现在深海底，但是对于它们的分类学和生物学却知之甚少。另一个比较隐蔽的蠕虫状的曳鳃动物门，只在近年来才在深海中被记录到（Menzies，1959）。随后，曳鳃属（*Priapulus*）物种从所有海洋的深海处都有发现。它们体型短小，是摄食沉积物的动物。虽然在新英格兰外海大陆坡 1.8 km 深的伍兹霍尔海洋研究所的 DOS 1 号站平均密度达 226 ind./m^2，几乎构成大型底栖动物个体总数的 5%（Grassle & Morse-Porteous，1987），但在深海中的标本很少（常常还处于幼体后期），缺少成体的性状特征，并且不常见。

有一种观点认为，很多深海生物可能属于单一物种 *Priapulus abyssorum*，它和极地浅海中的曳鳃属有着密切的关联（van der Land，1985）。

2. 深海节肢动物

2.1　螨

螯肢亚门（一种原始的节肢动物，包括陆地蜘蛛、蝎子和海蜘蛛；参见第 4 章）的海洋代表种类是蜱螨目的螨和蜱。虽然它们中的绝大多数外寄生于陆地动物包括人类，但是研究已经发现有几个物种（海螨科）可能作为捕食动物在海洋中营自由生活。虽然对它们知之甚少，但是这些深海物种的分布可以达到6.85 km 的深海。某些物种还具有突出的形态学特征，如长长的腿、长长的隆起物和角质纤维，它们与某些生活在软质沉积物上的囊虾类甲壳纲动物类似（Bartsch，1988）。

2.2　甲壳纲动物

由于深海中不存在昆虫，甲壳纲动物显然是占优势的节肢动物，而现在被认为组成一个独立的门。数量最大的种群是囊虾总目，它包括涟虫目、原足目、等足目和端足目动物。它们大多数都是体型细小、活跃地觅食碎屑的生命形态，它们的卵在雌性腹部的孵化囊中发育到高级阶段。囊虾总目动物在细目过筛的深海样品中，无论个体数量还是物种数量都很大，占所有大型底栖物种数的 32%～51%（Hessler & Wilson，1983）。尽管 Gooday（1984）也描述了许多生活在具管有孔虫目末端开口的栖管中的小型等足目动物和原足目动物，但它们中的大多数似乎都营自由底栖生活。另一个主要的目是糠虾目，虽然主要营深海浮游生活，但是它们中的一类已经进化成底栖物种，主要分布在次深海的上部，可能起源于大陆边缘（Lagardère，1985）。其余的 4 个类群大且系统复杂，

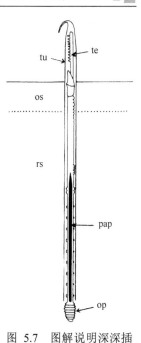

图 5.7　图解说明深深插入沉积物还原层（rs）的栖管中的须腕动物

还原层位于有机物含量高的陆坡沉积物表面的相对氧化层（os）下方。黑色部分为环带后部含有细菌的组织。尽管有机栖管（tu）紧贴着高度血管化的触须（te），但栖管可以使水流通过，从而使触须起到鳃的作用。图中其他标记与图 5.6 中相同（修改自 Southward *et al.*，1986）

目前深海工作者正在对其分类学进行完善。这些研究工作表明，种和属特别多样的类群仅在深海中被发现。在科的水平上，其分布模式随纲而变。

2.3 端足类

虽然端足目动物在大陆坡和大陆隆大型底栖动物样品中很常见，在深海也有像等足目和原足目一样有诸多代表性的物种（Gage，1979；Black *et al.*，1987；Maciolek *et al.*，1987a，1987b），但是在太平洋超深渊和贫瘠的海盆中，它们似乎相当稀少（Hessler & Jumars，1974；Jumars & Hessler，1976；Hecker & Paul，1979；Wilson & Hessler，1987a；Grassle & Maciolek，1990）。大部分深海端足动物主要隶属于生活于浅水的属，也许除了深海物种没有眼睛这一点之外，两者几乎没有不同（图5.8）。迄今为止，还没有确定哪个已知的端足目动物的科只存在于深海中。已知的48个科中有31个科被描述过，其中6个科有1/4的属仅存于深海中，还有2个科中有一半的属仅存于深海中（Barnard，1969，1971，1973）（其中，辛诺钩虾科在温暖的浅水中有4个属，其余属主要在深海中）。这样宽泛的代表种分布，但缺乏任何特化的发育特征，被认为是动物类群曾多次侵入深海的证明（Hessler & Wilson，1983）。几乎所有的深海端足目动物都属于钩虾亚目，它们有拱形且侧扁的躯体（图5.8）。除了在前面讨论过的巨型食腐光洁钩虾科以外，其他动物长度很少超过几毫米。它们居住在沉积物中临时挖掘的穴内，并且似乎大多为食碎屑的底表动物的生活方式，同时可以有选择性地以离散颗粒为食，而人们认真检查有孔虫的栖管后发现一种小的光洁钩虾占据着这样一个很特殊的微环境（图5.9）。Barnard（1961，1962）已经证明，大多数深海端足目动物都是狭深性的，带有典型的地区性特有分布特征；然而，也有一些物种是广深性的。在西北太平洋，那些地理上很靠近、深度分布上可比较的成对站点资料表明，广泛的物种组成差异与沉积物的变化特征以及食物可得性的差异有关（Dickinson & Carey，1978；Dickinson，1978）。许多深海属所在科中的浅水属物种都有眼睛，生活在高纬度地区。虽然这些事实显示它们是最近或刚刚移居到深海中，但这也可能反映出它们难以适应深海条件的生活模式，人

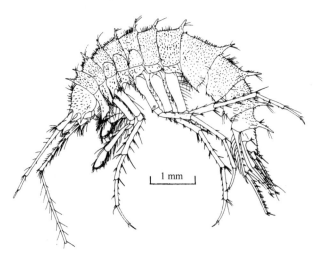

图5.8　深海无眼睛、摄食沉积物的端足目动物 *Lepechinella cura*，来自东太平洋（引自 Barnard，1973）

们认为蟹的生活模式也是如此（Hessler & Wilson，1983）。然而，至少在北半球，有些物种分布在北极圈浅水区，它们能延伸分布并盛产于深海之中（Barnard，1971），从而支持了物种持续移居到深海的观点。

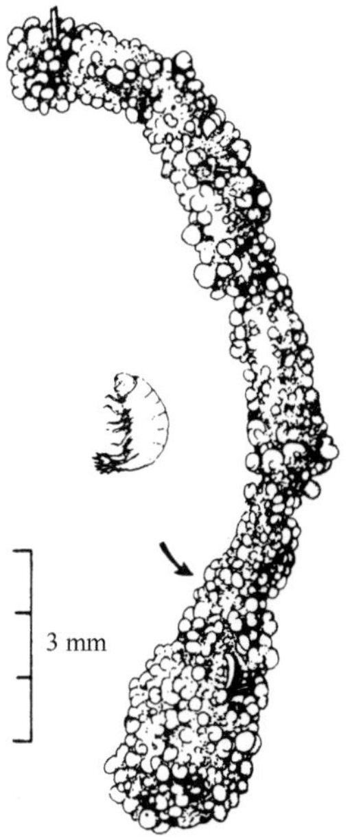

2.4 涟虫

涟虫被认为生活在海泥中的临时洞穴内（图 5.10）。它们似乎表现出与端足类动物相似的分布模式，而只有 Ceratocumidae 是目前已知 8 个科中唯一仅存于深海中的科，尖额涟虫科（Leuconidae）和小涟虫科（Nannastacidae）则非常集中地出现在东北大西洋的欢乐角-百慕大横断面（Jones，1969；Jones and Sanders，1972）。它们的种类繁多，从该断面的 14 次拖网中检查得到的 8000 个标本中，研究人员就发现了 83 个物种（Sanders，1977）。在另一个深入考察过的地区，即比斯开湾，已知约有 183 个物种出现在 200 m 以下的深度。虽然在 1～2 km 深处物种数量很多，但物种丰富度最大的地方似乎是在 3～4 km 深度（Jones，1985）。不过，涟虫类动物在太平洋贫瘠的海盆和超深渊地区很少出现，甚至没有（Jones，1969；Hessler & Jumars，1974；Jumars & Hessler，1976；Hecker & Paul，1979；Wilson & Hessler，1987b）；并且在贫瘠的地中海深海中涟虫类动物类群也十分少（Reyss，1973）。在太平洋地区，物种密度通常小于 1 ind./m^2，这与罗科尔海槽大于 5 ind./m^2 的物种密度形成对比（Gage，1977）。

研究证据似乎越来越清楚地表明海盆相隔得越远，它们共同的物种就越少（Jones，1985，1986）。在已知的 707 个物种中，有 92% 的物种仅存于一个大洋中（Jones，1969）。沿大西洋深度断面对涟虫类动物分布所作的分析表明，它们有轮廓非常清晰的深度分布带（Grassle et al.，1979）。虽然涟虫类动物可以游离海底，但它们通常居住在海泥洞穴中（图 5.10），即使不埋藏，也紧贴海底。它们从海泥表面挑拣出有机物，没有特定的食谱。与囊虾总目的其他类群一样，也许该类群丰富的多样性反映了种群的隔离，种群的隔离则是由于该类群的繁殖孵育方式而非幼体扩散，也不是因为环境资源分配。

2.5 原足类

一般来说，原足类物种甚至比涟虫类动物更少。较大的原足类底表动物物种和许多等足类动物（参见下文）有些相似，在过去的分类学上它们被看作同一目；不过，它们与等足类的主要区别是第 2 节胸节上附肢呈螯状（像螃蟹）和无扇形的尾巴（图 5.11a）。有时原足类被认为是小型动物的组成部分。然而，它们常见于细孔网筛的浅表撬网和箱

图 5.9 小的端足类光洁钩虾 Aristias sp.，通常发现于东北大西洋聚集性有孔虫 Hyperammina palmiformis 的栖管中（但后者可能是一种未被描述过的腔肠动物）[其他光洁钩虾，如弹钩虾属（Orchomene）和 Onesimoides 可能摄食落至海底的木质植物碎屑，该科中最大的种如 Eurythenes gryllus，则是机会主义食腐动物，在第 4 章巨型动物中已经讨论过] （引自 Gooday，1984）

3 mm

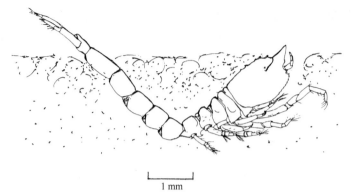

图 5.10　来自东北大西洋深海带的深海尖额涟虫 *Epileucon craterus*，图示可能是在沉积物表面上的觅食姿势（修改自 Bishop，1981）

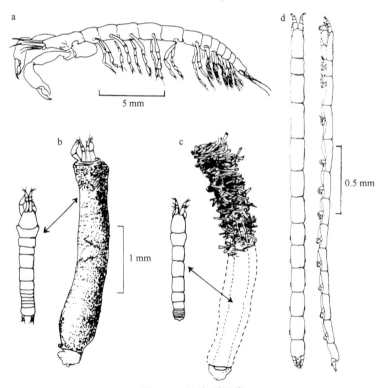

图 5.11　深海原足类

a. 克马德克海沟 8.2 km 处的物种 *Neotanais serratispinosus hadalis*。b、c. 东北大西洋的海底管栖 Typhlotanaids。b. 未描述的 *Typhlotanais* sp.的栖管由细泥和黏质内壁组成，黏质内壁在虫体孵化后代时将栖管前端或后端封闭。c. 另一种未描述的 *Typhlotanais* sp.的栖管由海绵质骨针组成，后端堆积着苔藓虫和有孔虫。d. *Nematotanais mirabilis*（东北大西洋），生活于薄壁、线状的黏液管中（图 a 引自 Wolff，1956；图 b 和图 c 修改自 Hassack & Holdich，1987；图 d 引自 Bird & Holdich，1985）

式取样器样品中。在罗科尔海槽中某一个位置采集的一系列箱式取样器样品中，它们占大型底栖动物总量的 10%左右（虽然有许多较小的长体型的个体动物可能在清洗样品时从孔径 0.42 mm 的筛网中流失，Gage，1979），并且在西北大西洋和北太平洋中部约占大型底栖动物总量的 19%，这时采用的筛网网孔为 0.3 mm（Hessler & Jumars，1974）。虽然它们的分类学和生物地理学的发展仍不完善，但研究表明，与浅水相比（Holdich & Jones，1983），原足类在深海中的多样性非常丰富；从比斯开湾到罗科尔海槽这一研究最为深入的深海地区，有 262 种原足类，其中新发现的物种占 58%（Holdich，个人通信，1986）。研究人员同样在太平洋东北赤道附近的锰结核区域进行了充分的采样，那里原足类的多样性也特别高；在 556 个个体样品中有 77 个物种（大部分尚未描述过），大约是 Sieg（1986）在 4~5 km 深度列出的已知物种数的两倍（Wilson，1987，尚未公开发表的数据）。

辐射状分布表现最为明显的是在原足亚目中，特别是在 *Leptognathia* 中，法国 BIOGAS 项目在比斯开湾收集的生物总数中该属占到了 40%（Bird & Holdich，1985）。霍尔迪奇（Holdich）也发现在研究相对较多的地区原足类动物的多样性集中出现在 2~3 km 深度。长尾虫亚目（Apseudomorpha）和新原足虫亚目（Neotanaidomorpha）（图 5.11a）的体型一般较大，并且大部分是底表动物物种，它们在深海中不具有代表性（Gardiner，1975；Băcescu，1985；Sieg，1988），不过在超深渊的深处可以长成令人印象深刻的大尺寸（Wolff，1956b）。在太平洋锰结核区内，原足类动物密度较低，为 15~48.3 ind./m²，相比而言，在西北大西洋 HEBBLE 位点的最大值为 491 ind./m²。在那里它们的个体密度比在任何其他目前调查过的深海中都要大，占优势的动物类群具有又短又粗的腿和小而细长的身体（Thistle *et al.*，1985）。从形态学的观点来看，它们可能在沉积物内构筑管道或洞穴，在沉积物受侵蚀和再悬浮时，它们可以躲藏在里面（Reidenauer & Thistle，1985）。事实上有许许多多结构不同的栖管，通常在栖管内壁的黏液上覆盖着沉积物颗粒（图 5.11b，图 5.11c）。某些栖管相当细巧，长度有 30 mm，很细长（图 5.11d），如 *Nematotanais* 的栖管（Bird & Holdich，1985）。栖管可能具有两种作用：一是作为保护成体的交配室；二是作为排卵孵化的温床。不同的栖管结构也许反映了该高度多样性的类群中资源高度分化（Hassack & Holdich，1987）。

原足类动物典型的表现为高度的两性异形现象（Holdich & Jones，1983）。雌性个体具有一般形态，而雄性个体则更善于游动。的确，在比斯开湾 2 km 深处进行的沉积物再迁移实验中出现的原足类动物（参见第 8 章），几乎无一例外是该物种中的"游泳雄性"，而不是以前从传统的海底采样所收集到的物种，雄性个体可能是扰动后栖息地中的主要占领者（Bird & Holdich，1989）。此外，由于雄性具有缩小的口器，它们可能属于过渡形态（Wilson & Hessler，1987b；Bird & Holdich，1989）。原足类动物在深海中的成功栖息主要是由于它们变得较小从而避免和其他囊虾总目物种竞争，以及出色的繁殖能力和排卵后加强监护。此外，进化谱系重建显示原足类已经多次侵入深海，Gigantapseudidae 和 Neotanaidae 最有可能是中生代动物的幸存者（Sieg，1988）。

2.6　等足类

等足类是一个能适应新环境的种类繁多的类群，在各种陆生和水生环境中都有物种分布。然而，在深海中它们的辐射分布最为显著，可以生活在包括最深的海沟在内的各种深度的海洋中。目前它们是深海中研究人员了解最多的囊虾总目物种，在这个环境中，它们被描述的物种比其他甲壳纲类群更多，然而，在其中 9 个亚目中有 7 个在浅水和深水中都有分布，并且这些亚目中栉水虱亚目（Asellota）最占优势。深海等足目动物中的大量物种包含在 18 个科中，研究人员采用细筛清洗浅表撬网的样品发现这些物种，采用这种方法可以在一次拖网中收集到 100 个以上的物种（Hessler *et al.*，1979）。等足目动物在大型底栖动物稀少的贫瘠海盆里也具有相当高的多样性；研究人员从赤道东太平洋锰结核区两处 0.25 m² 的箱式取样器样品中出现的 493 个个体中鉴别出 130 个物种，个体密度为 5.8～40.8 ind./m²（Hecker & Paul，1979；Wilson & Hessler，1987b；Wilson，未发表的数据，1987）。

　　水虱类动物食碎屑的习性使它们适宜于生活在深海底，并形成了极其丰富壮观的形态多样性，包括某些体型非常怪异的物种（图 5.12）。某些物种（Ischnomesidae）具有相当细长的体节，而有些则身上长满了刺（Dendrotionidae、Mesosignidae 和 Eurycopidae，如在海沟中发现的壮观的大型物种 Storthyngura），而其他则体型细长（Thambematidae、Nannoniscidae）或者肥胖（Eurycopidae）。Ilyarachnidae 头部变大以容纳碾碎食物的颚，而其他物种胸部的体节收缩在一起，或者完全消失，如 Haploniscidae 像潮虫一样的体型。许多科的物种通常身体较细长，包括 Desmosomatidae、Macrostylidae、Nannoniscidae 和 Thambematidae，这可能反映出它们穴居的生活方式。此外，Ischnomesidae（图 5.13）

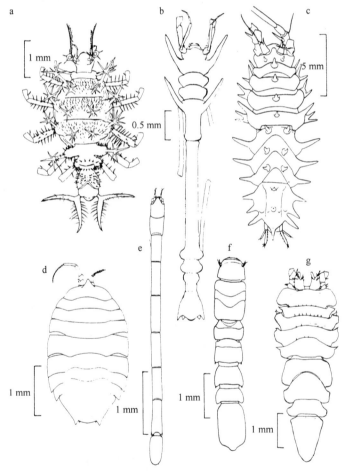

图 5.12　深海中等足目栉水虱亚目的身体形态

a. *Dendromunna compsa*（Dendrotionidae）；b. *Haplomesus gorbuvnovi*（Ischnomesidae）；c. *Storthyngura benti*（Eurycopidae）；d. *Haploniscus*（Haploniscidae）；e. *Thambema tanum*（Thambematidae）；f. *Macrostylis hadalis*（Macrostylidae）；g. *Ilyarachna affinis*（Ilyarachnidae）（图 a 引自 Lincoln & Boxshall，1983；图 b 引自 Svavarsson，1984；图 c 和图 f 引自 Wolff，1956a；图 d 引自 Lincoln，1985；图 e 引自 Harrison，1987；图 g 引自 Thistle，1980）

虽然有长长的似高跷的腿和细长的身躯，使人联想到其与竹节虫的外形和生活习性相似，但 Thistle 和 Wilson（1987）根据现有的证据认为，该科主要也是底内生活，并且可能是栖管建造者。对于在挪威西部外海寒冷的浅水中发现的仅存于深海的科中的一个物种 *Ischnomesus bispinosus*，研究人员在水族馆中观察这一物种时发现它可以在各种各样的表面上快速行走（Hessler & Stromberg，1989）。Munnopsids 由于具有细长的会行走的腿和触角而体型庞大，而且会游泳（图 5.14）。Eurycopidae 和 Ilyarachnidae 身体体型也发生了变异以适应行走和游泳，尤其是具有相似长腿的 Ilyarachnidae 具有很大的桨状后胸肢以供游泳时使用。Hessler 和 Stromberg（1989）通过观察水族馆中寒冷浅水中的代表动物证实了上述三科物种会向后游泳。Thistle 和 Wilson（1987）对深海中大多数科的生活方式和可能的行为的其他观察进行了总结，得到了 Hessler 和 Stromberg（1989）在水族馆观察结果的支持。最后，Nicothoidae 包括小的、身体膨大的物种，它们寄生在深海等足目动物和端足目动物身体上。在来自北太平洋中部的样品中，占优势的科是 Desmosomatidae、Nannoniscidae、Haploniscidae、Ischnomesidae 和 Munnopsidae。

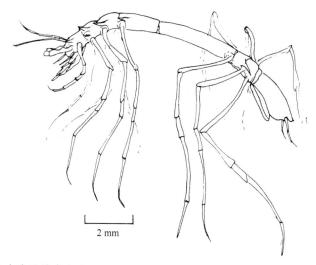

2 mm

图 5.13　来自克马德克海沟 *Ischnomesus bruuni* 的雌性标本（修改自 Wolff，1956a）

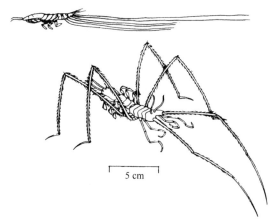

5 cm

图 5.14　长腿大体型的 *Munnopsis longiremis*，下图为它的前胸附肢在海泥上爬行；上图为用其发育良好的会游泳的后胸附肢快速向后游泳。标本来自太平洋海沟（修改自 Wolff，1961a；Lipps & Hickman，1982）

在生物能量更高的罗科尔海槽中，等足目动物的多样性（从 5318 个标本中鉴别出 79 个物种）似乎比在北太平洋中部少一些；在 2.9 km 深的永久站位采集到的表层撬网样品中，占优势的是 Ilyarachnidae、Haploniscidae、Ischnomesidae 和 Eurycopidae（Harrison，1988）。在最有生命活力的西北大西洋的 HEBBLE 站点，虽然大型底表动物物种（像原足类 apseudid）非常稀少，但等足目动物的总个体密度非常高。这些等足动物的高密度可能是由沉积物中微生物产量提高引起的，沉积物常常受到扰动而再次悬浮。Hessler 和 Wilson（1983）从 HEBBLE 站点所收获的样品中只发现了 18 个深海等足类科中的 6 个属于高等的 4 个栉水虱超科。占优势的 Nannoniscidae 和 Ischnomesidae 是由细长而瘦小的物种组成的，暗示了它们的掘穴生活方式，而不像这些科中的其他物种体型更加宽大，这与原足类的情形相似（Thistle *et al.*，1985；Thistle & Wilson，1987）。Harrison（1989）认为，对于这样小体型的动物，如 nannoniscids（图 5.15），底内动物和底表动物之间的区分几乎毫无意义，因为在通常可以高度显示出沉积物表面微结构的海底照片中（见图 14.4a，图 14.4b），沉积物表面并没有明显差异，从而可以更准确地说小型等足目动物生活在表层。尽管可以推测等足目动物演化形成很好的垂直分布，但文献中支持这一观点的数据却很有限（Hessler，1970；Chardy，1979）。有关这一引人关注的物种分支的起源问题（无论是从浅水迁移过来，还是在深海中进化而成），都将在第 10 章中与其他深海动物的进化起源一起讨论。

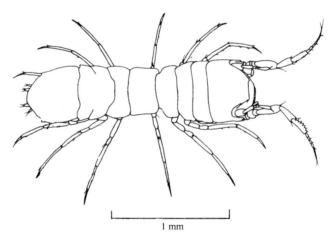

1 mm

图 5.15　来自东北大西洋细小的 *Hebefustis alleni* 成体大小（引自 Siebenaller & Hessler，1977，圣迭戈自然历史学会同意转载）

3. 软 体 动 物

软体动物门或贝类，包括各种各样的软体动物形态。在深海中，它们是占第三位的大型底栖动物类群。深海中代表性的 5 个纲在已经调查过的所有大陆坡和海盆中占大型底栖动物总数量的 10%～15%，它们在海洋中包括最深海沟的所有深度中出现。我们已经在第 4 章讨论过头足类软体动物——鱿鱼和章鱼。

就像多毛纲动物和囊虾类甲壳动物的多样性一样，其他深海软体动物的多样性也是令人吃惊的。从人们了解较多的西北大西洋的欢乐角-百慕大断面记录到的软体动物物种数比从欧洲整个大陆架海域和潮间带所记录到的还要多（Allen，1983）。然而，与浅水的软体动物相比，深海的物种组成则大不一样。大多数深海软体动物是化石记录中古代类群的代表种，而现在浅海中可能只有这些古代类群的退化代表。深海与浅水物种最突出的是功能群的差别。在浅水中掘穴过滤觅食的类群多为真瓣鳃类，如常见的蛤和鸟蛤，在深海中几乎完全不存在，在深海中占优势的动物类群是沉积食性的动物以及勉强称得上位居第 2 位的肉食性动物和体外寄生动物。

3.1　双壳类

双壳纲软体动物是迄今深海沉积物中的大型底栖动物中数量最大的软体动物类群。而锚式耙网和浅表层撬网样品显示双壳类动物与腹足纲动物和囊虾类动物相比，其多样性仅为中等程度（Sanders *et al.*，1965）。然而，最近使用箱式取样器采集的样品表明（采用该法采集掘穴动物样品远比撬网采样有效得多），双壳类动物可能是大陆坡和贫瘠的海盆中软体动物中最具多样性的类群（Gage，1979；Blake *et al.*，1987；Maciolek *et al.*，1987a，1987b；Wilson & Hessler，1987b）。对深海双壳类动物的生物学综述参见 Allen（1979，1983）和 Knudsen（1970，1979）。

在浅海和潮间带，真瓣鳃目双壳类动物成功地特化为适于悬浮摄食，它们通过扩大的筛状鳃上有力的纤毛束将海水泵入贝壳内的外套腔中，并从中过滤摄取微生物和有机颗粒；食物沿着鳃边移向唇状触须，将颗粒进行分选后输送到口中。Aller（1979，1983）和 Knudsen（1970，1979）的综述中所引用的研究表明，相比之下，深海双壳类动物占优势的代表为更古老的类群——原鳃类动物（Allen，1985）。它们具有简单的有辅助收集食物功能的盘状鳃，与浅水物种相比通常要小得多（图 5.16）。大部分都是表面或亚表面沉积觅食的动物，通常埋在或半埋在沉积物中，利用扩展得很大的、通常为吻状的唇须附器收集食物颗粒（图 5.17）。原鳃目动物中占优势的是吻状蛤总科，其在形态学上经历了巨大的辐射进化，在许多方面和真瓣鳃目动物形态进化相近。例如，有些物种已发育成与真瓣鳃目动物相似的虹吸觅食机制（图 5.17），但是，与后者中的很多种类不同，原鳃目动物的足发育得很好，因此它们能够主动在沉积物中移动。

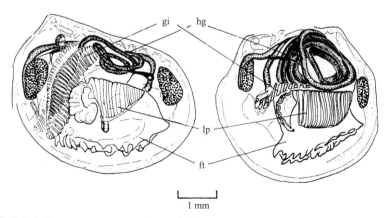

图 5.16　来自浅水中的 *Nucula proxima*（左）和来自北大西洋深处的 *N. cancellata*（右）的软体部分（壳已除去）的形态学比较。可以看出后者的鳃（gi）减小，后肠（hg）的直径和长度增加。其他标记：
ft. 足；lp. 唇须

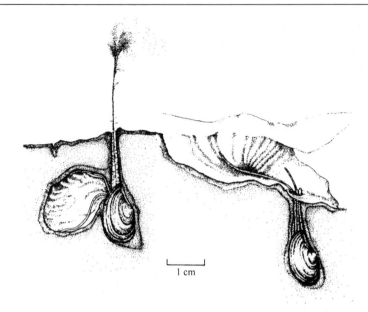

图 5.17　北温带-北极浅水原鳃目动物 *Yoldia limatula* 的觅食示意图

图左侧为在亚表面摄食沉积物的双壳类动物，用它长长的触须附器收集颗粒，在壳内用触须分选食物，将粪便和假粪便以松散的沉积物团的形式连同粪便球周期性地从出水管排出。图右侧为摄食表面沉积物的双壳类动物，用触须附器刮过沉积物表面，在摄食坑内形成辐射状的沟壑（引自 Bender & Davis，1984）

　　Allen（1979）认为，原鳃目动物在深海中之所以能成功进化的最主要原因在于其消化生理学上的差异使它们能够适应沉积物中含量低且难以消化的蛋白质类有机物质：原鳃目动物具有细胞内消化和细胞外蛋白酶消化两方面的能力。它们的后消化道变得更加细长且呈螺旋管状（图 5.16），延长了食物的滞留时间，这样就解决了有机物难以快速消化的问题。在深海最深处生活的物种狭小的身体内，后肠常常占据了所有可能的空间。从物种分布区域来分析，研究发现生活深度越深的物种后消化道的相对长度越长（Allen，1979）。透过通常薄且半透明的深海原鳃目动物的贝壳可以看见螺旋状后肠，这是给这种外壳一般缺乏装饰的物种进行分类的重要依据，否则只能根据物种之间细微的外形变化来分类。有意思的是，深海真瓣鳃目动物 *Abra longicallis* 和 *A. profundorum*（樱蛤超科）和浅水同属物种相比也有更长的消化道。但是，不同于深海原鳃目动物（在它们的消化道内缺乏任何共生菌群）的是，这些深海 *Abra* 成团的假排泄物（吐出的颗粒）和排泄物可能是培养细菌的"花园"（参见第 11 章），而在它们伸长的后肠内，团粒状物质可能为降解难以消化的硬化蛋白质的内细菌生物提供了培养介质（Allen & Sanders，1966；Wikander，1980）。

　　在这些深海双壳类动物（和其他深海沉积觅食动物）的肠中：身体体积比率必然很高的另一种解释是，食物在体内滞留时间越长，对沉积物中易分解的有机碎片的转化和吸收就越充分，这是因为随着深度增加，沉积物中的食物愈加匮乏（Jumars *et al.*，1990）。

　　原鳃目动物和所有深海双壳类动物具有的另一共同特征，就是除了唇状觅食触须外，所有带纤毛的食物分拣区域都简化了。Allen（1979）认为这与充分利用所有收集到的食物需求有关；Sanders 和 Allen（1973）认为，根据形态学，仅有 Siliculidae 一科能对颗粒作出选择。然而，深海原鳃目动物还可以通过小的体型与浅水亲缘物种区分开。

体型最小的是 *Microgloma*（Pristiglomidae），它的细胞大小和繁殖力都下降，成熟成体体长小于 1 mm，而且只能排出一个卵子（Sanders & Allen，1973）。Jumars 等（1990）认为，这些物种以及其他各种大型动物类群中的小体型（小到甚至可以归入小型底栖动物）物种的适应性优势来源于强烈的自然选择，环境条件要求它们不能大量摄取沉积物，而要产生挑选颗粒的能力，这正是小体型允许的摄食方式。这一看法得到了 Allen 和 Sanders（1973）观察结果的支持，他们观察到至少有一例原鳃目动物消化道内主要由硅藻残留物构成。

原鳃目胡桃蛤总科和吻状蛤总科在种类与形态学上的辐射进化给人印象深刻（Allen，1978）。在罗科尔海槽约 2.9 km 深的一个常规采样站位中，双壳类软体动物占底栖动物总数量的 10%左右。在 39 种双壳类软体动物中，有 17 种是原鳃目动物，其中吻状蛤总科就独占了 12 种，原鳃目动物几乎占双壳类软体动物个体总数的 80%。尽管在形态学上的多样性必然反映出生活模式的多样性，但深海中的原鳃目动物并未广泛分布于所有栖息地中，而将硬基质、悬浮摄食和肉食性的生态位留给了瓣鳃类动物（Allen，1983）。正如囊虾总目动物那样，很难说地理隔离是它们物种多样性如此丰富的原因（参见第 8 章关于这方面和其他深海中多样性理论的讨论），因为这些全部都是摄食沉积物的动物，而且它们的胃含物也没有区别。或许尽管日常食物明显一致，但它们形态学的适应性变化、移动能力的不同和掘穴深度的差异导致了一定程度上的生态学隔离。另外，由于大多数物种很小，在任何一个站位都很难觅踪影，在密度最高时的个体数量也相对很少，因此，竞争减少了，这就使得更多的物种可以共存。

双壳类肉食动物在深海中成功进化。它们属于瓣鳃纲隔鳃目，包括旋心蛤科、孔螂科和杓蛤科。杓蛤科在大陆架不常见，而前面两科仅在深海中被发现。从隔鳃目中具有单一隔膜的最原始的物种到它的远亲——典型的真瓣鳃目里昂司蛤科双壳类，可以观察到鳃的一系列变异进化。杓蛤科动物用入水孔边缘上具特殊功能的纤毛感知并定位它们的主要猎物桡足类和介形类，并且迅速将它们吸入外套膜内（图 5.18）（Reid & Reid，1974；Allen & Morgen，1981），而部分旋心蛤科动物可以长得很大，从入水孔伸出带黏性的触须，用横穿孔的瓣膜扫掉黏附在上面的有机体（Allen & Turner，1974）。孔螂科动物用斗篷状组织抓捕小的囊虾类甲壳纲动物，并将猎物舀进套膜腔内。这些生命形态普遍存在于深海中，但是远不及原鳃目动物那样常见。深海 Xylophagainae 亚科（海笋

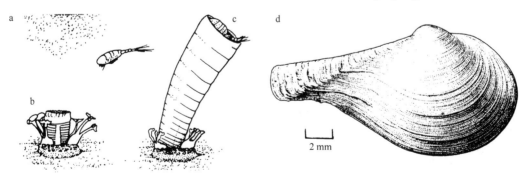

2 mm

图 5.18　挪威峡湾观察到的次深海带杓蛤科动物 *Cuspidaria rostrata* 的觅食行为

a. 虹吸管缩入沉积物中；b. 感应到游动的桡足类猎物而浮出沉积物表面；c. 食物捕获反应；d. 杓蛤科的贝壳，可以看到伸长的部分有虹吸管（引自 Reid & Reid，1974）

科，包括浅水钻木虫，如 *Teredo*）钻木虫是有效进化的一种特化物种的代表，它们依靠消化道中的细菌消化木质颗粒。它们最初是在 19 世纪覆盖在海底电缆的植物纤维中被发现的，似乎以各种不同的方式广泛分布在深水中的陆生植物残骸上（Knudsen，1961）。20 世纪 70 年代初期，研究发现 Xylophagainae 物种聚居在放置于深洋洋底的实验性木块上。木块被它们挖的栖息管道弄得到处都是窟窿，并且在上面发现了两个独立的群落，在 104 天的时间内密度达到了 150 ind./m^2（Turner，1973；Culliney & Turner，1976）。

在深海其他共同或独有的类群中，最突出的是索足蛤科和囊螂科。后者包括新发现的体型大的 *Calyptogena* 物种（见图 15.4），它可能和大型物种 *Vesicomya cordata* 一样，在鳃内有共生的化能合成细菌。这些生物明显与热泉和冷泉有关联（参见第 15 章）。然而，小的圆壳物种 *Vesicomya atlantica*（图 5.1）在罗科尔海槽的沉积物中很常见，但是人类对于它们的摄食生物学或生活模式却一无所知。鲜为人知的索足蛤科在紧靠陆地处最常见（Allen，1979），它们的种类特别丰富：从美国东海岸外海大陆坡和大陆隆用箱式取样器获得的 50 个物种中，有 13 个属于 *Thyasira*（Blake *et al.*，1987；Maciolek *et al.*，1987a，1987b）。索足蛤科是高度特化的，它用高度变异的蠕虫状足上形成的长长的吸管觅食。深海种类的分布仅限于大陆坡和大陆隆（Allen，1983）。它们的消化道很简单，并且一般认为它们是非选择性的悬浮食性动物，但是研究已经证明，栖居浅水和大陆坡的两类物种的鳃中都有硫氧化共生细菌，它们可以固定 CO_2，利用与在热泉双壳类动物鳃中发现的相同的酶——核酮糖二磷酸羧化酶（Southward，1986）。然而，在深海中一般很少能定量检测到游离的硫化物，我们依然不知道为索足蛤提供能量的物质是什么。

另外，现在研究人员已经知道拟锉蛤科（图 5.19）和贻贝科 *Dacrydium*（见图 10.2）的深海物种以及扇贝科和蚶科的某些物种一样仅存于深海之中。所有这些都是底表动物，可能都是悬浮摄食。深海悬浮摄食动物的一个奇特的特征似乎是虽然它们的软体部分减少了很多，但贝壳按比例却减小得很少（图 5.20），这样可能以最小的代谢成本起

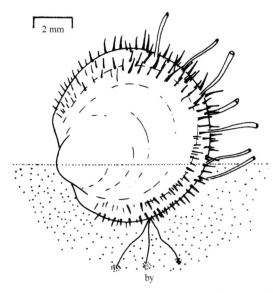

图 5.19　来自东北大西洋次深海带的拟锉蛤科 *Limopsis cristata*。图中为可能的生活位置，靠足上分泌的足丝（by）锚定在沉积物颗粒堆上（引自 Oliver & Allen，1980a）

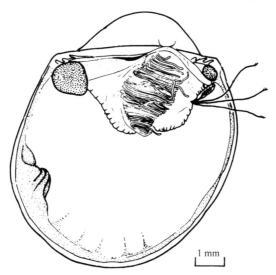

图 5.20　来自太平洋深海带的蚶亚目双壳类 *Bathyarca corpulenta*。右壳被移除，可以看到更小的软体部分（引自 Oliver & Allen，1980）

到防御捕食者的作用。因此它们中的某些种成为深渊中已知最大的非热泉双壳类软体动物（Knudsen，1979）。

　　浅水中的鼬眼蛤总科包括许多小的双壳类动物，它们和各种各样的较大的底栖无脊椎动物，特别是棘皮动物共同生活在一起。研究人员至少已经知道在深海中有两个没有亲缘关系的体型小的类群：一类是 *Montacuta*（*Axinodon*）*symmetros*，用丝足黏附在海胆 *Pourtalesia* 的刺上求得生存（Bouchet & Warén，1979a），而另一类是从平足目海参 *Psychropotes* 皮内腔中收集到的 *Galatheavalve holothuriae*，有一个完整的内壳（Knudsen，1970）。

　　在深海中很少有双壳类软体动物真正呈全球范围分布；它们大部分都被限制在一个或多个毗邻的海盆中，这些海盆中的种群在形态学上是有差异的，这使人联想到地理隔离使物种形成差异，即使是全球性分布的物种 *Malletia cuneata*（图 5.21），也可看出贝壳形状的细微变化（Sanders & Allen，1985）。虽然在双壳类中可以识别出垂直隔离的种群，但总体来说，垂直范围内的限制程度，如无板纲 Prochaetodermatidae 的垂直分布（见下文）似乎与物种的水平分布呈正相关（Scheltema，1985）。

3.2　腹足类

　　腹足纲软体动物从形态到习性都比双壳类动物更为丰富多彩。大多数具有螺旋状外壳、形状像蜗牛的物种被认为是会游泳的肉食动物，可能以多毛类和双壳类动物为觅食对象；或者是体外寄生，常常寄生在棘皮动物身上（图 5.22）。而像笠贝一样的外形一般主要出现在机会主义食腐动物中。正如在浅水中那样，腹足纲软体动物的多样性至少像其他任何软体动物类群一样多。

　　在欢乐角-百慕大断面，Rex（1976）鉴别出 93 种带壳海蜗牛（前鳃亚纲）和 30 种更像蛞蝓的后鳃亚纲，它们的贝壳要小一些，或者像海蛞蝓那样根本就没有壳（裸鳃

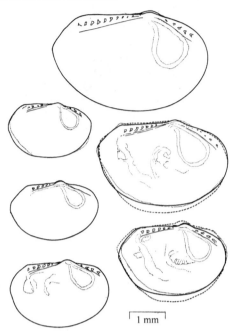

图 5.21   *Malletia cuneata* 的贝壳侧视图
显示出在大西洋不同位置的物种的形状不同

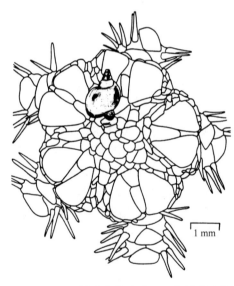

图 5.22   光螺科腹足类 *Ophieulima minima* 附在它的宿主——蛇尾纲动物 *Ophiactis abyssicola* 上。两个卵囊已除去，壳看得更清楚，第三个卵囊还附在壳的底部。来自北大西洋比斯开湾陆坡（引自 Warén & Sibuet，1981）

目）；这些物种的觅食类型多样。沉积食性动物包括 20 个隶属于原始腹足目较为原始的前鳃科的物种，15 个隶属于更加多样的中腹足目较为原始的科的物种（它们在热带有着特别令人瞩目的辐射状分布）以及更原始的后鳃亚纲头楯目中的 5 种，它们保留缩小变薄的贝壳并且一半埋进沉积物中。研究已经知道，至少有一种摄食沉积物的原始腹足类动物 *Bathybembix aeola* 对颗粒的大小有选择性，这使人联想到，在微生物覆盖相对较多的表面，选择较小颗粒的策略在形成生物能量上更为有效（Hickman，1981）。觅食双壳类和多毛类的腹足纲动物包括一种像蛾螺一样的中腹足纲动物；46 种新腹足目动物包括各种各样小的分泌毒物的锥形贝壳和大的像蛾螺一样的食腐动物/食肉动物，它们具有典型的能动的带触须的鼻孔；属于更原始的捻螺科（Acteonidae）（捕食多毛类动物）、露齿螺科（Ringiculidae）和囊螺科（Retusidae）（这两个科似乎只捕食有孔虫）的 17 种头楯目腹足类，以及 3 种裸鳃目腹足类，至少在浅水中高度专一地摄食集群的腔肠动物。棘皮动物和珊瑚虫的体表寄生动物分别包括 11 种和 8 种中腹足目光螺科（Eulimidae）和梯螺科（Epitoniidae）动物，前者失去了颚和齿舌，而寄生动物通过吻注入它们定栖的无脊椎动物宿主的体腔内并将体液吸出（图 5.22），而后者用自身的齿舌刮去组织碎片；5 种小塔螺科动物，虽然具有看上去正常的小的螺旋外壳，但具有复杂的口器，它们通过变异以便刺进其赖以生存的软体动物或多毛类猎物中并吸出液体蛋白质。虽然这两个类群都非常引人注意，但是没有一类可以说像双壳类动物那样占主导地位。

塔螺科是具有毒齿的圆锥壳动物，它们是深海中肉食腹足纲软体动物中最为多样的类群，物种的丰度在次深海带达到顶峰，足以与热带沙滩具圆锥形外壳的物种相媲美（Bouchet & Warén，1980）。塔螺是高度特化的多毛类动物的天敌，它用唾液腺的毒液杀死捕获物，这些毒液是从变异齿舌的牙齿中喷射出来的。它们被认为具有在共同生活的物种中进行资源分配的复杂机制（Hickman，1984）。光螺科是深海腹足纲软体动物中种类最多的科，也许比塔螺科还要多（Warén，1984；Bouchet & Warén，1986）。很可能塔螺科和光螺科食物的高度特化或宿主的专一性使它们在深海中产生惊人的辐射状分布。在深海中的其他新腹足目包括大部分大型物种，有些分布广泛（Bouchet & Warén，1985）。

虽然腹足纲软体动物中的大多数不同功能群似乎与系统分类群特征相符合，但小帽螺目笠贝类至少聚集了 15 个科的物种（Hickman，1983）。这些底表食腐物种一般存在于不常见的基质上，如木头、鱿鱼的喙（可能形成高度区域化和密集的集群，参见 Belyaev，1966）、空的明管虫管、鲨鱼或鳐的蛋壳以及鱼和鲸鱼骨上。它们中的大部分出现在富营养海沟中，那里常常有木质植物碎片（George & Higgins，1979；Wolff，1979）。只有部分物种（多属于种粒螺科）摄取木质，其余的则在微生物表面摄食。研究人员从远离陆地的贫瘠的深海底浸透了水的木头上已经发现了其他种粒螺科笠贝，在那里它们杂食性摄食木质的生活方式与深海木虻科双壳类动物相似（Wolff，1979）。

虽然在深渊处腹足纲动物多种多样，但其多样性似乎在大陆坡中部达到峰值（Rex，1973，1976；Bouchet & Warén，1980）。腹足纲软体动物的分布与双壳类动物相比，显示出更鲜明的深度分区（Grassle et al.，1979），与大陆坡沉积物觅食物种相比，食肉物种的垂直分布范围明显缩小（Rex，1977）。尽管如此，某些已知的物种，如奇异的开口螺旋梯螺 Eccliseogyra nitida（图 5.23）广泛分布在整个大西洋（Rex & Boss，1973）。

虽然已知许多深海腹足纲软体动物在早期发育时具有浮游生长期（参见第 13 章），但也有很多物种生活在次深海带，将独特的卵囊黏附在硬的基质上（图 5.24），幼虫由此直接孵化出来。

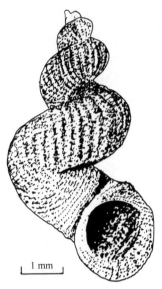

图5.23 大西洋次深海带和深海带发现的开口螺旋梯螺 *Eccliseogyra nitida*[根据 Bouchet 和 Warén（1986）的照片绘制]

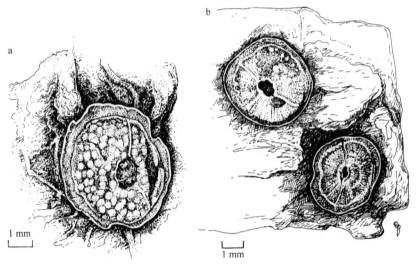

图5.24 来自比斯开湾深海带的深海塔螺科腹足类的卵囊（引自 Bouchet & Warén，1980，经伦敦软体动物学会允许采用）
a. 卵囊内有正在发育的胚胎；b. 孵化后空的卵囊

3.3 掘足类

人们对于在深海中的另一主要软体动物类群掘足纲软体动物所知甚少。这可能是因为它们占浅水中软体动物的比例不到 1%。但是在深海中它们的比例要高得多（Clarke，1962），虽然种类丰富度可能比其他软体动物类群要小一些，但是它们的种群密度仅次于双壳类软体动物。这一类群的现代物种至少可以追溯到泥盆纪的古老物种。它们居住在圆柱形的、常常一头变细的管状外壳中（图5.25a），而且已知在浅水中它们是掘穴高手，利用具有复杂肌肉系统的像插头般的细长的腿在软质沉积物中挖洞。在它们向下插进沉积物中时，身体和壳通过肌肉的收缩被拉进沉积物，与原鳃目双壳类用足掘穴的方式相似。头部有奇特的具多束纤毛的触须，其末端隐藏在球状物中，捕食时，伸出头丝收集各种颗粒食物，如有孔虫，因此它们表现出高度进化的选择性（见 Davies，1987，可作参考）。这些捕食到的猎物被与腹足纲软体动物相似的齿舌组织所咬碎。体型大的物种易为拖网所捕获，人们对这些物种的了解较多：角贝 *Dentalium megathyrus* 来自东太平洋 0.45～4.1 km 深处，其长度达 70 mm（Wolff，1961）。它和其他主要的较大物种都属于象牙贝目。这些较大的物种至少在深海中是活跃的掘穴动物，当它们在沉积物表面移动时常常留下醒目的足迹（图 5.25b）。其他分支，如斜口象牙贝目可能包含大多数的小型物种。根据贝壳、齿舌形态和软体部分的解剖学，Scarabino（1979）从整个大西洋 0.3～6 km 深处采集到的浅表层撬网样品中分离出 59 个小型物种。

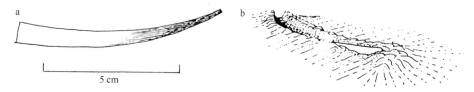

图 5.25 掘足纲软体动物 *Fissidentalium candidum*，来自北大西洋的较大物种（引自 Davies，1987）
a. 贝壳侧面图；b. 根据"深睡"号在豪猪海湾（东北大西洋）2.025 km 深处拍摄的画面绘制，显示出这一物种在沉积物表层下移动，留下了明显的"U"形沟痕

3.4 无板类软体动物

虽然人们对其所知甚少，但像蠕虫的无板目软体动物在深海中无所不在，直至超深渊处都有它们的踪迹。它们被划分为两个类群，即新月贝类和毛皮贝类。这些物种像掘足纲软体动物一样，在深海大型底栖动物类群中数量比较多，不过，到目前为止人们对它们依然所知有限。原毛皮贝科物种在全球的深海中均有发现，在了解最多的区域北大西洋中就记述有 6 个物种（Scheltema，1985a）。它们在深海样品中数量常常很多，并且是西北大西洋陆坡和阿留申海沟定量样品中数量占优势的大型动物之一（Jumars & Hessler，1976；Scheltema，1981；Maciolek *et al.*，1987a，1987b）。在新英格兰外海 3.64 km 深处所记录的原毛皮贝 *Prochaetoderma yongei*（图 5.26）物种的密度达 247 ind./m²

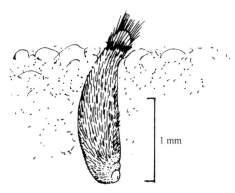

图 5.26 原毛皮贝 *Prochaetoderma yongei* 在沉积物中的自然觅食状态，口在下端，尾端带鳃的外套膜腔从沉积物中伸出，暴露在水中（根据 Scheltema，1985b 重新绘制）

（Grassle & Morse-Porteous，1987）。这两个类群都有覆盖着保护性钙质骨针的皮肤、简化的消化道和口腔内的齿舌。毛皮贝类在沉积物中挖出浅的洞穴，覆盖着鳃的尾部位于沉积物表面（图5.26）。

新月贝类具有最简单的消化道，并且大多数物种都用吸盘吸食柳珊瑚和水螅组织，而大多数毛皮贝类觅食小生物，如有孔虫和小的大型底栖动物。Scheltema（1981）讨论了原毛皮 *Prochaetoderma* 种群密度高的原因，可以部分归结为与腹足纲软体动物相似的口器使它们可以捕食不同大小的颗粒食物。

3.5　多板纲和单板纲软体动物

在多板纲软体动物或石鳖（具有盔甲的外壳）中，仅有几个物种从深海中被捕获，并且仅限于锰结核和木块，属于原始的 *Lepiodopleurus*（Paul，1976；Wolff，1979）。

从太平洋3.57 km深处的原始软体动物种群中发现活的单板纲软体动物与寒武纪和志留纪化石有亲缘关系，并且保留了身体器官的部分分节现象（图5.27a，图5.27b），这是"铠甲虾"号探险的伟大发现之一（Lemche，1957；Lemche & Wingstrand，1959）。然而，在1869年撬网采集的有关物种直到最近才被确认（Warén，1988）。单板纲软体动物虽然具有像笠贝一样的形态，但已拍到了 *Neopilina* 碟贝犁过软质沉积物的照片，细长的消化道（图5.27c）说明它们生存在既稀少又难以消化的有机物上。研究人员在它们的消化道内含物中已经发现了巨型单细胞阿米巴虫 *Stannophylum* 的碎片（见图5.37）。这与来自同一地区的巨型单细胞阿米巴虫样本上有齿舌刮削痕迹的证据共同说明新碟贝 *N. galatheae* 捕食这些巨型原生动物（Tendal，1985b）。研究人员已经描述了单板纲软体动物的6个属，壳最小的（直径只有1 mm）*Micropilina* 来自冰岛南部和西部约0.9 km深处（Warén，1989）。Wingstrand（1985）探讨了这一类群的分类学、形态学和类群之间的关系。

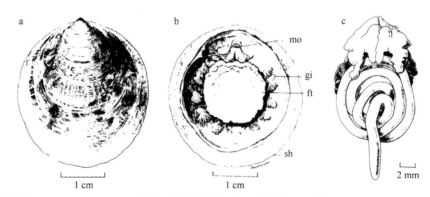

图5.27　新碟贝 *Neopilina galatheae* 单板纲软体动物的一个"活化石"（引自 Lemche & Wingstrand，1959）
a. 与笠贝相似的贝壳的俯视图；b. 从下方观察，可以看到口（mo）、连续成对的鳃（gi）、宽大的足（ft）和贝壳的下边缘（sh）；c. 解剖图，可以看到延长的后肠

4. 小型底栖动物

人们对小型底栖动物的认识远不如大型底栖动物。小型底栖动物由两部分组成，即

多细胞动物（后生动物），传统上称为"小型底栖动物"，以及大的单细胞原生动物，如有孔虫。

4.1　多细胞动物：线虫

虽然人们对于传统意义上的小型底栖动物主要类群——线虫的多样性和生活习性了解甚少，但是它们可能是迄今为止所有海洋软相底质中数量最多的后生动物。尽管有关深海线虫的研究非常少，但毋庸置疑这一类群在深海沉积环境中和在浅水环境中一样数量巨大，且发挥着重要的生态作用（Heip et al., 1985）。研究人员利用箱式取样器和底栖生物撬网，在罗科尔海槽 2.9 km 水深处采集的沉积物样品中发现许多大的线虫，体长可以达到 1 cm。

东北大西洋沉积物中的线虫体长通常为 200～350 μm（Rutgers van der Loeff & Lavaleye，1986），而清洗罗科尔海槽沉积物样品所用筛网的孔径为 420 μm，因此用这种筛网只能截留下很少的一部分呈流线型（体宽与体长之比相当小）的线虫。而截流下这些异常大的线虫数量仍可占到大型底栖动物总量的一半左右（Gage，1979）。与此相似，在太平洋深海沉积物样品中，通常用孔径 297 μm 的筛网所截留的线虫数量比其他后生动物总数的两倍还要多（见图 5.2）（Hessler & Jumars，1974；Hecker & Paul，1979）。

在数量上，线虫可能是构成大陆坡小型底栖动物的最主要类群。然而，在深渊地带，至少从生物量上讲，它们的优势地位被胶结有孔虫取代，线虫仅占余下的（后生）小型底栖动物类群的 85%～96%（Coull et al., 1977；Dinet，1979；Thiel，1979a；Shirayama，1984a；Snider et al., 1984；Woods & Tietjen，1985；Rutgers van der Loeff & Lavaleye，1986；Schroder et al., 1988）。

深海线虫分类学研究进展缓慢，线虫种类通常按形态来加以区分，这可能远远低估了线虫群落真实的多样性水平。然而，现有的数据表明深海线虫的物种丰富度远远高于浅水中同类沉积物中的物种丰富度（Tietjen，1976，1984；Vivier，1978；Dinet & Vivier，1979；Rutgers van der Loeff & Lavaleye，1986）。在东太平洋赤道区的线虫群落具有非常高的多样性，研究发现在 216 个个体中存在 148 个物种（Wilson & Hessler，1987）。线虫群落在深渊区比在深海中具有更高的多样性，这可能反映出在深渊处环境稳定性更高。线虫种类组成随水深变化而变化，如 Tietjen（1971，1976）报道了北卡罗来纳外海断面线虫种类组成的垂直分布变化规律。

与其他小型底栖动物一样，大多数深海线虫居住在沉积物最上面几厘米处，个体密度随深度增加而显著减小（Thiel，1972b，1983；Snider et al., 1984）。在沉积物 20 cm深的地方也曾发现过一些线虫，尽管有些种类能分布在更深的沉积物中，但迄今为止几乎没有发现存在种间微环境隔离的证据（Jensen，1988）。随着深海沉积物深度的增加，线虫的身体长度似乎有增大的趋势，这可能和大的线虫有较强的爬行能力有关，使得它们能够钻入更深更致密的沉积层（Vivier，1978；Soetaert & Heip，1989）。在 HEBBLE试验区的观测结果表明，频繁的再悬浮导致沉积物类型的变化会影响线虫微区分布，线虫更加倾向于分布在细粒表层沉积物再沉积的地方（Carman et al., 1987）。在太平洋的研究结果显示，线虫的密度与深海残骸颗粒的碳酸钙含量（可能加大了空间间隙）以及沉积物有机碳的含量有关，这些参数间接反映出该海区表层生产力和海底食物数量的大小（Shirayama，1984a）。按照口腔的形态，线虫可以分成不同的摄食类型（Wieser，1953，1960；Jensen，1987）。Jensen（1987）对威泽（Wieser）的线虫摄食类群划分作了改进，根据他的划分标准，大部分深海线虫都属于微生物摄食者（直接以细菌和微型生物为食）和表层或沉积物摄食者；前者将小颗粒食物全部吸入口腔内，后者有牙齿，可以用牙齿将较大食物颗粒表面的物质刮掉，刺穿细胞膜，吸取流出的液汁。而游动性、掘穴和分泌黏液能力能间接地帮助被大量捕食的微生物种群数量维持指数增长（Jensen，1987）。Tietjen（1984，1989）发现在细小的粉砂黏土质沉淀物中，沉积物摄食类线虫较多，而表层摄食类线虫由于能够将食物从大的颗粒中刮出，在更粗糙的砂质沉积物中的密度更大。与浅水中相比，深海中杂食物种数量减少，而摄食沉积物的物种数量增加（Tietjen，1984；Rutgers van der Loeff & Lavaleye，1986）。Jensen（1988）认为，在深海采集的样品中没有或很少有食腐物种，这可能和海床上很少有刚刚死去的动物残骸有关。这导致了食腐线虫在与更善于游动的底栖动物或有游泳能力的食腐动物的竞争中被淘汰（参见第 4 章）。

在浅水环境中很多线虫口腔很小且没有消化道，这些物种具有吸收、消化、溶解有机物的能力（参见 Jensen，1987 关于线虫摄食方式的评论）。不过，目前还不知道这种生物是否存在于深海中。对于深海物种功能群分类的另外一个标准是根据尾部的形态（Thistle & Sherman，1985）；在西北大西洋 HEBBLE 试验区，有些类群的线虫可以用长且可收缩的尾巴钻进沉积物中，以免受“海底风暴”的悬浮扰动。

研究人员从相互独立的大西洋和地中海海域发现线虫动物在科和属的水平上具有很高的相似性（Dinet & Vivier，1979；Tietjen，1984；Thistle & Sherman，1985），他们发现有23～25 个科以及两个属——棘刺线虫属（*Theristus*）和吸咽线虫属（*Halalaimus*）——是相同的，但是物种分布区域似乎非常狭窄，说明物种可能存在辐射分布（Tietjen，1989）。

在东北大西洋深海，线虫群落中最占优势的是项链线虫科，它们的特征是具有环状的角质层。在深海环境中该科线虫丰度较大，种类较多（Rutgers van der Loeff & Lavaleye，1986）。线虫在 4～4.8 km 深的深海沉积物中是绝对优势类群，密度高达 1×10^6 ind./m^2，占总的小型底栖动物密度的 87%。

4.2 猛水蚤类

猛水蚤类是数量上排第二的后生小型底栖动物类群，在深海中通常占小型底栖动物密度的 2%～3%（Rutgers van der Loeff & Lavaleye，1986）。在北大西洋和地中海，密度占比为 1%～36%，每 10 cm^2 大约有一到数十个。像线虫一样，人们对它们的研究很少。它们大多数生存于有机质丰富的沉积环境中[参见 Hicks 和 Coull（1983）以及 Schriver（1986）等关于猛水蚤类生态学的综述文献]。研究显示在科和/或属的水平上，深海猛水蚤类动物具有全球相似性（Por，1965），深海中比较有代表性的是黄褐猛水蚤科、短角猛水蚤科和锚猛水蚤科以及其他 5 个科，而几个个体较小、典型的浅水种类最近在深海中也已经被发现。Thistle（1982）认为，深海沉积物中的猛水蚤可分为 3 个功能类群：

第一类以黄褐猛水蚤科种类为典型代表，它们具有适应掘穴的大而强壮的覆盖刚毛的附器（图 5.28a）；第二类由具有间隙生活方式的蠕虫状物种组成。第三类至少包括 3 个科的物种，它们具有发育良好的背棘（图 5.28b，图 5.28c），其中一些具有巨大的背突，用于固定黏液稳定的沉积物，作为沉积物表面上生命的伪装物。

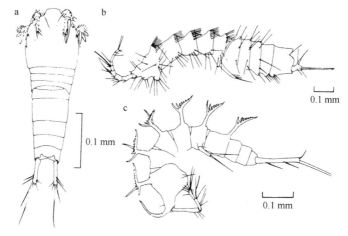

图 5.28　来自圣迭戈海槽的深海猛水蚤的躯体形态
a. 黄褐猛水蚤科，显示出典型的宽大胸部和适应掘穴的第二对触须；b、c. 显示底表生活物种的变异，阿玛猛水蚤科（b）和短角猛水蚤科种类采用梳子状的成排背刚毛进行"伪装"，锚猛水蚤科（c）用喇叭状背突进行伪装（图 b 和图 c 未画出胸附器）（引自 Thistle，1983a）

　　在深海中，猛水蚤类主要以沉积物上的有机聚合物为食。Coull（1972）从百慕大群岛大陆架到深海的断面调查发现，随着水深增大猛水蚤的多样性大大增加。Thistle（1978）在圣迭戈海槽 1.22 km 深处采集的 3935 个成体动物中发现了 140 个物种，其中有两个物种在数量上占绝对优势。

4.3　底栖介形类

　　介形类是小型底栖动物的另一个主要类群，它们长相奇特，属于甲壳纲介形亚纲。介形类躯体被包裹在两侧扁平的两个外壳中，因此，从表面上看，它们与双壳类软体动物相似。虽然有两对胸肢，但用于运动的器官是第一对、第二对触须。介形亚纲动物种类丰富，但人们对它们在深海沉积物中的情况了解很少。深海种类和浅水介形亚纲动物种类之间存在相当大的差异。深海物种体型大（身体长度通常大于 1 mm），壳体表面纹饰奇特，缺少眼睛和长而纤细的附器。介形类物种的分布与深度明显相关，如有些种类分布在 0.4～1.35 km 处，而另一类群则出现在 2.2～3.57 km 处。虽然某些物种分布可能局限于海盆区，但较高等级分类阶元的介形类可能是全球性分布（Peypouquet，1980；Peypouquet & Benson，1980；Neale，1985）。

4.4　其他后生小型底栖动物

　　其他小型底栖动物类群，如动吻动物门和缓步动物门也已在深海中被发现，但它们并不常见。在潮下带粗沙环境中发现的铠甲动物门在东北大西洋深海也有分布（Rutgers van der Loeff & Lavaleye，1986）。日本深海生物学家在伊豆小笠原海沟的沉积物中也发现了它们的分布，表明这些小型底栖动物遍布于海洋沉积物中。

小型底栖动物的其他类群还包括大型底栖动物的幼虫，如多毛虫和双壳类软体动物的幼虫，它们构成一个暂时性的小型底栖动物类群。

4.5 单细胞生物：有孔虫

底栖有孔虫生活在沉积物或靠近沉积物的表面，其中有一部分营底内生活（Gooday，1986b）。在浅水中，它们大多数属于小型底栖动物的尺寸范围。有孔虫现今种类有6000余种，大部分来自深海（包括已经描述过和尚未被描述的物种），它们的形态多样，目前涵盖了从小型底栖动物到大型底栖生物的整个尺寸范围。底栖有孔虫与浮游有孔虫的形态有很明显的区别，后者的种类均隶属于一个类群，即抱球虫亚目。在形态上，浮游有孔虫和有钙质壳的底栖有孔虫，如轮虫亚目、瓶虫亚目和小粟虫亚目有明显区别（Loeblich & Tappan，1984；Gooday，1986b）。这些底栖种类分布的临界深度和碳酸盐补偿深度有关（参见第2章）。大部分关于活体底栖有孔虫的研究工作是由地理学家完成的，他们将这些动物作为地层学和古生态学研究的标志生物。这些研究工作集中于探索它们和海底水团的关系，测定壳体中氧和碳同位素的含量以重构古海洋环境（Douglas & Woodruff，1981；Berger et al.，1979，1981；Murray，1988）。

早在"闪电"号和"豪猪"号的航海活动期间，研究人员就发现了如图5.29中所绘的一些由黏结沉积物颗粒和其他外来颗粒构成外壳（串珠虫亚目）的有孔虫种类，它

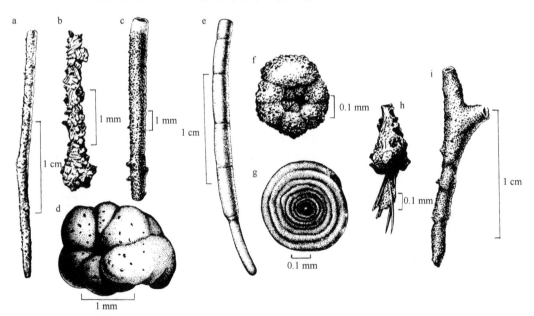

图5.29　底栖钙质和黏结沉积物的深海有孔虫属，显示它们在大小和形态上的多样性
a. 砂棒虫属（*Rhabdammina*）；b. 外砂虫属（*Hyperammina*）；c. 砂棒虫属的另外一种形式；d. *Cribrostomellus*；e. 深管虫属（*Bathysiphon*）；f. 拟反弯虫属（*Recurvoidatus*）；g. 砂盘虫属（*Ammodiscus*）；h. 串房虫属（*Reophax*）；i. 星根虫属（*Astrorhiza*）。除了图d和图g之外都有钙质外壳（修改自Saidova，1970）

们是深海大型底栖动物的重要组成部分（Carpenter *et al*.，1870）。大部分胶结有孔虫都被归入星根虫总科中。近些年对这些样品的细致研究揭示了它们身体形态方面具有广泛的多样性。有一些物种躯体柔软，像管子或长颈瓶（图 5.30），而另外一些则呈细长的有分支的链状（图 5.31）。毫无疑问，在以前海底采集的样品中很多有孔虫种类都被忽略了，然而这些物种和更常见的胶结有孔虫在全球海洋中广泛分布。它们的生物量可能在深海小型动物群落中占主导地位（Snider *et al*.，1984；Schroder *et al*.，1988）。奇杆虫亚目（图 5.32）的种类有一个薄且透明的蛋白质外壳，有的长几毫米，很像甲壳纲动物的粪团。它们的丰度相当大——在阿留申海沟的单一箱式样品中，密度可占小型底栖动物的 41%（Jumars & Hessler，1976），在豪猪海湾一个深海站点收集的全部有孔虫中，它们占 4.9%～14.4%（Gooday，1986b）。这些生物和以前尚未认识的有孔虫占据着浮游有孔虫抱球虫属（*Globigerina*）和圆球虫属（*Orbulina*）种类的空壳（图 5.33a，图 5.33b），在样品分类时会被忽略，因此人们对其了解得很少，会严重低估了它们的重要性（Gooday，1986a，1986b）。另一个难以检测的情况是，这些细小的有孔虫会固结在较大的胶结有孔虫，如深管虫属（*Bathysiphon*）的内侧形成壳上（图 5.33c），后者是世界范围小体型底表动物类群的一部分（参见下文）。

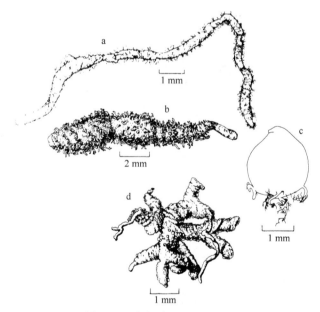

图 5.30　有软壁外壳的有孔虫

a～c. 皮虫属（*Pelosina*）种类，有泥质的厚壁外壳和基部一层薄的有机物层。其他皮虫属的形状像树丛一样，在底表固着生长。形似图 a 和图 b 的物种很容易和多毛类的管道混淆；图 c 的外壳形状像萝卜。它们都是广深性生物，分布广泛，丰度大，在一些深海环境中其密度接近底栖无脊椎动物总数的 1/5。d. 星根虫；其他星根虫种类形成的泥球从外表上看很像软枝虫（引自 Gooday，1983）

有孔虫中更为奇特的结构是小型树枝状连接或交织在一起的小管簇（图 5.34），上面黏结了沉积物颗粒，它们被称为 komoki（来自俄语，*vitvistii kamochki*——小的分支簇）。这种结构与巨型单细胞阿米巴虫有一些类似（参见下文），但它们要小得多。这些有孔虫属于串珠虫亚目，并被命名为软枝虫（Tendal & Hessler，1977）。它们像巨型单细胞阿米巴虫一样，在贫瘠或富营养的深海平原以及海沟中广泛分布，并且密度很大。

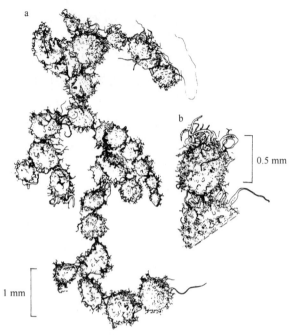

图5.31　a. 腔室分开的长而柔软的链状有孔虫；b. 腔室细节图。该物种和相似的有孔虫的亲缘关系尚不明确（引自 Gooday，1983）

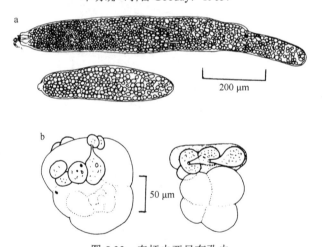

图5.32　奇杆虫亚目有孔虫

a. 粪团似的形状，里面充满了粪球，来自沉积物上层；b. 附着在空的抱球虫属（*Globigerina*）外壳上的 *Placopsilinella*，来自东北大西洋（引自 Gooday，1986a）

通常和其他具有蛋白质壳体的有孔虫和胶结有孔虫一样，很大一部分是由壳体组成的，原生质部分很小，常常填不满壳体的所有空腔或小管。研究发现从东北大西洋 4.5 km 深处采集到的藻形砂根虫（*Rhizammina algaeformis*）（最初被归为星根虫科）（Cartwright *et al.*，1990）在沉积物表面形成一个枝状管纠缠在一起的体系，断面宽度有几厘米，几乎达到巨型底栖动物的大小。这些枝状管有一个薄薄的有机质层，它被黏结的颗粒所覆盖，内腔被废弃的团粒或粪球以及不分支的原生质丝状体所填充。原生质是多核结构，并且由于外表皮内陷而导致胞外空间的侵入。这些空间可能与颗粒食物的消化有关。

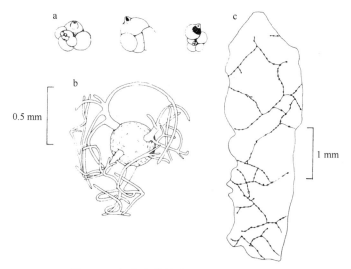

图 5.33 栖息在其他有孔虫壳上的有孔虫

图 a 和图 b 物种亲缘关系不明确。a. 抱球虫外壳上的专性栖居者,在表面形成很小但很常见的圆锥形突起;b. 在死去的圆球虫(另一种浮游有孔虫)外壳上形成的少见的树枝状结构;c. 蹼砂虫在大型胶结有孔虫的管道内壁形成壳,后者是锰结核区最为常见的小型底表动物(图 a 和图 b 引自 Gooday,1986b;图 c 引自 Gooday & Haynes,1983)

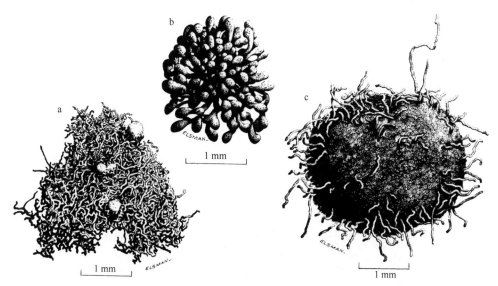

图 5.34 来自北太平洋中部深海带的软枝虫

a. *Lana neglecta*;b. *Normanina saidovae*;c. *Edgertonia tolerans*(引自 Tendal & Hessler,1977)

在深海样品中很难准确计算有孔虫的密度,这是因为很难将活体与死亡的有孔虫区分开,而且胶状物种很容易破碎。但毋庸置疑它们的密度很高,在豪猪海湾约 1.3 km 深处,有孔虫约占小型底栖动物总密度的一半(Gooday,1986b)。在中北太平洋,奇杆虫亚目的一个物种的数量远远超过用孔径 296 μm 的筛网截留下来的其他任何后生动物(多细胞动物)的数量(Hessler & Jumars,1974)。深海有孔虫种类也是相当多样化,从豪猪海湾采集的未受扰动的箱式沉积物样品中插管取样,在每个插管(表面积为 3.46 cm²)中发现 94~124 个物种,其中一半都是单一个体。芯样分层分析发现,大多数个体出现在沉积物顶部 1 cm 左右,但不同的深度物种种类差异显著(参见第 6 章,见图 6.6b),

这可能是生物相互作用的结果（Gooday，1986b）。

在浅水中，有孔虫食性宽泛，包括细菌、硅藻和其他单细胞海藻（Lee，1980），同时它们甚至摄食分解的有机物（Delaca *et al.*，1981）。Lipps（1983）对它们的摄食方法和其他生物的相互作用进行了综述，包括用伪足和其他方法摄食悬浮物（Cedhagen，1988；Tendal & Thomsen，1988）。而深海种类的摄食方式几乎不为人知。胶结有孔虫的不同形态和壳体容积能反映出有孔虫的营养状况；有的物种体内常常填满了大量的原生质，但没有粪球，如深管虫属（*Bathysiphon*）和砂棒虫属（*Rhabdammina*），这些物种可直立于水中摄食悬浮物，而有大量的粪球和原生质的物种或不易被察觉，或呈细小的丝状体形态，如软枝虫、奇杆虫和某些砂根虫属种类，它们可能以摄食沉积物为主（Gooday，1983）。粪球可能充当细菌的孵化室，为微生物提供营养（Tendal，1979）。

与微型底栖动物一样（参见下文），许多研究者都强调原生动物在深海群落中的重要性（Tendal，1979；Thiel，1983；Snider *et al.*，1984；Gooday，1986b）。某些有钙质外壳的底栖有孔虫被认为是消耗新近沉积的植物碎屑的微生物。因此，它们可能是后生底栖动物食物链中的一个重要早期环节（Gooday，1988）。

4.6 巨型单细胞阿米巴虫：巨型原生动物

这类大型单细胞生物的奇特种群被归为原生动物根足虫复合体。在某些生物如 *Psammetta*（见图 14.8f）附近的海床照片中看到星形足迹分布，推断它们存在伪足（Tendal，1972；Lemche *et al.*，1976）。尽管阿米巴虫是单细胞生物，但它比大多数大型后生动物还要大。虽然人们更习惯将其他单细胞看作小型动物，但从阿米巴虫的大小以及海底照片（图 5.35）中观察，表明它们是巨型底栖动物。个体大小和形态的变化范围很大。它们由包围在分支有机管状器官中的多核原生质组成，这些管状器官从胶状的外壳中分出。通常认为伪足从这些有机管状器官的末端冒出。阿米巴虫与众不同的特征是许多种类的细胞内都存在重晶石结晶。

图 5.35　来自西非毛里塔尼亚外海 3.9 km 深处的阿米巴虫 *Reticulammina labyrinthica*，此处的密度高达 2000 ind./100 m^2 左右。本图中的密度约为 1250 ind./100 m^2 左右，样品最小有 2.5 cm 长（由英国海洋科学研究所 A. L. 赖斯博士提供）

它们形态多样：硬盘形、球形、半球形、椭圆形、星形或不规则的形状、或僵硬或灵活的身体、树状形态等。在生活习性上，它们大部分的身体都埋藏在沉积物内（图 5.36）。

最大的 *Stannophyllum* 形如树叶，直径达 25 cm，不过厚度只有 1 mm（图 5.37）。虽然早期在苏格兰西部外海已有采样记录（当时描述为一种有孔虫），"挑战者"号调查也采集到此类样品（当时描述为一种海绵），但直到 1972 年，丹麦动物学家 O. S. 滕达尔（O. S. Tendal）发表了关于"铠甲虾"号航次调查采集的阿米巴虫专著，它们才被深海生物学家认识，在分类学上暂时将它们定为海绵的近亲。由于它们身体柔软，在深海拖网中常常被弄碎而难以辨认，直到 20 世纪六七十年代采样方法的改进以及海底拍照和潜水器的观察，它们在深海中的真实丰度才得以确认，但它们的系统发育亲缘关系以及在分类学上的地位还很模糊。现今，阿米巴虫在几乎所有的深海海盆区都有报道，某些物种如 *Aschemonella ramuliformis* 的分布非常广泛，一直延伸到北冰洋（Tendal，1985a）。总体

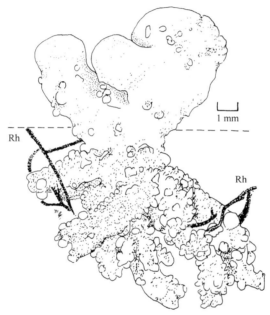

图 5.36　阿米巴虫 *Reticulammina* sp.标本，显示采集自东北大西洋 4.5 km 深处的箱式样品中的现场照片。沉积物表面的位置用虚线表示。软枝虫 *Rhizammina*（Rh）的管被像足一样的动物下半部缠绕[由英国海洋科学研究所 A. J. 古德（A. J. Gooday）绘制]

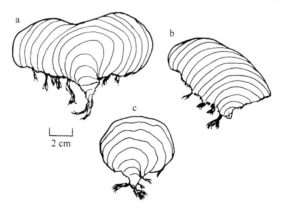

图 5.37　阿米巴虫 *Stannophyllum zonarium* 不同生长期的形态。叶片状的身体斜卧在沉积物上，茎可能是最年幼的器官；有些样品外壳表面"多余"的部分可能是一种植物性芽。左上方的样本是最老的生长形态，下方是最年幼的形态，右上方的样本可能是从最老的形态分离出来的（引自 Tendal，1972）

来说，它们出现在深度超过 1 km 的地方，密度有时很高，很容易在海床照片中被发现。非洲西北部外海 1～6 km 深度处，*Reticulammina labyrinthica* 物种密度可达到每 100 m^2 几千个（如图 5.35 所示）（Tendal & Gooday，1981），而阿米巴虫可能占南太平洋底栖生物总生物量的 97% 之多（Vinogradova *et al.*，1978a）。Lemche 等（1976）估计，在某些太平洋海沟中，有 30%～50% 的海底长期被 *Psammetta* 的伪足所覆盖，可能是它们正在摄食颗粒状食物（见图 14.8f）。在东太平洋水深为 1～3.3 km 的海山上，被海流冲刷过的淤泥和砂质沉积物的地方阿米巴虫密度很高（Levin *et al.*，1987；Kaufman *et al.*，1989）。海底原位照片和它们的身体形态特征使人猜测这些物种可能以悬浮颗粒物为食。

大多数阿米巴虫庞大的躯体由粪球似的深色排泄物组成。Tendal（1979）认为，这些排泄物被共生细菌占据，这些细菌将物质分解成能被原生质再吸收的形态。在这些生物的早期描述中也记录有许多小的分支螅状动物附着在这些生物上（Haeckel，1889）。

阿米巴虫并不局限分布在沉积物的表面，在西太平洋伊豆小笠原海沟的沉积物中，*Occultammina profunda* 由埋在 1～6 cm 深的分支管状器官组成，在这里它是动物群中的优势种，可能[正如 Swinbanks 和 Shirayama（1986a）所猜测的那样]以沉积物上层的颗粒为食（Tendal *et al.*，1982）。由于底内生活的阿米巴虫体型较小，而且身体脆弱易碎，因此需要采用特殊的分析技术，如采用沉积物切片的 X 射线照相技术来进行检测。

5. 微型底栖生物

这类深海生物的体型比小型底栖动物的下限还要小，斯克利普斯海洋研究所的 B. R. 伯内特（Burnett）的开拓性工作已经揭示了它们的多样性和丰度。从深海沉积物中将它们分离出来耗费时间长而且技术要求高，包括需要显微制备技术（Burnett，1973；Thiel，1983）。微型底栖生物包括鞭毛虫、孢子虫、纤毛虫、变形虫以及酵母样细胞。它们主要分布在沉积物最上层，在北太平洋中部深海和圣迭戈海槽次深海的调查结果显示它们的数量在底栖动物群落中占绝对优势（Burnett，1977，1979，1981；Snider *et al.*，1984），在珊瑚海西部的研究工作表明，0.298～1.604 km 深处的微小生物群落的组成变化明显。虽然已有上述一些调查结果，但总体上我们对这类生物在全球海洋中的组成和重要性了解很少。对从植物碎屑中分离出来的微型鞭毛虫以及模拟深海环境培养的微型鞭毛虫的研究结果显示，这些生物可摄食细菌，在微生物分解过程中具有重要作用（Turley *et al.*，1988）。

6. 小型底表动物

人们对于生活在深海硬基质表面上的极小生物的认识几乎还是空白。早在"挑战者"号航次调查时科学家就发现在锰结核表面上附着了一些较大的动物（Murray & Renard，1981），最近又发现一些易碎和容易逃逸的小生物也能生活在多金属结核和结壳的表面（在岩石露头上的锰和铁氧化物覆盖层），而且种类丰富，这些锰结核分布于约 70% 的深海底（Mullineaux，1987，1988）。以有孔虫为主的真核生物和根足虫类有孔虫覆盖着约 10% 的结核表面上层，它们形态奇特，很多种类呈垫状或管状。在豪猪海湾，相似的有孔虫大量包覆在大的胶结有孔虫锈红深管虫（*Bathysiphon rusticus*）的管状器官上（Gooday & Haynes，1983）。附着在结核上的生物类群包括众多的滤食性后生动物，如水螅、软体动物、苔藓动物和海鞘。在结核表面也发现大量细菌（Burnett & Nealson，1981），而从结核中分离出锰氧化细菌，又引起了关于锰结核的生物学起源或生物进化史的讨论（Nealson，1978；Schutt & Ottow，1978；Ghiorse & Hirsch，1982）。然而，Riemann（1983）注意到胶结有孔虫的粪球粒含有锰，这使人联想到它们富集了氧化锰并将其排泄到结核上，但可能是有孔虫从结核表面吸收了颗粒状锰，并不能促进结核的生长（Mullineaux，1987）。

正如了解较多的附着于硬基质的巨型后生动物一样，在结核和海山结壳上，约40%的小型生物根据形态特征推测属于滤食性动物（Mullineaux，1987）。这与相邻软泥海底底栖生物群落滤食性动物的较低比例形成对比（Hessler & Jumars，1974）。此外，在深海中进行的锰结核实验表明，这些小动物的幼虫定居行为，以及无论是以滤食还是沉积物食性占优势的底表动物群落的垂直分布模式，都会受到该区域水文特征的强烈影响（Mullineaux，1988，1989）。

第三部分

空间分布格局

在过去，我们有关深海生物学的资料传统上都是来自科考船对海洋洋盆开展的大面积调查和采样。这些工作往往以描述动物的组成为目标。基于这些研究成果，我们已经发现了一些固有的模式，并解决了关于动物的全球尺度和区域尺度分布问题。随着我们对深海物理结构的了解越来越透彻，加上技术的进步，如采样装置的改进和海面航行能力的进步，生物学家常常可以沿着地形断面开展调查，而地球上最重要的一个环境梯度就是陆地延伸到深海的大陆架和大陆坡。通过采用包括定量采样和海底照相等方法，科学家可以对与环境梯度有关的种群和群落的分布模式进行调查研究。在这一部分，我们还将讨论其他环境变量对动物分布格局的影响，主要包括进入深海的有机物数量和性质，还包括当地的水动力和地形地貌条件，如海底峡谷、海山和深海边界流等。

在讨论各种类型和尺度的模型时，我们对最小尺度到最大尺度的模型进行了讨论，并在第6章中对动物个体尺度的模型进行了讨论。这种个体尺度分布模型的研究只有采用载人潜水器和遥控潜水器观察与采样的手段，通过小范围内的精确定位和重复采样，并依赖现代航行控制技术的辅助才有可能完成。在第7、8、9章中，主要讨论沿深度梯度变化的生物量、多样性和群落组成的各类分布格局。另外，在第8章中我们还讨论了在深海中丰富的物种多样性的形成模式和残留记录。在此基础上，第10章汇总讨论了深海生物多样性的全球分布模式。

第6章　小尺度空间分布格局

现在我们要讨论的是深海动物群落内部的空间结构。因此，我们所关心的分布范围可能从几百米到小至几毫米。这些分布模式是三维的，也就是说可以同时在水平梯度和垂直梯度上进行测量。在浅水底栖生物群落研究中已经证明随机分布假说是存在严重误导性的。通常情况下，那些看似"随机"的分布实际上是众多空间变量的平衡，这些变量影响着沉积物结构中生物个体的分布模式。

在实际层面上，这些模式的强度和尺度的信息对基于深海采集的定量样品来评估深海生物现存量的有效性是至关重要的。除此之外，对生物个体分布位置呈现的空间结构进行描述也为我们提供了关于深海生物之间相互作用的有力的或间接的重要指标。我们将在后面看到，这些信息有助于理解在深海较小生物类群中发现的出乎意料的高物种多样性的维持过程。此外，了解深海底栖生物的空间格局在模拟生物地球化学和沉积过程方面变得越来越重要：这些分布格局的准确性和精确性、底栖生物对其生活环境影响的具体参数可能会受到生物区系随机分布模式的无根据假设的严重限制。

1. 空间分布格局的术语和检测

通常，空间分布模式是通过比较点在平面上随机分布的预期与实际情况的偏差来测量的，任意一个点出现在任意位置的可能性是相同的，空间中点分布模式的随机性导致的偏差要么偏向聚集，要么偏向规律分布（Rogers，1974；Diggle，1983）。对于动物，包括固着的和移动的两种生命形态，一般情况下是通过"快照"的方式来检测它们的空间分布格局，它们的位置会被相机定格。这些"快照"既可以是保留了动物在海床表面和海床内部空间位置的定量数据，也可以是海床照片或深潜器观测记录。很显然，与快速移动的生物相比，这种"快照"提供的资料更有利于理解固着或定栖动物空间分布模式的形成机制（无论如何，对于快速移动的生物都很难在"样方"类型的样本中取样）。想要追踪移动的海洋生物的时间和空间位置几乎是不可能的，这在浅水中尚且是非常现实的大难题，更不要说在深海中了。然而，空间模式方法无疑在理解快照中出现的空间分布格局的潜在原因或空间点过程方面具有巨大价值（Diggle，1983）。保守估计，我们所能检测到的仅仅是冰山一角。当然，移动的有机体所表现出的更短暂的自然模式——两性的偶然相遇或被少有的瞬间现象所吸引，如大的食物下落等——都只是偶然的巧合（虽然我们希望可以模拟并且用系泊在海床上的诱饵延时照相系统记录这样的模式）。

研究人员在确定沉积物样品及其所含动物的模式时，还存在其他固有的困难。在采集具有代表性的生物样品时，那些可以影响取样管效率的偏差（见第3章）将对动物在沉积物内和沉积物表面的定位数据的质量产生影响。将取样管插入沉积物时引起的扰动和将取样管从海床收回时必然的长时间过程产生的扰动都将对垂直模式数据的可靠性产生特别大的影响：对于活动的甲壳纲动物，经过开始的扰动和将样品收回到船上所需的漫长的牵引过程之后已经很难保持在原来的位置。底内动物，如多毛纲和星虫纲动物会缩进更深的沉积物中；令人难以置信的是，即使是最为仔细监控的取芯采样活动，也会发现那些在沉积物表面取食和悬浮取食的物种钻入了沉积物中（Jumars，1978；Jumars and Eckman，1983）。一些较大的、掘穴较深的动物可能缩得更深，取样管伸入不到那么深的地方（参见第 5 章）。

2. 按照分布格局的因果关系分类

让我们将注意力集中到单一物种分布模式上。这些分布模式可以按照几个空间点的变化过程的不同进行分类（Hutchinson，1953）。

生物丰度的向量模式是由生物体的物理-化学环境的变化引起的。这些物理-化学环境可能呈现不同的规模，从大尺度现象如热泉和浓盐水或石油烃渗出口，到小尺度现象如沉积物表面动物个体的排泄物团粒。在两者之间会存在一个以生物成因为主的地貌，在较小尺度上还会存在微地貌（见图 14.2，图 14.9a，图 14.9b），在能量较高的海底这些地貌会受到海流的影响变得平坦并被泥土覆盖（见图 2.13a，图 2.13b）。我们也许好奇，常常挤压得很紧密的锰铁结核地形是否同样对小范围的生物分散模式有着决定性的影响。在沉积物内部会出现物理-化学条件变化剧烈的垂直梯度，如在有机降解过程中会产生显著的氧化还原电位梯度（Berner，1976）。这些物理-化学状态会被掘穴动物彻底改变，从而获得较小生物的精细尺度格局（Reise，1981）。空间分布格局的另一个来源可能是被动沉降的幼虫受海底微地貌水动力环境影响而产生的结果（参见 Butman，1987，对于影响软海底无脊椎动物幼虫定居诸因素的综述）。

繁殖的空间模式产生于两性的偶然相遇和幼小动物的局限性分布。迄今为止，这个模式在深海中尚未有记录，但可游动的季节性繁殖物种可能存在低密度的聚集体。虽然每窝卵的数目可能较少，但成熟的卵和幼虫体积相对较大（参见第 13 章），可以预测这些动物会采取有利于幼虫扩散的卵黄营养模式，使同窝幼虫充分扩散以避免聚集在双亲周围。

社会模式可能来源于个体后天学习或集群活动而聚集在一起（如柔海胆，参见第 4 章），或者来源于个体之间的距离拉大（可以设想觅食表面沉积物的具有触手的多毛纲动物之间，距离增大可以防止它们在搜寻食物时部分重叠；见图 11.5）。

相互作用模式是由不同物种之间的相互作用产生的，如捕食者/被捕食者或者共栖体关系。人们普遍认为，这种相互作用是决定深海生物群落结构的主要动力。据推测，巨型底栖生物"摄食者"的捕食行为会产生局部的空隙，导致在群落恢复过程中产生一系列的演替阶段（第 8 章）。Jumars 和 Eckman（1983）指出，在生物扩散模式的产生原因上没有获得一致的研究结论。但至少可以预料到这个过程可以使局部丰度提高，也可以预料物种间为了空间和资源的争夺产生的影响将使个体动物呈现更均匀的空间分布。

随机过程（如随机漫步）可能导致在同质情况下的随机模式；但是，在自然界，环境的异质性将迅速引起局部的聚集，而通过动物觅食踪迹的随机运动可能得到广泛不同的空间分布格局（Papentin，1973）。与此相似的是，对于固着动物来说，可以采用计算机模拟随机"安置"起点，让它们不断生长直到达到某一确定的大小或者与另一个动物产生碰撞，就可以得到它们聚集的、随机的或者规则的分布模式（Pielou，1960）。

3.　分布模式的统计测定

各种各样的统计方法已经被尝试用于概括底栖生物和其他生物所显示的水平分布格局（Taylor，1961；Elliott，1977；Green，1979；Andrew & Mapstone，1987，关于方法论的综述）。通常，这些统计方法基于从相对较狭窄的空间范围获得的有关动物个体的丰度数据，这些空间范围受到采样装置的大小和视像调查区域的限制，相当于陆地研究中正方形的"样方"。统计检验将验证所观察到的数据是否符合随机性的零假设，如泊松分布。最常用的统计量是"样方"或样品单元总数的方差和平均值的比值，如果它们遵从泊松分布，这个比值就应当等于 1（然而，必须记住的是，除了随机分布之外，样品单元的总数可能产生泊松分布）。

这些统计方法已经被用于处理单一物种的个体丰度；多物种模式，如共生现象和共栖现象中亲密的种间结合体所形成的模式更加令人捉摸不定，测定起来要困难得多；这种模式，如在一大片尸体腐肉周围的食腐动物的聚集可能是非常短暂的，在自然界几乎不可能被察觉。

某些研究深海的学者已经尝试通过重复定量样品得到整个分类类群或者相似体型大小的生物类群的丰度信息（Khripounoff et al.，1980；Sibuet et al.，1984；Dinet et al.，1985）。然而，根据个别物种所展示的模式，这些数据难以解释生物类群信息。其所表达的非随机模型的程度取决于物种间分布模式的一致性，即不同物种是否对于在哪里形成丰度高值区域"达成共识"（Jumars & Eckman，1983）。

3.1　巨型底栖动物的空间分布格局

虽然总体上我们对深海动物空间分布格局的了解十分贫乏，但关于巨型底栖动物空间分布格局的认识却有了长足的发展。这是因为虽然定量的抓取和取芯采样技术并不完善，但是在海床照片中或透过深潜器的瞭望舷窗可以很容易地观察到这些巨型动物（当然在分类学方面的鉴定通常并不容易）。然而，采用海床照片或现场观察法收集那些有能力埋进沉积物内（即使是在浅层）的巨型动物的数据，有可能不够准确（Jumars & Eckman，1983）。

从"阿尔文"号深潜器所得到的海底视像剖面数据中可以分析巨型底栖动物分布模式的范围（从 1 m 到几百米的尺度）。多幅照片前后连接的"样方"可以进一步拼接成大幅图像。常见的巨型底栖动物空间分布模式的强度可以通过对"样方"的总数与随机期望值进行比较来进行测定，如通过计算方差与平均值之比。该项工作首先是由 Grassle 等（1975）在新英格兰外海 0.5～1.8 km 深的大陆坡上完成的（图 6.1）。相似的研究还在加利福尼亚大陆边缘地带的圣卡塔利娜海盆 1.3 km 深处开展过（Smith & Hamilton，1983）。不出所料，棘皮类动物在分析的类群中占主导地位。虽然这些研究为模式的成因提供了自然历史方面的有用信息，但这些研究结果也表明，即使在运动能力一般的动物类群中也存在空间模式的复杂性。在圣卡塔利娜海盆，食腐的诺曼裸盾蛇尾（*Ophiophthalmus normani*）的密集（16.5 ind./m²）种群表明其倾向于最小规模内（0.5 m）的规则分布模式，但同时还形成了直径 1～4 m 的随机定位的斑块。在新英格兰陆坡上，可能属于杂食的莱曼瓷蛇尾（*Ophiomusium lymani*）在 1.8 km 深处倾向于呈高丰度（2.5 ind./m²）的规则分布（在那里蛇尾也许能感觉到并躲开腕的相互接触），但在 1.3 km 深处则倾向于聚集分布，这是因为在那里种群密度较低。而上述两个研究实例都发现具有运动能力、摄食沉积物的动物具有聚集分布的倾向。腹足类 *Bathybembix bairdii* 和海参 *Scotoplanes globosa* 有直径 25～95 m 的松散聚集体。*B. bairdii* 的松散聚集体有可能是由于载体扩散或繁殖过程，受到沉降到海床的大型海藻或类似食物来源的吸引也是一个可能的原因。然而，在种群斑块内的个体间和种群斑块之间存在的明显具有规则的间隙可能表明动物行为模式在这些空间模式形成过程中起着重要作用。但是腹足类 *Bathybembix bairdii* 和海参 *Scotoplanes globosa* 两个物种在种群斑块的具体位置方面没有明显的物种间关联（Smith & Hamilton，1983）。在新英格兰外海，海胆 *Echinus affinis* 在海床上短寿命的大海藻堆周围形成密集的聚集体，同时在豪猪海湾的植物碎屑周围也已经观察到类似的聚集体（Billett *et al.*，1983）。而对于食腐的明管虫属（*Hyalinoecia*）和角海葵的研究也已经发现一定规模但不明显的聚集模式（Grassle *et al.*，1975）。研究者还观察到，沉积食性的柔海胆 *Phormosoma placenta*（图 6.1）群体经常表现出成群的定向移动行为（第 4 章），这可能是由于群居个体间的相互影响。Barham 等（1967）曾经观察到海参 *S. globosa*（见图 8.8）也有相似的密集"群体"，并且常常有个体离群的情况。在豪猪海湾，人们观察到平足海参 *Kolga hyalina*（图 6.2）形成的最为壮观的聚集体。在那里，利用植物碎屑的堆积进行繁殖或实现最优的觅食行为是这种聚集体形成和维持的关键（Billett & Hansen，1982）。

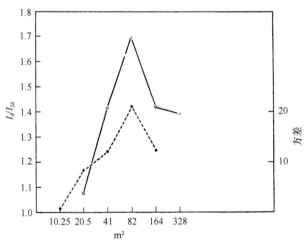

图 6.1　基于"阿尔文"号深潜器沿海底连续断面拍摄的照片中记录到的柔海胆 *Phormosoma placenta* 个体聚集的尺度

每张照片上覆盖有 20×20 的网格，总面积为 4 m²，这样可以计算不同尺度上的空间模式。与聚集强度有关的两组不同的数据（*y* 轴）（即数值上与泊松期望值的偏差）根据 *x* 轴的尺度增加作图，实线通过结合 $I_\delta/I_{2\delta}$ 拍照区域较大的单位面积（从 0.25 m² 到最大 128 m²）得出；虚线为平均方差。两条曲线峰值的一致表明 *Phormosoma* 群体的直径为 40～50 m（引自 Grassle *et al.*，1975）

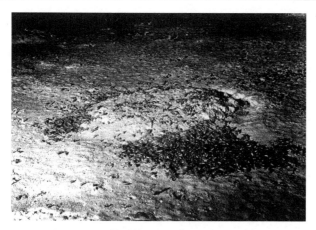

图 6.2　在豪猪海湾 3.8 km 深处环形沉积物结构周围聚集的小型平足海参 *Kolga hyalina* 密集堆积在一起（由英国海洋科学研究所 A. L. 赖斯博士提供）

3.2　大型底栖动物的空间分布格局

由于大型底栖动物的个体太小，在照片上无法辨认，并且它们也可能埋在沉积物中而无法看到，因此照相技术不能用于研究大型底栖动物的分布。我们只能采用海底定量采样器的"样方"采样方法。考虑到这一动物类群的密度往往很低，同时通过船舶和人力对样品加以分类处理的随机定点采样的最大尺寸有限，因此"样方"大小的选择受到严格的限制。实际上，最大尺寸是由 USNEL 箱式取样器的大小确定的，为 0.25 m²。然而，采用这种方法所获得的数据质量好坏主要取决于生物体的位置是否受到采样过程的影响和干扰（参见 Jumars & Eckman，1983，有更详尽的讨论）。

在相同的深海海域和同一时间进行的箱式重复取样实验中，物种水平的分类群个体密度的平均值和方差曲线图表明大多数数值在泊松随机变量的预期范围之内，有一两个数值出现在 95% 置信限以上，而没有一个数值在置信限以下（图 6.3）。目前，对于太平洋和大西洋深海软泥沉积物的研究也得到相似的结果，这些研究包括半深海和深海以及相对富营养和贫营养在内的各种海域（Hessler & Jumars，1974；Jumars，1975a，1975b，1976；Gage，1977）。但是，这些结果还不足以断定大型底栖动物在深海海床上的分布就一定呈现随机分布模式。其原因不仅仅在于应用的统计检验不能检测出非随机性，而且更要考虑到当样本中生物密度很低时，方差与均值比方法的低统计检验效力。这时得到的任何结果都不令人感到奇怪。此外，蒙特卡罗方法（通常用计算机产生的随机变量进行模拟）表明，分布模式的广泛多样性产生恒定的方差与均值比（Jumars & Eckman，1983；Khripounoff *et al.*，1980）。的确，在大西洋不同地方进行的几组箱式取样器重复取样实验中，大型底栖动物和小型底栖动物两者主要类群的总丰度（未分类）和总体大小结构都说明个体的聚集是非常可能的（Khripounoff *et al.*，1980；Sibuet *et al.*，1984；Dinet *et al.*，1985）。

对箱体内装有子取芯管的 USNEL 箱式取样器的相邻子取芯管内物种丰度的分析为我们提供了另一种更有效率的、基于距离的统计方法来检验微小尺度范围的空间格局（Jumars *et al.*，1977）。在该方法中，研究采用与相邻点距离的形式将信息记录下来：如

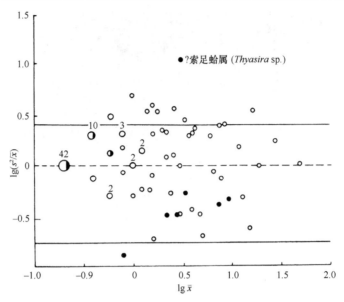

图 6.3　在罗科尔海槽 2.875 km 深处一系列 USNEL 箱式取样器中出现的 18 种双壳类动物（黑圈所示）和 105 种多毛类动物（空圈所示）的方差与均值比的对数与平均丰度的对数所作的图（数字和稍大的圈表示具有相同值的多个物种；实线表示泊松期望值的 95% 置信线；虚线表示泊松期望值；s^2 为方差；$\bar{x}$ 为均值）（引自 Gage，1977）

果一个点的存在使它存在于相邻区域内的概率变大或变小，则这个模式很可能展示出空间自相关（Cliff & Ord，1973；Sokal & Ogden，1978a，1978b）。在圣迭戈海槽的次取芯管内的多毛纲动物丰度表明，相邻的取芯管比不相邻的取芯管内的丰度的自相关小；不过相似的情形在圣卡塔利娜海盆附近的多毛纲动物或非多毛纲动物内则尚未观察到。因此，这种小范围内动物个体均匀间隔的推论还无法得到证实（Jumars et al.，1977）。

　　在更大的尺度上，研究使用应答器和遥控潜水器对圣迭戈海槽中均匀设置的 124 个箱式站位进行精确定位，基于这些样品对大型底栖动物开展了空间分布模式分析（Thiel & Hessler，1974）。研究表明，通过对尺度敏感的空间自相关分析检测到的空间模式可能并不会被方差与均值比的方法检测到，方差与均值比的方法仅对密度敏感。

　　然而，从 13 个物种中只检测出 2 个物种的分布与随机分布模式有明显背离。沙蚕和海蛹类多毛动物的空间自相关图（图 6.4）表明，不考虑样品的空间坐标，在超过采样范围的情况下重复采样将无法检测到明显的插值密度等值线模式（图 6.5）。蒙特卡罗模拟表明，相对于剩余物种的密度，样本数量可能太少，无法检测出遥控水下操作器研究中出现的任何非随机模式（Jumars & Eckman，1983）。

3.3　小型底栖动物和微型生物的空间分布格局

　　研究对来自一个箱式取样器和一系列箱式取样器重复插管样品中的小型底栖生物类群进行分析，表明其存在聚集模式的迹象（Khripounoff et al.，1980；Sibuet et al.，1984；Dinet et al.，1985）。然而，由于在准确进行物种鉴定方面存在很大难度，因此很少有基于单一物种的分布模式数据。此外，来自插管样品的数据很可能出现前文大型底栖动物研究中所列举的所有偏差，因此最大限度地减小二次取样过程对自然空间分布模式的扰

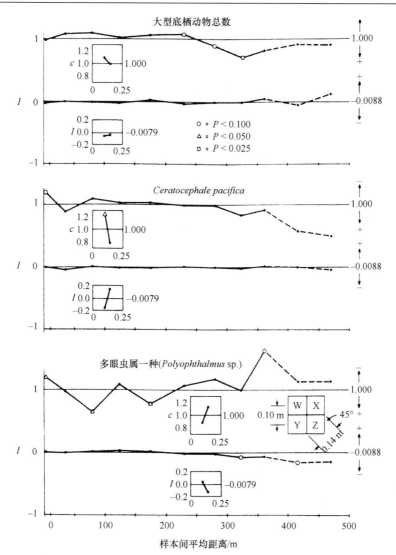

图 6.4　距离平方加权后的自相关统计量 Moran 指数 I 和 Geary 指数 c（参见 Cliff & Ord，1973）随着样方间隔增加的空间相关图；数据来源于应答器定位的箱式取样分隔的 125 个次芯样所获取的多毛类总数以及两个单独物种数（见图 6.5）没有空间自相关性的零假设统计检验，表征样本在空间上呈现随机分布规律。反之，其相似性随样本间距的平方值降低或增大（详情参见 Jumars，1978）。计算 I 和 c 值的间距如图 y 轴刻度标示。横轴为预测值。图中右方的偏差代表正负自相关性。点虚线基于稀疏数据，图中偏差较大的数据为不可信值。插图显示了分样的检测结果（引自 Jumars，1978）

动则格外重要（Jumars & Eckman，1983）。对来自"vegematic"箱式取样器样品的分析结果不能否定圣迭戈海槽 124 种猛水蚤的随机分布预期，但如果将所有物种都视为同一物种则更具统计显著性（Thistle，1978）。研究发现，物种丰度与各种小尺度生物结构，如管状多毛类独毛虫 *Tharyx luticastellus*（Jumars，1975b）产生的"泥球"，以及多毛类的取食类型呈正相关关系，表明猛水蚤对这些因素的不同响应导致了卡方值的高异质性（Thistle，1978，1979b）。研究人员在 HEBBLE 海域沉积物卵石上也发现了猛水蚤和线虫两类动物相似的正相关性（Thistle，1983b；Thistle & Sherman，1985），说明小型底栖动物以某种方式从与大型非生命物体的紧密关系中受益。然而，在圣迭戈海槽内有一

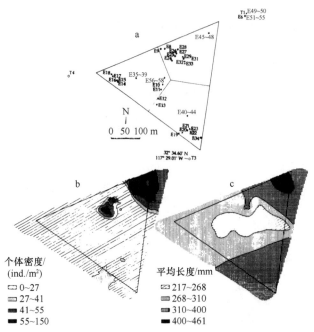

图 6.5　a. 在圣迭戈海槽 RUM 研究区域内埃克曼（Ekman）箱式取样器（前缀为"E"的数字）和 3 个应答器（前缀为"T"的数字）的研究区域与位置图；b. 海蛹类的密度图；c. 个体大小图（引自 Jumars，1978）

种猛水蚤（*Heteropsyllus* sp.）仅对仍然包裹了蠕虫的独毛虫泥球作出响应，说明它们有着更为复杂的关系（Thistle & Eckman，1988）。在这之后的研究中，Thistle 和 Eckman 进一步发现，在这一海域的插管样品中出现的 40 种猛水蚤也对泥球有响应，其中有 4 个猛水蚤物种在有蠕虫居住的泥球周围的丰度更高（Thistle & Eckman，1990）。此外，细菌在有生物居住的泥球附近丰度较大，而这些泥球对它们的吸引力可能是由于具有更为充沛的食物。其他 3 个物种对未被生物占据的泥球有响应；利用放置于海底的泥球"模拟物"和几个月以后的采样数据，人们发现有 2 个物种以泥球作为栖息地，而第 3 个物种则将其作为避难所以逃避底内动物捕食者。然而，在北太平洋中部的铁-锰结核分布区，利用箱式取样器开展的箱式内插管取样或者箱式重复取样却发现小型底栖生物的分布与结核没有任何关联，同时也没有发现小型底栖动物和微型生物存在任何明确的空间分布模式（Snider *et al.*，1984）。

　　小型底栖生物的生物量方差和群落结构分析（分别用总的磷酸酯和脂肪酸的摩尔百分数来评估）的结果表明，HEBBLE 海域中箱式取样器内插管样品之间的差异要大于同一海域开展的不同箱式取样器之间的差异（Baird *et al.*，1985）。

3.4　垂直分布格局

　　我们在上文中已经讨论了取样时的扰动和大型底栖动物个体退缩到沉积物中可能会使深海箱式取样的垂直分布模式数据产生偏差。最使人满意的数据可能还是来自圣迭戈海槽由 RUM（参考上文）完成的箱式取样（Jumars，1978；Jumars & Eckman，1983）。这些经过认真采集的样品的横切片表明，多毛纲动物出现在沉积物中的深度与它们觅食类型的假设一致；但是，这种假定的垂直隔离（vertical segregation）并不是截然明确的，摄食表面沉积物和悬浮取食的多毛纲动物有时在沉积物表面以下的位置也能够被发现（图 6.6a）。

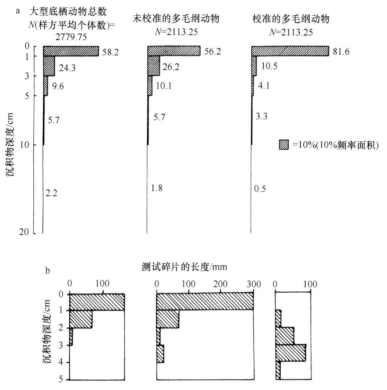

图 6.6　a. 来自水平切片"RUM"芯样的沉积物内大型底栖动物的深度-频率关系。"未校准"的观察数据、"校准"修改的观察数据计入了按功能群划分（Fauchald & Jumars，1979）的可能的动物，也就是摄食表面沉积物和悬浮取食的物种更可能出现在它们的理想觅食深度，即沉积物表面。两种分布间的较大差异说明数据可能存在误差，这可能是因为获取沉积物时许多蠕虫向更深的沉积物中移动。b. 具有在沉积物内移动能力的有孔虫 Rhizammina 的 3 个物种分布的垂直隔离。分布频率通过东北大西洋多管取样器中沉积物每一层中的碎片总长度来表示（图 a 引自 Jumars & Eckman，1983；图 b 引自 Gooday，1986b）

　　小型底栖动物的体型较小，不大可能深藏海底，因此一般认为它们在采样过程中可能很少受扰动的影响。Gooday（1986b）分析了有孔虫单一物种在多管取样器获得的样品中的位置，这些数据显示出值得重视的种间隔离（图 6.6b）。几个来自不同研究团队的分布模式表明，动物个体的密度在沉积物表面 1 cm 左右出现绝对峰值，并且形成越向下密度快速减少的分布模式。需要指出的是，在箱式取样器获得的样品的最深一层（25～30 cm）也检测出单个线虫和根足虫类的原生动物个体（Dinet & Vivier，1977；Coull *et al.*，1977；Shirayama，1984b；Snider *et al.*，1984；Thistle and Sherman，1985）。

3.5　多物种分布格局

　　我们或许可以预料到，多物种或者说相互作用的分布格局会比单一物种表现出来的分布格局更加多样化。通常分析在深海样品中所发现的低密度分布格局的一种方法就是通过对两种以上物种间的丰度一致性进行检验，以便确定样品中的深海物种是否为独立的泊松分布的假设。Hessler 和 Jumars（1974）发现，来自北太平洋中部最丰富的物种在箱式重复取样实验中具有很好的一致性，无论它们是非常稀少还是非常常见。通过将分布模式分成箱式重复取样之前的分布模式和每一个箱式内 0.01 m^2 插管之间的分布模式，就可以解决这种分布模式的尺度问题。由于单个卡方分布具有可加性，总的卡方决定了物种在芯样丰度中是否偏离泊松分布；如果丰度是独立的且每个都满足泊松分布，则决定单个物种芯样丰度是否产生泊松分布的合并项可以被预期，而异质项决定物种在各芯样中丰度是趋于一致（同质）还是不一致（异质）（Jumars，1975b，1976）。也就是说，相较于局部丰度独立时可预期的随机性变化，这个方法可检测物种局部丰度中任何不可预期的大型齐性或非齐性；如果该假设成立，异质性卡方项近似它的自由度。

2 个芯样之间对比发现，在北太平洋中部芯样间表现出一致性，而在圣迭戈海槽和圣卡塔利娜海盆的结果表明主要分类群内物种之间存在不一致性，在这些海域中某物种是常见的，而在同一分类群中的其他物种则是稀少的。不过，进一步分析表明，它们属于两个种群，而大多数是独立的泊松分布，一个比较小的种群虽然倾向于同质，但在一个含有大量六放海绵碎片的芯样中含量很丰富。研究人员对于这样的碎片在物种的行为生态学上的重要性仍不清楚。种群分布模式可能包括了一些互不相关的影响因素，如以体表寄生生物为食、隐蔽处、附着的基底，可能还包括海底的凸出部分（这可能引起海底流的局部减速和悬浮颗粒的沉积），以及食物供应量高的位点和幼虫的安居地（Jumars & Eckman，1983）。这些研究强调在多大的程度上"确凿无疑的非随机物种分布模式……严格取决于一个芯样"。即使难以检测，这种少见的空间分布事件或许和同样少见而难以检测的瞬时事件同等重要，因为它们都决定着群落的结构（参见第 8 章）。

就箱式插管样而言，各个插管中物种丰富度的一致性或差异性模式并不明显。总体来说，Jumars（1975a）证明了在多毛类异毛虫科中物种之间的一致性，这可能是由于二级相互作用，即对独毛虫泥球所占据的海底区域的物理排斥产生的结果（图 6.7）。此外，

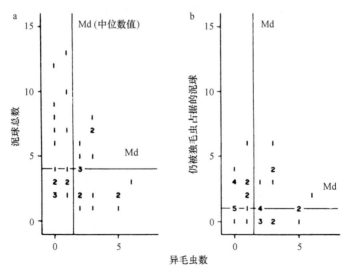

图 6.7　在圣迭戈海槽 1.23 km 深处，每 0.01 m^2 插管中的浅掘穴多毛纲异毛虫动物个体的数目和丝鳃虫科独毛虫 *Tharyx luticastellus* "泥球" 数目之间的关系

a. 样品筛选后的剩余泥球总数；b. 仍被独毛虫占据的泥球。与仍被独毛虫占据的泥球没有明显相关性，支持了栖息地结构对异毛虫的物理排斥假设，异毛虫局部密度与活的独毛虫数量并不密切对应（引自 Jumats，1975b）

Thistle（1979a）还发现，当将多毛类按照觅食类型和活动能力划分为功能群之后，猛水蚤与多毛类之间存在显著的共同变化趋势，猛水蚤倾向于躲避那些固着的、底表摄食的多毛类。

　　将样品中物种分组的另一种方法是采用聚类技术，如统计学的"NESS"（预期共享的物种数量）（参见第 9 章）。这种方法被用于东太平洋赤道区一项大规模箱式采样计划总共 80 个箱式取样器中所出现的物种丰度聚类分析；将那些从同一站点采集的重复样合并，以 3 个 2×2 站点成簇排列（图 6.8a），得到的系统树状图（图 6.8b）有助于说明站点的空间分离；站点内一致性变化的程度以及所表现出来的明显的镶嵌结构都被解释为可能与沉积变化的潜在分布模式有关（Hecker & Paul，1979）。

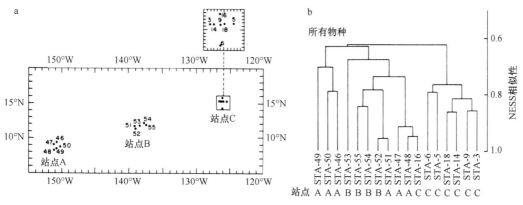

图 6.8　在太平洋次深海赤道区采集的 80 个箱式取样器中得到的大尺度的分布模式
a. 采样站位的三簇站点图（数字符号）；b. 使用 NESS 根据由每个站点 4 或 5 个 0.25 m² 平行样所截留的所有大型底栖动物形成的站点群树状图（引自 Hecker & Paul，1979）

　　即使避开明显地形复杂的地方，也很难在采样中得到任何"典型的"前后一致的多物种分布模式，暗示在深海中的多物种分布模式存在着令人生畏的复杂性。显然，为了理解这一点，需要收集在不同空间尺度物理-化学环境中更多的数据，并且将它们和动物的丰度联系起来。将各种各样的多变量方法应用到中北太平洋由一些 0.25 m² 箱式取样器获得的有孔虫丰度数据构建的多物种分布模式中，其研究结果为后人指出了进一步研究的方向。利用多重判别分析手段，可以将物种的集群和一些生物和物理变量联系起来（Bernstein et al.，1978）。虽然研究结果表明同一插管样品中的后生动物功能类型之间存在相关关系，但对其原因及其影响的本质仍然模糊不清。此外，有证据表明在如此小的尺度上，不论是活的还是死亡的底栖有孔虫都存在空间异质性，说明多物种斑块状的空间分布模式是普遍存在的（Bernstein & Meador，1979）。

第7章　深海底栖动物的丰度和粒级结构

有两种主要变量明显影响着深海环境中资源的可利用情况。第 1 个变量是密度（现存量），用生物量、有机物或碳含量或个体数量表示；第 2 个变量是动物个体的体型大小。对于这两点，大量的文献已经论证或证明这两个变量沿大陆架到深渊的深度梯度呈递减趋势[①]。

1. 密度和生物量

我们将在本章集中讨论深海底内部和海底表面底栖动物丰度的定量研究。这是由于完全底游动物的定量数据非常贫乏。然而有迹象表明，胶质生物，如在近海底游泳的海参，其生物量颇高（Childress *et al.*, 1989）。本章的后面我们将讨论其他深海底游动物，如大型的游泳型食腐动物和其他巨型底栖动物的生物量。

深海底栖生物的定量研究始于 20 世纪 50 年代的"铠甲虾"号调查航次。在这个航次中，首次将采样面积为 0.2 m² 的彼得森采泥器用于深海采样（Spärck, 1956b），紧接着俄罗斯的许多深海考察活动则采用采样面积 0.25 m² 的奥克安采泥器（Filatova, 1982）。俄罗斯的这些研究工作强调了水体和海底生产力之间呈现正相关，并且他们的研究结果（图 7.1）有力地证明了普遍猜想，即底栖生物的密度随着深度增加、与海岸

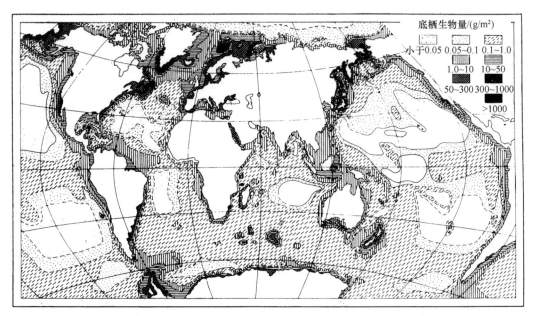

图 7.1　底栖生物量（g/m²，湿重）的全球分布，主要基于俄罗斯采样计划获取的样品绘制（引自 Belyaev *et al.*, 1973）

---

① 译者注：据近几年的研究成果，海沟底栖动物丰度有增加趋势

的距离增大而降低，以及从极地和温带到热带逐渐降低（Filatova，1982）。决定性的控制因素是底栖动物对可获得的食物资源的依存关系（Belyaev，1966）。基于研究人员的采样工作（有关这方面更详尽的评论见 Rowe，1983），我们将从底栖动物的体型大小和种类组成等方面进一步验证这一观点。

1.1　粒径谱

将海洋底栖生物群落进行粒径分级的工作始于 Mare（1942）的研究。她在普利茅斯外海英吉利海峡的开拓性工作中将生物按体型大小进行分级。粒径分级使用不同孔径的筛网过筛后截留下生物，用于区分游动能力较强的、营底表生活或掘穴生活（底内动物）的大型底栖动物和个体较小的沉积物间隙动物（被称为小型底栖动物）以及"大型底栖动物"的幼体。随后，生活在海底表面可以通过海底照片识别的动物被定义为"巨型底栖动物"。虽然这些粒径分级的名字被保留下来，但梅尔（Mare）的分级标准不得不被深海工作者放弃，这是因为"大型底栖动物"深海类群的体型非常小，用 1 mm 的筛子仅能留下其中的一小部分。因此，为了能够截留大型底栖动物，深海工作者将所使用的筛子尺寸缩小至 0.42 mm、0.297 mm、0.250 mm 或者更小。对于小型底栖动物，过去使用的最小 0.1 mm 孔径的筛网现在普遍更换为 62 μm、60 μm、40 μm 或 30 μm 孔径的筛网（Hulings & Gray，1971；Dinet et al.，1985）。

在本章后面粒级结构部分我们将看到，这些凭经验粒径分级的方法与深海总的底栖群落粒径谱的不同峰值相对应。此外，这些峰值看上去也与不同功能类群相对应。

1.2　基于粒径分级的相对现存生物量

就总生物量而言，这些粒径谱峰值的重要性大致相同吗？还是一部分底栖生物（如大型底栖动物）主导了其余部分？在浅水中很少有可以涵盖所有尺寸范围的底栖生物数据，更别提深海了。北太平洋中部是已全面研究的海域。不出意外，在那里小型底栖动物和微型底栖生物在数量上占优势（分别占 0.3%和 99.7%），并且从生物量的角度看亦如此（分别为 63.8%和 34.9%）；而小型底栖动物比大型底栖动物具有更大的生物量，大两个数量级（图 7.2）。在浅水中则相反，大型底栖动物的生物量比小型底栖动物的生物量大（Snider et al.，1984）。

1.3　现存生物量的测定：生物量还是数量丰度？

Rowe（1983）指出，采用 0.42 mm 和 0.297 mm 或更小孔径筛网收集的数据进行比较，大型底栖动物的生物量受孔径大小的影响比丰度要小得多，即使用 0.5 mm 的筛网也会留下非常高比例的大型底栖动物个体（图 7.3）。

目前大部分的研究工作把线虫、猛水蚤和介形亚纲动物排除在大型底栖动物之外，它们也许被较大孔径的筛网截留，但通常仍然被看作"小型底栖动物"（Sanders et al.，1965；Hessler & Jumars，1974；Gage，1977；Desbruyères et al.，1980）。后来，Dinet 等（1985）对后生大型底栖动物进行了划分，从狭义上说，它将不包括线虫、桡足亚纲和介形亚纲动物；从广义上说，它包括 250 μm 筛网所留下来的全部动物。

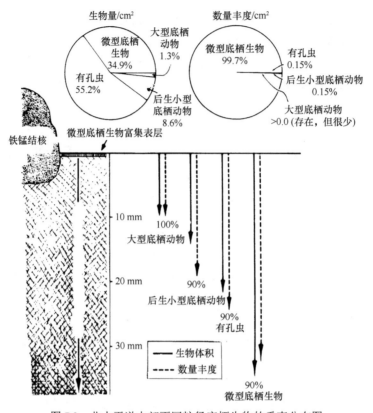

图 7.2 北太平洋中部不同粒径底栖生物的垂直分布图

假设从芯样上覆水中收集的生物都来自沉积物中。图示忽略了出现于沉积物中 10 mm 深度以下稀少的较大的大型底栖动物（引自 Snider *et al.*，1984）

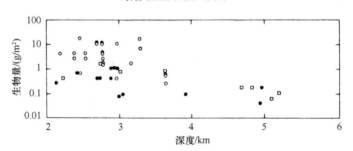

图 7.3 大西洋西北部 0.297 mm 筛网（空心正方形）和 0.42 mm 筛网（空心和实心圆形）测定的湿重生物量的比较

用 0.42 mm 筛网筛选的样品分别由不同取样器获得，实心圆形为锚式耙网取样，空心圆形为载人潜水器"阿尔文"号操控的伯奇·埃克曼抓斗取样，空心正方形是由抓斗呼吸计组合体获得的。关于这些装置的介绍参见第 3 章和第 12 章（引自 Rowe，1983）

我们强调，不仅要根据筛网孔径大小对生物量进行评估，也要根据动物的主要类群来评估生物量。这些选择是根据实用性而不是根据任何分类学或系统发育来制定的。原生动物门包括像巨型单细胞阿米巴虫一样大的生物，根据大小应该属于巨型底栖动物；变形虫和许多黏性有孔虫也非常大，可以归入大型底栖动物；其他体型更为"正常"的钙质有孔虫，按体型大小归入小型底栖动物；最后，孢子虫和纤毛亚门原生动物组成微型底栖生物（大小为 2～42 μm）。此外，在不同粒径不同生物类群生物量和丰度之间建立明晰的关系之前，最好同时使用两种标准对定量数据进行比较。应当包括采用标准化对湿重生物量进行非破坏性测定，而不是进行破坏性的干重生物量测定，将有机成分与元素碳、氮和热量进行划分。

Rowe（1983）认为，通过测量活体生物的重量或生物量对深海底生物进行量化研究，比测量单位面积的动物数量要有意义得多，虽然生物量和丰度在一般情况下表现出相同的趋势（图 7.4）。然而，测定生物量的一个缺点是测量方法的多样化：湿重法或干重法，带壳测量或不带壳，或从主要有机成分的角度还是当作热含量来测定（表 7.1）。诸如胶状的有孔虫、变形虫和巨型单细胞阿米巴虫这样的单细胞原生质，往往不可避免地为沉积物颗粒所覆盖或者其中包含储存的废物（原虫粪），因此，不能直接用它们的湿重或干重生物量和其他动物相应的生物量进行比较。在后生动物中，由于根据湿重生物量和有机碳含量对总生物量进行测量而产生的差异，对样品内或样品间不同的分类群进行比较可能会存在一些困难。例如，棘皮动物具有相对较高的碳酸钙骨架含量，但是有机碳含量比其他主要的分类群要小一些（表 7.2）。

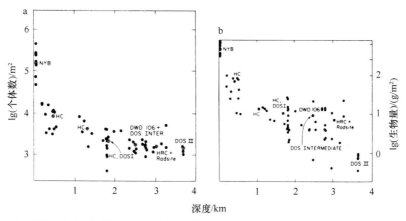

图 7.4　西北大西洋各个定量采样点大型底栖动物数量（a）和每平方米的湿重生物量与深度的关系（b）。实心圆表示一个样品，空心圆表示重复采样站位的平均值（引自 Rowe *et al.*，1982）

表 7.1　后生动物生物量的测定（Rowe，1983）

新鲜湿重	吸掉过量液体后的重量
保存后湿重	保存后的上述重量
干重	在 60～90℃下干燥至恒重后的重量
去壳干重	如上，割去或用酸分解
无灰干重	在 500℃下燃烧失重
碳或氮元素分析	燃烧中的元素分析
有机物划分为脂质、碳水化合物和蛋白质成分	单个化合物的化学分析
热含量	燃烧产生热量

表 7.2　主要的不同后生动物分类群生物量的测定（Rowe，1983）

生物	湿重碳含量/%	干重碳含量/%
多毛纲	5.1	40.6
甲壳纲	3.7	37.5

生物	湿重碳含量/%	干重碳含量/%
软体动物	4.1	33.5
棘皮动物	2.6	26.1
大型底栖动物（多毛纲、端足目和双壳类）	4.3	37.5
全部种类的平均值（$n=19$）	3.4	33.0
动物总数：5983 个		分析总数：99 个

难以反映现存生物量的一个极端例子是在委内瑞拉海盆的箱式样品中，六放海绵的湿重生物量比其他大型底栖动物的湿重生物量大一个数量级以上，但它的有机碳总量的份额却小很多（Richardson & Young，1987）。另外，由于生物体型大小取决于水深，研究时使用的筛孔大小对动物个体留存数量具有非常重要的影响。这就是绘图中用个体数量表示现存量比用湿重生物量表示现存量下降趋势更大的原因（图7.4）。易碎的动物碎片有时也会给某些生物的计数造成一些困难，如有孔虫中带分支的"软枝虫"。

在比较丰度而不比较生物量时可能产生偏差的另一个原因是年龄结构的差异。Thistle等（1985）发现，在新斯科舍海隆上能量高的 HEBBLE 地区的多毛纲和双壳类动物中亚成体的体型大小占优势（也许和沉积物的频繁扰动有关）。他们认为，与群体中成体体型占优势的区域相比，根据丰度估计的生物量现存量有可能偏高。相似的偏差还可能与季节性繁殖导致数量增多有关，在夏季，样品数量增加可能是由于大量新近定居的幼虫（Lightfoot et al.，1979；Gage et al.，1980；Tyler et al.，1982）。Rowe（1983）指出，测定生物量时将会最大程度地考虑生态系统动态和能量流，不仅需要从有机碳和热量的角度进行测定，还要对可利用的脂肪、碳水化合物和蛋白质进行测定，这类测定已经应用于某些深海的海参纲动物中（Sibuet & Lawrence，1981；Walker et al.，1987a，1987b）。Rowe（1983）证明，由于生物量主要来自丰度较低、体型较大的动物个体而不是丰度高而体型较小的动物个体，因此，对于评价生产力以及比较不同的研究工作和不同的地区得到的数据，生物量是一种更加可靠的量度。然而，该方法却忽视了由于我们分析过程产生的偏差，即生物量的测定比动物总量计数的可变因素更多，简单地说，由于在必要的相对小范围定量样品中大体型动物相对稀少而使生物量的测定受到明显的影响（Gage，1977）。

1.4 生物量的全球性和区域性变化

目前，在全世界海洋的诸多海域都使用定量采样装置进行采样，并获得了可以粗略进行比较的数据。然而，由于深海面积广袤，研究海底生物量或现存量的海域面积相对来说仍然很小。最糟糕的是，对于将要研究的海底区域，每一区域获得的样品都只覆盖了很小的面积；并且底栖生物种群扩散所引起的变化几乎没有被研究过（参见第6章）。在图7.5中，利用709个定量样品的生物量对深度作图，可以和同期拍摄的数以十万计的海底照片进行比较，如20世纪70年代后期，在东北太平洋赤道区域的克拉里恩-克利珀顿断裂带内一大片铁锰结核区拍摄的8万多张海底照片（Sorem et al.，1979；Foell & Pawson，1986）。然而，这一区域大型和小型底栖动物的定量组成特征仅根据采样面积为 0.25 m² 的15个箱式样品的分析结果（Wilson & Hessler，1987）。

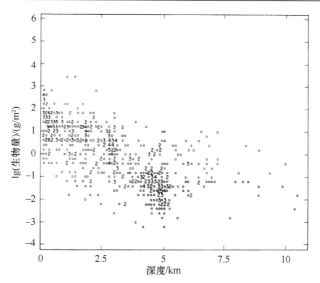

图 7.5　大型动物现存量随深度变化散点图，共 709 个深海定量样品，来自不同来源，大部分是由奥克安采泥器、箱式取样器和锚式采泥器采集。对这些数据进行回归分析得到下列回归方程：lg（生物量）=1.25–0.000 39（深度）（引自 Rowe，1983）

　　不过，对于大型底栖动物，从大部分来自俄罗斯采泥器所采集的定量样品中得到的数据有助于进一步证实生物量随深度增大而减少的假设，表现出沿着深度梯度生物量呈指数下降的明显趋势（Rowe，1971a）。但是，生物量的总体水平在不同大陆边缘地区具有明显差别（图 7.6），这些差别取决于海洋表层生产力（Rowe，1971a；Rowe et al.，1974）、大陆架宽度（Rowe & Haedrich，1979）以及纬度（Belyaev，1966）。

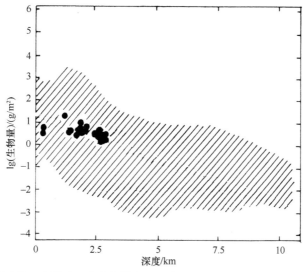

图 7.6　大型底栖动物现存量随深度变化散点图（实心圆圈）（引自 Gage，未出版的数据）
样品来自罗科尔海槽 USNEL 箱式取样器，通过标准化样品处理方法。阴影部分显示图 7.5 中数值的分布

　　相似的趋势似乎也适用于小型底栖动物和巨型底栖动物（Haedrich et al.，1980；Khripounoff et al.，1980；Smith & Hamilton，1983；Ohta，1983；Rutgers van der Loeff & Lavaleye，1986；Lampitt et al.，1986；Tietjen et al.，1989）。

1.5　生物量变化的原因

对生物量变化总体趋势的常见解释是由于中层水和海底群落共同分享同一食物来源，在颗粒有机物（POM）沉到海底的过程中，中层水生物对 POM 的利用程度和利用效率以及微生物降解 POM 的速率决定底栖生物最终的 POM 获得量。例如，由浮游动物把物质包裹成快速沉降的排泄物团粒可以使物质加速沉到海底（McCave，1975）。然而，同化效率将决定这些团粒对底栖生物的食用价值；在春季食物充足时，桡足类的过度摄食可能导致许多被摄食的浮游植物细胞未被消化。在高纬度地区，初级生产力和水层生物摄食之间的耦合性差，可能是底栖生物量较高的原因。尽管在那些地方年平均生产力水平较低，但高强度的季节性脉冲式生产率可能允许更多的有机物从表层泄漏下来，并且能够躲过中层带和深层带内的再矿化（Rowe，1983；Vinogradova & Tseitlin，1983）。

另一个观点认为生物量主要与近岸带高生产力和陆地径流有关，这两项指标随着与陆地距离的增大而减小。研究将位于西大西洋赤道海域 4.44 km 深处亚马孙火山堆附近的一个测站和相距 200 多英里 1 英里（mile）=1.609 344 km 的相邻深海平原 4.84 km 深处的另一个测站进行深入的比较，结果表明，底栖生物量与向下的颗粒物通量有紧密的关系（Sibuet et al.，1984）。陆坡上升流可以提高表层生产力，从而提高底栖生物的丰度和生物量（与其他同一深度作比较），但丰度和生物量仍随着深度的加大以及离岸距离的增加而减小（Pfannkuche et al.，1983）。

特别要引起注意的是，地表径流挟带大量悬浮颗粒，在大多数河流入海口附近增加了陆源沉积，如亚马孙河（Sibuet et al.，1984）。研究已经发现位于大陆板块附近的深海海沟中，大型底栖生物的现存量达到每平方米几克，而不是根据回归分析所推测的几毫克（Bruun，1957；Belyaev，1966；Vinogradova et al.，1974；Belyaev，1989）。海沟对于海岸沉积物和陆地植物碎屑起到汇聚作用（Wolff，1976；George & Higgins，1979），因此这里的底栖生物生产力比相邻的离岸更远的深海区高。另外，Rowe（1983）指出，在海沟内，底栖生物现存量也随深度增加而降低，其变化速率与普遍分布模式大致相同，表示海沟同其他海域一样，存在随水深而产生的水层再矿化过程。非洲西北部外海底栖生物现存量高反映了局部上升流冲击大陆边缘产生的表层高生产力，但是在其他诸如智利和秘鲁外海的一些海域，非常高的海洋表层生产力导致海底在还原状态下以"硫化物生物群落"为特征的缺氧症（Thiel，1982）。局部增大的现存生物量可能出现在大陆坡海底峡谷中较浅的地方，这些海底峡谷对来自近岸河口或相邻的陆架区域的碎屑物可能起到汇聚或者漏斗的作用（Griggs et al.，1969；Rowe et al.，1982）。然而在其他峡谷中，生物量可能与基本水平持平甚至低于基本水平（Rowe et al.，1982；Houston & Haedrich，1984）。上层碎屑物沉降的影响开始逐渐转变为引起海底有机物在小尺度空间范围内的非均匀性。例如，下落的大块食物或者海底低洼地形的植物碎屑对游泳能力较强的巨型底栖动物的临时性吸引（Billet et al.，1983；Lampitt，1985a）。

具有强底层流的大陆边缘地区的生物量可能远远超过人们基于深度的推测值和邻近能量水平较低区域底栖生物的现存量（Gage，1979；Thistle et al.，1985）。浅海是渔民长期以来最佳的捕捞场；与平静的泥质海底区相比，被底层海流（挟带了悬浮有机物）

扫过的海底，促进了沉积食性底栖猎物的发育（Murray & Hjort，1912）。虽然这里的海面有机生产力可能并不比其他地方高，但是固着或定栖的沉积食性动物可获得的食物将通过再悬浮不断补充，可能在局部沉淀到觅食坑（Nowell et al.，1984；Jumars et al.，1990）或被悬浮摄食动物滤食。也许更为重要的是，由微生物生物量组成的潜在食物源在这些高活力地区似乎也增加了（Baird et al.，1985）。与遮蔽海滩相比，高活力环境下微生物活性和生物量的增强也有类似的发现（Novitsky & MacSween，1989）。这种频繁的沉积物再悬浮的状况模拟了实验室中沉积物微生物培养所需的最优持续搅拌条件。

最小底栖生物生物量被发现于远离大陆的深海平原上，通常位于大洋中心，其海面生产力非常低。这一类代表性海域有北太平洋中部、马尾藻海和豪猪海湾深海平原。在深度大于 4.5 km 的深海，大型底栖动物的丰度约为 100 ind./m^2，重量约为 0.05 g/m^2（Hessler & Jumars，1947；Rutgers van der Loeff & Lavaleye，1986）。在水温高于其他地方的深水水团中底栖生物现存量也比较低，如地中海（约 13.56℃）和红海（最低温度 21.56℃）（Dinet et al.，1973；Rowe，1983；Thiel，1979b；Thiel et al.，1987）。在这些海域，深海生物的消耗量似乎增大。一般认为红海对浮游生物的摄食影响较小，但是这导致温暖水体中有机物的高降解率，并且由于与温度相关的代谢的高能量需求，底部可用的有机物非常少，底栖生物的生产损失很大。

关于大型底栖动物密度与其摄食类型关系的数据几乎没有。然而，Rex 等（1990）指出，捕食性的新腹足亚目和后鳃目软体动物随深度增加密度下降的趋势比摄食沉积物物种（原始腹足纲和中型腹足纲软体动物）占优势的腹足纲软体动物的下降趋势更明显，并且认为较高营养级的生物对深海食物链营养级之间的能量损失更加敏感。

1.6 巨型底栖动物生物量变化趋势

对于巨型底栖动物，定量数据更稀少。虽然采用大拖网捕捞可以捕获到它们，但是这类生物太稀少，难以使用定量采样器，如箱式取样器，采集到足够的数量进行定量评估。对于个体较大的底表生物，如海参和海星，可以根据海底照片或载人潜水器的观察进行定量评估（Wigley & Emery，1967；Barham et al.，1967；Grassle et al.，1975；Haedrich & Rowe，1977；Ohta，1983；Sibuet & Segonzac，1985；Lampitt et al.，1986）。然而，这些评估忽略了游动的食腐巨型动物和巨型掘穴动物的重要贡献，它们偶尔被箱式取样器采集到（Gage，1977）；研究人员曾经尝试根据海底照片中观察到的洞穴和排泄物的痕迹来估计这些动物的密度（Mauviel et al.，1987）。然而不管采用以上哪种评估方法，结果均显示出同大型底栖动物一样的密度随深度增大而下降（图 7.7）。虽然结果存在一定的误差（主要偏向于游动能力弱的物种），但研究已经证明，随着深度增大和营养资源的减少，巨型底栖动物密度比体型较小的底栖动物类群减少得更加迅速（Khripounoff et al.，1980；Sibuet et al.，1984；Sibuet & Segonzac，1985）。

除了在热液口的生物群落以外，海底岩石上的底表动物生物量的估计直到目前为止还未获得（参见第 15 章）。

对于游泳能力强的巨型食腐动物来说，根据海底照片所估计的密度值与实际拖网捕捞得到的结果之间的吻合度较差（Haedrich & Rowe，1977；Rice et al.，1979），这促使

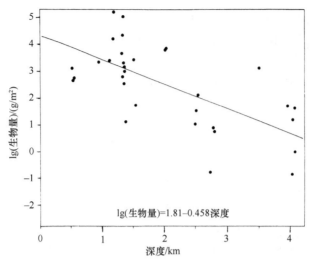

图 7.7　豪猪海湾拖网捕获的巨型底栖动物现存量与深度关系图（引自 Lampitt *et al.*，1986）

人们尝试对拖网捕捞的定量分析方法进行改善，如在拖网上安装声波跟踪、轮式里程计和照相机（Rice *et al.*，1982）。更富挑战性但也许更有效的方法是将诱饵气味扩散与诱捕器捕获的食腐生物相联系进行分析（Desbruyères *et al.*，1985；Rowe et al.，1986；Sainte-Marie & Hargrave，1987），根据模型估算的气味羽流与生物出现率之间的关系估算生物的密度（图 7.8）。上述这些方法仍处于初步探索阶段，研究人员主要还是依赖于对垂直涡流的扩散系数和与 M_2 潮汐脉冲有关的底流对流的精确了解进行估值。端足类是最快到达诱饵处的生物，它的丰度最大，食腐端足类的杂居群落在德马拉深海平原的丰度估计为 $0.14\sim0.77$ ind./10^3 m²，比食腐对虾的丰度大 5 倍左右。采用这种方法测得的比斯开湾长尾鳕的生物量为 $24\sim29$ kg/hm²（Desbruyères *et al.*，1985）。

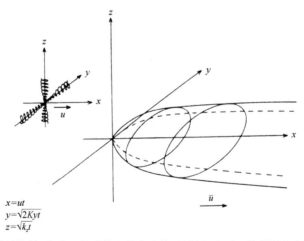

图 7.8　根据羽流模型所绘制，海底一具动物尸体产生的引诱剂（气味）的假设分布域（引自 Rowe *et al.*，1986）

1.7　小型底栖生物生物量变化趋势

对于小型底栖动物来说，已知的密度数据表明它们似乎与大型底栖动物相似，表现出与营养相关的密度变化趋势（Thiel，1975，1979a；Shirayama，1983）。虽然将相同的采样方法测得的小型底栖动物和大型底栖动物的丰度进行比较的研究还很少，但已有研究结果表明小型底栖动物的密度比大型底栖生物大 3 或 4 个数量级（Shirayama，1983；Sibuet *et al.*，1984；Snider *et al.*，1984；Rutgers van der Loeff & Lavaleye，1986；Richardson & Young，1987）。Thiel（1979a）认为随着深度的增加，小型底栖动物的密度比大型底栖动物的密度减少的速率更慢一些，但是，Shirayama（1983）并没有证实这一点（图 7.9）。Pfannkuche（1985）发现小型底栖动物的密度在 0.5～1.5 km 深度下降得最快；在 2～4 km 深处，现存量稍微减少。这一结果和研究人员在澳大利亚西北部外海的次深海带珊瑚海平原所进行的研究工作（Alongi & Pichon，1988）都表明后生小型底栖动物生物量受深度影响而减少，与食物碎屑的补充速率紧密相关。小型底栖动物生物量和近底有机碳、有机氮通量进行同步测定的研究虽然很少，但已有的研究结果表明两者之间有相当强的正相关性（Sibuet *et al.*，1984；Rowe & Deming，1985；Tietjen *et al.*，1989）；Tietjen 等（1989）的研究表明，有机物近海底横向输送对底栖群落的意义重大，可能就像雾状层作为输送通道那样。

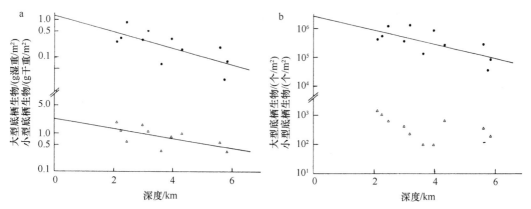

图 7.9　在西太平洋，小型底栖生物和大型底栖生物生物量（a）和现存量（b）与深度的关系。两者下降的斜率区别并不明显（引自 Shirayama，1983）

其他研究工作者用沉积物叶绿体色素含量作为植物碎屑输入速率的间接指示剂。在东北大西洋（图 7.10）和地中海（Soertaert & Heip，1989）的两个站点，叶绿素含量与小型底栖动物的密度呈正相关。与其他深海的情况一样，在珊瑚海中有孔虫和其他原生动物生物量随着大陆坡深度的增加而增加，表明它们更适应贫营养环境，因此在深海食物网中占优势地位（Alongi，1987）。

虽然小型底栖动物线虫表现出随海水深度增加体型变小，但在沉积物中它们却倾向于深度越深体型越大。这可能反映出体型较大的动物的运动能力较强，使它们能够侵入更坚实更深的沉积层。

在浅水底栖动物中显示出与之相反的生物量分布，这里的生物量主要倾向由较大体型的物种组成（Mare，1942；Jones，1956；Fenchel，1978；Schwinghamer，1981，1983）。

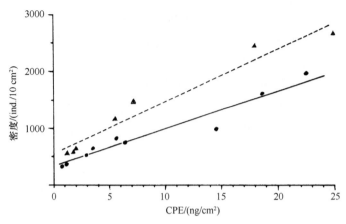

图 7.10　小型底栖动物的密度和沉积物叶绿体色素当量（CPE）之间的关系图。东北大西洋豪猪海湾（实心圆和实线表示，回归分析：$y=320+66.5x$，$r=0.963$）；非洲西北外海 35°N（实心三角形和虚线表示，回归分析：$y=555+91.3x$，$r=0.967$）（引自 Pfannkuche *et al.*，1983）

2. 粒 级 结 构

前一节的讨论表明小型底栖动物对底栖动物总生物量的贡献随水深增大而增大，这一现象被归因为"大型底栖动物"各类群的个体平均大小随水深下降的趋势。在深海寡营养海域，"它们的大小变成……如此之小以至于它们都是小型底栖动物的大小"（Hessler，1974）。支持这一观点的一个例子就是在墨西哥湾和秘鲁外海，随着深度的增加，生物量减少的曲线斜率比丰度减少的曲线斜率更大（Rowe & Menzel，1971；Rowe，1971a）。根据这种明显的生物体型趋向于小型化的转变，Thiel（1975）将深海定义为"小生物的栖息地"，并且在一定程度上为了激励进一步的研究，他提出了"随着深度的增加和食物的减少，在总群落新陈代谢中小生物的重要性增加"的假设。我们将根据某些类群巨型化现象的发生来检验这一假设，并根据最近的数据，将其与生物体大小的理论含义联系起来考虑。深海动物群中既有小型化也有巨型化吗？

Moseley（1880）根据"挑战者"号的考察结果注意到，某些生物在深海条件下显得矮小，而另一些生物则达到了"巨大体型"。大量文献记录，特别是在寡营养海域，某些种类出现巨型体型的个体，如食腐端足目动物、某些等足类动物和真虾下目动物，如 *Acanthephyra*，表示食物的限制并不总是导致底栖动物体型减小。在 20 世纪 50 年代后期，研究认为大型化与高静水压力下的新陈代谢效应有关的观点逐渐兴起（Birstein，1957）。这种观点主要是根据不同的甲壳动物类群进行阐述的（Wolff，1956a，1956b；Jones，1969），而其他类群，如巨型水螅 *Branchiocerianthus*（参见第 4 章）和等足类动物 *Munnopsis*（参见第 5 章）中也发现了一些例子。也有人认为这种巨型化与推迟性成熟和无限生长有关（Wolff，1962）。尽管有体型变大的个例存在，Madsen（1961b）将受食物短缺影响的总体趋势总结为体型减小，而体型大小与静水压力无关。这一看法的一个佐证就是热泉周围发现的外来动物体型较大（参见第 15 章）。对于从新英格兰大陆坡拖网捕捞到的主要巨型底栖动物，即棘皮动物和十足目动物来说，显然不存在体型大小随深度增加而减小的情况；但是，对于从这一海域（图 7.11）拖网捕捞得到的底游鱼类，其体重明显与深度呈正相关，即"越深越大"（Wenner & Musick，1977；Polloni *et al.*，1979）。然而，在纽芬兰外海这种关系似乎要小得多（Snelgrove & Haedrich，1987）。此外，沿新英格兰狭长地带采集到的大型底栖动物样品以动物个体的平均重量作为标准，也没有表现出生物量与深度有任何关系的趋势。Polloni 等（1979）认为，生物量和丰度回归的不同斜率与深度之间存在偏差，如小样本量所得到的结果可能会增大体型较小而数量较多的动物的权重，因为总密度随着深度的增加而降低（减少发现更稀有、更大型生物体的机会）。他们推断，尽管 0.4～4 km 深度食物浓度的下降几乎达到两个数量级，大型底栖动物的平均体型大小也不会有显著减小。然而，这些发现并不否认近岸大型底栖生物的平均体型明显要大得多这一事实（Gage，1978）。

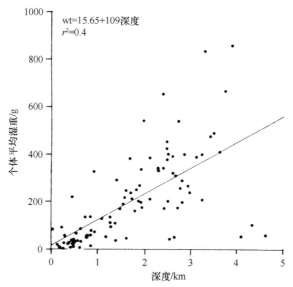

图 7.11　西北大西洋底游鱼类的平均重量和深度的关系（引自 Polloni *et al.*，1979）

小型底栖生物的中值粒径随深度增加而减少。这是由于随着深度增加可获得的食物有限，生活在沉积物表层相对比较大的小型底栖动物（非间隙动物）迅速减少，而生活于较深层的动物似乎不受影响（Shirayama，1983）。然而，后来的作者发现线虫与水深的关系正好相反，Pfannkuche（1985）以及 Soetaert 和 Heip（1989）都发现，部分体型较小的线虫的数量随深度增加而不断增大。至于巨型底栖动物，它们的丰度对应生物量随深度增加而速率下降的斜率较平缓，反映出平均体重随深度不断增加而下降（Lampitt *et al.*，1986）。然而，这一下降趋势反映出群落类群组成发生了变化。

当研究扩展至全球尺度时，深海动物中巨型化和小型化现象似乎是相互排斥的。很显然，生物的体型大小与深度并没有直接的因果关系，并且 Jumars 和 Gallagher（1982）表示，这一现象出现的生理学和生态学两方面的原因仍未有定论。除了因无限生长和延缓成熟可能导致巨型化之外，最有吸引力的解释可能是为寻找适宜的捕食策略而进行的适应性进化。例如，食腐端足类中出现的大体型可能与寻找分布稀少的食物时需要的强游泳能力有关。

研究已经证明在强烈的自然选择下，有两类动物能够对深海沉积物中稀缺的食物颗粒作出各种不同的反应，这两类动物包括较大的被称为"真空清洁机"的沉积食性底表动物，如平足目海参，以及大型底栖动物中体型较小的类群，如细小的原鳃类动物 *Microgloma*。一方面，沉积食性的海参大而含水的躯体使得消化道容量较大（较高的消化道与躯体之比），因此食物在消化道的驻留时间更长，与体型较小的动物相比较，有利于使食物在消化道细菌的帮助下消化得更加彻底（特别是对于更难以消化的有机物）（Jumars *et al.*，1990）。另一方面，大型底栖动物躯体的微型化使动物可以选择适合自身且营养价值最高的颗粒食物。事实上，这些个体较小的生物可能接近于巨噬细胞，它们遇到的每个潜在的食物颗粒都先经过识别后才咽下去（参见第 11 章对沉积物觅食的进一步讨论）。然而，在底栖生物中，特别是底内动物物种，底栖生物基于粒径分级的粒径谱被认为受到沉积物物理特征的限制（Schwinghamer，1981，1983），或者受到优势类群生活史策略的约束（Warwick，1984）。根据 Schwinghamer 模型，在生物量-粒径谱上的 3 个峰值与 3 个占优势的具有最佳大小的类群有关。尽管所分析的数据有限（图 7.12），但是这个模型仍比较真实地反映了深海沉积物生物群落的情况（Schwinghamer，1985）。在 1 μm 附近的第 1 个峰值是附着沉积物颗粒的微型底栖生物；在 125～250 μm 处的第 2 个峰值是间隙小型底栖动物；第 3 个峰值涵盖了全部大型底栖动物，它们利用沉积物作为构成整体所必需的元件。虽然缺乏较大类群的相应谱图，但是用 4.5 mm 网孔的拖网所捕获的生物的粒径谱（图 7.13）显示第 4 个峰出现在当量球径约 20 mm 以上（Lampitt *et al.*，1986），确立了巨型底栖动物与微型底栖生物、小型底栖动物以及大型底栖动物并列作为不同的功能群。这些沉积物和生物自身限制条件在生物量-粒径谱中表现为两峰之间波谷的低生物量值。在某些沉积物中，这些以 2 为底的对数表示的粒级生物量相差几个数量级。

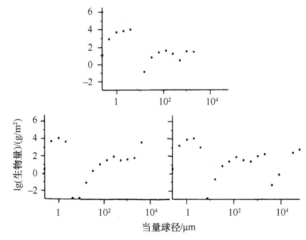

图 7.12　在新英格兰外海（4.5～5.85 km 深度）的深海平原上用 0.25 m² 的箱式取样器采集的 3 个站位的生物粒径谱图（引自 Schwinghamer，1985）

2.1　粒级结构的决定因素

如何解释深海中存在两种粒径等级的生物类群（大型底栖动物和巨型底栖动物）间相反的变化趋势？一方面沉积食性的大型底栖动物倾向于向小型化发展，另一方面巨型化主要出现在机会主义巨型底栖食腐生物（也包括某些沉积食性和悬浮食性动物，如

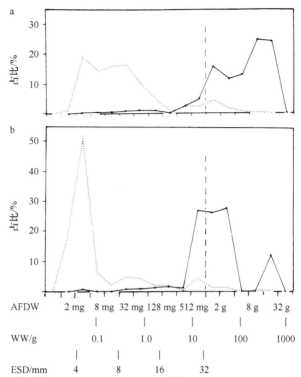

图 7.13 东北大西洋豪猪海湾拖网捕获的巨型动物生物量（无灰干重，AFDW）和丰度占总捕获量的百分比分布图，以百分数表示。无灰干重为 1 g 处的虚线表示"大""小"动物的分界线，是根据拖网中物种的平均重量划出的体型分界。根据湿重转换因子即 17.5×AFDW 计算湿重（WW）和当量球径（ESD），湿样品相对密度=1（引自 Lampitt *et al.*，1986）

楯手目和平足目海参纲动物、铠茗荷科和被囊动物）中。很明显，波峰和波峰之间的两个波谷代表了粒径谱上这两个功能类群，显示出大型底栖动物向小型化和巨型底栖动物向巨型化的两极分化的强大压力。

　　Peters（1983）在他关于体型大小的生态学含义的振奋人心的著作中论证，在分级中假定生物量相等，动物个体和体型分级的相对重要性（就单位生物量的能流速率而论）随体型不断增大而减少，因此尽管现存量大体上相当，群落主要是体型较小的种类占优势。他指出，群落粒径谱峰值向体型较小的底栖动物方向转变会影响单位质量能量消耗速率，如生产力/生物量值。如果假设深海生物和能量流的关系可以依照种群密度和生物量的数据作出很精确的估计（在其他生态系统中可以作出这类准确估计），那么可以预测这些比值会随动物体型的减小而增大。考虑到深海生态系统像其他系统一样，只能在初级生产力输入和新陈代谢需求达到平衡的状态下维持一定量的动物总生物量，因此，平均体型趋向于变小意味着总的群落生物量必然减少。他主张，体型较小的动物利用能量和营养物的速度一定更快，因而在群体体型中表现出更加复杂的时空变化。虽然较低的生物量肯定适用于深海生态系统，但体型较小的动物利用能量和营养物的速度更快的假设与公认的基于观点而非事实的预期相反，即深海次级生产的速率极低。尽管我们对次级生产速率的认识还很贫乏，但凭直觉来说，也正如 Peters（1983）模型所显示的那样，深海生物群落的次级生产速率似乎不可能比浅水底栖群落快，这是因为在浅水中，至少大型底栖生物的体型比在深海中大。

然而，Brown 和 Maurer（1986）根据对几个陆地生物类群和群落中种群密度与个体质量关系的分析证明，较大的物种（和物种中较大的个体）具有几个生态学优势，使其可以独占资源；这与 Peters（1983）的期望相矛盾，即生态系统内体型较小的类群和它们体型较大的近亲共同享用至少同样多的资源份额。不少陆地上的研究工作已证明，体型较大的动物具有几大生存优势，并且食腐端足类或鱼类的较大体型可以使它们保持广泛的觅食范围来搜寻沉降下来的稀少的食物。与此相似的是增大的体型使以沉积物为食的底表动物海参可以大面积搜寻食物；它们具有一个容量大的胃来大量处理沉积物，并且每单位生物量花费较低的能量来维持身体的需要，因此可以更有效地从低质量的食物中汲取能量。所以，与小型物种相比，相同的能量可以支持大体型物种具有更大的生物量。大体型也被解释为一种"逃脱"被捕捉风险的机制，这个理论特别适用于移动缓慢的底表食腐动物。

因此，为什么大个体的物种在深海中并不控制资源的分配？在资源特别稀缺的情况下，如在深海中最贫瘠的区域，也许就是为了保证繁殖后代所需要的种内相遇。缓慢移动的沉积食性动物必须有一个最低限度的密度水平，而这一点只能通过缩小躯体的大小来实现（Rex，1973；Gage，1978）。当然，在大多数寡营养海底区域似乎不存在大型食腐生物；在这些群落中，大体型的生物似乎是善于游动的食腐的机会主义者，或者捕食者。

然而，在寡营养深海区内同时存在悬浮食性生物，如六放海绵纲和寻常海绵纲海绵，以及体型相对较大的原生动物，如软枝虫和巨型单细胞阿米巴虫，这似乎是互相矛盾的。Lipps 和 Hickman（1982）认为，这些可以形成精密骨架结构的动物是"低热量生物"，因为它们的组织或原生质相对较少，生长速度缓慢以及新陈代谢需求低，因此可能达到丰富的数量。

第 8 章　多样性梯度

从"挑战者"号考察的时代开始，生物海洋学家一直认为只有少数特化的生命形态才能忍受得了严酷的物理条件和贫乏的营养输入。这一观念在 20 世纪 60 年代被美国伍兹霍尔海洋研究所的霍华德·桑德斯和罗伯特的海底采样结果推翻了，他们采用网孔很小的底栖撬网（参见第 5 章）揭示了栖息在深海沉积物中的较小动物具有令人吃惊的物种丰富度（Hessler & Sanders，1967；Sanders & Hessler，1969）。他们指出，在用网孔较粗的深海拖网捕获的物种中，多样性随深度增加而逐渐减小的趋势是由于动物的个体密度下降以及在极深的海域所采集到的样品数量少。

理论生态学家没有预料到深海会有如此高的物种丰富度。深海环境在空间和时间上都相对均匀、营养源极少且质量低，这种环境特征有助于维持少数物种竞争的平衡状态（Hutchinson，1953）。我们将对尝试解释这一明显异常现象的文献进行研究。不过首先我们要定义这个概念，以便对它进行测定。

1. 物种多样性

1.1　多样性测定

多样性这个术语通常是物种丰富度的同义词，也就是指群落中物种的数量。物种的数量通常采用一些较高分类阶元种类的物种数量来表示，一般是属的物种数量，其提供物种辐射进化速率的信息。然而一般来说，多样性都简单地依照群落中出现的物种总数来进行定量，并且根据来自该群落的样品进行评估。如果抛开这一点以及决定深海物种构成的分类学问题（参见第 10 章），将很难根据样品来对多样性进行量化。其中一个原因是，动物个体和分类群可能在海底以不同的规模零星分布（参见第 6 章）。虽然撬网采样可能被认为至少受小规模斑块的影响较小，但在采集现有的动物总数方面，其效率低于箱式取样器（参见第 3 章），不过后者更容易受到小范围斑块分布的影响。

研究人员难以对样品的多样性进行量化的另一个原因是物种的数量不仅取决于存在于群落中的生物数目，还取决于这些物种中动物个体数量的分布。在一个被划分为 S 个物种的群落中包含有 n 个动物个体，如果每个物种的个体数相同，那么这个群落的种类多样性就相对比较丰富，相比之下，样品个体数相同、物种数相同、每个物种的 n 值相差非常大，即该样品中一个或几个物种在数量上占显著优势，种类多样性则低得多。因此，种类多样性的概念包含两个方面，即在总群落中物种的数量（物种丰富度）和分布在这些物种中动物个体的均匀度或"优势多样性"（Pielou，1969，1977；Peet，1974）。

以下两种方法广泛用于评估深海生物群落多样性。

（1）香农-威纳指数：这个公式表示（H：样品中每个动物个体）的信息量：

$$H' = -\sum_{i=1}^{S} p_i \ln p_i$$

式中，p 是样品中物种 i 个体数占总个体数的比例。

均匀度 J 表示物种在样品中的相对丰度，被表述为

$$J' = H'/H'_{max}$$

（2）稀释曲线：这种方法避免了单值估计量的统计学缺陷（其采样特性不能令人满意，可能导致估计偏差，参见 Bowman $et\ al.$，1969；Smith & Grassle，1977）。大多数深海工作者都采用源自超几何分布的 Hurlbert（1971）的表达式，其中从群落中随机抽取的动物样本（未替换）的预期物种数量按下式计算：

$$E(S_n) = \sum_{i=1}^{S} \left[1 - \frac{\dbinom{N-N_i}{n}}{\dbinom{N}{n}} \right], \quad n \leqslant N$$

式中，$E(S_n)$ 为群落中 n 个个体的样本中预期的物种数；N 为群落中生物总个体数；S 为群落中物种的总数；N_i 为样品中第 i 个物种的个体数；n 为估计物种数量的假设样本中的个体数量。

$E(S_n)$ 对 n 作理论计算图，根据从 n 个个体样本中观察到的物种实际数量 S 绘制曲线插值图（图 8.1）[实际上，由 Sanders（1968）最初采用的插值法对物种丰富度有些高估，参见 Hurlbert，1971；Simberloff，1972]。假定构成动物群的每一个物种比例与所在地无关并且随机发生变化，那么就可以根据一系列相邻的动物个体得出 $E(S_n)$ 无偏差稀释度，如箱式取样获得的一系列样品中的动物个体。推导 $E(S_n)$ 置信区间的方法已经有很多描述（Smith & Grassle，1977；Tipper，1979；Smith $et\ al.$，1979a；Wilson，1987，未发表的资料）。

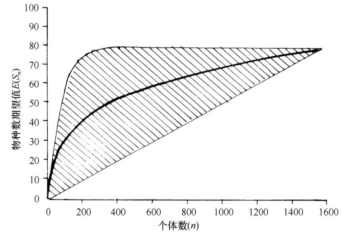

图 8.1 从物种和动物个体总数的"端点"值内插的多毛目环节动物预期多样性的"稀疏"曲线（中间曲线），基于罗科尔海槽内约 2.9 km 深处 6 个箱式取样样品。线条阴影区的上界表示 S 个物种中包含个体数相同的样品的期望值（最大可能均匀度）；下界表示 S−1 个物种中只有一个个体，其他 N−（S−1）个个体属于其他物种（最大可能不均匀度）（引自 Gage，未出版的数据）

多样性均匀度分量表示稀释曲线接近渐近线的速率。与直觉相反的是，被几个数量上占优势的物种所主导的样本比各物种的丰度更加均匀的样本显示的曲线上升趋势更加平缓（图 8.1）。事实上，由于被看作对群落扰动（即任何群体减少的效应）的响应，均匀度（或优势度多样性）是一个重要且有用的参数（Platt & Lambshead，1985；Lambshead & Platt，1988）。均匀度可以通过将物种对丰度的累积贡献度对总丰度作图表示，或者通过所谓的优势度多样性曲线，即按照从最常见物种到最不常见物种的顺序将物种丰度百分数进行排序表示（Lambshead et al.，1983；Shaw et al.，1988）。另外一种处理方法是埃文-卡斯威尔（Ewen-Caswell）的"中性模型"；该方法相对比较依赖样本的大小，假定物种之间没有相互作用或竞争优势，得出已知 N 和 S 的样品的物种-丰度分布函数（Caswell，1976）。均匀度被表述为与理论均匀度的离差。

1.2　存在多少物种？

人们可能认为现有的数据已经可以回答这个问题，然而事实上利用这些稀少的数据甚至不能得到一条接近于渐近线的稀释曲线或者物种面积曲线，即证明新的采样不会再发现新的物种。在 20 世纪 80 年代初期，美国外海大西洋陆坡的研究获得了丰硕的高质量定量数据。在 32°N～41°N，深度最深达 3 km 的海域研究采集了 554 个箱式取样器样品（每个样品采样面积为 900 cm²），在这些样品中鉴定出接近 1600 种不同的大型底栖无脊椎动物。表 5.1 提供了其中一个站点后生动物多样性的分类情况。在这个站点 2.1 km 深处 176 km 长的断面上采集了 233 个箱式样品，发现了来自 14 个无脊椎动物门的 798 个底栖生物物种（Blake et al.，1987；Maciolek et al.，1987a，1987b；Grassle & Maciolek，未发表）。从上述工作中得到的稀释曲线或物种随采样面积的变化趋势图（图 8.2）显示物种数随着采样的增加持续稳步上升，随着收集到的样品越来越多，记录到的物种以大约 25 ind./m² 的速率增加，显示出在海底群落中实际存在的物种要比采集到的物种多得多。

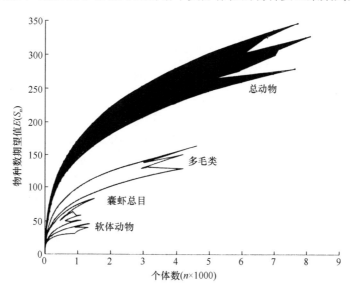

图 8.2　新英格兰外海约 2.1 km 深处采集的 168 个箱式取样器样品中得到的后生大型底栖动物的物种丰富度稀释曲线（仅标出范围）（修改自 Maciolek et al.，1987b）

此外，与从其他深海区所得到的定量数据相同，没有发现任何一个单一物种的个体数量超过总个体数的 8%。同时，物种数沿等深线比穿过等深线增加得更缓慢。虽然根据某一地区样品稀释曲线推测的物种数会低于采集样品的实际物种数，但大型底栖动物的相对丰度在深海定量样品研究中通常显示出一致的分布模式（图 8.3）；然而，这些只适用于对数正态分布极右端尾的数据，通常被应用于浅水研究中，作为物种数与动物个体数关系的理论模型（Hughes，1986）。因此，对数正态在预测现存物种总数时没有太大的帮助，因为拟合分布的模式仍然位于观测数据的左侧，仅代表分布的一个极端尾部——

即使是汇集了 168 个箱式取样数据！根据未经证实的假设，如果对数正态分布提供合理拟合，仅在 2.1 km 深处采得的群落中就存在着 11 800 个物种，那整个深海 "……可能包含数以百万计的物种"（Grassle & Maciolek，未发表）。采样的深海底范围越大，动物多样性似乎越大，深海可以与最富饶的陆地环境、热带雨林相媲美（Grassle et al.，1990）。

1.3 不同深海区物种多样性相似吗？

根据迄今为止所进行的有限采样可以确定，栖息在不同洋盆的深海群落，其物种丰富度之间几乎不存在相似性。中北太平洋可供比较的几组数据的稀释曲线表明，那里的物种丰富度比欢乐角-百慕大断面的物种丰富度高（Hessler，1974；Hessler & Jumars，1974）。即使在地理上毗邻的地区，其多样性也可能差异很大。例如，在来自次深海圣迭戈海槽的箱式样品中发现了 314 个物种，相比之下，采自加利福尼亚外海圣卡塔利娜海盆附近相同数量的箱式样品中却只有 162 个物种（图 8.4），这可能是后者的含氧量下降造成的（Jumars，1976）。相似的情形出现在上升流和高生产力海域的大陆坡上，低含氧量状态引起多样性下降，如非洲西南部的鲸湾港（Sanders，1969）。物理压力，如海沟地壳构造不稳定造成的沉积物陷落和崩塌的灾难性影响，可以解释为何在这些地方生存的物种比相邻的深海平原少（图 8.4）（Jumars & Hessler，1976）。

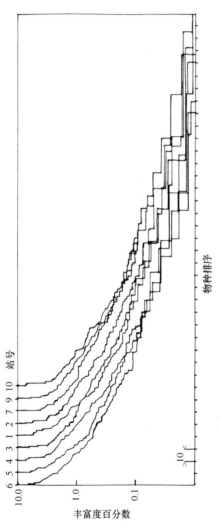

图 8.3 图 8.2 所示数据中 10 个箱式取样器样品中的大型底栖动物物种-丰富度关系图。物种丰富度百分数按照从最常见物种（左）到最不常见物种（右）的顺序排列。9 个站点按 2.1 km 等深线断面上的位置排列。基线上物种数间距为 10。每条曲线表示该站点物种中个体的大致相似性分布（修改自 Grassle & Maciolek，未发表的观察结果）

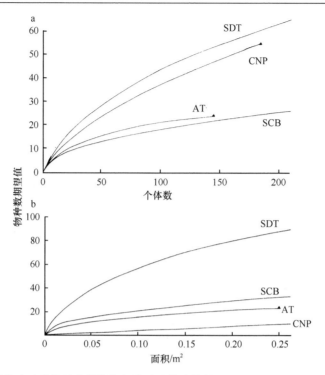

图 8.4　大型底栖动物多毛类物种多样性期望值对动物个体数（a）和面积（b）所作的稀释曲线，数据来自圣迭戈海槽（SDT）、圣卡塔利娜海盆（SCB）、中北太平洋（CNP）和阿留申海沟（AT）采集的箱式取样器样品（引自 Jumars & Hessler，1976）

然而，在地质学上，新近形成的地理分隔可以解释挪威/北冰洋和地中海的物种丰富度下降的原因。这些海域被浅海底山脊与北大西洋分隔开，因此它们与北大西洋的生物群落很少有共同物种。多样性下降的情况同样在日本海和红海中被发现，那些地方的生物群落是从太平洋和印度洋的深海生物群落隔离发展出来的。

1.4　物种丰富度是否具有稳定的随水深增加而下降的变化梯度？

Sanders 和 Hessler（1969）根据锚式采泥器和底表撬网采集的样品得出的结果表明，在大陆架以下深度多毛纲和双壳纲动物的多样性提高至可与热带浅水软底质海域相近的水平。随后 Rex（1973，1976）发现，在这些拖网中腹足纲软体动物的多样性也从陆架向陆坡随水深下降而增大，但是随着在深海平原离岸距离的增大而下降（图 8.5a）。根据多毛类、涟虫和双壳类大体上相似的模型（图 8.5b～图 8.5d），Rex（1981，1983）主张将物种丰富度对深度梯度的"抛物线"模式应用于所有大型底栖动物类群中。虽然美国大西洋陆坡上数量巨大的箱式样品的研究显示，丰富度在卢考特角外海 3 km 深处最高，但大型底栖动物的多样性被发现在美国大西洋大陆边缘两个更靠北地点的大陆坡中段深处（1.2～1.6 km）最高（Blake et al.，1987；Maciolek et al.，1987a，1987b）。然而，从大西洋西北部的巨型无脊椎动物和鱼类的拖网中得到的结果好像也表明最大丰富度出现在陆坡中部深处，而不是出现在大陆隆上（Haedrich et al.，1980；Rex，1981，1983；Rowe et al.，1982），大西洋东北部的研究结果也支持这一观点。不过，在北太平洋中部 5～6 km 深处，大型底栖动物的多样性甚至比次深海还高（图 8.4）（Hessler & Jumars，1974）。

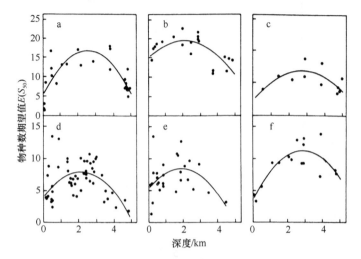

图 8.5 预期物种多样性的海洋生物分布模型。黑点代表 50 个个体中随机取样的物种数期望值 $E(S_{50})$。 a. 腹足类；b. 多毛类；c. 原鳃类；d. 涟虫类；e. 巨型无脊椎动物；f. 鱼类。抛物线是由函数 $Y=a+bX^2$ 回归得出的（引自 Rex，1981）

　　然而，还不清楚的是，随深度增加底栖动物密度下降对这些结论到底有多大的影响（参见第 7 章），因此需要在相应更深的海域中采样。Grassle（1989）发现，用物种数对动物个体密度作图，这些动物个体密度来自几个不同深海区的定量采样，对照"物种密度"，在 2.7～4.9 km 深处的丰富度显著相似（图 8.6）。然而，沉积物生物丰富度的下降受到热液活动的影响（参见第 15 章）。

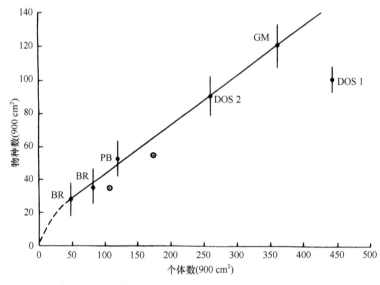

图 8.6 相同站位定量采集的每 900 cm² 样品中后生大型底栖动物的总物种数与总个体数图，表明呈线性关系，与采样区（图中标注）的深度和位置无关。DOS 1 位于 1.8 km 深处，DOS 2 位于 3.9 km 深处，两者都在新英格兰南方（西北大西洋）；BR 代表百慕大大陆隆东北部的两个站点（深度分别为 4.6 km 和 4.9 km）；PB 位于巴拿马海盆 3.9 km 深处；GM 位于加拉帕戈斯群岛附近 2.7 km 深处（引自 Grassle，1989）

物种丰富度下降的确是深洋海沟的一个特征（Jumars & Hessler，1976；Filatova & Vinogradona，1974；Vinogradova *et al.*，1974；Belyaev & Mironov，1977；Vinogradova *et al.*，1978b；Shin，1984）。

1.5 深海样品的均匀度

有关深海生物群落相对丰度分布的数据很少。Grassle 和 Maciolek（数据未发表）利用以前的数据以及在新泽西外海采集的大量箱式样品研究结果，发现最为常见的一个物种个体数仅占动物总个体数的 7%～8%，同时，丰度居第 2 位的物种在总丰度中的占比快速下降。在绝大多数的剩余物种中，28%的物种只出现了一次，接近 11%的物种仅出现两次。

Grassle 和 Maciolek 观察到，常见种在样品间出现频率的变化较大，部分是由于对扰动的反馈。这种情况与浅水中相似，样品的相对均匀度可能反映扰动的情况。事实上，在深海中大型底栖动物均匀度最差的样品来自 HEBBLE 海域，这一海域因海底风暴侵蚀沉积物而被频繁扰动，此外，蚓形动物排泄物土丘样品的物种均匀度也很低。在这类情况中，最丰富的物种占总丰度的 50%～67%（Thistle *et al.*，1985；Smith *et al.*，1986）。

2. 动物多样化过程

为什么在深海中存在如此之多的物种是许多人都迷惑不解的问题，但是有关本论题的大量文献作者却往往根据不充分或根本不存在的资料提出见解。由于意见不一致，我们需要就这个问题作详细探讨。为此，我们将对扰动重要性的最新看法作总结。

2.1 多样性的长期演变和短期生态维持

关于深海多样性的讨论常常混淆了进化时间尺度和生态学时间尺度两方面的现象，即在群落内部长期的或进化形成的多样性和短期产生的多样性。为了全面了解本地生物群落的物种丰富度，需要考虑这两方面的平衡。前者导致物种形成和地理分散的过程（关于这个论题我们将在后面第 10 章加以讨论），相对而言，后者也许包括竞争性排斥、掠夺行为和随机变异过程，这些都可能促成局部范围的物种灭绝（Ricklefs，1987）。换句话说，任何对深海高度多样性的完整解释不仅要考虑自然的或本地物种相互作用在控制实际共存物种数量方面的影响，还必须关注决定着群落能够容纳物种数量的区域和历史过程因素。这些过程包括气候变化等引起的一些特定的事件，还包括一些特定的环境因素，如栖息地面积和地理隔离，这些事件和环境因素都将深刻影响局部地区的生物群落结构。生物扩散阶段水的运输可能大大减少物种形成过程中物理隔离机制的影响，并且环境的"开放度"（Roughgarden *et al.*，1985；Roughgarden，1986）可能对大量的稀有物种是重要的，这些稀有物种对深海局部范围的多样性有非常大的贡献（Grassle & Maciolek，未发表）。

有关维系深海底高度多样性的理论可以归为两大类：①强调平衡过程的解释，如资源或栖息地划分，适应性"微调"的物种以环境可以承受的密度共存；②打破平衡的解释，认为局部地区的扰动产生的斑块状栖息地支持着在生长初期阶段低于承载量的种群，使物种不会相互竞争、彼此排斥。

3. 平衡的解释

3.1 稳定性-时间假说

伍兹霍尔海洋研究所的霍华德·桑德斯提出了资源分割和气候稳定性共同控制着深海多样性的观点。Sanders（1968）在他的海洋底栖生物多样性经典比较研究中认为，在深洋环境中的稳定性容许具有潜在竞争性的物种在进化时间尺度上产生高度适应的特化，使得竞争作用降至最低。在大范围的海洋和淡水水域软质海底的软泥沉积物中，物种多样性和地质学时间尺度上的环境稳定性之间呈正相关，这为上述理论提供了证明。环境的稳定性有利于形成多样性高的群落，通过微弱的竞争作用或所谓"生物学适应性调节"得以维系。对比之下，当环境变得难以预测时，生理上的压力将促使生物对更大范围的自然环境条件的耐受，因而不能产生由于趋异进化成为不同的生态位的高多样性。作为对食物资源高度稳定性的一种响应，将高多样性按照营养资源分割程度表示进一步发展了这个理念，即在深海最贫瘠区域中的多样性比富营养地区高，这是因为物种不得不通过分化以求获得充足的食物（Valentine，1973）。研究发现在北太平洋中部大型底栖动物中的物种丰富度明显比大陆坡要高得多（Hessler，1974），似乎也是对上述观点的有力支持。就囊虾总目动物而言，如等足类，Hessler 和 Thistle（1975）将这种情况与适应低食物量的形态学、行为学和生理学联系起来。

第 2 章显示深海已经不再是我们以前设想的物理条件稳定的可预测环境。充满活力的边界流和海底风暴周期性地对沉积物进行侵蚀、输送和再沉积，其中有些发生在遥远的深海平原，是引起深海群落扰动的主要根源（Aller，1989）。此外，大陆架海洋表层生产力也许较高，但是这一区域有很强的赤潮，其影响范围一直延伸到陆坡浅水带，可能导致底栖碎屑觅食者的局部灭绝（Margalef，1969；Rex，1976）。在这些频繁经历沉积-侵蚀的扰动海域，群落多样性会不会比更平静的海底多样性小一些？现有的资料提供了自相矛盾的证据。一方面，尽管在风暴结束时采集的样品中的丰度比风暴间歇期明显低很多，但在高能的 HEBBLE 海域猛水蚤的多样性似乎和圣迭戈海槽没有不同，说明猛水蚤种群受到这些扰动的影响（Thistle，1983a，1988）；另一方面，胶状的有孔虫、多毛类和双壳类动物的多样性明显减小（Kaminski，1985；Thistle *et al.*，1985）。

值得注意的是，在 HEBBLE 地区受扰动多、多样性低的沿海海域，有一种多毛类 *Paedampharete acutiseries* 典型地占据明显优势地位，占后生动物的 50%～64%。

Abele 和 Walters（1979）从进化的角度指出，深海面积巨大，会促进物种多样化，由于物种分布广泛从而减少了灭绝的机会，使得大量的稀有物种对局部物种的丰富度贡献特别大（Osman & Whitlach，1978）。从地质学角度来看，稳定性或栖息地面积对于多样性调节是重要的：化石记录表明，离岸陆架深海底栖息地的生物多样性显示出阶梯式升高，而沿岸海底栖息地的生物多样性则保持不变。不过，目前还不清楚这一差异是与面积、栖息地异质性、稳定性有关还是这三者共同影响的结果（Bambach，1977）。大西洋浮游生物形态学进化的数据表明，总体来说栖息地面积较小，在低纬度进化更加迅速，这意味着更加稳定的环境有助于新形态的繁衍扩增（Stehli *et al.*，1972）。另外，Haedrich（1985）在新英格兰外海大陆坡和大陆隆发现了唯一一个巨型底栖动物的数量与可利用的栖息地面积呈负相关的实例。然而，如果考虑到食物（表现为大型底内动物生物量）的可获取度，这种关系会变成正相关，陆坡底部栖息地的面积和巨型底栖动物物种数量的曲线则不呈现衰减趋势，这与观察到的中等深度的物种最大值相吻合（见上文）。

大多数其他理论只涉及深海高生物多样性的维持过程。

3.2　生境异质性

生境异质性认为在造成深海生物群落多样化的资源分离机制中，空间异质性比食谱特化性更加重要（Jumars，1975b，1976；Jumars & Gallagher，1982；Jumars & Eckman，1983）。对于高度发达、层级复杂的热带雨林和结构复杂的珊瑚礁，它们错综复杂的结构是由生物群落结构引起的，与在这些栖息地发现丰富的生物多样性具有重要的关系。将动物个体的空间隔离和空间分布模式整合，与深海沉积物可识别的栖息地类型（参见第 14 章）进行分析发现，这种异质性大部分处于生物个体的"界限"（影响范围）尺度（Jumars，1975b，1976；Thistle，1979b，1983b）。它包括小尺度的生物特征，如动物的栖管、洞穴或胶状有孔虫的分支壳，如图 8.7 所示。

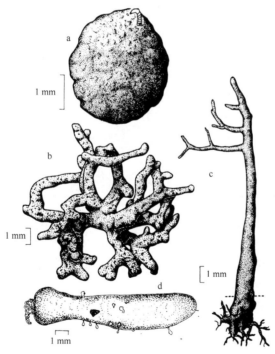

图 8.7　圣迭戈海槽的生物结构被认为为小型底栖动物提供栖息地异质性，在维持高物种丰富度方面发挥了作用

a. 有孔虫 *Orictoderma* sp.的空沉积物胶质外壳，被多毛类 *Tharyx monilaris* 占据；b. 巨型单细胞阿米巴虫的网状管；c. 灌木丛状的"带根"巨型单细胞阿米巴虫；d. 排泄物球状结构，"淤塞"了几个小型附着苔藓虫和一个三角胶状有孔虫（其他共生的例子见图4.34，图 4.48，图 5.32b，图 5.33a～图 5.33c）（图 a～图 c 引自 Thistle，1979a；图 d 引自 Jumars，1976）

在物理能量充沛和高速率物理扰动的浅水环境中，我们可以预见这种环境使生物体的洞穴和表面痕迹迅速消除。在大陆架坡折处，物理能量水平和生物活动速率下降，因此对当地环境的影响维持足够长的时间，以提供独特的斑块状微生境。通过隔离潜在的竞争者，也许通过提供躲避捕食者的避难所，这些斑块状微生境将减缓生物间的竞争，并降低捕食灭绝的风险，从而产生更高的多样性（Menge & Sutherland，1976）。因此，深海中存在的沉积物稳定性可能通过高度精妙的特化或者非平衡（见下文）过程或在两者的共同作用下促进微生境形成。Jumars（1975b）引用了一个例子：丝鳃虫形成的泥球对异毛虫具有明显的排斥作用，进而阻止异毛虫的正常进食（已在第 6 章讨论过）。Thistle（1979b）和 Jumars（1976）的举例在图 8.7 中显示。后来 Thistle 和 Eckman（1988）为了研究这种结构作为斑块分布源的重要性，利用"阿尔文"号深潜器在海底放置了"模拟"泥球，观察桡足类是否像以前采集芯样中发现的那样在泥球周围的丰度比其他地方更高一些（Thistle & Eckman，1988）。研究结果表明，有 2 个物种把泥球作为栖息地，而第 3 个物种则将泥球视为逃避捕食的避难所。

更详细的例子在第 4、5 章中也讨论过，研究已经发现胶状有孔虫、软枝虫有孔虫、阿米巴虫、钙质有孔虫的壳为其他有孔虫和众多的后生动物提供了避难所（Gooday，1983，1984；Gooday & Haynes，1983；Gooday & Cooke，1984）。后生动物大部分是星虫，不过也包括线虫、多毛类、各种囊虾类以及体表寄生的水螅和栉口苔藓虫（见图 4.34，图 4.48，图 5.34）。这种生物间的关系达到何种程度还不得而知，虽然似乎很可能是兼性的关系；然而，在海底样品中，这种有孔虫或巨型单细胞阿米巴虫的"宿主"的丰度表明它们对沉积物小范围空间结构的形成有重要的贡献（Bernstein *et al.*，1978；Gooday，1984）。此外，某些有孔虫活的或死的个体的分布一致性说明斑块结构可能可以持续好几代（Bernstein & Meador，1979）。

Jumars 研究发现在平静海域中生物形成的栖息地异质性似乎很少出现在海流活动频繁的深海海床（Lonsdale & Hollister，1979；Tucholke *et al.*，1985），但是却出现在能量水平较低的毗邻海域（Swift *et al.*，1985）。这些条件可以为深海沉积物中维持高生物多样性的模式提供一个检验标准吗？有关研究仍然存在着一些相互矛盾的数据。尽管在相对平静的圣迭戈海槽，生物形成的栖息地异质性和猛水蚤分布之间存在紧密联系，但是这一联系在高能量的 HEBBLE 海域并不存在，并没有反映在桡足类的多样性差异上（Thistle，1983b）。另外，大陆隆的大型底栖动物和巨型底栖动物的多样性从其陆坡中部的最高点下降，这可能与生境异质性模型是一致的，侵蚀性底层流的能量和物理状态的不可预见性（同 HEBBLE 研究区域）将阻碍栖息地微结构的持续性形成。

4. 失衡的解释

Jumars 和 Gallagher（1982）指出，无论促进高度多样化、防止竞争排斥的机制是什么，都需要解释在深海中如何维持比浅水中更高的生物多样性。稳定性-时间假说就这一问题给出了最明确的解答，它认为资源分配主要取决于生物相互作用，但是无法解释大陆坡的多样性峰值。扰动的深度梯度理论或许对典型的随深度增加的多样性单峰曲线给出了最简单的解释。

4.1 生物扰动

生物扰动是从维持陆生和潮间带群落高度多样性的捕食者控制理论中引申出来的（Paine，1966；Paine & Vadas，1969；Harper，1969；Connell，1970；Dayton，1971）。Dayton 和 Hessler（1972）认为，深海中大范围的扰动是大型底表动物和底游捕食者的捕食行为以及大型底栖动物捕食小型底栖动物的结果。扰动可能起到削弱竞争对手丰度的作用，所以资源很少会受到限制，因此将竞争作用降到最低限度，使得共生物种可以分享同一资源。扰动过程将会产生食物广泛且相互重叠的多样生活方式，而不是平衡理论所预测的形成高度专一的生态位。大型游泳捕食者，如底游鱼类，它们的食物广泛而且随机（Haedrich & Henderson，1974；Sedberry & Musick，1978；Mauchline & Gordon，1986），依赖稀少并且难以预料的各种食物以及尸体腐肉为生。这些物种还包括较大的摄食底表沉积物的动物，如平足目海参（图 8.8），它们抽吸式的觅食策略将浅表沉积物和其中的栖居动物一起吸入胃中。很明显，这样一种维持高度短期失衡的多样性机制不能外推至大范围的差异中，这些大范围的差异可能更多地归结为长期或进化的过程，如相对稳定性、寿命或地域（Levinton，1982）。

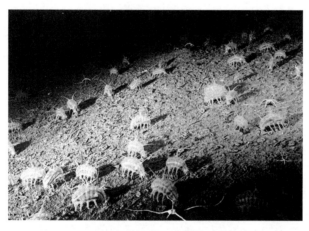

图 8.8　从深海潜水器"的里雅斯特"号拍摄到的圣迭戈海槽底部（深度约 1.2 km）的平足目海参 *Scotoplanes globosa* 密集"族群"我们还可以看到（如在图下部中央）营底栖生活的诺曼裸盾蛇尾（*Ophiophthalmus normani*）。正是由于 *Scotoplanes* 等巨型底栖动物不加选择地吞食沉积物的活动，才产生了不断从沉积物中摄取大型底栖动物的现象，从而使这些受扰动的沉积物群落比未受扰动的群落更能支持更多的潜在竞争者共存。（引自 Barham *et al.*，1967）

实际上竞争强度是否与捕食压力呈反向变化？腹足纲软体动物，特别是摄食沉积物的种类，在大陆架和深海平原的数量优势是最为明显的；在中等深度海域，相对丰度分布更加均匀，也许是因为竞争被捕食行为抵消（Rex，1973，1976）。另外，种属比值在大陆架上是最低的，在大陆隆升至最大值，而在深渊处再次下降（图 8.9），这让人联想到中等深度海域的竞争性取代是最小的（Rex & Warén，1981；Rex，1981，1983）。在浅水中，甲壳高频率的修补与共同进化的捕食动物/被捕食动物的关系相关，腹足类的甲壳结构已经发生进化从而防御潜在的致命捕食行为。尽管在深海中时常见到这些甲壳伤痕，但它们并没有明显沿深度变化的趋向。另外，由于腹足纲软体动物的潜在捕食者表

现出泛化的觅食策略,这些共同进化的关系在深海中似乎没有在浅水中发展得好(Vale &
Rex,1988)。

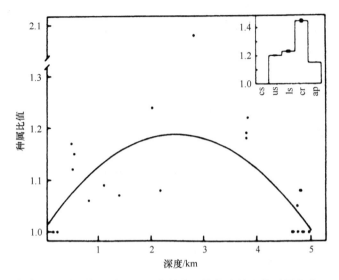

图8.9 根据整个样本中 1000 个随机样本 $E(S_{68})$ 个体的平均值估算出的种属比值 (S/G) 与西北大西洋
深度的关系图

绘制曲线时删除了最高点。右上角的嵌图显示了陆架(cs)、陆坡上部(us)、陆坡下部(ls)和大陆隆(cr)的种属比值的
期望值,到深海平原(ap)物种数下降,仅有 23 个;每个区域性动物代表着这一区域站点中 $E(S_{68})$ 最丰富物种的组合列表
(引自 Rex,1983)

此外,竞争性取代与深度有关的趋势并不能解释在贫瘠的中北太平洋观察到的大型
底栖动物的多样性比大陆坡甚至更富含营养的深海海域的多样性高(Hessler,1974)。
在远离陆地的低生产力的大洋中心,捕食动物物种,如巨型底栖捕食者在一般情况下是
不存在的,据推测这是由于在猎物密度如此低的地区觅食的能量成本过大;少数几个潜
在的捕食物种具有杂食、食腐和善于游动的生活方式(Hessler & Jumars,1974)。

考虑到栖息地异质性的重要性,Jumars 和 Gallagher(1982)认为,食性广泛仅仅
反映出了深海中食物匮乏,而不是扰动调节失衡的必然结果。此外,在这种情况下,
期待出现的应该是更大栖息地的专一性,而不是日常食物的专一性。竞争者尚未饱和
的栖息地可以为其提供更多的食物来源,因此与扰动的预期相反,栖息地异质性有利
于食性分化。

很明显,栖息地异质性模式的含义和扰动模式的含义互相冲突,这似乎说明生态位
隔离的机会在深海沉积物同质环境中是非常有限的。这种持续存在的微小尺度的斑块结
构也和非选择性的巨型底栖动物捕食广泛存在的扰动不协调,这种巨型底栖动物的捕食
活动可能会导致更大尺度的生境斑块化。

Grassle 和 Sanders(1973)指出,在被严重扰动过的群落中,被捕食物种的种群
结构应当以处于较幼小的生长阶段为主。有限的数据表明,典型的深海生活史策略,
如低繁殖力、低补充和生长速率以及高的特定年龄存活率似乎和生物扰动不一致。研
究(参见第四部分)表明,深海生物的生活史策略和低繁殖力及生长速率过程与浅水
生物的策略和过程相比,比预想的更加相似。更有说服力的是,Grassle 和 Sanders 重

申了动物间竞争作用的重要性，但是在种间竞争过程中，生态位分化的作用超过了食性差异。自然环境的稳定性也许使局部扰动作用下的小生境产生特化，这将导致中早期阶段某些物种的连续集群，所以高度多样性可能作为"同时出现的不平衡"过程而得以维持下来。

栖息地异质性理论中包含的微小尺度分布模式粗略估计了动物个体的体型大小和预期生命期限；因为群落多种多样，生物空间分布模式的随机性将在这些相互作用中反映出来。一种生物（如有孔虫或猛水蚤）由于捕食行为造成死亡或迁移可能会因其小生境的空置而造成间隙扰动，这个小生境可能会被不同的物种所占据：这个过程减少了竞争，并通过同时发生的不平衡帮助维持共同生存的物种多样性（Bernstein *et al.*，1978；Thistle，1979b；Rex，1981）。然而，微小尺度的斑块概念和临时的生物集群相一致，没有必要去推测确定的演替顺序（Rex，1981）。正如我们下面将讲到的，深海重新移植实验的结果作为随机过程比作为确定性演替更容易被理解。

4.2　中度扰动假说

近几年来，人们已经逐渐认识到，在热带雨林和珊瑚礁自然扰动的频率和环境变化的速率常常比恢复速率快得多，导致难以达到平衡。在深海中，与扰动雨林和珊瑚礁的热带风暴等同的作用可能包括从大规模沉积物再次悬浮到小范围裂陷，前者是由沉积物下降或海底风暴引起的，而后者是由觅食沉淀物或生物扰动形成的。前面关于多样化非平衡过程的讨论同样适用于深海。Connell（1978）认为，在热带雨林和珊瑚礁，在中等规模的扰动下维持着最高的多样性，使得沿捕食动物的强度或扰动频率的梯度形成典型的物种丰富度钟形响应（图 8.10）；并且这一理论通常适用于深海。从连续的动力学角度来看，在群落中产生新空间后，运动能力强的动物很快横向迁移或幼虫着床。最初，由于重新移植的时间短促，多样性会比较低；只有在分布范围内正处于繁殖期的潜在迁移物种会进行定殖。如果扰动持续不断，诸如机会主义者那样能够迅速作出响应的物种会形成群落。随着干扰间隔或干扰强度的增加，多样性也将随之增加，这是因为有更多

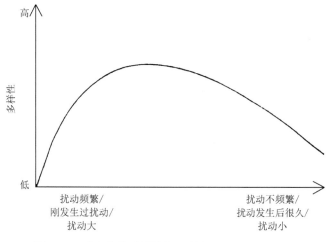

图 8.10　"中度扰动假说"（引自 Connell，1978）

的时间使机会种从其群落进行迁移和幼体着床；以前由于较低的扩散能力和较缓慢的生长发育而不能达到成熟的新物种，现在可以达到成熟。不过，随着扰动间隔的进一步延长，竞争作用和排斥作用将会增加，多样性则会下降。很明显，高的种群生长速率将加速达到平衡，而较低的生长速率将容许较长时间的"和平共处"。这里我们所说的种群生长速率包括动物个体大小的生长和动物个体数量的增加两方面（Huston，1979）。机会种具有典型的高生长速率潜力（"r-选择"物种，MacArthur & Wilson，1967），而那些更适应于竞争和躲避捕食的物种数量能够接近于栖息地的承受能力，因此将具有较低的生长速率（"K-选择"物种）。

在食物匮乏的地方，多样性不可避免地处于较低水平，有些物种由于无法生长发育或维持足够的种群数量来满足繁衍，不能在这些地方生存；但是，Huston（1979）的模型预测，在低生长速率时多样性最高，并且随着r-选择物种的增加而下降。在生长速率很低的地方存在一个"分界点"，在这里生长速率稍稍增大一点就会导致多样性快速增加。相比较而言，深渊处低多样性可能是由于扰动间隔时间长，即使生长速率低——也导致更迭速率低——群落也可以达到竞争性的平衡状态。

然而，正如前文提到的，从最贫瘠的深海海域采集的大型底栖动物样品的丰富度并未显示出预料中的多样性下降（Hessler，1974；Hessler & Jumars，1974；Wilson & Hessler，1987a；Wilson，1987）。Huston（1979）所描述的补偿效应可能给这个复杂难解的问题提供了一个答案。这里，低种群生长速率和相当低的动物个体密度密切相关，种间竞争很少，因此使竞争对手之间较长时间共存。可以预料，这一效应更适用于个体较小、运动能力差或固着动物，而非运动能力强的巨型底栖动物。还有一个可能就是传送到海底边界（参见第 2 章）的中尺度涡旋的动能产生的扰动频率在不同纬度的海盆中存在差异。

虽然在深海中动物个体潜在的快速生长能力可能并不像之前认为的那样被抑制（参见第 13 章），但深海物种的发育和繁殖力仍然可能低（除非出现无法预测的旺盛生长），因此种群的生长速率低，同时动物个体的密度也很低。然而，深海和浅水栖息地之间自然条件的差异可能使捕食行为和竞争行为在促进多样性方面显得更为重要，也就是使它们在淘汰深海物种时影响很小。

Huston（1979）引用沿深度梯度向下物种丰富度（图 8.5）显示出的明显的钟形曲线来支持他的理论。生物在大陆隆和大陆坡深水段维持着高多样性，因为这里更迭速率低，并且达到的平衡被高水平的捕食行为产生的扰动所打破（图 8.11）。在大陆坡浅水段较高的种群生长速率（较高生产力的结果）将使捕食行为在阻止达到平衡方面的影响很小，尽管存在大量的竞争对手。相反，在深海平原由于捕食行为造成种群减少的速率可能过于缓慢而不能阻止群落达到平衡状态，尽管这里由于食物资源的匮乏而种群生长速率很低（Rex，1981）。当然，腹足纲类的多样性似乎与生物体密度和捕食者的多样性相关联（Rex，1976）。在营养水平较低的海域，竞争减弱导致多样性提高，反过来更有可能使捕食者的食物资源产生竞争性分区：腹足类捕食者由于在食物选择上更加特化而能够更加有效地进行捕食。由于营养从一个营养级传递到下一个营养级时会造成能量耗损，能量金字塔中间位置的生物数量和相对生物量由底部的生产速率来支配。因此，多样化的反馈将受到底部的生产速率和初级生产力稳定性的限制（因为它影响食物的可预见性），最终将限制物种多样性的局部表达。

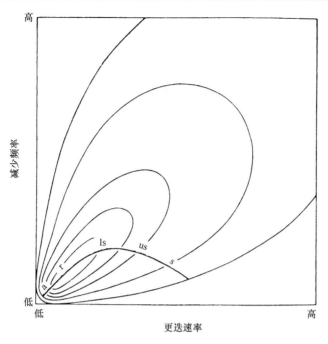

图 8.11　休斯顿（Huston）的物种多样性动力平衡模型对种群减少的频率（或幅度）和竞争性更迭速率的不同组合的预测

等值线显示了预测的多样性水平，最高值出现在椭圆形线的左下角。曲线描绘了陆架（s）、陆坡上部（us）、陆坡下部（ls）到陆隆（r）和深渊（a）的竞争更迭速率和种群减少频率下的多样性预测值（修改自 Huston，1979；Rex，1983）

4.3　斑块动力学的重要性

　　斑块分布对构建深海底栖群落重要性的理念是由伍兹霍尔海洋研究所的弗雷德·格拉斯尔（Fred Grassle）提出的。斑块动力学源自与空间异质性和扰动（上文已讨论过）有关的认识，只不过适用于很小的范围，并且和基于沉积物盘重新移植实验结果有关（参见下文）。在研究深海群落结构时，格拉斯尔认为在任何特定深海底区域，定居物种的种类和种群响应速率都受到扰动类型和背景种群镶嵌的控制；这种镶嵌模式在维持高多样性方面至少与扰动频率同样重要（Grassle & Morse-Porteous，1987；Grassle et al.，1990；Grassle & Maciolek，未发表）。因此，维系高物种丰富度的深海环境的重要特征是：①在低生产力本底环境中有机物输入呈现斑块分布；②在相对恒定的本底环境中零星出现小范围的扰动事件；③幼虫的着床区域是完全不存在屏障的"开放"的海洋体系（sensu Roughgarden et al.，1985）。不平衡的演替顺序似乎跟与它们相联系的斑块一样反复多变。这些斑块的涵盖范围很广，从可能由不同类型和规模的捕食行为或底层流冲刷引起的全部或部分群落减少的海域，（Thistle et al.，1985），到依次由大型底栖动物尸体、大型植物碎屑到浮游植物碎屑絮凝物的小斑块引起的局部富集区，还可能包括由生物产生的结构，按大小排列，从由生物形成的微尺度特征（图8.7）到由生物扰动形成的大的沉积物土包和土丘（Smith et al.，1986），这些土丘本身由于含有有机物而变得肥沃。在自然斑块环境中，上述的每个环境都将会被特有的物种重新定殖，这是随机迁移和物种灭绝的结果（Osman & Whitlach，1978），特别是低水平的本底种群连续或季节性繁殖获得幼虫的随机性结果。它们包括那些通常以几乎检测不到的本底水平生活的机会主义者。与陆地和浅水栖息地相比，这些斑块可能既比较小也不常见，但是总体来说由于物理沉降和深海沉积作用的速率大大减小而能维持更长时间。斑块在随机的箱式样品中由于过于稀少而没有显现，但在对照的拖网重复样中出现频率更高而容易被发现。

4.4　检验非平衡模式：来自"自然界的"和海底实验的证据

研究人员检验小生境的特化和同时出现的不平衡在构建深海底栖群落中相对重要性的依据方面面临着几个困难。从对空间分布模式及其和环境地形相一致的研究中能够获得什么证据支持？总体来说，这些数据（在第 6 章已有概括）表明，虽然多样性控制过程从 100 km 到 10 cm 的空间尺度范围内都能够识别，但是物种丰度在空间上的分割或者差异并不意味着在这个范围内存在强环境嵌合体或斑块扰动。说得更确切一些，有证据说明，资源或栖息地的分配过程发生在不足 0.01 m^2 的范围内，动物可识别的环境颗粒（要么主动地选择栖息地，要么被动地接受扰动结果）接近于动物个体所能涉及的微小尺度（Jumars，1976；Jumars & Eckman，1983）。然而，识别远距离环境中小生境的异质性困难巨大，想要获取没有受到损伤的生物捕获物已经非常困难，更不用说去观察与某些单一动物的活动有关联的微弱和暂时出现的各种现象。

我们把高能 HEBBLE 海域作为一个天然的实验场来检验自然的降级所起的作用。如果这里的底栖生物群落与在较平静海域的群落多样性一样丰富，则在 Huston（1979）模型中，它们的更迭速率（种群生长速率）差异将非常大。虽然这两个海域的桡足类猛水蚤群落似乎表现出相似的多样性，但多毛类的多样性则较小（Thistle，个人通信）。大型底栖生物，如双壳类动物的年龄结构由幼虫占优势（Thistle *et al.*，1985），它们处在生长曲线的指数部分。这说明总体而言 HEBBLE 海域种群的更迭速率的确比较高。

4.5　定殖实验

定殖实验是在深海海床上模拟由扰动造成的无生物区，首次由伍兹霍尔海洋研究所的生物学家在新英格兰外海大陆边缘实施，并提供了非平衡过程在控制多样性和群落结构中所起作用的直接数据。

在每个尺寸为 50 cm×50 cm 的实验盘，装入 10 cm 厚的深海沉积物（通过反复冻融去除动物），由"阿尔文"号深潜器放置在 1.76 km 处深海底，并且在带铰链的盖子关闭后 2~26 个月收回（Grassle，1979）。从这样的早期实验开始，经历了许多技术上的改进，研究人员最终设计出了自返式再定殖盘。它包括一个玻璃纤维框架，靠玻璃球上浮，通过向可拆卸的压载物上增加重量而使其下沉到海底。框架承载覆盖有玻璃纤维盖的 6 个聚乙烯沉积物盘（30 cm×40 cm×7.5 cm）（图 8.12a）。实验周期完成时，由船上的声脉冲指令释放压载物进行回收，同时，在沉积物盘上升到海面之前自动将沉积物盘盖关闭。这个设计的最新改进（图 8.12b）包含单一沉积物圆盘，其边缘被设计成流线型，当水流入时，使实验上方的水流带来的变化减小到最低限度（Maciolek *et al.*，1987b）。

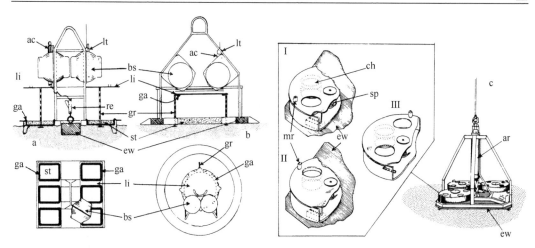

图 8.12　自返式沉积物盘（STFV）；全部由实验沉积物盘组成，它们被放置在海底，供动物在自然状态下定殖的时间各不相同，由声脉冲指令（ac）控制的释放系统将沉积物盘在回收到海面之前密封

a. STFV（上图为侧视图，下图为平面图），由伍兹霍尔海洋研究所设计：6 个玻璃纤维沉积物盘（st）中每个大小为 30 cm×40 cm×7.5 cm，在放置于海床之前和离开海底之后由一个玻璃纤维盖（li）将沉积物盘密封。在下降过程中，在接触海底时导杆（gr）向上顶起，将纤维盖上方的重物从沉积物箱上托起（如图所示）。在船只声脉冲的控制下，释放器（re）从消耗性压舱重物（ew）上松开，使浮球（bs）将沉积物盘托起且贴在纤维盖上，并将每个沉积物盘用硅橡胶垫（ga）密封起来。b. 降低可能使图 a 沉积物箱中定殖结果产生偏差的流体力学影响的一个重要改进设计，将一个圆形沉积物盘放置于一个边缘略向下倾斜的大盘中央。其他标记：lt. 用于协助回收的闪光灯和无线电信标。c. 旋转定殖盘，由布雷斯特法国海洋开发研究院设计，每个旋转盘上有 4 个小室（图中为方便观察只显示了 3 个）。插图 I、II、III 按顺序显示，弹簧加载盘（sp）首先允许通过镁释放装置（mr）旋转 1/4 圈，该释放装置先密封（I）腔室后暴露（II）腔室；船舶通过下达声学释放装置（ar）指令，释放预期重物（ew），最后旋转 1/4 圈将每个小室再次密封起来（III）（图 a 和图 b 修改自 Maciolek et al.，1986；图 c 修改自 Debruyères et al.，1980）

（当尝试模仿边界层浮游幼虫着床的天然条件时，这样的考虑是重要的。）法国的工作者开发出另一种自返式再定殖盘（图 8.12c）。这种装置内框架支承着一个旋转的圆盘，每个圆盘上有 4 只小的 314 cm^2 的盒子，总表面积为 0.5 m^2（Desbruyères et al.，1980）。

通过简单地在海底设置人工"木岛"，可以通过潜水器或作为自由载具回收，从而研究在木材上栖居的特殊动物群。

通过向托盘沉积物中添加有机物质，实验提供了关于低生产率背景下零散有机输入重要性的信息（Grassle，1977；Levin & Smith，1984；Smith，1985a，1986；Grassle & Morse-Porteous，1987）。在西北大西洋进行的这些实验和在南加利福尼亚外海实施的其他实验延续了 2～59 个月。这些实验结果（总结在表 8.1 中）表明，和浅水中的对照组相比，大型底栖动物的定殖速率大大下降。甚至经过 59 个月以后，无论是种群密度还

表 8.1　沉积物盘中深海大型底栖动物的定殖（Smith & Hessler，1987）

位置	深度/km	面积/cm^2	放置月数	沉积物类型
西北大西洋	1.8	2500	2～26	无生命的原位沉积物，封闭和未封闭；鱼粉玻璃珠；封闭
西北大西洋	3.64	2500	2～59	无生命的原位沉积物，未封闭；鱼粉玻璃珠，封闭和未封闭；原位沉积物（未加处理）
东北大西洋	2.16	314	6～11	无生命的原位沉积物，无生命的陆架沉积物
东北大西洋	4.15	314	6～11	无生命的原位沉积物，玻璃珠富含细菌、浮游植物或食用玉米琼脂
东太平洋	1.3	2500	5	无生命的原位沉积物，具磨碎海藻的无生命原位沉积物

是物种的丰富度都无法和自然群落相匹敌（Grassle，1977；Levin & Smith，1984；Grassle & Morse-Porteous，1987）。虽然在不同的基底和深度物种似乎都令人惊奇地保持低定殖速率（图 8.13），但是物种定殖在没有明显季节性影响的情况下（布放或收回的时间为相同季节）有着显著的改变。在本底群落中，这些定殖者常常难以见到，甚至经过漫长的 5 年之后，沉积物盘的群落很明显仍然汇聚成天然的状态！某些物种，大部分是多毛类的海稚虫、异毛虫、小头虫和锡鳞虫、蛇尾和深海轮参，表现出数量快速增加，特别是在沉积物盘的有机物大量增加之后。增加有机物量的方法是将磨碎的鱼粉加到玻璃珠形的人工沉积物上，玻璃珠颗粒大小与天然沉积物相近。在未增加有机物量的沉积物盘中，定殖的主要物种通常是机会主义物种（比例通常适中而不显著）；并且没有哪个特别的物种占压倒性优势，同时，存在于沉积物盘中的物种数量大体上表现出与存在的动物个体数量呈简单的线性关系。然而，在早期定殖物种中，通常包括在浅水中是机会主义者的某些属的物种，如多毛纲小头虫和豆维虫，在人为加入有机物的沉积物盘中含量特别高。有趣的是，豆维虫的高密度在格拉斯尔带控制器的箱式取样器的某些样品中被检测到，这些箱式样品在自然界中生长在海底马尾藻分解而变得肥沃的区域。这表明，正如由非平衡模型所假设的那样，这些机会主义的要素有时可能主导深海有机物富集斑块中的定殖演替顺序；但总体来说，在软底群落的未富集斑块中缺乏任何决定性的演替顺序（Smith & Hessler，1987）。变异性也可能是某些物种浮游幼虫季节性繁殖的结果（参见第 13 章），它们对实验沉积物的补充可能仅在有限的时间内发生。

在用筛网筛选以排除捕食者的沉积物托盘中，一些物种急剧增加，尤其是机会主义物种。这表明捕食压力在群落结构的调节中起着重要作用。然而，没有证据表明，类似于由生物扰动所预测的捕食行为可以导致一个或多个物种赢得对资源的"垄断"。

研究人员在比斯开湾进行的类似实验中使用了各种天然的和人造沉积物（由富含各种有机物的玻璃珠或琼脂组成），总体结果显示大型底栖动物、小型底栖动物和微型底栖生物的定殖速率同样低（Desbruyères *et al.*，1980，1985）。然而，其中一个实验中以多毛类 *Prionospio* sp.、*Ophryotrocha puerilis* 和 *Ophryotrocha* sp. 为主的一些物种的定殖速率相当高（Desbruyères *et al.*，1980）。可是，该现象发生在研究从实验沉积物中发现海流

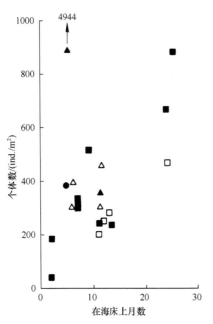

图 8.13 在定殖盘中动物的密度。首先通过冷冻和解冻去除动物，在不同时期将定殖盘布设在深海海床上：在东北大西洋 2.16 km 深处（实心的三角形表示），本底大型底栖动物的密度约为 2800 ind./m²；在东北大西洋 4.15 km 处（空心三角形表示），本底密度约为 3600 ind./m²；在西北大西洋 1.8 km 深处（实心正方形表示），本底密度约为 4900 ind./m²；在西北大西洋 3.64 km 处（空心正方形表示），本底密度约为 2900 ind./m²；在东太平洋 1.3 km 处（实心圆圈表示），本底密度约为 4100 ind./m²（引自 Smith & Hessler，1987）

输送的絮状有机碎屑时，表明实验沉积物必须具备或获得有利于定殖物种生长的营养条件（Desbruyères *et al.*，1985）。因此，这些结果与 Grassle 和 Morse-Porteous（1987）在富营养和非富营养条件下定殖模型中所观察到的差异相差无几。

总体来说，沉积物盘几乎不能提供物种相互竞争或相互排斥的线索，而这些对于 Huston（1979）模型相当重要。然而，这种竞争在有机富集的季节性斑块中可能更为重要，因为机会主义者极低的多样性和高密度确实表明发生了竞争替代，这是演替动力学的典型特征（Grassle & Morse-Porteous，1987）。

4.6　天然有机物的斑块分布

显而易见，下落的有机物质，除了藻类外，还包括植物碎屑、海草、木材和大型游泳动物的尸体，可能是构成深海有机物异质性的重要来源。它们随着在更为贫瘠海域中浮游动物的排泄物团粒和植物碎屑聚集体沉积的减少而显得更加重要。沉降下来的小型游泳动物残骸很快被食腐动物消耗（参见第 4 章），但是似乎很少出现。更为稀少的较大物质（如完整的尸体）的下落可能持续时间更长，因为它们超过了群落密度的饱和度以产生大量输入。在次深海水域，研究已经表明，由于沉积物的再悬浮作用，自然状态的海底群落将产生低强度的扰动，这将降低底内动物的多样性和丰度。与沉积物盘实验不同，本底群落的优势种在幼虫后期似乎存在着迅速着床现象，如异毛虫 *Levinsenia* 和丝鳃虫 *Chaelozone*，还有"稀有的"涟虫 *Cumella*，说明底内动物的这些成员能够迅速地利用失衡的环境（Smith，1986）。在大河和狭窄大陆架的大陆边缘，被水淹没的木料更为常见（参见第 11 章），并且为了维持能够快速定殖的深海木质穿孔虫的种群繁衍，这些木料必须有足够的数量（Turner，1973，1977）。虽然下落的有机物质资源过于稀缺而无法从正常的采样中发现，但总体来说，通常足以维持稀有的特殊物种的现存量，否则这些物种在深海底环境"开放"的条件下将不会存在。

由较大的底内动物引起的生物扰动（参见第 14 章）可能产生更频繁的小范围扰动，影响底内小型底栖动物，并且可能还与某些含量的有机物富集联系在一起（Mauviel *et al.*，1987）。在圣卡塔利娜海盆，由大型掘穴类蠕虫的生物扰动所产生的大的沉积物丘很快被大型底栖动物重新定居（Smith *et al.*，1986）。在"阿尔文"号深潜器附近人为挖掘的土丘很快被重新定殖，并且在 50 天内该土丘就已经达到本底群落大型底栖动物 52%～85% 的丰度和物种丰富度（图 8.14）。研究已知沉积物的混合会提高微生物的活性（Kristensen & Blackburn，1987），所以，底栖动物的迅速响应可能和局部增加的有机物可获得性有关。现在仍然不清楚的是，新土丘上的定殖现象是由幼虫的补充引起的还是从周围的沉积物中迁移而来的。

植物碎屑的季节性沉积和随之而来的再悬浮（Billett *et al.*，1983；Lampitt，1985a；Rice *et al.*，1986）可能也是时间和空间斑块分布的来源。植物碎屑倾向于在低洼地（Lampitt，1985a）和海底子遗的洞穴口（Aller & Aller，1986）聚集，它们或者自身沉积或者由近海底的海流挟带过来。在这种絮凝物上以蓝细菌为食的有孔虫种群的发育（Gooday，1988）说明，这些植物碎屑的斑块产生丰富的局部觅食条件，可能促成了生物斑块的镶嵌式分布（Gooday & Turley，1990）。

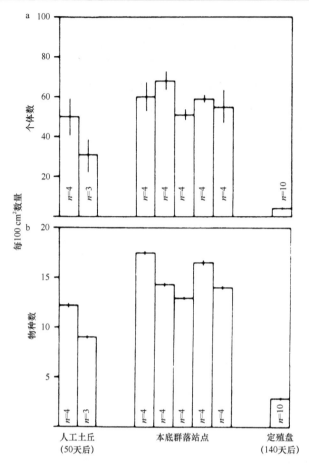

图 8.14　从 100 cm² 芯样的重复样（*n*=样品数）中得到的大型底栖动物的平均（±标准误差）丰度（a）和物种丰富度（b），采集自两个人工土丘（左边）和 5 个离开土丘的天然本底群落站点（中间），以及安放在海底 140 天的预先冷冻的沉积物定殖盘（右边）。人工土丘（10 cm 高，直径 45 cm，由不含大型底栖动物的次表层沉积物构筑而成）模拟位于东太平洋 1.24 km 处研究站点的天然蝾形动物土丘（引自 Smith & Hessler，1987）

　　来自高能 HEBBLE 海域样品中的群落结构表现出沉积物盘中定殖动物以亚成体或幼虫为主的年龄结构极为相似（Thistle *et al.*，1985）。在海底风暴期间侵蚀性底层流的偶发经常会产生无动物的斑块，随着微生物生物量增加，可被视为局部富集，小型底栖动物和大型底栖动物利用增加的微生物食物可获得性，在风暴之间较平静的沉积期达到丰度峰值（Aller，1989）。相似的物理扰动也会在高能的沿海沉积物中产生生物群落发育不完全的斑块（Eagle，1975）。它们可能导致斑块嵌合体的生成，在嵌合体中，斑块处于连续的不同发展阶段，因此，在这些物理条件不稳定且难以预料的情况下，较小的类群可能能够维持高度多样性。

　　Smith（1985b）讨论了沉积物盘实验和更加"天然的"扰动（如人为的土丘和食物的下落）之间再定殖速率的差异。在潮间带进行的实验表明，海底凸起的沉积物堆积的定殖结果，与同沉积物齐平堆积上的定殖结果几乎没有相似之处，后者底栖动物以非常快的速度积聚，这表明基于沉积物盘数据得到的深海底内动物定殖速率的模型可能存在严重的偏差（Smith & Brumsickle，1989）。

5. 结　　论

在这里，我们背离通常的做法，让也许已经被搞糊涂的读者借助于一些一般性的观察在相互矛盾的阐述中作出自己的选择。

显然，还没有一个理论的主体部分被直接观察或人工再定殖实验所充分检验。虽然非平衡模型中蕴含的竞争性取代的重要性不容易被检验，但是再定殖实验的结果表明，竞争作用并不像一般想象的那样重要。而竞争作用形成了一个我们将它称之为不平衡范式的基本假设。在对涉及扰动、定殖和斑块动力学的 Grassle 观点的进一步研究中，重要的是解决如 Smith 等的研究中出现的在沉积物盘和更加"天然的"监控斑块动力学的实验之间定殖速率的明显差异。这样的实验在深海中从技术上来说依然是困难的。通过对深海海床上不同类型的天然扰动形式的长期监控将会使我们对这些扰动的认识更加完善。评估锰结核挖掘带来影响的大范围扰动实验（参见第 16 章）也能提供有价值的数据。显然，任何实验都需要全方位处理这些异质性斑块的类型、规模以及持续性，因此肯定需要付出更多的努力和大量费用。然而，这样一个理解不平衡过程的方法，以及对个别物种的生活史和种群生物学的更深入理解，将会使我们能够更有把握地理解包括控制深海群落结构在内的各种过程。

第 9 章　群落组成的水深分布模式

1. 随深度变化的物种更迭模式

自从"挑战者"号考察以来，人们已经注意到尽管在巨大的洋盆中种群在大范围的水平区域内的变化十分微小，但沿大陆坡边缘随深度的增加，种群的组成迅速改变。这代表地球上最明显的一种环境梯度：与海床斜坡部分的深度有关的梯度。然而，这种分布模式形成的原因仍然是深海生物学家面临的最令人困惑的难题之一。生物现存量和多样性随深度变化的梯度可以用单变量来衡量，这相对要容易（参见第 7 章和第 8 章），但是相比之下，物种组成随深度增加而改变，用参数表示就困难得多，对其作出解释更是难上加难。正如在第二部分中总结的那样，某些深海（广深性）物种具有宽广的垂直分布，从深渊向上一直到很浅的水域都有分布，然而其他（狭深性）物种就深度而言似乎具有更加严格的分区。此外，有关较小型动物和深度有关的分布数据稀少。

1.1　主要分布带

早期的研究将大陆边缘主要地形和水文特征与沿深度梯度向下的动物群主要分布带的分界线联系在一起。构成地球表面主要地形特征的陆架坡折标志着陆架和深海动物之间的分界线。爱德华·勒·达努瓦（Edouard Le Danois）在他 1948 年发表的经典著作《海洋的深处》一书中描述了欧洲西部外海深水动物间的相互关系，他是清晰划分动物垂直分区的第一人，这些分区主观上与在不同深度发现的地形和沉积物类型有关。他将 Murray（1895）定义的"泥线"的概念扩展为典型的深海软泥底和以这种栖息地为特征的动物区系的上限，这一上限在欧洲西部外海出现在陆架边缘正下方大约 200 m 的深处。在其他海域它可能位于 500 m 深的地方，在像峡湾一样的苏格兰狭长海湾沿海海域它的深度只有几米。挪威的松恩峡湾深度超过 1.2 km，尽管存在一些浅的海底山脊，但在该海域发现了典型生活于 1 km 以下的深海物种。Ekman（1953）认为，在半远洋沉积（陆源矿物质含量高，并且可以反映来自浅水水域的有机物离岸传输）和远洋沉积（这里的有机物输入仅限于来自洋面的有机物）之间的海底边界可能构成一个不十分明显的深海动物地理学的分界线。

斯文·埃克曼（Sven Ekman）著述的经典综论《海洋动物地理学》于 1953 年发表（基于作者 1935 年发表的德文原版 *Tiergeographie des Meeres*）。埃克曼指出，要给深海动物规定一个普遍适用的上分界线是不可能的。例如，南极大陆外海的陆架被远比其他地方深的冰盖所挤压，那里的陆架动物和较深水域中的动物之间没有明显的区别（Menzies *et al.*，1973）。埃克曼描述了他称之为"赤道下沉"的趋势，即许多普遍存在于低纬度海域次深海甚至深海的物种在寒冷的极地海域则栖息于极浅的水域中。这已经被看作长期以来研究认为深海的迁栖行为始于极地海域观点的证据，并且也为温度在决定海洋生物分布模型中占据最重要地位（和静水压力梯度相比）（Knudsen，1970）的观点提供了证据，这一观点在深海有关文献中已经深入人心，但在很大程度上仍未被证实（Ekman，1953；Bruun，1956，1957；Madsen，1961b；Hansen，1967）。

虽然存在不同的术语名称，但在概念上普遍接受的两个主要范围或深度分布带是陆坡或次深海（或半深海）分布带和深海分布带。陆坡或次深海（或半深海）分布带是由浅水和深水物种组成的过渡型动物区系，而深海分布带则具有典型的深海动物区系；沿着纬度方向向低纬度聚集的深度限制将两者分开。Menzies 等（1973）指出，高纬度陆架和陆坡之间动物区系的连续性较低纬度好。反过来，低纬度次深海和深海带动物区系之间的连续性比高纬度好：在南极，次深海和深海动物区系之间几乎没有分隔。

根据 Ekman（1953）的理论，主要为"狭温性的"次深海带或半深海动物典型地存在于水文条件相对稳定的季节性温跃层的下方。他还鉴别了许多通常较为"广温性的"动物，虽然它们为数众多，但是广泛地分布于全球范围内的各种深度，因此很少具备动物的垂直分布特征。虽然这些物种主要分布中心在陆坡上，但它们也可能是构成近海岸水域软泥沉积物中的"半深海飞地"（Ekman，1953）。第 2 个较深的分布带的上限被认为大约在 1 km 处，并且扩展到含有深海动物的深海平原上。后来的作者将深海动物群的上限放在更深的地方，即深度 1.8～3 km 处，中间有一个"半深海"分布带（Le Danois，1948）或者深度广泛的次深海或半深海分布带。真正的深海动物区系起始的深度不同传统上和深洋的温度结构有关，可粗略地设置在 4℃ 的等温线上（Bruun，1956，1957），或者说得更准确一些是设置在最深的或恒定的温跃层的深度。在这一深度以下，没有丝毫的亮光，并且通常认为季节性的影响完全消失，温度实质上是恒定不变的（通常为 1～2.5℃，不过在地中海和红海则高得多）。从高纬度到低纬度次深海带深度变窄（Menzies et al.，1973）可能与向赤道方向季节性的混合影响削弱和恒定温跃层的变浅有关，因此也与深海分布带的上分界线有关。在极地海中，温度结构导致极地大陆架的动物区系与其他地方的次深海或深海区域的动物区系相似，包含在其他地方的深海中发现的动物。在北极，Menzies 等（1973）指出，在深海区域以下的成带现象与水团紧密对应，包括来自大西洋的较温暖水的下沉入侵。次深海分布带的边界和水团结构的紧密相关性在其他地方也已经得到了确认，如美国东部和秘鲁外海（Menzies et al.，1973）。次深海分布带基本上是过渡性的，它包含来自上方陆架和下方深海的动物区系。作为水深测量的中间物，温度变化范围和沉积物的类型可以解释为何早期的工作者难以确定陆坡上的水深界线。这也从 Menzies 等（1973）提出的"次深海生物过渡分布带"这个术语中反映出来，Menzies 等（1973）认为在非极地深海中这个过渡带由独特的动物区系组成，因此可以作为一个独立的分布带。这些作者还提供了细分深海分布带的方案，每一亚分布带都有特征动物，这可能和自然地理环境、沉积物环境和水文地理环境的差异有关。

直到最近，这些分布带主要还停留在理论层面上，只是人们根据在浩瀚的海域中记录下来的信息进行的主观上的综合总结。在近几年来的深海研究中，特别是在北大西洋，一个目标就是通过设计沿深度梯度的密集采样，对于物理和生物环境两方面所获得的数据采用客观的统计学方法，更好地定义这些分布带。准确地使用"成带现象"这一术语非常重要，因为在过去这一术语被用来表示在同种动物区系区域之间存在的阶梯状分界线，或者一种均匀变化的分布模式。根据 Rex（1981）和 Carney 等（1983）的研究，这个术语用来描述一般不重复的、连续的物种更迭模式，物种更迭可通过动物区系组成中总体变化速率的改变测定，这样就可以将动物区系呈阶梯状分界或均匀分布模式两种观点都包含在内。

1.2 成带现象分析的统计方法

本节的目的是探索与环境变量（如深度梯度）有关的潜在成带结构。分析环境变量的方法主要有两种。其中一种是应用多元统计法。虽然该方法有着广泛的应用，但是缺乏一元或二元统计法的严密性，两者的功能是对特定的假设进行检验，因此，虽然由多元统计法形成的模型可用于产生假设以利用统计方法来检验，但是多元统计法既无法评价统计显著性，也缺少阐述生态学的逻辑依据。所有的方法基本上都包括根据相关程度计算相似性指数，或称之为"距离"。相似性指数可以对可能成对的样品进行测量，根据它们的组成物种或者根据样品中代表种的组合来测量（可以根据代表种数量丰度进行加权得出）。为了描述深度成带现象，也可以把沿深度梯度的全部站点之间的相似性指数想象为相似性的值（图9.1）。

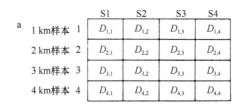

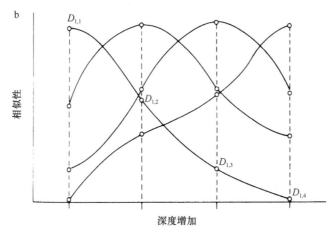

图9.1 a. 在全部可能的成对样品（S，沿深度梯度采集）之间相似性统计的 $D_{i,j}$ 值的矩阵图像。下一步将尝试通过应用排序规则或正式的数学程序来划分相似性矩阵，以生成聚类簇。b. 在对深度作图时，相似性沿采样深度形成一条正态曲线，且没有重复的次序。这一模式显示随样本间隔深度的增大，相似性减小（引自 Carney *et al.*, 1983）

广泛应用于深海研究的 3 个相似性统计是：①百分相似性系数（Whittaker & Fairbanks，1958）；②布雷-柯蒂斯系数；③标准化的预期物种共享数（NESS），用于相似性测定（Grassle & Smith，1976）。后者基于 Hurlbert（1971）的物种期望数，相似性根据随机采集的子样品（数量是从原始样品中抽取预先设定的个体数量 m）。在两组具有 m 个个体的随机子样品中共享物种的预期数量被一次采样中两组具有 m 个个体的随机子样品中预期物种共享数标准化。随机采集二次抽样样品来获得置信度区间和其他基于随机样品的相似性测定。因为计算时需要 2 *m* 个动物个体，一般情况下 *m* 取最小样品中动物个体数的一半。所有可能配对的样品的半矩阵可能聚集成簇，聚类簇的强度取决于所选择的组合策略（Grassle *et al.*，1979）。一种基于双样品刀切法的方法已经由 Smith 等（1979b）开发出来，用于获得标准化的预期物种共享数的置信度区间和其他基于随机样品的相似性测定。

之后用分类法对相似性矩阵进行简化（图 9.1a）。这可能是对简单的半矩阵进行重新排列，将大多数相似的值紧密连在一起。然而，通常的做法是采用树枝状一样的层级或系统树图表示（如后文图 9.5 中显示的那样），将高度相似性的群组呈现出来。另外一种方法是相似性矩阵的有序化或排列，如在图 9.1b 中用最简单的形式进行概念化，但所使用的统计学的相似性必须符合基本的几何模型。Gauch（1982）与 Digby 和 Kempton（1987）对这两种处理方法都进行了综述。分类法受像离散的集群那样的可见模型概念的限制（甚至站点之间动物的相似性似乎最好被描述为群体连续体）。通常的目的是产生一个系统树图，它的分叉水平将取决于逐步增多的数据聚集之间相对的相似性。此外，可能需要改变所采用的分类策略的参数以得到与研究者事先看法相符合的结果（Carney *et al.*，1983）。

另外一种排序法是用多维空间中大批的点尽可能如实地描述样品和物种的联系（见图 9.10）。根据向量模型，排列避免了分类法的那些缺点，而使得样品与环境梯度（如水深）之间的关系简单地沿坐标轴展示出来。去趋势对应分析法（Hill，1979a；Hill & Gauch，1980；Greenacre，1984）已经成为深海研究中应用最广泛的方法。

很显然，要使分类法和排序法都成功应用，重要的是在标准样品之间进行比较，这些样品量需要足够大，使得在不同的站位中代表群落的随机性减小到最低限度。站位必须足够密集以表现出存在的分布模式是梯度分布还是离散分布带，或者两者结合，后者也许可以体现出群体连续体变化速率的改变。理想的做法是采用重复样实验使其达到预期目的，站点内的重复样相似性应当比在其他站位的重复样相似性要大一些。重复样实验还应当沿深度梯度密集采样进行。然而不幸的是，目前为止很少有深海样品能按预期那样完全满足所要求的这些标准。

总体来说，排序法从概念上来讲似乎比分类法更可取，因为它更准确地反映出在深度梯度上动物区系变化的递变性质。

分析成带现象的第二种方法依赖于单个物种垂直分布区的精确数据。例如，采用海底视像系统，对于容易识别的底表动物物种，可以将其密度和分布沿深度梯度作图（图 9.2）。此外，总体上与深度有关的分布模式在每年的不同时期似乎均固定不变，即使把游动物种，如蛇尾纲动物也计算在内（图 9.3）。动物不同深度分布模式信息也可以通过集中的断面拖网来获得，研究已经得到沿大陆边缘区域各种不同深度下的大量数据，如图 9.4 中所示。深度变化条件下新物种的累积曲线（见图 9.7）可能提供关于动物区系的深海梯度分布变化率的信息（Haedrich *et al.*，1980；Gage *et al.*，1985；Haedrich & Maunder，1985）。Backus 等（1965）的分布区重合法（见图 9.8）进一步改进了这种处理方法，这种方法并不依赖于沿深度梯度测定的成对样品组合之间的相似性。当应用于底栖和底游生活的动物时，它反而依赖于物种垂直分布区的有关数据（这些数据可以通过各种各样的装置获得），以便测定物种首次和末次出现时的数量——假定它具有沿等深线的典型带状分区的分布模式（Haedrich *et al.*，1975；Gage *et al.*，1985）。由于这些方法要求对单个物种的垂直分布范围有全面的了解，它们可能只应用于如棘皮动物那样可以被准确鉴定的动物群体，以及被集中研究过的大陆边缘海域。

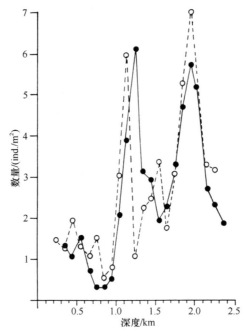

图 9.2　在西北大西洋新英格兰外海，不同时期进行的由两台海底摄影滑撬调查得到的巨型底栖动物总数的深度分布图。空圆圈代表 1984 年 11 月的数据；黑圆圈代表 1985 年 5 月的数据（引自 Maciolek *et al.*，1987b）。

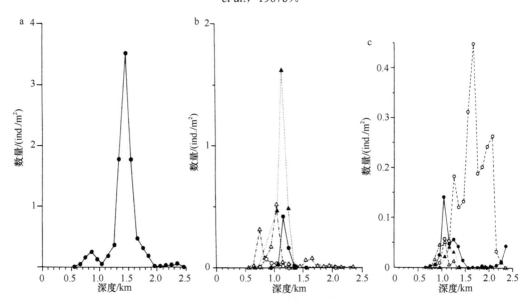

图 9.3　在西北大西洋新英格兰外海，用海底摄影滑撬调查所获得的巨型动物数量的深度分布图
a. 巨型单细胞阿米巴虫，可能是 *Reticulammina*；b. 4 种柳珊瑚；c. 3 种海鳃。详情见图 9.2（引自 Maciolek *et al.*，1987b）

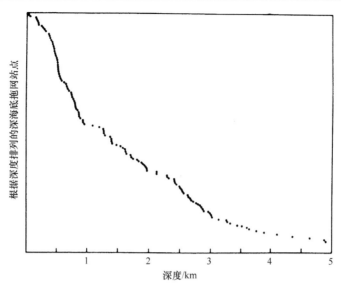

图 9.4　新英格兰外海（西北大西洋）拖网捕获物的深度分布图
显示出根据图 9.5 中动物相似性所作的分类（引自 Haedrich *et al.*，1980）

很显然，在总体成带现象模式的分析中，以上处理方法对于采样间隙和采样强度的差异特别敏感。采用分布区重合法可能导致人为减少首次和末次出现的期望值；采用多变量分析法则导致相邻的成对样品的相似性下降。

2. 不同类群物种更迭的差异

总体来说，各个分类群的深度分布模型差异很大，有的物种深度分布范围十分广泛，而有的物种仅局限于一个狭窄的分布带。西北大西洋的海底摄影滑橇断面已经记录下沿深度梯度附着生活和缓慢移动的巨型底栖动物的出现频率以及密度峰值（图 9.2，图 9.3）。虽然亲缘关系近的巨型底栖动物物种的深度分布范围在很大程度上相互重叠在一起，但每一个物种生存的最适深度似乎不同（Hecker，1990）。

巨型底栖动物和底游动物的两种多变量分析结果（分类法和排序法）（图 9.5，见图 9.9～图 9.11）和沿坡累积物种的补充和分布区重合（图 9.6～图 9.8）已经为成带现象中动物组成变化速率的剧烈改变提供了证据（Haedrich *et al.*，1980；Rowe *et al.*，1982；Haedrich & Maunder，1985；Gage *et al.*，1985）。在上述报道之外的其他地方，只能观察到微弱的成带现象，至少在近海底鱼类中是如此（Merrett & Marshall，1981；Sulak，1982；Snelgrove & Haedrich，1987）。不过研究显示随深度增加较小动物的物种更迭更加平缓（图 9.12）。沿着欢乐角-百慕大断面，腹足纲软体动物和涟虫目节肢动物表现出比蛇尾或多毛纲动物任何一类要狭窄得多的深度分布（图 9.13），蛇尾和多毛纲动物由于广深性物种的存在而具有较高的相似性水平（Grassle *et al.*，1979）。这些研究提出大型底栖动物成带现象的强度差异与它们早期发育阶段的物种分散能力紧密相关。然而，仅考虑新英格兰外海大陆坡和大陆隆，不同的大型底栖动物类群显示出很高的集群性，表明一个由多毛纲动物占优势的总体分布带模式，包括陆坡上部（0.58～1 km）、陆坡下部（1.5～2 km）、海隆上部（3 km）和海隆下部（3.5 km），这些相互关系表明不存在季节的变异性（Blake *et al.*，1987）。

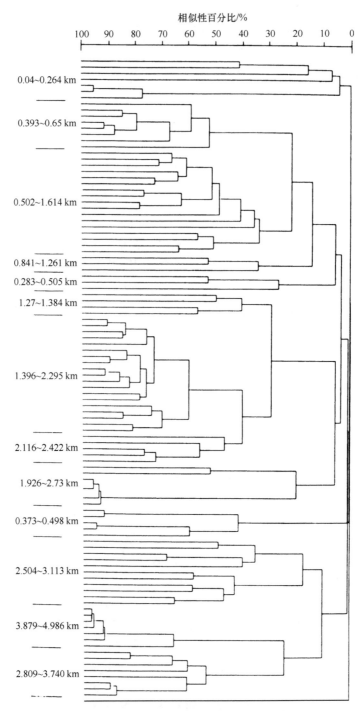

图 9.5　在西北大西洋新英格兰外海大陆坡和大陆隆不同深度进行的拖网捕捞中巨型底栖动物的相似性系统树图（引自 Haedrich *et al.*，1980）

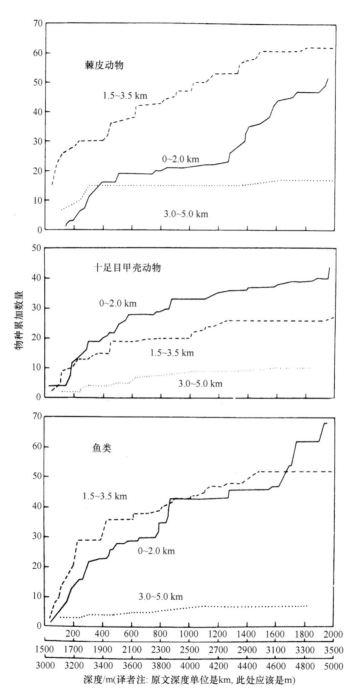

图 9.6 在西北大西洋新英格兰外海大陆坡和大陆隆不同深度进行的拖网捕捞中主要的巨型底栖动物和底游动物累计增加的物种数量（引自 Haedrich *et al.*，1980）

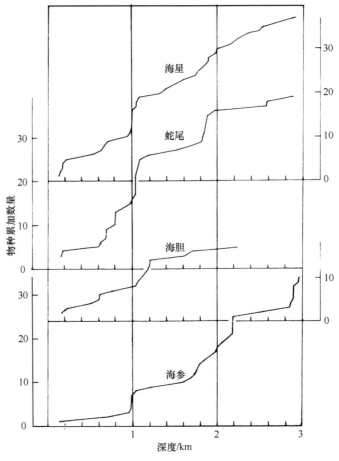

图 9.7　在东北大西洋罗科尔海槽沿深度梯度的不同深度拖网中棘皮动物 4 个主要类群累计增加的物种数量（引自 Gage，1986）

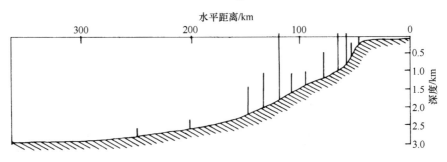

图 9.8　在东北大西洋的罗科尔海槽纵深剖面上的物种分布区重合的统计值，根据物种首次和末次出现的边界深度确定（引自 Gage，1986）

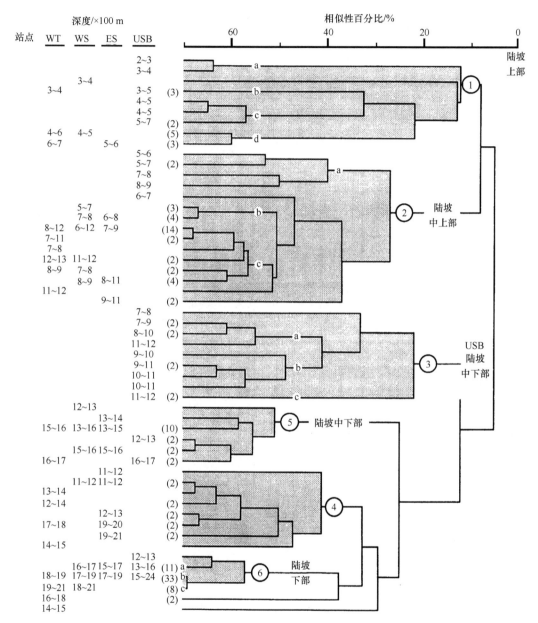

图 9.9 在西北大西洋新英格兰外海的大陆坡上，利用海底摄影滑撬拖轮沿 4 个断面站点（WT、WS、ES 和 USB）鉴别的巨型底栖动物种相似性聚类（深度间隔 100 m）。USB 位于乔治海岸的大陆坡上，其他 3 个站点均位于更靠南的科德角半岛大陆坡附近（引自 Hecker，1990）

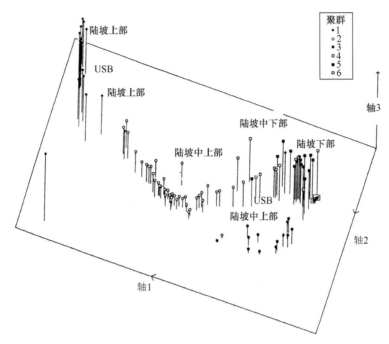

图 9.10　通过对新英格兰附近 4 个断面地点的巨型底栖动物物种进行去趋势对应分析，以 100 m 深度间隔进行排序。图中不同符号表示由图 9.9 所示分类定义的间隔簇。根据排序的前 3 个轴上的得分，显示聚类组的位置。其他标签说明见图 9.9（引自 Hecker，1990）

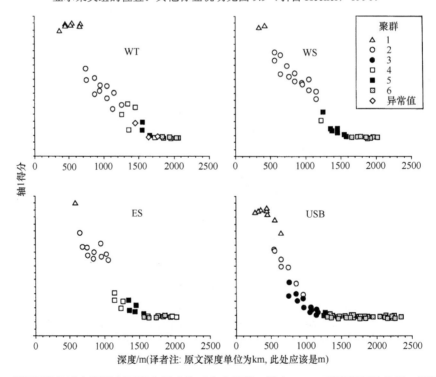

图 9.11　根据平均深度间隔绘制巨型底栖动物对应分析第一轴上 100 m 深度间隔的位置。不同符号表示分类形成的簇。标签说明见图 9.9（引自 Hecker，1990）

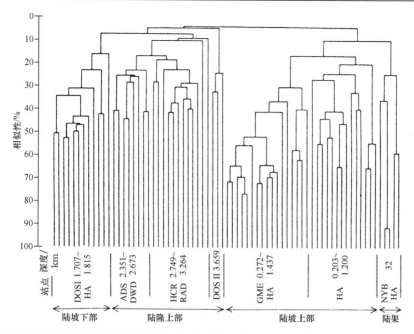

图 9.12　在西北大西洋美国大陆坡和大陆隆的不同地方，伯奇-埃克曼箱式取样器样品中大型底栖动物聚类图（引自 Rowe et al., 1982）

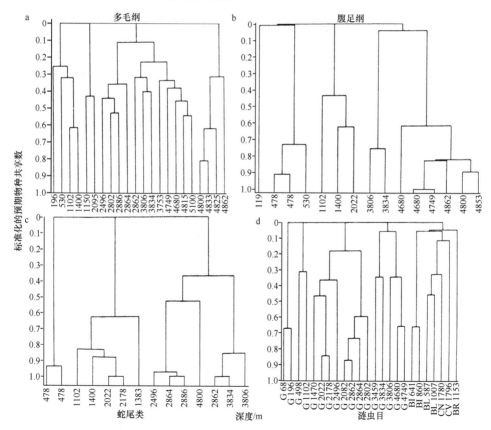

图 9.13　在欢乐角-百慕大断面浅表海底滑撬捕获物中不同的巨型动物分类群的 NESS 相似性聚类图（引自 Grassle et al., 1979）

总体来说，分析大西洋不同位点的大型和巨型底栖动物断面所获得的研究结果进一步证实了在陆架边界动物组成变化急剧。与此同时，在 0.4～1 km 深度划出的分布带也获得了这一海域巨型底栖动物研究结果的支持（Sanders *et al.*，1965；Grassle *et al.*，1979；Haedrich *et al.*，1975，1980；Rex，1981，1983）。

2.1　垂直模式的区域性差异

已公开发表的各种大型底栖动物和巨型底栖动物类群文献表明，动物群变化模式在不同的海域差异相当大（Haedrich *et al.*，1975，1980；Grassle *et al.*，1979；Rex，1977；Gage，1986）。沿着美国大陆边缘的大范围拖网和摄影断面显示出成带现象的普遍分布模式，某些区域群落组成变化相当显著，而其他区域不同站点间则表现出更高的均一性，两种区域交互形成成带分布模式（Menzies *et al.*，1973；Haedrich *et al.*，1975，1980；Hecker *et al.*，1983；Blake *et al.*，1987；Hecker，1990）。然而，在不同的研究工作中，深度分界线可能并不严格一致，这些差异似乎大体上是由陆坡上不同的地形和地质以及拖网和摄影断面差异所获得的不同分类群引起的。调查包括海底峡谷在内的海域得到的结果和正常的陆坡模式存在一些偏差。这反映出地形上的差异和动物基本组成部分的不同，表明海底峡谷特征。总体来说，这些研究工作显示，根据断面位置的不同，物种组成的主要变化出现于陆坡上部 0.4～0.6 km 和 1 km 处。在陆坡中部和下部之间的分界线处（1.4～1.6 km）存在另一个动物群的不连贯带；中间存在一个逐渐变化的区域，即动物群发生了大约两次完全改变（Blake *et al.*，1987；Maciolek *et al.*，1987）。通过拖网得到的结果说明，在 2 km 深处还出现一个不连贯带，此后动物群呈现出较大的均一性（Haedrich *et al.*，1975，1980）。在西北大西洋经过深入细致的断面研究（见图 9.4），物种补充速率呈阶梯状增加（见图 9.6），反映出这些变化速率的改变并且显示大陆隆进入深渊处的动物区系的变化速率很低。相似的物种补充的阶梯状模式与棘皮动物物种首次和末次出现的峰值（见图 9.7，图 9.8）出现在东北大西洋的罗科尔海槽 0.8～1.2 km 处和约 1.8 km 处（Gage，1986）。这些变化趋势与 Sibuet（1977）在比斯开湾报道的情况一致，并且基本上与上面讨论过的西北大西洋的模式相似。

关于太平洋的资料比较少。在俄勒冈州外海，底表动物海参纲的分类结果显示出明显的陆架边界的过渡状态，不过仅仅呈现渐进式的变化，每 2 km 完成一次更迭（Carney & Carey，1977）；而在近海底鱼类中更迭速率峰值出现在 0.4～0.7 km 处，与太平洋最低含氧层相互重叠，还有另一个峰值则出现在 1.9～2.2 km 处（Pearcy *et al.*，1982）。

从分类法和排序法的结果得到的结论是，所谓动物群的分布带，其实是动物群变化不大的区域被动物群变化巨大的区域分隔开。

2.2　成带分布模式的成因

正如上面概述的那样，关于成带模式成因的讨论主要集中在自然因素的潜在影响（特别是对温度耐受性的生理界线）以及大陆边缘的地形和水文特征的影响方面。这些研究始于 Murray 和 Hjort（1912），并由 Le Danois（1947）和 Ekman（1953）进行了例证。然而不幸的是，即便是巨型底栖动物目前的数据也不足以支持动物群受纬度相关环境因子影响（如永久性温跃层的深度）而产生全球性分布模式。此外，不管成带现象的原因如何，都必须解释为何动物群中的一部分物种比其他物种对沿深度梯度的变化有更显著的耐受性。研究提供了一些区域性更强的因素影响成带分布现象的实例，如沉积物状态的变化，包括沉积物化学性质的变化，可以影响区域内动物群的分布区，尤其是在陆坡上部（Carey，1965；Haedrich *et al.*，1975；Southward & Dando，1988）；Rowe 和 Menzies（1969）指出深海边界流对幼虫扩散和海流挟带的碎屑食物也是重要的区域性影响因素。

对于巨型底表动物，至少观察到的一些成带现象似乎反映出沿食物和流体动力学能量梯度的营养策略的变化；陆坡上部是悬浮物和食肉动物/食腐动物的混合区，陆坡中部则单独为食肉动物/食腐动物，美国大西洋大陆边缘的陆坡和海隆下部则是悬浮摄食动物和摄食沉积物动物的混合区。诸如冰筏石和漂砾那样的硬质基底的可获得性也可能限制了海绵和珊瑚等附着动物的分布。然而，某些悬浮摄食动物，如某些腔肠动物和具茎的海百合纲动物显示出相当大的垂直分布带。这些物种可能只是利用了维持高含量的再次悬浮沉积物的区域条件（Carney *et al.*，1983）。

一般情况下，在深海平原广泛分布的站位所采集的箱式样品的高度相似性（Hessler & Jumars，1974；Hecker & Paul，1979）和沿较深的等深线样品的均匀性（Maciolek *et al.*，1987a）与随深度增加环境一致性增加的概念有关（Rex，1981）。

一些研究工作着重关注生物相互作用的重要性，特别是其决定成带的不同速率的重要性。以植食性和肉食性动物为主的类群，如底表腹足纲软体动物，比底内沉积食性者成带更迅速（Rex，1977）。对深海动物食性的研究显示，在食物方面没有任何明显的选择性（参见第 4 章以及第 11 章中的觅食策略部分），表明对同一有限资源的竞争性相互作用可能会增强。这可能是群落结构形成的首要推动力。Carney 等（1983）指出，将竞争性相互作用和捕食行为作为决定成带模式的重要因素是由于首先我们没有能力证实出现在深度 1 km 以下的模式和生理学因素的关系，其次我们认为这种生态现象在维持岩相潮间带内狭窄的成带作用中起主要作用。的确，这种竞争性和捕食性相互作用可能在对深海高多样性不平衡的维持中具有极其重要的作用（参见第 8 章）。这些过程可能发生于底表动物类群丰度的尖峰值处（图 9.2，图 9.3）。由于多物种分析需要面临各种复杂性，研究人员从描述动物成带模式到对其进行预测面临相当大的困难。

Rex（1977）采用的一种处理方法出自 Terborgh（1971）关于环境梯度分布的理论。在这个模型中，物种沿梯度（如海拔梯度或深度梯度）的分布数据可用于寻找沿资源或生理梯度竞争性资源的证据。在不存在种间效应的情况下，每一个物种都应随机分布于最适环境附近。当资源随梯度变化时，竞争将不复存在，物种的分布范围会大面积重叠，使得物种替代率变化平缓。种间竞争则导致资源沿梯度形成连续分区，而竞争性排斥作用会导致分区边界处的物种替代率变化剧烈（图 9.14）。多个分类群之间的边界重合将导致主要动物区系的不连续性。

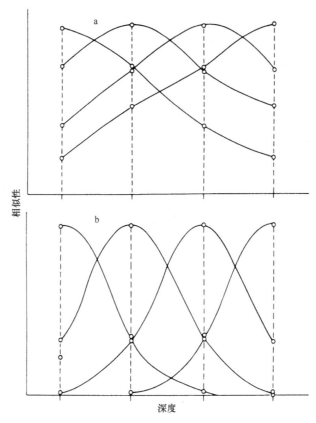

图 9.14　物种的理论相似性对深度所作的曲线图：可变的资源和最小的种间竞争（a）以及共享资源导致物种间的竞争相互作用（b）（引自 Carney et al.，1983）

在将这种理论应用于从欢乐角-百慕大狭长条状地带得到的数据时，Rex（1977）发现动物变化的速率取决于所分析的生物类群，巨型底栖动物变化最迅速，底内多毛纲动物变化最为缓慢（图 9.15）。这一结果印证了处在食物链高端的类群更少地承受因捕食造成的种群数量减少的压力，因此在梯度上经历更激烈的竞争（Menge & Sutherland，1976）。然而，这个解释也许过于简单化，因为在其他地方巨型底栖动物中的海参纲动物表现出比多毛纲动物和端足目动物更为缓慢的变化速率（Carney et al.，1983）。

关于底游生活的鱼类的资料可能最完整。然而，除了反映两种广泛分布和高丰度的物种——陆坡深处的柯氏合鳃鳗（Synaphobranchus kaupi）和大陆隆上的薄鳞突吻鳕[Coryphaenoides(Nematonurus)armatus]的分布模式以外，对来自大西洋北部的现有资料的分析并不能得出可重复的模式。研究人员在某个调查海域内分析鉴别出的群落在其他地方未鉴别到。因此，Haedrich 和 Merrett（1990）相信，至少对于鱼类来说，成带现象或者群落概念在深海中毫无价值可言。

最后，我们不得不同意 Carney 等（1983）的观点，他们在深海成带现象的综述中提出，对进化和生态学两个时间尺度中几个进程形成的任何模式进行观察将有利于我们未来对垂直成带现象的认识。总的动物模式分析对于系统阐述理念具有启发性，不过它也可能使一个复杂的模式变得很难理解，因此需要把它作为在地域层面上各个物种的分布范围和适应性的集合进行理解与分析。

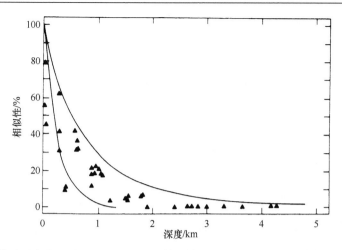

图 9.15　由新英格兰外海拖网得到的不同动物类群的相似性对深度所作的曲线图显示出不同的变化速率。上方曲线：鱼类显示出相对较低的变化速率；下方曲线：巨型无脊椎动物显示出最高的变化速率；可能反映出不同的运动能力和营养型。捕食性的腹足纲动物（▲）处于两者之间（引自 Carney *et al.*，1983）

第 10 章　深海动物的动物地理学、物种形成和起源

1. 深海中的水平分布

在"挑战者"号的开拓性航海时期，从全球范围拖网捕获的深海底动物是如此单一，由此引申得到最初的深海动物地理学概念是一个单一的范畴，许多物种是共有的，具有全球性分布特征。虽然这个观点得到 Bruun（1957）的支持，但是某些研究工作者已经意识到将深海带划分成 4 个动物地理分布区，即大西洋、印度洋-太平洋、北极圈和南极洲（Ekman，1953）。Vinogradova（1959，1962a，1962b，1979）用英语总结了俄罗斯研究人员在全球范围采集样品的调查成果。她发现仅有 15%的物种存在于一个以上的海洋中，而仅有 4%的物种存在于全部 4 个海洋地理分区中。这些结论遵循深海区和深渊区动物群基本一致的理念；与此同时，人们也认识到不同的海洋区域变化巨大，特别是在像海沟这样属于地形边界的海域（图 10.1）。

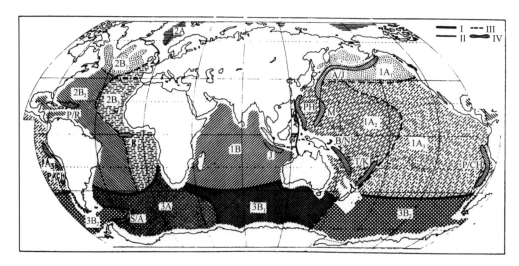

图 10.1　世界海洋深海带和超深渊带的动物地理分布图

分界线 I. 区；II. 亚区；III. 深海区；IV. 深渊区。1. 太平洋/北印度洋深海区；1A. 太平洋亚区；1A$_1$. 西太平洋海域；1A$_2$. 东太平洋海域；A/J. 阿留申-日本深渊带；PH. 菲律宾；M. 马里亚纳；B/N. 布干维尔岛-新赫布里底群岛；T/K. 汤加-克马德克；P/CH. 秘鲁-智利深渊带。1B. 北印度亚区；J. 爪哇深渊带。2. 大西洋深海带；2A. 北冰洋亚区；2B. 大西洋亚区；2B$_1$. 北大西洋深海带；R. 罗曼什海沟。3A. 南极-印度太平洋亚区；3B$_1$. 印度洋深渊带；3B$_2$. 太平洋深海带；S/A. 南大西洋深渊带（引自 Vinogradova，1979）

对于北大西洋来说，这些结论实质上和 Mortensen（1907）的结论很相似，并且对"铠甲虾"号考察所收集到的材料进行动物地理学分析，或多或少支持了这些结论（Kirkegaard，1954；Wolff，1962；Levi，1964；Millar，1970）。根据"铠甲虾"号采样发展而来的其他方案，仅在主要的动物群联系上有区别（Madsen，1961b；Hansen，1967，1975；Knudsen，1979）。其他更复杂的研究方案已经逐渐发展，将埃克曼的分区再次细分成更小的分区，

这些分区的物种分布范围由于地形上的屏障分隔而非常狭窄（Clark，1962），或者主要是根据深水水体的来源和温度结构进行划分的（Menzies *et al.*，1973）。研究人员认为，物种的分布与板块构造和深水环流以及水深有关（见下文），与此同时，不同发育模式的幼虫扩散能力的重要性似乎位居其次（Schein-Fatton，1988）。

在深海海沟中独特的动物区系概念主要是依据俄罗斯的拖网研究结果提出的（Zenkevitch & Birstein，1956；Belyaev，1966，1989；Bruun，1957）。这些结果表明，在深渊处，端足目动物、多毛纲环节动物、双壳类软体动物、螠虫动物和海参纲动物的占比较高；海星、海胆、星虫和蛇尾，特别是非海葵和钵水母纲腔肠动物、苔藓动物、涟虫目动物、鱼类的占比较低；而十足目甲壳纲动物在深渊中完全不存在。俄罗斯的研究还强调了在数量和种类方面明显占优势的动物，依次为海参纲动物、多毛纲环节动物、双壳纲软体动物、等足目动物、海葵类动物、端足目动物以及腹足纲软体动物；海参纲单一物种的大量出现尤其典型。上述结果和在等深线上海洋生物出现频率的一致性以及从一条海沟到另一条海沟的物种组成和出现频率的相似性，使 Wolff（1960，1970）提出了一个界线明显的深渊或超深渊分布带，显示出高度分化和物种特有性（在一些太平洋海沟中高达 75%），尽管在属水平上这一特有性并不明显。其他的研究说明，大量的分化是在亚种水平上，并且其他地方性的特有种的分布密度亦非常低，因此，地方性的特有种在深海环境中分布不明显（Hansen，1975）。

在考虑广深性水生物种时，我们在第 4、5 章中已经讨论过的具有广深分布范围的某些物种从次深海带到深渊带都有分布，Vinogrsdova（1962a，1969，1979）能区分主要的巨型底栖物种垂直分布范围的差异。腔肠动物是最具广深性的水生生物，其次是星虫类动物、藤壶类动物和其他甲壳类动物，而海绵动物、等足类、须腕动物和棘皮动物在广深性物种中的比例非常低。

Ekman（1953）还首次证明了陆坡上动物水平分布的一种不同模式，动物的分布范围沿大陆坡上升而具有增加而不是下降的趋势。虽然海星的数据与这一推论相反（Madsen，1961b；Sibuet，1979），Southward（1979）仍然主张根据须腕动物在大西洋的分布，只有陆坡底部的物种在地理上分布广泛，而深海带和陆坡上部物种的水平分布范围则更受限制。后来的研究工作者进一步拓展了埃克曼的猜想（Pasternack，1964；Vinogradova，1969b；Menzies *et al.*，1973；Kucheruk，1976），他们认为某些次深海物种，如棘皮动物莱曼瓷蛇尾（*Ophiomusium lymani*）和海参 *Scotoplanes globosa* 的深度分布狭窄，但水平分布范围广泛，形成带状的全球分布区。Menzies 等（1973）将这一现象与深海边界流引起的幼虫阶段的扩散作用联系起来。出现在卢考特角外北美大西洋陆坡、纽芬兰大浅滩和日本东海岸外海这些海流的分支已经被认为是某些种群水平分布的动物地理学屏障（Cutler，1975；Hansen，1975；Haedrich & Maunder，1985）。

然而，在海洋洋盆中由于没有地理屏障和海床的聚集，动物分布非常广泛，这个看法通过在属和更高分类阶元的比较而得到了支持，这些更高的分类阶元的分布倾向于全球的一致性。例如，已知来自太平洋深海隶属于等足目动物的 143 个属中，只有 9 个属尚未在大西洋中被发现；这些结果证实，和浅水水域或陆地相反，深海的环境是相当均匀的，生物分类学上属这一级水平所代表的适应性变化和生活方式可能存在于各个深海中（Hessler & Wilson，1983）。甚至可以说，下文讨论的物理上和水文上被隔离开的洋盆在属水平上也符合这个同质性。

由于种属分类阶元的识别仍然存在许多问题（见下文），目前尚不清楚，与浅水相比，第 8 章讨论的小型底栖动物的高物种丰富度是否与属和较高分类阶元的高数量成比例有关。然而，一般来说，现有资料显示，深海中的种属比例比浅水动物的比例要高得多。

2. 深海中物种形成和动物地理学

深海中物种形成的假设主要是通过对动物地理学过程的研究引申出来的。这些过程是理解和深度有关的多样性变化和动物组成变化的基础，然而，这些考虑还是近年来的事情。20 世纪 60 年代，研究人员认为苛刻的生活条件导致深海中物种非常稀少，同时认为深海是一个各种条件恒定不变的环境，在深海中的演化比在浅水中要缓慢得多（Carter，1961）。这个观点使人们一直相信深海是在其他地方早已灭绝的物种的避难所（Zenkevitch & Birsrein，1960），或者认为深海中的动物主要是从邻近的大陆架衍生而来的（Bruun，1957；Menzies *et al.*，1973）。在深海中高物种丰富度的发现（参见第 8 章），以及深入细致的分类学研究，已经促成了一种观点的形成，即深海是物种丰富的场所，并且可能是更高水平分类群的发源地（Hessler & Wilson，1983）。

2.1 理解物种形成存在的问题

陆生动物物种形成的理论研究已经得到很好的发展，人们对陆地动物区系关系的了解比海洋多。对于深海动物区系关系仍然是未知的。Wilson 和 Hessler（1987a）在对深海物种形成的综述中指出，深海动物区系的认知匮乏阻碍了单独从动物地理学资料得出的物种形成的推论，并可能忽视了基本的遗传机理。对这些机理的认识需要有关物种的种群遗传学方面的知识。虽然遗传多态性在某些物种中已经被研究（见下文），但是这些研究几乎没有将焦点集中在不同地区间的遗传差异上。

2.2 物种是由什么构成的？

认识物种形成的动物地理学方法的另一个主要问题就是物种的构成；这一点与其他研究相同，这些研究依赖于界定物种一致和连贯的标准，对于在深海等鲜为人知的动物群研究尤其重要。在 20 世纪六七十年代，人们对大范围采样活动所获得的大量的、像人口统计一样全面的分类群进行了研究，清楚了解了形态学的细微差异和丰富了物种形成的含义（图 10.2）。一个问题是，构成一个物种概念的广度似乎往往取决于其表观分布宽度，这个看法可能受到缺乏隔离屏障和全球环境一致性的基本假设的影响。在物种划分时，形态学上的变异的权重有多大是一个主观的评定，某些研究者对于是否将变种、亚种或种的地位归结为变异的判断不那么保守，在过去，变异常常根据收集到的很少的标本进行分析。例如，Hansen（1975）在他关于"铠甲虾"号考察平足海参的专著中提到海参纲平足海参 *Scotoplanes* 地理学上的变种中仅辨认出两个物种，推测大多数变种属于世界性分布物种 *S. globosa*。在鉴定物种的过程中，他根据某些物种大而有浮力的卵以及它们已知的游泳和迁移能力得到了无可非议的结论，特别是在它们的幼体期（参见第 13 章）由于海流的作用提供了物种广泛分散的可能性。然而，俄罗斯的研究将这些物种分离成 5 种，每一种都有更为严格的区域性分布（Gebruk，1983）。同样保守的见解通常被应用于其他许多分类群中（Kirkegaard，1954；Madsen，1961a；Knudsen，1970），直到获得了更多更有说服力的材料，才最终接受将物种的地位归结为变异。所以，随着海上采集方法的不断完善和采样规模的逐渐扩大，以及考虑形态学分类以外的标准，许多被认为分布很广的物种可能将被"细分出变种和亚种"。

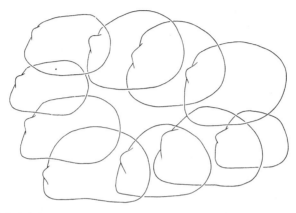

图 10.2　大西洋 10 种未命名的 *Dacrydium* 属贻贝的贝壳轮廓图。它们的分布大部分局限于单一洋盆中的狭窄深度范围内（引自 Allen，1979）

检查生物化学可变性这一类的处理方法已经揭示出了许多浅水水域的动物姐妹（外表很相似或一致）物种，特别是在多毛纲动物中（Clark，1977；Grassle & Grassle，1977）。Wilson 和 Hessler（1987a）列举的例子包括薄鳞突吻鳕[*Coryphaenoides* (*Nematonurus*) *armatus*]，根据电泳和形态测量的变异性研究（Wilson & Waples，1983，1984），该种鳕鱼似乎包括多个地理分布范围有限的品种。在有可能广泛分布的无脊椎动物中，明管虫 *Hyalinoecia tubicola* 可能是在形态学上相似的物种的综合体（Grassle *et al.*，1975）；而以前认为在北大西洋分布广泛的等足目动物 *Eurycope complanata*，被分成 12 个分布范围有限的物种（Wilson，1983a）。

其他研究发现了在海洋洋盆内动物群具有高度的地区性特有分布。特别在囊虾目甲壳纲动物中尤为明显，其物种分布可能受到地理学和垂直方向两方面的约束（Barnard，1961，1962；Wolff，1962；Wilson，1983a，1983b；Holdich & Bird，1985；Jones，1985；多毛纲动物则参见 Hartman & Fauchald，1971）。

随着更强大的识别物种的技术为深海分类学家所利用，很多具有"全球范围"分布的物种将被划分为关系相近、分布更为局限的多个物种（Grassle & Maciolek，未公开发表的资料）。

2.3　和深度梯度有关的物种形成和遗传变异性

我们已经意识到环境梯度为驱动物种形成的选择性压力提供重要的支撑。我们在前面几章已经看到，包括现存量、动物体型大小、物种丰富度和群落组成等和深度有关的梯度在大陆坡的次深海带内变化剧烈。Wilson 和 Hessler（1987a）指出，和海洋表层有联系的变异性，地形和沿陆坡向下过程中的变异性以及高能边界流的存在，都将为物种形成提供更多的机会，也许和第 8 章讨论过的涉及维持多样性的过程一起协同运作。然而，研究发现广深性分布的类群，如分布于全球大陆坡下部的莱曼瓷蛇尾和腹足纲软体动物 *Bathybembix bairdii*，其遗传异质性与深度梯度的相关性并不明显（Doyle，1972；Siebenaller，1978a）。事实上，莱曼瓷尾蛇和 3 个海星物种都似乎仅呈现适度的遗传多态性，而另一种海星 *Nearchaster aciculosus* 表现出更高水平的遗传多态性，但莱曼瓷尾蛇比任何海星的地理学分布都广泛（Ayala & Valentine，1974；Valentine *et al.*，1975）。然而，由于莱曼瓷尾蛇中杂合体的比例倾向于比遗传学定律预期的低一些，Murphy 等（1976）认为，蛇尾的带状分布使得它们的种群之间隔离开来。选择压力在物种分布范围的中心地带是最弱的，这里的条件最佳、物种适应度最大，减弱的选择压力使遗传的变异性增大。然而，越接近分布范围边界，选择压力将变得越强，种群也许由比较接近最佳范围中心的繁殖体所维持。这将有助于消除很大程度的变异性，从而使异常值之间的纯合性达到最大。

周边被隔离的种群间表型一致性的概念是"建立者"原则的核心（Mayr，1963）。"建立者"原则是指由原来种群中小的亚种建立起的新的种群，仅仅携带了原先种群总的遗传变异性的一小部分。该原则被广泛应用于深海大尺度分布的地理变化中可能存在的"跨越式"格局研究。沿着大陆坡这一点可能显得特别重要，因为在这里峡谷地形和种群随下坡减少的过程，如沉积物滑塌（Almaça，1983），阻断了连续性分布，在海山上亦如此。然而，在比较浅（山顶深度<1 km）的海山上，广分布/全球分布的巨型底栖动物物种和地区性特有种的数量接近，而较深的海山山顶则以广分布/全球范围分布的物种为主（Wilson & Kaufmann，1987）。

虽然许多深海无脊椎动物预期呈现高水平遗传变异性（Gooch & Schopf，1972；Siebenaller，1978a），但是一些动物，如海参纲平足海参则呈现很低水平的遗传变异性（Bisol *et al.*，1984）。底游生活的鱼类数据也显示出低的杂合性，说明这些动物在生物化学水平上显示出对压力的不敏感性（Siebenaller，1978b，1984；Siebenaller & Somero，1978a，1978b）。

物种形成和灭绝的频率与物种的环境耐受性紧密相关。可以预料到的是，广适应性物种比具有相似扩散能力的狭适应性物种的存活时间长。然而，许多深海无脊椎动物有限的深度分布范围可能更多地反映出其有限的扩散或迁移，而不是狭适应性。藤壶 *Bathylasma corolliforme*（正常的分布深度为 0.1～1.5 km）样本从南极海 0.4 km 深处被成功地移植到 25～40 m 深处，在那里它们至少可以存活 2 年并且繁殖幼体（Dayton *et al.*，1982），由此表明用狭窄分布范围得出生物狭适应性的假定可能并不正确。此外，第 4、5 章提供的不同类群的觅食数据和第 11 章所总结的资料说明，鱼类和无脊椎动物这两类动物有着广泛的而不是狭窄的食性偏好。有关其他栖息地的少量数据，如对底土的选择，也说明了广适应性。例如，从遗传多态性的普遍需求来讲，北冰洋海星 *Ctenodiscus*（Shick *et al.*，1981）同样具有遗传多态性且广泛分布于深海的棘皮动物的广适应性。

2.4　物种形成中的扩散与隔离

在不同类群中幼虫扩散模式对物种丰富度的重要性已经在第 8 章中讨论过了。假定物种灭绝的速度是固定的且随机发生，那么调整基因流的扩散模式可能和形成新物种有关。Sanders 和 Grassle（1971）将早期发育中大多以浮游生物为食的深海海蛇尾相对较低的物种丰富度与不经过自由生活的幼虫阶段、直接孵化幼虫的囊虾目动物进行比较。然而，许多深海无脊椎动物具有处于两者之间的卵黄营养发育模式，在某一特定的时期内，这些自由游泳却不觅食的幼虫为浮游生活（大概在海底附近），而关于这一特定时期有多长还不清楚。这也可能是成体的分布范围（无论是广泛的还是有限的）和扩散能力形成的原因，像许多深海平足目和楯手目海参那样在水柱中游泳或漂流（Hansen，1975；Pawson，1982；Billett *et al.*，1985；Ohta，1985），这对确定扩散速率也很重要。不过，扩散和可能控制着物种形成的基因流之间的关系并不一定是直接的。Wilson 和 Hessler（1987a）指出，直接发育的类群，如等足目动物，包括特别适应深海条件的世界性科和广泛分布的属，表明在发生充分分化之前广泛扩散，以证明其被确认为独立类群。这些发现支持了在促进物种形成的过程中不存在对基因流的绝对屏障的观点。几乎没有与此观点相反的证据。然而，David（1983）提供了一个例外，他认为在挪威海洋中脊两侧的海胆纲 *Pourtalesia jeffreysi* 种群之间形态测定的差异（图 10.3）反映出在某一物种形成

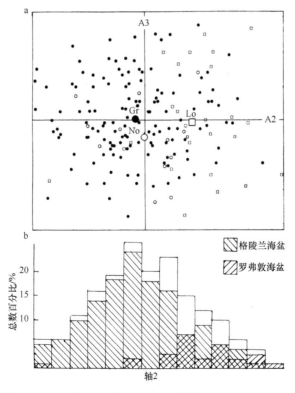

图 10.3　采用主成分分析法对来自挪威海 3 个海盆 175 个不规则海胆纲 *Pourtalesia jeffreysi* 标本的外壳形态测定结果分析。Gr. 格陵兰海盆；Lo. 罗弗敦海盆；No. 挪威海盆。a. 轴 2 和轴 3 的投影；b. 第 2 条轴上 3 个海盆个体数的柱状图。非阴影部分表示总数（引自 David，1983）

初期，该物种的卵黄营养繁殖方式（Harvey & Gage，1984）限制了这两个种群之间的基因流。

促进物种形成的另一个因素可能是深海动物的低种群密度。Wilson 和 Hessler（1987a）估计，假定空间分布模式是随机的，在太平洋东部赤道区域最贫瘠的海域，一种中等大小（约 1 mm 长）的动物，将和它最邻近的相同物种相隔约 1318 个体长。由于降低了基因流通过种群的速度，如此低的密度被认为有助于同种或同一区域的类群和相对分隔的种群单元间的趋异（Carter，1961）。

很明显，未来的研究工作重点要优先考虑将形态测量和电泳法等手段全方位应用于深海动物的鉴定中从而扩充对地理学变量的研究。这些数据和单系谱系或称为"进化枝"的精细进化分析相结合，加上对生物生活史的新认识，将使得对深海中物种形成过程以及多样性的起源与维系的假说进行验证成为可能。

3. 深海动物的起源

19 世纪中叶以来，深海动物在海洋类群进化史中所处的地位一直处于争论之中。研究人员利用耙网从很深的挪威峡湾海岸捕获到了有柄的海百合，如罗弗敦根海百合（*Rhizocrinus lofotensis*），据此可以预测，更古老的动物都可能在更深的海洋环境中被找到；这一想法也是激发"挑战者"号考察的灵感之一（参见第 1 章）。尽管缺少航海结果的支持，但这一想法依然存在，并因零星的发现而周期性地被提起，如原始软体动物 *Neopilina* 的发现（参见第 5 章），尽管 Menzies 和 Imbrie（1955）指出，有更多的古老类群可能在浅水水域中被发现。此外，古生物如原鳃亚纲双壳类动物的优势可能和它们普遍以沉积物为食的生活方式有关，这使得它们非常适于生活在食物贫乏的深水沉积物中（Allen，1983）。新近进化形成的悬浮食性的真瓣鳃目软体动物在浅水水域中占优势，更可能是由于它们很难适应深海普遍存在的摄食条件。现存的深海原鳃目动物在这么长的时间里一直存在于深海中，更可能是由于它们从浅水水域迁入的生物群发生了辐射进化（Clarke，1961；Allen，1979，1983）。在棘皮动物各类群中，次深海带的类群被认为是最原始的，而在深海带和超深渊带的生物是新近进化而成的（Madsen，1961b；Hansen，1975）。

在没有明确深海动物化石记录的情况下（有孔虫除外，参见下文），关于深海动物的起源有两种相反的见解：①在深海中进化而成；②从浅水中迁移而来。后者的假设基础是动物从高纬度的浅水水域起源中心迁移而来（Dahl，1954；Wolff，1960；Kussakin，1973；Menzies *et al.*，1973），在高纬度地区，重要的环境温度屏障将不会在浅水和深水水域之间形成障碍。对于在深海中高度多样化的种群，如等足目动物，这个下潜的论点似乎可能性更大，这是因为虽然构成等足目这些科的丰度中心位于深海中，但其中有许多物种在寒冷的高纬度浅水水域中都有代表种。Hessler 和 Thistle（1975）、Hessler 等（1979）反而辩解说，这些寒冷的浅水水域中的物种可能是从较深的水域中迁移过来的（高纬度上浮），原因是：①属与种的多样性中心在深海中形成典型的"纺锤形"深度分布；②在深海中，种系发生学已经发现，一个科中最原始的种或属存在于深海中；③在深海动物科中眼睛完全消失（由于深海中眼睛并没有选择优势），而在高纬度的浅水中生活的同一家族的物种眼睛同样消失。在进化过程中，像眼睛这样复杂的结构一旦失去，将无法再次获得。

直到板块构造地质学理论的出现及其被大家所认同，研究人员才得到了一些关于深海环境变化的信息。从深海钻探和微体古生物学，特别是从有孔虫类动物中得到的结果（经由 Douglas & Woodruff，1981 的总结）提供了动物群落的组成和深度两方面主要变化的文献资料。我们现在知道，在中中新世（16 Ma）左右，深海水团温度下降了 10℃。这可能导致大量动物的灭绝，并且促使深海海洋学发展成了现代的冰川模式。这一变化的特点就是极地冰盖发育，并且使得在极地海洋，特别是南极海为主要形成地的深水水团的循环得到加强（参见第 2 章）。

由于在深海和南极海之间存在潜在的动物通道和生物学相似性（Lipps & Hickman，1982），两个区域动物的演化历史被认为可能联系得相当紧密，这也支持了深海动物起源于南极浅海的观点（Wolff，1960；Menzies *et al.*，1973）。此外，Clarke（1962）在认真分析了深海软体动物的分布和分类学后得出结论，这类动物可能是从世界各地相邻的浅水水域中侵入衍生而来。相反，研究一个有限分类群——等足目 Ilyarachnidae 的分布和种系发生史发现，这个科产生于深海并且在深海内辐射分布，之后由于缺乏与其竞争的十足目甲壳类动物，在南极海中上浮并进化出多样性（Hessler & Thistle，1975）。Lipps 和 Hickman（1982）根据他们从深海和南极洲有孔虫的微体生物化石记录获得的信息评估中推断，两种动物区系的组成物种都是经过几个过程积累起来的，绝大多数物种起源于适合的环境中。只有很小比例的物种在两个地区之间按某个方向迁移，也许更少的物种是从其他地方迁移到深海中，如北冰洋，从更新世起北冰洋可能就开始向其他海域输出物种了。

3.1 孤立海盆的动物区系

由于浅的岩床将海盆与其他深海区进行物理隔离，以及深水环流的外流模式的作用（参见第 2 章），北冰洋-挪威海和地中海两处的深海动物具有很强的地域特有物种分布特征（Ekman，1953；Dahl，1979；Bouchet & Warén，1979b；Sibuet，1979）。Bouchet 和 Warén（1979b）认为，从北极软体动物群来看，在白令海峡形成与现代太平洋断开之前，生活在极地盆地的古老北太平洋动物群与之具有亲缘关系。然而，大多数人认为，更可能的是大量的北冰洋海盆动物是由从邻近的大陆架新近迁移来的动物构成的（Dahl，1972，1979；Dahl *et al.*，1979；Just，1980；Hessler & Wilson，1983）。

相似地，地中海深海海盆中动物群特有性仅在特定水平看到。这既反映了最近发生的海侵事件（海水流入），允许生物再次入侵，也反映了当地生物进化自浅水区。由于接近等温条件，典型的半深海物种延伸到相当浅的水域中（Ekman，1953；Peréz，1982；Fredj & Laubier，1985）。

红海是一个更加年轻的海盆，它和深海的联结仅仅是将其与印度洋分隔开的狭窄的海底山脊。它的"深海"动物区系和几乎被陆地围绕的日本海的动物区系很相似，不具有地区特有分布的物种。这两个动物区系被认为完全由来自相邻的印度洋或太平洋的广深性物种组成，在日本海它们中的一部分从陆架区域向下延伸至 3.5 km 深处（Ekman，1953）。

3.2　深海动物群有多古老？

　　化石证据排除了深海动物单一时代的所有观点。很明显，再加上对深海沉积物研究所得到的证据均表明，至少一亿年前深海就已经不是稳定不变的环境（Streeter & Shackleton，1979；Caralp，1987）。Madsen（1961b）已经对深海中的现代生物和化石形态之间的亲缘关系进行了综述，并由此推论当今的物种在中生代分化到了科的水平，但在古生代已分化到更高的类群。某些有孔虫似乎已存在了很长时间，该类群生物已经历很长时间的变化或多样化（Streeter，1973）。在属的层面上，该动物群既包括古老的晚白垩纪-早第三纪物种，又包括晚第三纪物种，显然古老动物群不是由先前想象的孑遗种组成，它们与古代化石的形态相似性很可能是趋同进化的结果（Lipps & Hickman，1982）。因此，现代有孔虫的物种组成像其他海洋类群一样是相对最近才形成的，始于中新世（22 Ma）初叶。

第四部分

变化过程：时间模式

　　由于深海过于遥远且难以进行直接测量，因此研究海底动物的分布情况和记录它们各种活动的结果要比研究在空间中产生这些模式的过程容易得多。特别是，关于任一生物学变化过程速率的资料稀少且难以获得。传统的观点认为深海是一个低活力的生态系统，在这个生态系统中生物群依赖可获得的少量食物生存下去。这个观念的产生是因为人们发现在这个系统内的生物密度非常低，并且提供给这些生物作为食物的有机物，不但量少而且只有极低的营养价值。此外，在深海沉积物中微生物数量稀少暗示了这里的微生物活动速率异常低。这个观点戏剧性地被"阿尔文"号上的午餐所证实——留在被水淹没的深潜器里的食物在一年以后从海底收回时仍然完好地保存着。根据放射性探测仪的测定结果，小型深海双壳类廷达蛤（*Tindaria callistiformis*）的大个体样品的年龄大约为 100 岁，这使得人们深信深海动物种群的成长和周转过程的速率极其低。

　　在这一部分，我们将看到上述观点受到了来自深海新发现的挑战，研究已经获取了从呼吸到繁殖，从觅食机制到沉积物的生物扰动等各种各样生物学过程的数据。其中包括未曾预料到的来自海洋表层的浮游植物碎屑的快速沉降以及在深海底"新"初级生产力被微生物快速利用的迹象。此外，还有资料显示出较大型动物比浅水种群具有更典型的季节性繁殖和种群变化速率。

　　盖奇（Gage）综述了关于深海底边界层发生的一系列生物过程速率的资料。然而即使可以根据现有的资料推测这些生物参与过程的某些环节，我们仍然不了解这些过程的清晰场景以及它们之间的相互联系。这是目前研究计划中最为紧迫的研究领域。

第 11 章 食物来源、能量关系和觅食策略

1. 食 物 来 源

在深海生态学中，最重要的限制因子可能就是食物的可获得性。除了在热泉处（参见第 15 章）之外，深海中的所有生产过程的能量补充都是直接或间接来自输入到海底的有机物，其主要部分是由真光层光合作用生成的碳下沉的"新"产物所构成的。这种对有机物输入的依赖性使深海成为一个外来的而不是原生的（如热泉）系统。Rowe 和 Staresinic（1979）及 Rowe（1981）概括了各种形式的有机物作为食物来源进入深海中的种种途径（图 11.1）。颗粒有机物包括由动物尸体、陆地和海岸植物残骸组成的大量的下落食物、大部分来自浮游动物包括排泄物粪团粒和蜕皮在内的细小颗粒状有机物，以及来自浮游植物群落的有机物。另外，研究已经发现沉积物，特别是处于还原状态的沉积物，包含较大比例的溶解有机物（DOM）。DOM 也被认为是某些生物群的重要食物源。

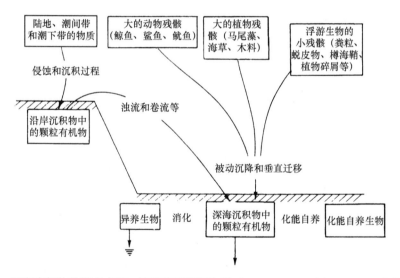

图 11.1 深海有机物的潜在来源、输送和沉降概念图（Rowe & Staresinic，1979，略有修改）

2. 大的下落食物：动物残骸

这些动物尸骸包括大型脊椎动物，如海洋哺乳动物和鱼类，以及大型无脊椎动物，如鱿鱼。在深海环境特征的早期综述中，Bruun（1957）认为，作为食物来源，鲸鱼和鲨鱼残骸的沉降具有重要性，不过这在当时还未被直接观察到。Issacs 和 Schwartzlose（1975）提供了第一个间接证据，他们用鱼的尸体作为诱饵，将照相机放置在海底进行

记录。该实验提供了大型食腐生物迅速进攻食饵的第一张照片证据；而早些年前，Forster（1964）也发现放置在大陆坡上的延绳钓诱饵受到了食腐鱼类的猛烈攻击。

Rowe 和 Staresinic（1979）注意到，在伍兹霍尔海洋研究所存档的 50 000 张海底照片以及在"阿尔文"号的多次下潜过程中，从来没有观察到在深海底有大块的尸骸。Stockton 和 DeLaca（1982）由此推论，大块食物的下落是低概率事件。然而，现在的确有越来越多的证据证明在海底存在大尸体。例如，Heezen 和 Hollister（1971）展示出一张在 600 m 深处的海豹骨骼照片，而 Jannasch（1978）报道在西北大西洋 3.65 km 深处出现半个海豚的尸体。此外，Smith（1985）在"阿尔文"号上用肉眼观察发现，在圣卡塔利娜海盆处每 8100 m^2 就有一个大的动物尸体（约 2 kg）和 4 个小的动物尸体（平均重约 50 g）。之后在 1987 年，他又发现一个 20 m 长的蓝鲸或长须鲸残骸，并且估计鲸鱼尸骸间的平均距离通常可能只有 8 km（Smith et al.，1989）。

虽然大的食物下落是聚集有机物的一个来源，但它们的出现除了在某些鱼类物种迁移路径上是季节性的且可以预料以外，大部分是不定期且无法预料的（Tyler，1988）。当在深海中放置尸体时，将引起食腐动物如端足类、海蛇尾和鱼类（参见下文）的快速响应，因此大的食物下落的重要性是不容置疑的。各种无脊椎动物和鱼类胃含物的分析也间接证明了它们以这类大型的沉降物为食。Smith（1985，1986）首先尝试将这种食物作为深海底栖生物的能量来源进行量化，结果表明它们提供了底栖群落呼吸作用所需能量的 11%。

当大型浮游生物种类暴发、死亡并沉到海底时，就会发生动物性食物的下落，但这种下落只出现在较小的范围。Moseley（1880）用海樽做过一些实验，证明它们下沉有多快。最新的证据来自对西北大西洋海底海樽垂直迁移的研究和海樽残骸的观察（Weibe et al.，1979；Caccione et al.，1978）。Jumars（1976）也对钵水母纲动物进行了类似的观察。Stockton 和 DeLaca（1982）注意到，虽然钵水母纲动物是海蛇尾动物的觅食对象，但没有证据表明海樽以同样的方式被利用。

3. 大的下落食物：植物来源

Moseley（1880）曾经对"挑战者"号拖网带上来的植物及残骸，如叶、茎和果的量进行过描述。他注意到果实还是新鲜的，上面爬满了觅食的动物。之后，Agassiz（1888）发现了来自约 3 km 深的样品中含有橙子和杧果的叶子、甘蔗和肉豆蔻，并由此假设，迅速下沉的动物和植物残留物也是深海底栖生物的重要食物来源（Smith，1985）。Wolff（1979，1980）就深海中植物残留物的出现和可能被动物利用的问题进行了综述。

3.1 大型海藻和海草

虽然研究人员常常在沉积物捕获器和海床上发现沿岸大型海藻和海草碎片，而这些碎片在浅水水域的碎屑食物链中通常也很重要，但它们对深海 POM 的贡献往往被低估（Menzies et al.，1967；Menzies & Rowe，1969；Schoener & Rowe，1970）。海草，如泰来藻属（Thalassia）的残骸由于季节性的热带风暴被连根拔除并被海流带离岸边到达它沉没的海域。我们已经注意到在葡萄牙里斯本和塞图巴尔峡谷内的样品与海底照片中出现了海草残骸，它们可能源于峡谷上端附近的沿岸潟湖和河口。在半深海中的珊瑚海深海高原（Alongi，1990）的珊瑚礁附近出现的多年生大型藻类碎屑为南大洋威德尔海提供了相当大的有机物输入量，在那里，它可以调节高纬度地区典型的初级生产向底栖生物输入的强烈但短暂的季节性能量脉冲（Reichardt，1987）。

许多观察表明，深海底栖动物中摄食沉积物的动物可以消化大海藻、海草和陆生植物碎屑，甚至包括木料（Mortensen，1935，1938；Wolff，1979，1980；Pawson，1982）。令人吃惊的是，对稳定性碳同位素 $^{13}C/^{12}C$ 值（该值可以像"指纹"一样有效定位营养源）的分析表明，尽管食物中的氮量很低并且在深海底分解得很缓慢，但这些物质中至少有一部分可以被海胆直接代谢利用（Suchanek et al.，1986）。另一种可能是在某些深海海胆的胃中共生着固氮细菌，而目前已知这类固氮细菌在某些氮源缺乏的浅水环境中可以提供氮源营养（Guerinot & Patriquin，1981）。

3.2　马尾藻

研究已经发现这种远洋大型植物在马尾藻海和加勒比海、墨西哥湾以及太平洋中部的海床上数量巨大，并且是西北大西洋深海中一种持续稳定的有机质供给来源，尽管它们呈斑块状分布（Grassle & Morse-Porteous，1987）。健康的马尾藻可能被风力引起的朗缪尔环流输送进深海中（Johnson & Richardson，1977）。如果风力很强（>25 节），朗缪尔环流可能伸展至 100 m 的深度。这是马尾藻的气囊迅速瘪掉的临界深度，到达这一深度后，海草变成负浮力而不断下沉，大约经过 40 h 便沉到了海底。在马尾藻海的冬季，这些条件似乎都能得到满足，预示着可能存在马尾藻向深海的季节性输入。

3.3　陆生植物残骸

自"铠甲虾"号以来的大型海洋科学考察中，研究人员已经在深海拖网中多次发现陆生植物残骸。最常见的是树的枝干和细枝，其次是木块、树皮和果实。Wolff（1979）对以这些材料为基底或遮盖物的动物的相关记录进行了综述。Wolff 列出的这些生物中很少有能够直接摄入木头和大型植物材料的物种。然而木头构成了深海中钻木双壳类动物极为重要的食物来源（Knudsen，1961；Turner，1973）。在与其亲缘关系很近的钻木船蛆属（Teredo）中，一般认为在胃里分解纤维素的任务由细菌承担，并且该属还可能承载固氮细菌。在深海凿木蛤 Xylophagainae 体内可能也存在相似的消化道微生物，但并未得到验证。这些软体动物将木头转化成粪球，这些粪球又被以碎屑为食的动物吃掉；当木头碎裂时，其中活着的穿孔软体动物将被其他动物捕获，已经死掉的则被腐食动物分解。在深海样品中木头既可能很常见（Rowe & Staresinic，1979），又可能罕见（Grassle & Morse-Porteous，1987）。虽然木头在小范围内出现而难以预测，但是它们的确常见于岛弧附近的深海海盆和海沟内，如在东、西印度群岛，以及具有大量河流输出物的地区（Alongi，1990）。木头在深海中的出现可能与热带地区的雨季有关，或者与温带地区的春季径流有关，食物被春季径流带入海中，被水浸透并下沉到海底（Turner，1973）。

在深海中，动物和大型植物残骸间的主要差别之一就是后者存留的时间长。Stockton 和 DeLaca（1982）认为，动物残骸中有机物的特性作为食物源更容易为食腐物种所利用，因此它的稀缺正好反映出其能够被快速利用。相反，大型植物残骸中的主要成分是纤维素，导致它不易被消化，并且其含氮量低。这就需要专业化的觅食模式，包括微生物的缓慢发酵来分解吸收这些植物残骸中的有机物，因此，它们会存留更长时间。

一般来说，这些大的下落食物不仅为深海提供了一个能量基底，而且它们在深海海床中通过局部的能量高度集中引起了空间异质性，也影响了底栖群落的结构（Stockton & DeLaca，1982；Smith，1985，1986）。

3.4 浊流的输送

通常认为浊流的共同点是有机物的含量高（Keller *et al.*，1973）。这种下坡浊流被认为是向深海输送有机物质的重要方式，海底电缆周围包裹着海草，海沟和海盆沉积物芯样中埋藏着海草和木材碎片就是证明（Wolff，1979）。不过对于这些输入物的量难以进行量化。迄今最好的一个证据是在经常出现浊流的美国西北部外海，生活在卡斯凯迪亚海峡的动物数量是生活在附近卡斯凯迪亚深海平原动物密度的 4 倍（Griggs *et al.*，1969）。

3.5 来自真光层的颗粒有机物

我们对颗粒有机物向下流动、性质、数量以及周期性等的认识大部分都是来自 20 世纪七八十年代的研究。沉积物捕获器（Honjo *et al.*，1980；Honjo & Doherty，1988；Simpson，1982）和深海海床照相技术（Lampitt & Burnham，1983；Honjo *et al.*，1984）的应用表明，这种向下通量可以进入超过 4 km 深度的深水处，并且在世界海洋的某些水域，向下通量显现出可预测的季节性变化。Angel（1984）、Fowler 和 Knauer（1986）、Deuser（1986）、Alldredge 和 Silver（1988）均对迄今为止所收集到的资料进行过评述。

颗粒有机物的垂直通量主要有 3 种类型：无定形聚集体，粪球和蜕皮。

3.6 无定形聚集体（大型絮凝物或海雪）

这些无定形聚集体可能是各种来源的絮凝物体，包括浮游动物的胶状躯体，如被囊动物海樽和有尾类废弃的"被壳"以及聚集的硅藻（Angel，1984；Smetacek，1985；Alldredge & Silver，1988；Alldredge & Gotschalk，1989）。海雪作为生产/分解过程的重要场所，它还是细菌和微型浮游动物的栖息地（Fowler & Knauer，1986）。细菌和这些聚集物一起被带入深水中（Lochte & Turley，1988），不过还不清楚它们在分解颗粒过程中的作用。自由生活的细菌可能是颗粒降解的主要媒介，以快速下沉的颗粒为代价将它们分解成细小的不会下沉的颗粒（Cho & Azam，1988）。当聚集物从真光层下沉时，这些细菌在海藻孢囊和小的粪球等颗粒中搜寻食物，因此加快它们的下沉速度（Kranck & Milligan，1988）。研究人员在这些聚集物中还发现微量金属、无机营养物、蛋白质、碳水化合物和脂类（Fowler & Knauer，1986）。

3.7　粪球

粪球的形状大小各异，取决于产生它们的生物体，Fowler 和 Knauer（1986）对此做过详细综述。它们的形状的一个极端是松散的无定形聚集体，类似于大型絮凝物，如由海樽所产生的絮凝物，并且被认为在某些水域中在碳的向下通量中起重要作用（Iseki，1981）。另一个极端则是很浓密、紧紧包裹着的团粒，其中有一些团粒（特别是由小型甲壳动物产生的）被几丁质所包覆，这对于这些团粒的"半衰期"起决定性作用。这些被膜包覆的团粒相比没有被包覆的团粒更可能到达海底。然而，那些自由生活在海洋中层的鱼类所产生的未被包覆的粪球到达海底时几乎没有被降解。结果就是，这些粪球将它们的营养成分和其他元素几乎完好无损地输送出去。粪球的组成各种各样，包括浮游植物细胞和肠道菌群，并且研究普遍认为这些成分在团粒的降解过程中比迁移至团粒的外来细菌更重要（Gowing & Silver，1983）。除有机成分外，这些粪球含有相对较多的无机颗粒，它们使这些团粒更稳定并帮助其下沉。虽然这些团粒可能在它们自身重力作用下下沉，但是有证据表明，海面附近生物消耗掉的物质向下迁移后在深海中已经不存在了。这个过程可能发生在已知出现垂直迁移现象的水面以下 1.5 km 的水域内（Rowe & Staresinic，1979），但在此深度以下，被动下沉起主导作用，使团粒下沉到深海底。

3.8　蜕皮

大的颗粒物通量的主要部分是由死的、完整的生物体和浮游生物的硬质部分组成的。这在浮游动物显著的季节性种群暴发时尤其明显。浮游动物的脱落物可能只需几天的时间就被降解，很少能到达深海底，即使有一些令人好奇的证据说明产生于深水种群的脱落物量可能在海底边界层相当高（Fowler & Knauer，1986）。虽然资料有限，但也有证据表明甲壳纲动物（磷虾）的脱落物富含氮和微量碳水化合物（Angel，1984）。

3.9　沉降至深海底的颗粒物通量的速率、降解和营养价值

多年来，人们都认为颗粒状物质下沉非常慢。然而，McCave（1975）认为，由于颗粒间形成聚集体，使颗粒下降速度更快。最近十年我们对 POM 垂直通量的认识有了长足的进步。我们尝试对这一通量进行准确测定，并测定由此带来的能量在深海底被利用的情况（参见第 12 章）。主要的科学问题是：①颗粒物抵达深海底的速度有多快？②在下降过程中有多少未被降解？③对于深海底栖生物的营养价值如何？

在马尾藻海 3.8 km 深处的沉积物捕获器中收集到的样品数据被用于定量和定性地描述从海洋表层到海底的物质通量（Deuser，1986）。虽然海面生产力 >100 mg/（$m^2 \cdot d$），到达海底的物质通量则随季节变化，为 $17.7 \sim 60$ mg/（$m^2 \cdot d$）（图 11.2）。这些物质包括有机和无机两个组成部分。无机碳酸盐占总通量的 $50\% \sim 70\%$，有机物只占 $4\% \sim 5\%$（Deuser，1986）。这些有机物由糖和氨基酸组成，它们的垂直通量表现出与总的有机物

垂直通量相关的季节性变化（Ittekkot et al., 1984）。研究人员已经鉴定并定量出这一通量中主要的糖类是葡萄糖、半乳糖和甘露糖，而主要的氨基酸为甘氨酸、天冬氨酸和谷氨酸。从巴拿马海盆得到的数据与此相似（Honjo, 1982; Ittekkot et al., 1984）。

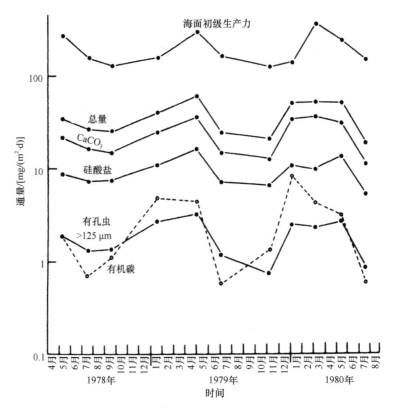

图 11.2　从马尾藻海 3.2 km 深处的沉积物捕获器中收集的颗粒物总通量和分通量的季节性变化与海面初级生产力的关系（引自 Deuser et al., 1981）

除了聚集体和粪球下沉之外，所有的微小生物都会下沉到深海底，其中有一部分来自海面水体中的季节性暴发。在海面水体暴发的浮游有孔虫的下沉对深海的有机物含量贡献很大（Thunnell & Reynolds, 1984; Deuser, 1987），对于掘足纲软体动物来说，它们或许是重要的季节性食物来源（Davies, 1987）。

在北太平洋，流向深海底的硅藻类和硅鞭毛藻通量存在季节性变化（Takahashi, 1986, 1987）。浮游植物可能在黏性分泌物的帮助下向下输运，这些黏性分泌物会引起细胞聚集（Smetacek, 1985; Kranck & Milligan, 1988）。在印度洋北部，颗粒物通量速率提高则主要是受季风的作用（Nair et al., 1989）。

在东北大西洋，根据照片记录，浮游植物向下输运可以到达不同深度的海床，最深可到达豪猪海湾 4 km 深处的海床（Lampitt, 1985a）。海面产生的浮游生物在 6 月底开始抵达海底，7 月底达到最大量，8 月间则逐渐减少（图 11.3，图 11.4）。在这一海域垂直通量输运的硅藻是菱形海线藻（*Thalassionema nitzschoides*）、成列伪菱形藻（*Nitzschia seriata*）和柔弱伪菱形藻（*N. delicatissima*），它们是这个区域表层海洋的典型物种。对这些植物碎屑物的分析证明，有机碳含量为 0.56%~1.28%（Rice et al., 1986）。

这些数值与 Deuser（1986）研究得到的数值相比要低一些（见上文）。C/N（碳/氮）值由 1 km 处的 9.0 上升到 4.5 km 处的 23.6，暗示在采样深度较深的海域存在大规模的降解过程。即使这些物质并没有表现出很高的营养价值，人们也已经观察到深海巨型底栖动物以此为食（Lampitt，1985b；P. A. Tyler，个人的观察）。在豪猪海湾深海平原4.5 km 左右深度的研究已经发现了相似的淡绿色胶状植物碎屑（Theil *et al.*，1988）。快速下沉的聚集体可能是由含有浮游植物的漂流的黏液薄片粘上 phaeodrian 细胞（放射虫）和它们的粪球而形成的（Riemann，1989）。对于这些显著随季节节律变化快速沉积的有机物颗粒的营养学意义（Deuser & Ross，1980；Deuser *et al.*，1981；Honjo，1982，1984；Betzer *et al.*，1984）还不是十分清楚，似乎和在东北大西洋春天浮游生物暴发后出现在海床上的易于游动的、分散的、再悬浮的植物碎屑絮凝物有关（Billett *et al.*，1983；Lampitt，1985a；Rice *et al.*，1986）。这一方面以及这些絮凝物在夏天过后便逐渐消失的原因是研究的课题（将在下文综述）。结果逐渐表明，这些有机物的大量输入对于以沉积物为食的底栖生物具有非同寻常的意义。对动物胃含物的分析表明这些物质被摄食沉积物的棘皮动物、星虫类动物和海葵类动物所食用（Thiel *et al.*，1988）。

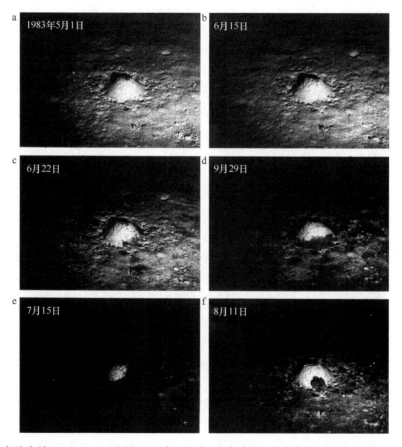

图 11.3　在豪猪海湾 4.025 km 深处用"深睡"延时照相机每隔 8 h 拍摄一次所得到的照片实例。显示出海床上一个土堆附近植物碎屑"绒毛"的首次出现（a），后续建立以及再沉积（b～e）。最后一幅图（f）显示出这一"地毯状表层碎屑"在夏末消失（由英国海洋科学研究所 R. S. 兰皮特博士提供）

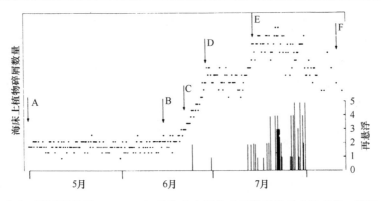

图 11.4　在东北大西洋豪猪海湾 4.025 km 深处海床上植物碎屑数量的季节性变化，根据"深睡"延时照相机所拍摄的底片密度（用输入计测定）进行量化。竖直线条代表每隔 512 min 拍摄的单张照片中再悬浮的程度（从 1 到 5 进行主观评分）（引自 Lampitt，1985a）

在其他地方，研究已经观察到覆盖在深海底上的絮凝层主要由无机物成分构成，或许是降解的植物碎屑残余物，与表层沉积物下方的有机物含量相似（Fowler & Knauer，1986；Reimers & Wakefield，1989）。

研究已经发现在水柱中存在着悬浮的和正在下沉的两类明显不同的颗粒（Karl et al.，1988）。悬浮的颗粒占 POM 现存量的一大部分，并且有较大的细菌种群。附着在下沉的 POM 上的微生物活性随深度加深而降低，因此有较大的机会到达海底而不被降解（Karl et al.，1988；Cho & Azam，1988）。Karl 等（1988）认为，下沉的 POM 为细菌的生长制造了一个十分不利的栖息地，这与植物碎屑一旦抵达海底就快速发育的充满活力的微生物活动相矛盾（Lochte & Turley，1988）。可能是由于当这些物质到达海底之后，即被专化嗜压异养菌（specialized barophilic heterotroph）所降解，对降解作用具有主要贡献的是这些生物而不是附生在这些物质上的蓝细菌（Suess，1988）。

在浅水水域，底栖生物群落对海面生产的有机物沉降的响应可能是即时的（Graf et al.，1983）。很多动物可能移居到有机物颗粒上，这些动物包括动鞭毛虫类、变形虫、纤毛虫和小的后生动物，如涡虫、线虫和轮虫，它们全都以附着在有机物碎屑上的细菌和真菌微生物为食（参见 Fenchel，1978 的评论）。研究表明，在深海中可能存在着相似的食物链；植物碎屑被各种各样的原核微生物利用（Lochte & Turley，1988；Turley & Lochte，1990），它们被底栖的异网足虫类、编织虫类和轮虫类有孔虫群落的某些物种所捕食，同时也被线虫所捕食，所有这些动物似乎都在消耗植物碎屑过程中得到快速增殖（Gooday，1988；Turley et al.，1988；Gooday & Lambshead，1989；Patterson，1990）。有孔虫至少会被较大的动物所捕食，如掘足纲软体动物和海参，这些动物似乎会有选择性地摄食富含植物碎屑的表层沉积物（Davies，1987；Billett et al.，1988）。

Gooday 和 Turley（1990）在研究其他食物输入状况时，对这些过程的速率和重要性进行了充分的综述。此外，目前有证据表明底栖生物群落的响应在深水和浅水中一样迅速。在挪威海的沃灵深海高原上，研究测得沉积物中叶绿素 a 含量在 6 月初经过粪球沉积输入达到峰值后急剧提高。这一变化还伴随着沉积物 ATP 和产热的迅速增加，它们分别是底层（主要是微生物）生产力和能量流动的指示；总响应时间还不足 8 天（Graf，

1989）。此外，这一研究成果也表明该影响能很快传递到沉积物深处，这可能是星虫类动物觅食活动的结果。

Pearcy 和 Stuiver（1983）基于他们 ^{14}C 方法测定的数据提出了相反的观点。这些数据表明在东北太平洋 5.18 km 深度以下有机物中的放射性同位素出现了衰减，似乎说明从真光层迅速下沉的颗粒并不构成深海鱼类和大型底栖无脊椎动物食物中有机碳的主要来源。相反，他们认为下沉到深海中的"大而有营养的"颗粒由"陈年的碳"组成，它们在深海中的平均滞留时间为 18~35 年，主要来自海洋中层动物非重构的碳循环。然而，他们的解释受到来自 Williams 等（1987）的挑战。他们认为，在海洋表层混合层中的溶解无机碳 ^{14}C 梯度和海洋中层生物自身的实际年龄两者共同作为生物质碳中 ^{14}C 减少的主要原因。因此，深海生物群食物碳的主要来源是快速下沉的有机物碎屑和具有活性的、动物活动介导的向下输入的碳。关于向下的垂直碳通量，Smith 等（1989）的研究提出了一个值得注意的问题。他们研究了从海底往上的通量后发现在海底上方 1.2 km 的向上通量（水深 5.8 km）是同步测定的向下通量的 66.7%。这些向上的通量由动物的卵、幼虫、尸体组成，说明这些向上的通量在大洋区域是碳和氮循环的重要组分。此外，这些有浮力的物质是富含脂类的物质返回海面的一种循环方式（Grimalt *et al.*，1990）。

3.10　关于颗粒物通量重要性的结论

有 1%~3%的海面有机初级生产产物通过多种途径到达深海底。它们大多数以 100 m/d 的速度下沉，因此从组成的角度来说形成了深海底栖生物适宜的食物源。在全球海洋中，大部分下沉的 POM 都为异养细菌的活动提供了一个适宜的基底。有一些 POM（也可能是大部分）被转化为细菌的组织，使本来难以处理的有机物可以被悬浮取食和摄食沉积物的生物获取，特别是在深海底部。只有一小部分有机物无法被微生物或原生动物利用，最终成为沉积物的一部分。Cole 等（1987）认为，沉到深海底的有机碳有 50%~85%在一年内被再次矿化。剩余部分在表层沉积物中能够滞留 15~150 年（Emerson *et al.*，1985），相比之下，它们在水体中只能停留 0.3~3.0 年（Gardner *et al.*，1983）。这样有节奏的食物输入对较大型生物活动的意义将在第 12、13 章关于深海新陈代谢和繁衍的季节性中加以讨论。

有资料表明，尽管存在有机物周期性和季节性的大量输入，深海中颗粒态食物的可获得性通常仍然是一个相当重要的限制因子。因此，生活在这里的动物不断进化出适应性的觅食策略以应对食物供应中的这种不可预见性。

4. 溶解有机物

溶解有机物（DOM）是一种在深海中产生的食物源 [参见 Williams（1975）的评述]，它是由细菌活动、原生动物的新陈代谢过程和生物死后腐烂释放出的分解产物产生的。溶解有机碳也被认为起到气味流（odour plume）的作用，吸引食腐动物觅食腐烂尸体。

分析表明，DOM 的浓度至少是以前测定浓度的两倍。尽管所使用的方法还存在一些问题，但是如果这些数值是正确的，那么其中含义是非常惊人的。例如，从真光层输出的溶解有机碳库总量约为大气中 CO_2 库的两倍，并且将是陆生植物碳库的两倍左右（Toggweiler，1988），真光层显然是海洋中有机物的最高浓度区域。DOM 由两个主要部分构成：第一部分是被异养生物活动迅速代谢并维持在临界值水平的化合物。第二部分也是最大的部分，包括更难降解的溶解有机物，它们不容易被代谢。然而，Toggweiler（1988）认为存在一部分高分子量化合物，它们比先前知道的约有 6000 年的古老化合物的周转率快得多，包括高分子量聚合物，如木质素、腐殖酸和蛋白质。

在深海沉积物的间隙水中 DOM 的浓度大约为上覆水中 DOM 浓度的 10 倍（Tanone & Handa，1980），可是与上覆水中发现的 DOM 不同，许多间隙水中的 DOM 是可鉴定的。游离的氨基酸浓度可以达到 5.6 mg/L，游离糖类为 0.4 mg/g 沉积物干重（Southward & Southward，1982）。这些化合物在深海动物营养方面的作用尚在猜测中，不过，研究已知游离的氨基酸可以被某些浅水无脊椎动物类群摄取。尽管由共生化能合成细菌提供的有机物所占的比例相当重要（Southward *et al.*，1981，1986），但须腕动物所摄入的溶解有机物至少部分地满足了它们对能量的需求（Southward & Southward，1982）。只有西伯加虫（*Siboglinum ekmani*）中 DOC 的平均摄入量似乎能够提供其成体所需的全部能量。经过检测，其他大多数须腕动物的能量需求缺口达 70%（Southward & Southward，1982）。研究者估计，海星 *Plutonaster* 和多毛纲动物独毛虫 *Tharyx* 摄取的 DOC 仅能提供它们 30% 的能量需求。单体珊瑚 *Thecopsammia* 和多毛纲动物明管虫（采自 1～1.8 km 深处）可以长时间没有食物，仅靠水体中高含量的 DOM 维持生存（George，1981）。内寄生于深海海星上的囊胸目藤壶可能就是以 DOM 为生。似乎最有可能利用 DOC 的生物正是那些具有柔软身躯以及表面积与身体体积之比很大的动物，如海绵和觅食悬浮物的腔肠动物。

5. 觅 食 策 略

在第 2 部分综述深海底边界的动物区系时（第 4、5 章），我们了解到许多不同的觅食策略，它们中有很多与某些特殊的类群有关联，包括常见的悬浮物摄食者、沉积物摄食者、草食者、肉食者和腐食者等，这些觅食策略通常与它们特化的形态有关，但由于某些物种的觅食习性具有很大的灵活性，因此想将这些觅食策略进行归纳是非常复杂的。例如，多毛类的海稚虫（在深海和近海水域中同样丰富）将两个直立的螺旋状的布满黏液的触须竖立起来诱捕海流中的颗粒。但在较为平静的环境中，该触须用于觅食沉积物（Taghorn *et al.*，1980）。不过将深海动物按觅食策略归类（下文将要描述）的主要困难是每一个物种所利用的食物资源的直接证据太少。按觅食类型进行分类主要依赖将动物与它们在浅海中更为人们所熟知的亲缘物种类比，有时也依赖形态学分析和胃含物检查得到的结果。

根据第 4、5 章的内容，以下两个趋势明显。

（1）随着深度的增加，悬浮物摄食者的总体重要性显著降低。大多数深海类群都是沉积物摄食者，根据形态学的证据它们可以进一步被细分为次表面和表面摄食沉积物的动物（图 11.5）。从第 4 章中可以看出，对于在浅水中通常是悬浮物摄食的类群，在深海中则趋向于进化出食肉或可能摄食沉淀物的习性。只有在生产力格外高的海域中，如热泉（参见第 15 章）的深海区域或高速底层流区，悬浮物摄食者才变得显而易见。

（2）尽管这种可识别的进化使物种不再依赖于摄食悬浮物，特化的食肉动物还存在第二种趋势，即随着深度增加而变得越来越稀少。猎物的低密度必然使这种需要费力觅食的生活方式越来越不利。然而，食肉的生活方式似乎成为杂食性的食腐动物的一种候选方式，这些食腐动物随着深度增加变得愈加重要（参见第 4 章）。在这些动物中发现它们不仅倾向于增大体型，而且游动能力增加（图 11.6），同时伴随着移动能力差的食腐物种的逐步消失（如海蛇尾）：在深渊中，食腐动物仅由几种高度专化并善于游动的特化物种组成，如巨大的端足目动物。

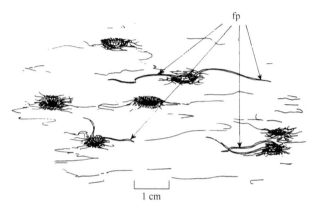

图 11.5　生活在淤泥中的海稚虫科 *Malacoceros* 在浅水旁觅食表面沉积物，在搜寻沉积物表面时，成对的有纤毛的觅食触手（fp）用于挑选颗粒。虫体生活在沉积物的泥质管中。深海海稚虫可能以相似的方式觅食，但它们很少以图中如此高的密度生活；随深度和离陆地距离的增加，食物变得越来越稀少，这一觅食方式也渐渐无法提供足够的代谢所需资源（图片由 T. H. 皮尔森博士绘制）

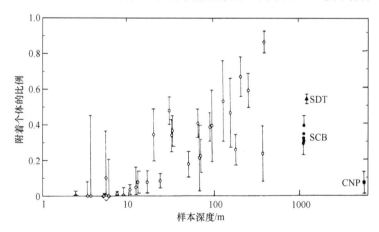

图 11.6　附着多毛类的比例对离岸（南加利福尼亚）深度作图
SDT. 圣迭戈海槽；SCB. 圣卡塔利娜海盆；CNP. 中北太平洋；线条代表 95%置信度区间（引自 Jumars & Fauchald, 1977）

　　由于光合作用产物的缺乏，与浅水中相似的草食者在深海中应该是不存在的。然而，在海底存在比较新鲜的浮游植物细胞和大海藻、海草以及木屑，这可能意味着草食者的日常食物来源在深海中并不是完全不存在的。事实上，深海中存在着一群适宜于利用这些短暂存在的资源的物种，其中研究得最多的是那些利用木屑的物种（Turner，1977）。在沉积物摄食者中，摄食表面沉积物的固着物种通常占优势地位，动物从永久或临时的管道或地穴中将触须或觅食的触手伸到沉积物表面觅食，不过这种觅食方式在更贫瘠的海盆中完全不占优势（Young *et al.*，1985）。在贫瘠的大洋中脊漩涡中部似乎很少或者没有动物能够在管道或地穴所能伸展到的距离内获得足够的生活资源，在这些海域游动能力成为主导（Jumars & Fauchald，1977）。

6. 摄食悬浮物

6.1　摄食方法

摄食悬浮物的动物类群使用各种方法从水中收集悬浮颗粒，正如在第 2 部分中对不同类群所描述的那样。食物源化学性质的相似性以及流体动力学和物理学的约束条件（Jørgensen，1966）使很多觅食途径产生趋同进化。一系列纤毛可以帮助动物利用海流的切变被动拦截颗粒，这些结构包括棘蛇尾和等节海百合伸出来的腕、腔肠动物和外肛动物的触须以及海鞘的鳃笼，这些纤毛的作用不仅限于简单的筛滤；从流体力学上讲最可能的捕食方式是在纤毛四周根据水流流线直接截取颗粒（Rubenstein & Koel，1977）。双壳类动物可以采取主动拦截的方式，它们通常具有复杂的纤毛结构和黏液，在觅食颗粒时具有选择性，并且能够产生水流，使得主动拦截在力学上更加有效。在腔肠动物和棘皮动物中产生了有助于捕获颗粒的触须结构和黏液。前者还保留有带刺的刺丝囊，可以杀死小型浮游生物，从而提供了在肉食性与悬浮物食性之间的连续变化能力。在深海中这一点表现得特别明显。在深海（至少在深渊）中，一般来说流速缓慢，因此环境为动物提供再悬浮的有机物碎片供其觅食的机会是相当有限的。

6.2　与底层海流的关系

总体来说，在深海中摄食悬浮物比在水流很快的海岸栖息地环境中摄食的重要性要小得多。然而，许多深海相关研究表明在地形特征有助于加强底层海流的地方，存在大量典型的摄食悬浮物的动物类群，如受高流速的边界流影响的边缘海区域，这些边界流将使颗粒加快流向滤食动物（Gage *et al.*，1983），在海山附近也存在类似的情况（Genin *et al.*，1986）。在美国东海岸外海的大陆坡上进行的深海摄像滑撬调查清楚地表明，体型较大的摄食悬浮物的底栖动物的出现和能够增强近底层海流的地形特征之间存在紧密相关性。一般来说，食肉动物/食腐动物和悬浮物摄食者占据着东海岸陆坡上部，悬浮物摄食者占据陆坡中部，而沉积物摄食者则占据陆坡下部以及深渊处。然而，在边界流冲击的海隆上方出现了占优势的悬浮物摄食者（Blake *et al.*，1987；Maciolek *et al.*，1987a，1987b）。悬浮物摄食者的很多物种也可以捕食小型的活体猎物，如群体生活的腔肠动物、珊瑚和海葵。当前研究人员对于深海悬浮物摄食者捕食颗粒的大小及其营养价值几乎一无所知。特别令人感兴趣的是进一步了解有强烈水流的深海海域中海流所挟带的颗粒的营养价值。虽然有研究认为微生物膜可能在沉积物输送过程中受到磨损（Jumars & Nowell，1984），但其他研究指出，再悬浮颗粒物携带的微生物菌群要比沉积物颗粒中更丰富（Baird *et al.*，1985）。

7. 摄食沉积物

7.1　摄食沉积物动物的营养源

深海沉积物是一个以来自陆地和海洋的惰性矿物颗粒为主的复杂混合体。但是与浅水中的沉积物不同的是，深海沉积物中的有机物含量很低，无论是溶解的还是颗粒状的有机物均如此。因此它所含有的自由生活的微生物种群非常稀少（Sorokin，1978；Jannasch & Wirsen，1973；Deming & Colwell，1982；Tabor et al.，1982）。检测发现化能自养产物为 $0.01 \sim 0.1$ mg C/（$m^2 \cdot a$），几乎难以检测到（Rowe & Staresinic，1979）。此外，POM通常很少存在，它们可能已经通过海洋中层动物的消化道进行循环，并且它们大多数由结构性有机物组成，可能很难分解，如那些来自浮游甲壳动物遗落的蜕壳硬蛋白。尽管在深海中食物来源十分匮乏，沉积物摄食者在深海中仍然活跃存在（尽管密度较低），并且其周转率似乎处于浅水中的周转率范围之内（参见第 13 章）。

一旦以快速沉积的有机颗粒为基础的微生物活动和基于细菌的食物链的意义（在前面"食物来源"部分已讨论过）以及微生物和后生动物宿主之间的共生关系的重要性得到更完善的评估，上述明显的悖论问题就可以得到解决。当然，前面关于有机颗粒快速沉降的综述中各种新出现的数据表明，不断缓慢下落的、来自海洋上层浮游消费者遗落且难以分解的残留颗粒并不是沉积物摄食者唯一的食物来源。恰恰相反，食物供应有可能会从脉冲式变成"倾泻"式，即易分解物质从表层迅速下沉到海底。我们从涉及对沉积物再悬浮（参见第 2 章）的动态水文状况的频繁测定中也可以了解到，这种沉积作用可能受到活跃的侧向运移的影响，特别是在海洋洋盆边缘附近和地形屏障的上方，如海山，并且携带着微生物、小型后生动物及其幼虫（Aller，1989）。

7.2　沉积物摄食者的特征

在摄食沉积物与摄食悬浮颗粒物的方式上许多内在问题是一样的，只是存在程度上的差异。在浅水水域，许多物种可以从一种摄食模式转换为另一种模式，而有一些物种甚至同时存在两种摄食方式（Meadows & Reid，1966；Hughes，1969；Rasmussen，1973；Taghorn et al.，1980；Pohlo，1982；Dauer，1983）。

所有的沉积物摄食者都通过消化道批量加工沉积物。在浅水中，沉积物摄食者一天通常可以吞食加工等同于自身重量的沉积物。深海物种的单位体重摄食率数据到目前还未获得，但 Lopez 和 Levinton（1987）根据来自浅水的资料制成列表，每毫克（湿重）体重摄食的沉积物可能为 $0.4 \sim 120$ mg。生活在浅水的双壳类动物通过预先分拣并将不适合的颗粒作为假排泄物抛弃的方式实现高速摄食沉积物；深海原鳃类动物具有大的唇须，在浅水物种中这个唇须有助于实现初步的预处理（Allen，1978）。基于大型底栖海参排出粪便之间的距离以及未发现其活动踪迹或沉积物遭受扰动的距离，Heezen 和 Hollister（1971）认为只有薄薄的表层沉积物被原鳃类动物这样的沉积物摄食者所摄入，而且这一观点也得到了胃含物分析的支持（Sibuet et al.，1984；Billett et al.，1988）。同样地，由蟹虫造成的轮辐状觅食踪迹（参见第 5 章）和多毛纲动物的觅食触须的形态均会使人联想到，沉积物摄食者会选择性地偏好摄食新鲜的沉积物。Billett 等（1988）指出，沉积物中不稳定植物色素在通过浅海底栖海参纲动物胃的过程中会被降解，而沉积物表面的碎屑组成与海参纲动物前肠中的成分相匹配，即使覆盖海底的植物碎屑呈斑块状。这说明这些懒怠的动物在新的碎屑斑块上觅食是很有效率的。

Jumars 等（1982）对带触须的沉积物摄食者，如多毛类动物选择颗粒的机制进行了建模分析。他们的结论是带触须的沉积物摄食者对颗粒大小的选择主要是依赖其触须上黏液的黏附强度，可能和任何特定的适应性形态无关。黏液黏附也可以解释对已包被颗粒的优先选择能力，这个能力并不是任何其他行为方面的反应产生的（Taghorn，1982）。

正如在浅水中那样，许多深海沉积物摄食者搜寻食物的模式似乎反映出其对沉积物输送的依赖（Jumars & Nowell，1984；Jumars *et al.*，1990）。水平输运对于利用新沉积的碎屑絮凝物可能特别有利。摄食沉积物的大型掘穴动物在强水流环境中对这种物质的选择可能通过浅的觅食坑来实现，而不是像图 11.5 描述的那样通过伸展觅食触手和触须来达到目的。这些觅食坑在底层颗粒物输送过程中能有效地捕获碎屑絮凝物，并且提高局部悬浮颗粒的沉淀速率。在水流更加平静的海域，体型较大的沉积物摄食者，如海参，可能变得适于生存。它们所具备的游动能力有助于有效地收集最有营养的表层沉积物，而它们硕大的身躯可以提供大的肠胃容量并且不易被捕食。

尽管深海生物迅速利用植物碎屑的研究资料正在快速积累（在本章前面已有综述），但周期性颗粒物通量的重要性在研究中很少被深海生物学家考虑在内。此外，目前有些可以将植物碎屑的可获得性和标本的胃含物相联系的数据，这些标本是在一年的不同时间里采集的深海摄食沉积物海胆（*Echinus affinis*）（它们在海床上直接摄食植物碎屑）（L. S. Campos，个人通信）。Jumare 等（1990）认为，较大的掘穴动物如星虫类可以迅速将物质运输至沉积物深处，从而防止它们被体型较小且在沉积物表面生活的异养生物所获取。同样，蟹虫类也能将从表面收集的有机物贮藏起来，将它们包装成相对大的粪球供日后进食。这就是我们观察到的小土堆或洞穴内壁的一部分。现在还不知道某些化学成分或者团粒本身的大小是否能够使其不被其他生物捕获，但 Jumars 等（1990）推测，由于排泄含氮废物的器官离肛门很近，说明可能存在有意富集来促使细菌生长，产生更富有营养的团粒。

7.3 细菌的重要性

微生物"乐园"的概念（Hylleberg，1975）是从浅海的观察结果中引申出来的，在大型动物消化道内进行消化时，有机颗粒物上依附的微生物群被去除，此后这些有机颗粒物会迅速被微生物和真菌再次附着。相似的过程发生在粪便被排出体外之后，微生物生物量会被再次转移给沉积物摄食者（Newell，1965；Lopez & Levinton，1987）。然而这个概念也受到一些研究的挑战，这些研究结果表明被消化的细菌生物量太少而无法提供近海大型动物所需的碳（Kemp，1987）。这个困难可能在深海中更加严峻，深海沉积物中的微生物降解作用太低以致无法满足底栖动物的能量需求。然而近来的观察表明，来自海面的新鲜有机物，如颗石藻的躯体和相关植物碎屑的大型聚集体，在沉积物表面可在一年内被快速分解，这些颗粒的输入量足够满足所有底栖生物的呼吸作用（Gardner *et al.*，1983；Cahet & Sibuet，1986；Rowe & Deming，1985；Cole *et al.*，1987；Lochte & Turley，1988）。即使依附于这些颗粒的耐压细菌的活动和周转率比想象中的大，包括原核生物和其他微生物群以及小型后生动物在内的微食物链对于沉积物摄食者的食物来源似乎也是十分重要的（Gooday，1988）。在深海无脊椎动物的消化道内嗜压共生细菌对难分解颗粒的降解作用也很重要（Jannasch & Taylor，1984）。通过粪便和类似粪便状物质的团粒化，从而避免它们被再次摄食，或许同样会促进消化道内微生物生物量的增加（Allen & Sanders，1966；Levinton，1979）。由黏液分泌和掘穴动物引起的细菌微环境的物理扰动也许会造成相似的影响（Yingst & Rhoads，1980；Aller，1982）。

与沉积物中其他大多数颗粒状的有机物质相比，细菌更容易消化，也更富有营养。硅藻、原生动物和线虫一样也能够提供基本的蛋白质营养需求，这是动物自身无法满足的（Phillips，1984）。在浅水中，对微生物和非生物有机物相对营养价值的重复研究支持这样一种观点：沉积物中的有机物在被沉积物摄食者利用之前必须先转换成细菌的生物量。因此，沉积物捕食者并不以有机碎屑为食，而是以它所供养的微生物种群为食。

在沉积速率慢的环境中，沉积物摄食者如此大规模、大范围的觅食行为给深海沉积物带来的结果是沉积物强烈地再沉积或生物扰动（在第 14 章讨论），并且对于尝试认识地球化学循环和阐述以沉积物为代表的地质记录具有相当重要的意义。

8. 深海食物链中的更高营养级

很明显，根据本书第 2 部分关于深海动物的系统性综述中展示的资料，特化成在很窄的范围内捕食猎物或者其他食物的深海生物似乎很少。关于这些特化的摄食者，最广为人知的例子是腹足类软体动物和钻木双壳类动物。另外，大多数大型且能游动的生物，如鳕鱼或十足目甲壳类动物似乎可以觅食包括尸骸在内的广泛而多样的猎物。然而，有关深海食物链中营养关系的资料仍然极其匮乏而且质量堪忧。例如，那些有游泳气囊的大洋底栖性鱼类在上浮的过程中变形，通过游泳气囊外翻，使胃含物重新进入它们的口中。食腐甲壳纲动物的胃常常是充满的，但是它们的胃磨结构能将所有的东西都磨成无法辨认的糜状物。然而尽管存在这些困难，细致分析胃中那些尚能辨认的残渣就可以得到最明显的一个结论：捕食者对食物没有选择性，特别是鱼类（Pearcy & Ambler，1974；Sedberry & Musick，1978；Mauchline & Gordon，1984，1985）和海蛇尾（Litvinova & Sokolova，1971；Pearson & Gage，1984）。靠近海底生活的长尾鳕似乎在物种多样的斑块上觅食，从中可以辨认出4 种觅食策略（Mauchline & Gordon，1986）。一项利用抗血清交叉反应技术的初步研究（Feller *et al.*，1985）表明，将来在深海食物网分析中使用更复杂先进的生物化学技术进行食谱分析具有相当大的潜力。将从系统发育范围广泛的多个浅水物种中提取的未被污染的均质组织注射到兔子中，这些兔子就有可能获得抗血清。这些抗血清使得用免疫测定法检测主要生物类群微克含量的特定抗原蛋白成为可能。这一开拓性的研究工作，从薄鳞突吻鳕的胃含物中鉴别出海参、海葵、腹足类、十足类和有孔虫抗原蛋白的存在，而这些胃含物看起来只是由含有寄生生物、甲壳类动物的外骨骼和腹足纲的鳃盖等所组成；说明在底栖生物群落中的捕食活动对这些动物的重要性。

第 12 章 代谢过程：深海底微生物生态学以及生物和群落的呼吸

1. 微生物生态学：方法与问题

对深海中细菌种群的首次观测是 1882 年和 1883 年在"劳动者"号与"护身符"号巡航期间实现的。虽然观测持续进行，但是一直没有获得有关深海细菌新陈代谢速率的数据，直到 20 世纪 50 年代初，Morita 和 Zobell（1955）及 Zobell 和 Morita（1957）证实，在深海沉积物中细菌的活性是很低的。这并不令人感到吃惊，因为人们知道在深海中的低温、高压和低营养水平并不是特别适合细菌生长。在深海中所有细菌（除了仅出现在热泉和富含硫化物的冷泉的化学合成细菌之外，参见第 15 章）都是异养的，需要来自海面生产的有机物为其提供能源。

近 20 年以来，科学家在深海细菌生态学方面作出了很大的努力。两个毫不相干的事件促进了深海细菌生态学研究的发展。第一件事是"阿尔文"号深潜器的意外下沉。这艘深潜器在下水时被一个海浪打翻。全体船员逃生，可是他们的午餐包括肉汤、红肠三明治和苹果留在了深潜器上。当"阿尔文"号于一年后被打捞上来时，科学家大为惊讶，他们发现在灌满水的压力球形容器内的食物仍然完好如初（参见 Jannasch，1978 中的照片），可在大气压下即使是在冰箱里，它们也会很快腐烂（Jannsch *et al.*，1970）。第二个主要事件是研究发现了热泉。那里的能量循环是通过化能合成菌群在热液口水中氧化硫化物离子来驱动的，细菌菌群固定 CO_2 产生有机物供后生动物群利用（Jannasch，1984）。目前已经在许多地方研究发现了利用甲烷作为能量来源的相似的群落。

我们对深海微生物生态学认识的进步几乎都是技术进步的结果，包括使用深潜器进行原位研究，并且开发了压力容器，可以在实验室压力容器中模拟深海的压力培养细菌（Jannasch *et al.*，1973；Jannasch & Wirsen，1973；Yayanos，1979）。与这些技术一起使用的还包括利用 ^{14}C 标记测定微生物活性，用放射性标记核苷酸测定核苷酸的合成，以及直接计算细菌数目的落射荧光显微镜技术（Alongi，1990）。现在已经有了许多对深海微生物生态学的综述（Nealson，1982；Jannasch & Wirsen，1983；Jannasch & Taylor，1984）以及很多关于静水压力对微生物新陈代谢影响的综述（Landau & Pope，1980；Marquis & Matsumura，1978）。

在第 12 章的第 1 节中，我们考查深海沉积物的细菌生态学，并且对尝试确定这些细菌如何控制深海底有机物循环速率的研究进行综述。一般来说，深海表面沉积物中的细菌是异养生物，它们需要有机能源和氧气从而在氧化磷酸化循环中产生 ATP。例外的情况是在热泉、冷泉和还原态沉积物内发现了化能合成细菌。正如我们在第 2 章中看到的那样，深海中的氧气很有限，而且深海沉积物的有机物含量也可能非常低（小于 0.5%）。Jannasch 和 Taylor（1984）描绘了对静水压力作出响应的细菌生长曲线图（图 12.1），Deming（1986）利用曲线图定义了一系列术语：敏压细菌，就是指那些在相对低的压力下死亡的细菌（小于 200 atm；1 atm=1.013 25×10⁵ Pa，下同）；耐压细菌，就是指那些在 400 atm（偶尔可达到 600 atm）下可以生长，但在 1 atm 下生长状况最好的细菌，大部分水栖和陆栖的细菌是这类耐压细菌（Deming，1986）；嗜压细菌，就是指那些最适宜在高静水压力环境中生长的细菌（Zobell & Johnson，1949）；那些仅在高压下发挥功能而在低压下死亡的细菌被称为专性嗜压细菌（Zobell & Morita，1957）。Deming（1986）报道，虽然近几年来已经分离出许多种嗜压细菌，但仅分离出两个菌系的专性嗜压细菌，这两个菌系均来自深渊样品。

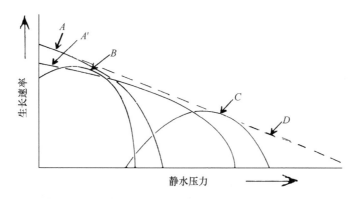

图 12.1　微生物的生长发育对应于静水压力的图解说明

随着压力的升高，生长发育总速率下降（D），从耐压（A 和 A'）到嗜压（B）再到专性嗜压细菌（C）（引自 Jannasch & Taylor，1984）

　　长期以来人们预言，在深海沉积物中自由生存的细菌可能是耐压的，而在深海生物的消化道里发现的细菌应当是嗜压的。这些假定存在的主要问题是实验性生长研究难以在原位进行，并且依赖于最终无法为严格的统计分析所接受的测定方法。尽管平行性也许能够提高统计的有效性，但将细菌从它们的自然环境中移出可能影响它们的生长响应。Yayanos 等（1981）已经证明，只要样品的温度不升高，并且在收回和移入培养基后尽可能快地再次加压，就可以将细菌种群从深海中分离出来。

　　Wirsen 和 Jannasch（1983）强调了深海微生物学面临的几个主要问题，它们是：①有什么？②有多少？③它们在干什么，并且有多快？因为标准细菌技术在深海几千米深的地方操作起来是困难的，深海生态学这一领域的研究存在着一些特殊的技术问题。许多研究工作者都试图用 3 种主要方法来解决这些技术难题。

　　（1）利用"阿尔文"号载人潜水器或者通过自由运载器或"着陆器"进行原位细菌自然种群研究。

　　（2）基于实验室的研究，特别是在船上，将细菌自然种群在低温下回收，并且在移入培养基后再次加压到周围环境的温度和压力。这种方法的优越性就是更加容易控制和管理，并且可以实现重复实验。

　　（3）解压/加压后分离深海细菌、鉴别菌株以及采用严格的微生物技术处理这些菌株（Yayanos et al.，1979；Jannasch & Wirsen，1984）。

2. 深海沉积物中的细菌

早期对太平洋的考察证明，在深海平原的红色淤泥和抱球虫软泥中细菌活性低，而在海沟沉积物中的细菌种群数量较大（Morita，1979）。在这两种情况下，细菌的生长速率都很缓慢。根据在 7.25 km 深的菲律宾外海韦伯海渊中采集的样品，硫酸盐还原细菌的控制实验表明，在 5℃和 1 atm 条件下，超过 3 年的时间都没有生长发育，而在 5℃和 715 atm 条件下的培养基中，一年时间就有硫酸盐还原的明显迹象（Zobell & Morita，1957）。

了解这些细菌过程的原位处理方法是由伍兹霍尔海洋研究所的 Jannasch 和 Wirsen 开创的。他们利用了可以深潜的"阿尔文"号手控操纵实验并辅之使用自由运载器上的实验仪器（图 12.2）。开始时他们假定深海沉积物中的细菌活性很低。在新英格兰外海 1.83 km 处的早期实验中，Jannasch 和 Wirsen（1973）将强化培养基（0.1%淀粉、0.033%琼脂或 0.1%明胶）和木头、纸巾以及海藻石纯的叶状体一起暴露在深海底沉积物上。在实验室里培养基露置 51 周，而无菌对照保存在 4℃下。与此同时，在加入了各种带标记的不同浓度的甘露醇、乙酸钠、谷氨酸钠和酪蛋白氨基酸的培养基上接种后放在水深 1.83 km 处 14 周。这些来自 1.83 km 的样品在"阿尔文"号下降期间得到采自 200 m 处水样的补充，但仍在海底进行培养。在实验室大气压下培养的深水样品比原位培养的样品新陈代谢速率快 17.5～125 倍。在海底，即使经过 51 周，硬基质的干重变化也不

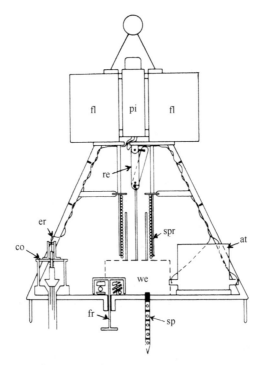

图 12.2 用于深海微生物研究的"自动跳起式"自由运载器结构图

fl. 组合泡沫漂浮物；pi. 带电池和定时器的声脉冲发射器；re. 释放钩；spr. 弹簧；we. 重物；co. 芯件组；er. 用于自动注射样品的电腐蚀释放器；fr. 污物架；sp. 沉积物升降杆；at. 端足目动物捕获器（引自 Jannasch & Wirsen，1983）

显著，并且也没有检测到降解作用。带标记底物培养基的生长速率实验结果显示，原位样品中的速率比在 1 atm 控制下对照组培养的速率要低 3 个数量级。Jannasch 和 Wirsen（1973）得出结论，即使应用深海沉积物富集的办法，在 1 年以上时间里原位的微生物群落活性也不会有显著提高。

从这些早期的实验开始，Jannasch 和他的同事用自由运载器使他们的技术更加完善（Jannasch & Wirsen，1983；Wirsen & Jannasch，1986），并且在没有减压的情况下分离深海细菌（Jannasch et al.，1982），测定这些分离出的细菌对压力的适应性（Jannasch & Wirsen，1984）。在自由运载器研究中，Wirsen 和 Jannasch（1986）将培养基放置于西大西洋 2.6～5.33 km 的多个水深位点并在伍兹霍尔附近的巴泽兹湾 12 m 水深处设置了对照组。将 ^{14}C 标记的葡萄糖、乙酸盐、谷氨酸盐和三甲胺注射到沉积物表面以下 2 cm、4 cm 和 7 cm 的沉积物取芯管中。培养时间为 3～38 天，对照组在 1 atm 和原位温度下进行培养。这些实验数据表明，微生物转化底物速率随水深的增加和沉积物层深度的增加而下降。然而，1 atm 下培养的对照组并没有反映出这个模式，说明深海细菌种群是各种不同比例的耐压和嗜压菌株的混合体（Jannasch & Taylor，1984）。Wirsen 和 Jannasch（1986）注意到，主要的嗜压响应出现在注入三甲胺的取芯管中，表示可能存在压力下的底物特异性。根据这个研究得出结论，自由生活的微生物的最大活性是在沉积物表层，那里沉积的颗粒含有高浓度的有机物。沉积物表层的微生物活性比紧邻上覆水体或下方几厘米的沉积物活性高一个数量级。

最初为 Zobell 和 Morita（1957）所采纳并被 Deming 和 Colwell 等精心改良的方法是用取芯管从深海中收集天然种群，并且在实验室于原位（样品收集深度）压力和温度条件下在各种培养基中培养细菌。Schwarz 和 Colwell（1975）采用日臻完善的方法描述了一些最初的观察。他们在波多黎各海沟 7.75 km 和 8.13 km 深处用 ^{14}C 标记的谷氨酸、丙氨酸和亮氨酸的氨基酸混合物进行培养。这些培养物在船上立即被加压至原位压力，并培养多达 6 个月的时间。对照组的培养在 1 atm 下进行。他们的结果显示，相比 1 atm 的对照组，压力下样品中氨基酸的摄取速率仅为对照组的 1.78%，CO_2 呼吸速率也大幅下降。这些数据支持了深海沉积物细菌的新陈代谢和生物合成被大大减弱的理论（Schwarz & Colwell，1975）。

在之后的研究中，Tabor 等（1982）培养了从大西洋东南部（4.3～5.24 km 深处）和西北部（3.5 km）的箱式取样器中采集的沉积物表面的微生物种群。培养方法与 Schwarz 和 Colwell（1975）研究中所采用的方法类似，使用 ^{14}C 标记的谷氨酸盐和乙酸盐。在平行实验中，端足目动物和海参纲动物的胃含物用相同的方法处理（参见下文）。从沉积物实验中得到的结果说明，细菌在压力下摄取标记化合物比在 1 atm 下的对照组中要缓慢一些，但速率是在对照组的 95% 置信限之内，表明在 1 atm 或原位压力下对底物的利用没有显著差别。这是首次否定深海细菌种群低活性假定的证据。深海后生动物的胃含物的平行实验表明，细菌在深海高压环境中的压力下比在 1 atm 下的生长更好，说明它们是真正的嗜压细菌。

Deming 和 Colwell（1985）及 Deming（1985）进一步拓展了对深海沉积物细菌的研究，覆盖的样品来自包括比斯开湾 4.12 km 和 4.715 km、德梅拉拉深海平原（巴西外海）4.47 km 和 4.85 km 以及西北大西洋 1.85 km 深处。

Deming 和 Colwell（1985）用一个箱式取样器从德梅拉拉深海平原得到了沉积物样品。另外还收集到系泊在离海底 7～200 m 的沉积物捕获器中沉降的颗粒。细菌种群与 ^{14}C 标记的谷氨酸在 3℃和 440 atm 或 480 atm 培养 5 天，对照组维持在 1 atm 条件下。谷氨酸的富集水平保持在高于天然量不到 10%的水平上，这是因为过量增加底物可能会抑制压力下细菌的活性。海底沉积物和沉积物捕获器中颗粒的分析数据说明，和 1 atm 的条件相比，底物吸收能力在原位压力条件下得到加强。自由生活的细菌这一嗜压响应的发现被归因于培养期短以及加入底物的浓度没有增加（Deming & Colwell，1985）。这些数据促使作者得出结论，"……在被测定的深海沉积物中，一类固有的嗜压细菌种群，而不是对压力敏感的外来移居者，是主要决定天然低水平谷氨酸周转率的类群。"Deming（1985）在比斯开湾和哈特勒斯深海平原进行了一系列完全相同的实验。然而，这两个地方的天然底土上没有明显的细菌生长发育，除了一个来自哈特勒斯深海平原的沉积物样品，该样品含有丰富的几丁质，并在其中观察到了嗜压响应。然而，在这些地方的海床上方 10 m 的沉积物捕获器所收集到的沉积物颗粒中含有具嗜压响应的细菌。在东北大西洋的研究工作中，Turley 等（1988）用多管取样器（参见第 3 章）在 4.5 km 深处采集到未被搅动的沉积物上覆水体，在 450 atm 条件下进行培养，并且加入从浅水中得到的浓缩无菌的植物碎屑。结果产生了一个快速发育的嗜压微生物种群，包括食菌的微鞭毛虫以及细菌。Alongi（1990）在珊瑚海和所罗门海中用含有新鲜大海藻碎屑的沉积物进行培养时也得到了相似的嗜压响应结果。

很显然，这两类处理方法，即原位实验和解压后在船上进行压力下细菌培养，得到的结果都有些难以解释。研究确认存在于深海沉积物中的细菌的响应速率要比浅水种群慢，浅水比深海的响应速率快 10～1000 倍。最大的细菌活性出现在沉积物表面，随着进入水体和进入沉积物的深度增加而降低。通过人为强化来刺激深海细菌生长的失败结果说明这些深海细菌是耐压的，但也有可能是过度强化了。低水平强化实验（Deming，1985；Turley et al.，1988）似乎诱导出嗜压响应。虽然这些模糊不清的问题还没有得到解决，但深海沉积物中的细菌群落有可能是耐压和嗜压细菌的一个混合体。耐压菌株在很贫瘠的水域被发现，而嗜压菌株总是和富营养的水域相联系，如水体中有正在下沉的粪团和植物碎屑。

正是嗜压细菌和局部底物浓度增加之间的联系表明热泉的细菌和与深海无脊椎动物的消化道有关联的细菌可能都是嗜压细菌。

2.1 消化道细菌

Zobell 和 Marita（1957）最早提出深海动物的消化道中可能存在大量嗜压细菌。早期有关该环境中细菌活性增强的证据只是间接的。Hessler 等（1978）检测了保存的诱饵捕获器抓获的端足目动物消化道涂片，并且注意到细菌细胞浓度高，其数目远远超过附近深海沉积物中发现的细胞数目。Jannasch 等（1976）已经在鱼、棘皮动物和甲壳动物的消化道中发现了耐压细菌，同时，Ohwada 等（1980）从采自大西洋深处的各种各样的大型底栖动物消化道中分离出 46 种耐压细菌菌株。他们的观察表明，在大型底栖动物样品中，细菌的耐压性随深度增加而增加。几乎同时，其他研究工作者也在分离胃含物中的耐压细菌。Yayanos 等（1979）从采自 5.7 km 深的端足目动物的腐烂残渣中分离出嗜压细菌。这些细菌也许是由端足目动物的胃含物或体壁产生的，也可能来自海水；不过有证据表明，它们的最适生长条件是在约 500 atm 条件下，这个压力与采集它们的海域的压力很接近。

Schwarz 等（1976）首先在肠内细菌中观察到了嗜压现象。作者指出，端足目动物胃中的细菌在强化、加压的条件下培养 5 周，其生长速度比在 1 atm 条件下的对照组要快得多。Yayanos 等（1981）及 Yayanos 和 Dietz（1983）从马里亚纳海沟 10.5 km 深处采集到的端足目动物中分离出细菌。这些细菌在 1035 atm 条件下培养时倍增时间为 33 h，在 690 atm 条件下倍增时间为 25 h，但是在 350 atm 条件下不生长。

Jannasch 等（1980）及 Jannasch 和 Wirsen（1983）测定了食腐深海端足目动物肠道菌群的新陈代谢速率，这些端足目动物是利用自由着陆的捕获器俘获的，并且原位采用放射性标记的诱饵或诱饵替代物喂食它们。这种技术已经被应用于西大西洋 1.14～5.33 km 的各种深度。研究人员采用从深海中无法获取的诱饵来增加对食腐端足目动物的吸引。在回收诱饵捕获器时，对于那些捕食了标记诱饵的端足目动物，分别用冷、热三氯乙酸（TCA）分馏低分子量糖和氨基酸以及多糖和核酸；用乙醇分馏肽和长链氨基酸；用乙醚分馏脂类；每个馏分可在闪烁计数器上读出。虽然得到的结果还有歧义，但研究已确定一些主要的趋势（Wirsen & Jannasch，1983）。虽然放射性标记物转移到端足目动物组织内要花更长的时间，但在几天的暴露中，微生物转化过程就已发生。虽然可能与早期脂肪生成阶段分辨不清，但冷 TCA 分馏部分所含的标记量最高，说明微生物种群活跃。然而，在一次捕获器投放中的多糖/核酸部分中放射性标记的高回收显示出微生物量的快速增长，这些都支持了前面的猜测。Wirsen 和 Jannasch（1983）的结论是他们的结果支持了深海食腐动物的胃肠道可能是嗜压微生物活性提高的场所这一新兴观点。

在这个时期，法国微生物学家正从深海棘皮动物的消化道中分离出细菌（Bensoussan et al.，1979，1984；Ralijona & Bianchi，1982）。邦苏桑（Bensoussan）及其同事注意到，革兰氏阴性杆菌在棘皮动物的消化道中占优势（属于太阳海星 Solaster sp. 和 Pseudostichopus villosus），而革兰氏阴性球菌则在沉积物中占主导地位。消化道微生物群比沉积物微生物群的多样性要小一些，可是在棘皮动物中的密度要比在沉积物中的密度高 50 倍。总体来说，从太阳海星属（Solaster）中分离出 28 种菌株，从拟刺参属（Pseudostichopus）中分离出 22 种菌株，而从沉积物中分离出 80 种菌株。基于 139 个特征的表型分析表明，某些细菌种群仅存在于太阳海星属、拟刺参属或者沉积物中，某些种群在两种棘皮动物的消化道中都有发现。这些资料说明，在深海动物消化道中的微生物群和沉积物中的微生物群是有区别的。3 种环境（海星的消化道、海参的消化道和沉积物）中都有高多样性指数。

J. 戴明（J. Deming）及其同事采用严格的实验方法来处理采自深海的端足目动物和海参纲动物消化道中的细菌嗜压生长的问题。端足目动物在深海中是以尸体为食的食腐动物，而海参则是有选择性的沉积物摄食者，其胃含物含有比周边沉积物高得多的有机碳和氮含量（Khripounoff & Sibuet，1980）。

在端足目动物中，研究人员观察到两个特别的细菌种群（Deming *et al.*，1981）。一种细菌在它们的胃里大量生存（$4 \times 10^7 \sim 2 \times 10^9$/g），而另一种则少很多（$1.6 \times 10^4 \sim 4 \times 10^5$/g），可是仍然比周围沉积物中的含量（$0.8 \times 10^2 \sim 2 \times 10^4$/g）要高一些。研究已经分离出 150 种细菌菌株，其中 75% 是专性嗜冷细菌。Deming（1986）后来证明这些细菌是真正的嗜压细菌，它们只能在富营养的环境中生存。

现存有关海参纲动物消化道微生物群的资料说明，在 430 atm 条件下的倍增时间为 11 h，在 1 atm 条件下为 4 h。虽然这不是真正的嗜压响应，但倍增时间的差异并不显著，并且和 Yayanos 等（1979）对嗜压细菌所报道的 $4 \sim 13$ h 的倍增时间很相似。相比之下，在海参纲动物消化道中短暂生长的沉积物细菌受到原位压力的抑制，倍增时间为 36 h。

在接下来对德梅拉拉深海平原上 >4 km 深处的拟刺参属（*Pseudostichopus*）、幽灵参属（*Deima*）和蝶参属（*Psychropotes*）的消化道微生物群的研究中，Deming 和 Colwell（1982）表示，这些物种的消化道内含物所含的细菌数量是周边沉积物的 $1.5 \sim 3$ 倍。前肠中（主消化区）数量最低，而后肠的细菌数提高了 $3 \sim 10$ 倍。研究已经发现革兰氏阴性杆菌附着于消化道的上皮细胞上。通过测试后肠细菌对 ^{14}C 标记的谷氨酸的响应、记录对酵母抽提物的响应并使用荧光显微镜观察技术，Deming 和 Colwell（1982）发现在周围环境的压力下细菌活性增大（图 12.3）。Deming 和 Colwell（1982）得出结论，这些细菌转化了海参消化过的沉积物中的所有有机物，因此，它们是"深海底栖生物中营养循环的重要参与者"。这些细菌释放出来的代谢物也有可能为宿主提供了额外的营养。

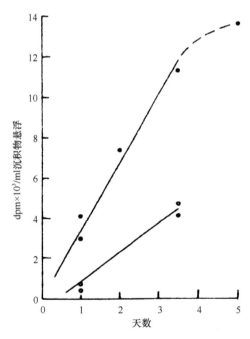

图 12.3　在 3℃ 1 atm（上）和 440 atm（下）条件下培养后，在深海海参纲蝶参属 *Psychropotes* sp. 的后肠内含物中 ^{14}C 标记的谷氨酸的总微生物利用量（摄入及吸收和呼吸速率）（引自 Deming & Colwell，1982）

如果我们将深海中不同生态位细菌的新陈代谢作比较，就可以解释一些微生物的生态学策略（Deming，1986）。首先，根据底物的可获得性可以区分微生物栖息地的两种主要类型。即使深海沉积物得到从粪球到整个动物尸体不同大小的颗粒状有机物下落的填充，其有机物的浓度也是有限的。这些沉积物中自由生活的细菌虽然嗜压，却已经向贫营养进化，它们在碳有限的栖息地里缓慢却有效地生长。因此，用人工强化的培养基分离它们的尝试很少获得成功（Deming，1986）。

第 2 种主要的栖息地是在深海原生动物的消化道内，在那里有机物含量要高出许多，这是宿主以腐肉为食或者选择性觅食沉积物的结果。在这个生态位中，细菌朝向富营养生物进化，只有在具有丰富的有机物底物条件下才能快速生长发育（Deming，1986）。在这种情况下，压力刺激了细菌对底物的总利用率，并且这些细菌是真正的嗜压菌。

深海微生物生态学依然需要进行大量研究，Rowe 和 Deming（1985）的一项研究试图定量测定细菌在深海沉积物的有机碳周转中的作用。他们的数据基于德梅拉拉深海平原和比斯开湾沉积物捕获器中的细菌活性（参见上文）。图 12.4 概括了总的输入量和损失量。在表面和次表面的生物群中，约 90% 的输入碳损失于呼吸过程中。输入碳中很少积累在沉积物内，余下部分被用于后生动物或细菌的发育繁殖。后者估计消耗了总有机碳输入量的 13%～30%。深海底有机碳的总预计量为 9.4 mg C/（m^2·d）[3.4 g C/（m^2·a）]左右，对应于（见下文）相似深度的"沉积物群落耗氧"值（Smith & Hinga，1983）。

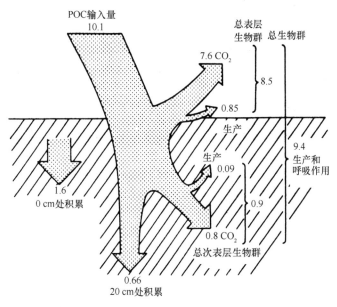

图 12.4 根据德梅拉拉深海平原的两个位点（4.4 km 和 4.8 km 深处）和比斯开湾一个位点（4.1 km 深处）的沉积物捕获器和芯样样品，推断出的有机碳输入和归宿的平均值示意图。图中的数值代表碳流量平均值，单位为 mg/（m^2·d）（引自 Rowe & Deming，1985）

有关深海细菌生态学仍有待深入了解。当前的很多研究都集中在了解热泉处微生物的生产力方面（参见第 15 章）。然而，在深海的其他地方，小范围的变化特别是对沉积物颗粒的响应方面正在被研究，但我们对深海底有机物的细菌周转过程随时间变化的了解还很少，尤其是现在证实从表层生产到深海底有机物通量的季节变化的研究更少。

3. 新陈代谢过程

近十年间，我们对深海生物呼吸和繁殖的关键生理过程的认识有了迅速的提升。然而，就在 1983 年，索梅罗（Somero）、西本阿列尔（Siebenaller）和霍查奇卡（Hochachka）认为我们对深海环境底栖无脊椎动物的新陈代谢适应性了解仍非常少。在这一部分我们将只讨论呼吸作用。

呼吸作用可以在生物体或种群的层面进行测量（即前面提到的"沉积物群落耗氧"）。应用于原位测量呼吸作用的方法主要是由斯克利普斯海洋研究所的 K. L. 史密斯及其同事提出的。这些方法被应用发展应用到自由运载器（见下面）。

在大多数情况下，生物呼吸速率及能量需求是在相对短的时间周期内进行测定的（通常以小时为单位）。而为了了解深海底栖无脊椎动物的繁殖过程，需要长时间的采样计划（＞1 年）以获得规律时间间隔的样品，因此，在繁殖周期中如果显露任何变化，都可以检测到。由于运筹以及财政上的限制，这些研究方式很少采用，可是，就像我们将会看到的，有一些数据正是从加利福尼亚外海的圣迭戈海槽和东北大西洋罗科尔海槽按时间序列进行的采样项目中获得的。

测定能量需求的传统途径是测定动物个体的耗氧量和据此推断出总的种群能量需求。在深海中，由于生物体型大小各异及环境偏远，测定单个生物水平的呼吸速率只能针对巨型底栖动物和鱼类进行。较小的生物，特别是大型和小型底栖动物只能作为一个群落进行处理，并且它们的呼吸作用在种群水平进行测定。通过测定深海生物的呼吸速率，可以计算出它们的能量需求[g C/（$m^2 \cdot a$）]，因此我们既知道了能量的输入量也知道了消耗量（包括繁殖和发育），就可以编制出深海种群的年能量预算。然而，这些评估都是假设消耗速率是一个恒定值，正如我们后面将要看到的，根据一年中不同时间得到的呼吸数据，消耗速率恒定的假设是不真实、不可靠的。

3.1 个体动物的呼吸作用

呼吸作用采用鱼类呼吸计原位测量（图 12.5a）。该装置可以放置在海床上通过潜水器进行监控，也可以作为自由运载器进行操作。用诱饵将鱼引诱进入丙烯酸树脂盒内，一旦鱼进入盒内，诱饵自动被移除。被俘获的鱼的一切活动都被安装在捕获器壁内的一排声波传感器记录下来。这种捕获器具有两种功能。如果入口被筛网关闭，只能测定饥饿的影响效果。如果关闭丙烯酸树脂门，这个捕获器作为底栖生物的呼吸计，氧的变化通过极谱仪中的氧传感器进行测定，排泄物由注射器移出（Smith & Baldwin，1983）。

表 12.1 汇总了各种深海巨型底栖动物和底游生活鱼类的呼吸速率（大多数都是原位测量）。在海蛇尾中，诺曼裸盾蛇尾（*Ophiophthalmus normani*）、莱曼瓷蛇尾（*Ophiomusium lymani*）和 *O. armigerum* 的呼吸速率极为相似，与深度（1.23～3.65 km）无关，变化范

围为 23～50 μl/（h·g）湿重（Smith，1983）。这些数据与浅水海蛇尾动物的数据类似，说明深度并不是制约耗氧量的重要参数。然而，来自 1.3 km 深处的海参纲动物 *Scotoplanes globosa* 的呼吸速率则相当低，变化范围为 4～15 μl/（h·g）湿重，这与浅水海参纲动物的消耗速率相差无几。

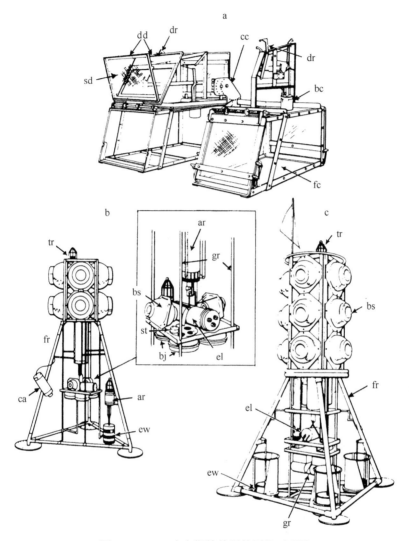

图 12.5　K. L.史密斯等使用的原位呼吸计

a. 双重捕鱼器及呼吸器，可以通过潜水器进行操作，也可以作为自由运载器进行操作。捕鱼器被固定在海底以上不同高度的金属丝（cc）上。每个舱可以通过弹簧控制的双层门（dd）释放系统捕获一只被诱饵（bc）吸引的鱼。这一操作由控制杆系统（dr）触发，控制杆系统位于潜水器机械臂旁，整个过程可以从机械臂处进行可视监控。捕鱼舱（fc）的容积为 53.7 L。舱内溶解氧的变化可以被连续记录下来。用纱门（sd）将鱼和诱饵隔开，可以测量饥饿状态下的呼吸作用。b、c. 两个自由运载器呼吸计（FVR），它们被设计用来测量底栖群落摄入的氧气量。b. 钟形呼吸计，由 4 个两两相邻的塑料管组成，一端加盖（bj），插入沉积物中，留 5～10 cm 在上覆水体中。沉积物群落的耗氧量由一个带有搅拌马达（st）的极谱电极测定。载重的钟形仪器组（嵌图所示）沿导杆（gr）下放，在实验结束时，声波指令释放系统（ar）控制释放消耗性下降重物（ew）。其他标记：bs. 浮球；fr. 金属三脚架；ca. 照相机；el. 电控和记录的压力套；tr. 声波指令系统的传感器。c. 自返式抓斗呼吸计组合体（FVGR）还可以在实验结束时对沉积物样本密封收回。4 个改进过的 Ekman 抓斗（gr）（21 cm×21 cm×30 cm）带有弹簧控制的爪，可以深入沉积物表面 30 cm，抓起 441 cm² 的沉积物样本。顶部的盘沿导杆下滑将抓斗顶端用硅橡胶垫圈密封。耗氧量测定与 FVR 一样。在抓斗接受命令关闭，释放抛弃重物将 FVGR 召回之前，可以监控 1～5 天的呼吸作用（引自 Smith & White，1982）

表 12.1 深海中物种的呼吸速率

物种	深度/km	耗氧量/[μl/（h·mg）湿重]	参考文献
棘皮动物门			
Ophiophthalmus normani	1.3	26～45	Smith，1983
Ophiomusium lymani	1.23	50	Smith，1983
Ophiomusium armigerum	3.65	23～30	Smith，1983
甲壳动物亚门			
Paralicella caperesca	3.65	20～660	Smith & Baldwin，1982
Orchomene sp.	1.3	210～980	Smith & Baldwin，1982
Eurythenes gryllus	0.01～3.25	60～64[*]	George，1979a
Parapagurus pilosimanus	1.0	9～20[*]	George，1979a
多毛纲动物			
Hyalinoecia artifex	0.8～1.6	2[*]	George，1979a
鱼类			
Coryphaenoides acrolepis	1.23	2.7～3.22	Smith，1978
Coryphaenoides acrolepis	2.76	3.1	Smith，1978
Eptatretus deani	1.23	2.7～3.22	Smith & Hessler，1974
Sebastolobus altivelis			
成年	1.3	2.29～3.22	Smith & Brown，1983
幼年	1.3	26.6～34.4	Smith & Brown，1983

*将拖网样品中的动物再次加压进行实验室测量

其他数据是对从深海收回后再次加压的样本进行实验所得到的。测得的氧耗速率低，很可能是由于在抓捕过程中它们经历压力和温度的激烈变化所引起的。Childress 等（1990）在用隔热囊网回收的 11 种底栖甲壳纲动物的呼吸作用研究中，当计入测试动物新陈代谢对温度的中度依赖从而对数据进行调整时，结果显示氧的消耗和深度之间没有明显的关系。在深海食腐端足目动物中，呼吸速率在很宽的压力范围内似乎比较恒定 [60～64 μl/（h·g）湿重]，但在受到食物气味的刺激时，呼吸速率快速提高（George，1979a）。当受到食物气味刺激时，来自 3.65 km 深处的 Paralicella caperesca 的呼吸速率从 20 μl/（h·g 湿重）提高到 660 μl/（h·g）湿重，对于生活在较浅的 Orchomene sp.，则从 210 μl/（h·g 湿重）提高到 980 μl/（h·g）湿重（Smith & Baldwin，1982）。这些提升的呼吸水平可以维持长达 8 h。

这些数据说明，深海巨型底栖动物已经进化了许多特性以适应环境的变化。George（1981）认为出现了两种主要的类群：①低耗氧；②高耗氧。第 1 种类群的代表是海参纲动物 Scotoplanes 和多毛纲动物明管虫属（Hyalinoecia），因为有连续的低能量需求，它们在沉积物表面缓慢移动从而摄取有机物。第 2 种类群以游泳的甲壳动物为代表，如食腐的端足目动物，它们需要对食物的可获得性作出快速响应，同时需要在两餐之间保存能量。Smith 和 Baldwin（1982）认为，在觅食期间，端足目动物进入蛰伏状态以免饿死，这时它们的呼吸速率降低并利用高能储备物，如脂类。在这种情况下，端足目动物一定会对任何能感觉到的食物气味作出反应，这些食物的气味都会诱发动物溯源寻找和觅食行动的快速响应，通过利用糖类等能量储备来加快呼吸速率的提升。

表 12.1 给出鱼类呼吸速率的数据（Smith & White，1982）。在圣迭戈海槽 1.23 km 深处研究人员第一次成功尝试原位测定游动的深海鱼类的呼吸速率（Smith & Hessler，1974）。他们注意到，*Coryphaenoides acrolepis* 和 *Eptatretus deani* 的呼吸速率显著比近缘近的浅水物种低。来自 3.65 km 深的薄鳞突吻鳕[*Coryphaenoides (Nematonurus) armatus*]的呼吸速率测定结果表明，它与其他来自 1.23 km 深的同类 *C. acrolepis* 的呼吸速率非常相似[2.7～3.7 μl/（h·g）湿重]（Smith，1978a）。在鱼类 *Sebastolobus altivelis* 成体中，呼吸速率是 2.29～3.22 μl/（h·g）湿重，尽管这个物种幼体的呼吸速率比成熟个体高了一个数量级（表 12.1）（Smith & Brown，1983）。这些作者也注意到幼虫的呼吸速率在夜晚比白天高 1.5～1.8 倍。所有这些鱼类都营底游生活，因此它们在海床上方活动而不是在海床表面。深海鱼的呼吸速率低可能是由于与端足目动物的选择压力相似，在搜寻食物和捕食时新陈代谢活动提高，但是在休眠期鱼类在海底休息，消耗能量最少。

3.2 群落水平的呼吸作用

研究已获得一些深海底边界层生物的呼吸速率数据，这些生物包括紧靠海底的浮游动物以及海底沉积物表面和沉积物内的所有生物（沉积物群落耗氧，或称 SCOC）。

（1）深海海底边界层（BBL）的呼吸作用：Smith（1982）采用原位的方法测定了在深海底上方几个层次（1 m、5 m、10 m 和 50 m）的深海底边界层群落的呼吸速率。总体来说，氧消耗量随与海床距离的增大而减少（表 12.2）。对于整个 50 m 的 BBL，大型浮游动物的整体耗氧量是 1575 μl/（m²·d），它只有相同海域 SCOC 的 3%（参见下文）。巴拿马海盆 3.85 km 深处（Smith et al.，1986）距离海床 50 m 的 BBL 中大型浮游动物整体耗氧量是 111 μl/（m²·d）。这与大型浮游动物 0.05 mg C/（m²·d）的消耗量是等价的。在同一深度递增下，浮游细菌吸收和呼吸速率所消耗的碳约为 1.25 mg C/（m²·d）（Smith et al.，1986）。

表 12.2　海底边界层和深水中的呼吸作用

位置	深度/km	耗氧量/[ml/（h·mg）湿重]	参考文献
大型浮游动物（主要桡足类）	3.8	0.24	Smith et al.，1986
BBL 浮游动物	1.3	0.24～0.49	Smith et al.，1986
端足目 *Paracalliosoma coecus*	1.1	40～50	Childress，1975

（2）沉积物群落耗氧（SCOC）：在沉积物-水界面，用各种改进的沉积物群落呼吸计对许多不同的深海海域进行了 SCOC 的原位测量（图 12.5b）。沉积物群落呼吸计是一种由斯克利普斯海洋研究所 K. L. 史密斯设计的自由运载装置。虽然先前有关沉积物呼吸作用的数据是根据降压后的样品所得到的，但深海群落呼吸作用的第一个精确数据的获得则来自这些原位测量研究（表 12.1）（Smith & White，1982；Smith & Hinga，1983 所做的综述）。这种装置源自一个钟形玻璃罩呼吸计。该仪器作为自由运载器进行操作，用三脚架支承，框架上装有两个并肩的塑料圆筒，每个圆筒一端加盖并插入沉积物中，将 5～10 cm

的上覆水封闭起来。水中溶解氧被耗尽的速率用于测量"群落呼吸作用"。另一种方法是用放射性同位素标记物的释放来记录海底微生物群落对营养物质的吸收和释放。放置于中心位置的钟形罩装置的详细情况显示在图12.5b的插图中。在三脚架顶端是浮力组件，该组件具有约300 kg负浮力。工作船发出声波指令抛弃压载物从而有效回收设备。

图12.5c所显示的自返式抓斗呼吸计组合体（FVGR）是由上面描述过的装置逐步发展而来的。该装置装配有4个不锈钢抓斗，改进为呼吸计室，它能在实验结束时回收沉积物。这种复杂先进的自由运载器可以对沉积物群落的耗氧量和营养物释放两方面进行原位测定，并回收沉积物样品用于动物和沉积物化学特征分析。

虽然从其他站点可以获得更多数据，但由于这些应用原位呼吸计的站点可以获得关于颗粒物通量的数据，因此可以比较能量的供应和需求。

使用沉积物群落呼吸计获得深海群落原位耗氧量的第1个结果来自西北大西洋1.85 km深处（Smith & Teal，1973）。研究人员发现耗氧量比浅水中低两个数量级。为了证明这些氧气是生物消耗而不是化学消耗的，他们用甲醛对沉积物进行了处理，之后就再也测不到氧的摄入量了。继续对西北大西洋不同深度进行研究证明，SCOC随着深度增加而减少，从1.345 km处的1.31 ml O_2/（m^2·h）降低到5.2 km深处的0.02 ml O_2/（m^2·h）（Smith，1978b；Smith *et al.*，1978）。在东北大西洋的SCOC测定值也很低（Patching *et al.*，1986）。尽管其他参数也影响氧的消耗，但深度是最主要的影响参数，它贡献了耗氧量变化的83.1%（Smith & Hinga，1983）。其次，第2个结果是流向海床的POC流量，它随深度和离岸距离的增大而下降。SCOC所利用的POC通量百分数也随深度增大而下降。然而，因为在沉积物中没有有机物的积累，在SCOC中未被利用的POC必然会被其他生物所利用，或者被横向输出（Smith & Hinga，1983）。

与西北大西洋相比，SCOC在墨西哥海湾和巴哈马地区要高得多，在2 km深处是3.1 ml O_2/（m^2·h），在3.45 km处下降至0.69 ml O_2/（m^2·h）（表12.3）。在海舌处SCOC的高速率可能是与陆地距离较近的结果（Smith & Hinga，1983）。然而，该地区高通量的POC（表12.3）难以满足SCOC的需要，说明存在有机物的大量输入。它们可能以海草或其他肉眼看得见的植物形态出现，研究人员在这一地区的海底已经观察到这种物质（Rowe & Staresinic，1979）。

在北太平洋，第1个SCOC数据来自圣迭戈海槽1.23 km深处，那里的SCOC为（2.4±0.1）ml O_2/（m^2·h）（Smith，1974）。Smith等（1983）在他们更大尺度的研究项目中测定了笔直横跨北太平洋的一系列站位的SCOC。SCOC随深度和离岸距离的增大而下降（表12.3）。这些数据表明（Smith & Baldwin，1984b；Smith，1987），这一地区的SCOC具有季节性的特点，可能与上覆水的季节性生产力和POC通量有关。然而，Smith（1987）得出结论，在SCOC中只有59%的变化归因于POC的垂直通量。此外，自返式抓斗呼吸计组合体测得的SCOC的变化和系泊的沉积物捕获器同时测得的POC变化之间没有明显的同步性或定相性（Smith，1989）。因此，POC和SCOC的直接耦合仍然未被确认。

研究尝试平衡深海海床能量供给和利用充满着困难。Smith和White（1982）试图测定海床上供应的有机碳的利用量。他们得到的数据（图12.6）说明，23%为SCOC所利用，4%为浮游生物所利用，15%为底游动物所利用。如果我们假定有2%被游动的巨型底栖动物所利用，仍然还剩下56%的有机物去向无法作出解释。这一有机碳储备还必须包含大的下落食物，如动物尸体和植物残渣，以及溶解的有机碳。对碳的接收方而言，除了呼吸作用之外，碳还可以作为它们的躯体组织储存起来或者输出到水体中作为有性繁殖的产物。卵含有高能量的脂质，这可能是碳固定的一个主要部分。认识这个平衡是我们理解深海生态系统能量流的基础。

表 12.3　沉积物群落耗氧量（SCOC）

站位	深度/km	测量的 SCOC/ [ml O_2/（m^2·h）]	SCOC/ [L O_2/（m^2·a）]	每年的 SCOC/ [g C/（m^2·a）]	POC 通量/ [g C/（m^2·a）]	POC 通量/%
			北大西洋			
77DE	1.35	1.31	11.48	5.25	5.4	97
DWD	2.2	0.46	4.03	1.84	6.4	29
ADS	2.75	0.35	3.07	1.4	2.3	61
HH	3.0	0.2	1.75	0.8	2.3	35
DOS 2	3.65	0.21	2.1	0.96	4.2	23
NN	5.08	0.07	0.61	0.28	0.7	40
MM	5.2	0.02	0.18	0.08	0.4	11
			墨西哥湾			
77FG	6.75	2.95	25.84	11.81	2.6	
TOTO	2.0	3.1	27.16	12.41	2.1	
76B	3.45	0.69	6.04	2.77		
			北太平洋			
AA26	1.193	2.22	19.45	8.75	9.8	91
SDT	1.23	2.4	21.02	9.67	9.8	99
SCB	1.3	2.54	22.25	10.21	5.4～21.3v	
C66	3.815	2.28	19.97	9.19	9.8	94
F	4.4	0.7	6.13	2.81	0.2～5.4v	
G	4.9	0.29	2.54	1.17	0.2～0.6v	
CNP	5.9	0.13	1.14	0.52	0.4v	

注：v 表示季节性变化；引自 Smith & Hinga，1983；Smith，1987

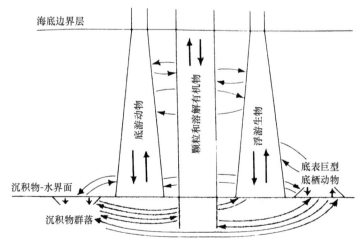

图 12.6　在西北大西洋 3.65 km 深海底边界层的沉积物群落、浮游生物和底游动物的总沉积有机物颗粒利用比例的图解说明（引自 Smith & White，1982）

第 13 章　深海生物的繁殖、补充和生长

1. 假设与预测

　　直到最近，人们对深海环境了解最少的生物学过程还是那些与深海生物繁殖方式、生长发育和存活率以及这些类群的种群统计学等有关的问题。早期主要的分类学著作仅仅对性别、性腺的发育和孵化的观察做过简单评述，而关于补充和生长的信息则完全没有。早年深海考察的采样活动以给出覆盖广阔空间范围的描述性信息为目的，而不是在固定的站位实施长时期的采样计划。因此，繁殖发育研究无法对生物从发育起始到性成熟等不同发育阶段进行跟踪，就像浅水和潮间带物种中惯常的做法（Giese & Pearse，1974），也不能对生物离散群的补充和随之而来的生长进行评估。我们对深海无脊椎动物的这些过程仍然缺乏认识。

　　根据深海温度处于稳定状态的特性，Orton（1920）预测，深海物种的繁殖并没有季节周期性（它们的浅水近缘种受水温年际变化的影响而存在季节周期性），而是全年都可以进行繁殖。

　　另一个预测涉及深海生物早期发育模式。在浅水中，大部分海洋无脊椎动物产生许多极为细小的卵，卵孵化成典型的浮游动物幼虫，它们在水中觅食并随水流扩散。它们最终定居在海底，从浮游生物的形态变化为像成体的幼虫形态。伟大的丹麦海洋生物学家 Thorson（1950）在综述海洋底部无脊椎动物的繁殖和幼虫生态学时预测，深海物种的繁殖力总是相对较低，很少甚至不经过浮游发育阶段。他认为，大部分深海和极地海中的环境条件之间存在着相似之处，在这些地方，浮游发育阶段部分或全部削减了。这样微小的生物很难在相邻几千米的表层之间迁移，再加上繁殖大量幼体并进行一次冒险的"旅行"会耗费母体大量的能量成本，因此在表层水中进行早期发育的繁殖策略在深海中是不可行的。

2. 深海中的繁殖策略

　　早期发育中存在游泳或自由漂浮幼虫阶段的发育方式被称为间接发育。Thorson（1946，1950）在他的论文中将那些幼虫可以自由游泳但不能自由觅食、依靠储存的食物维持生命的物种（卵黄营养）与幼虫可以自由游泳、自由觅食的物种（浮游生物营养）区别开来。在直接发育中，受精卵或合子直接发育成成体的幼态，省去了所有幼虫阶段和后续相关的变态过程。研究确定幼虫是否能觅食是非常重要的，这可将浮游生物营养策略与过去常常难以区分的卵黄营养和直接发育策略区别开来（Strathmann，1978；Jablonski & Lutz，1983）。这些策略有着各自的相对优势。进化会选取一种优势，如广泛扩散的策略相对于其他策略，如产生繁殖体所耗费的母体的能量成本。具有浮游营养

发育阶段的物种产下大量的卵，这些卵有利于产生高度变异性和机会突变，但卵和浮游幼虫的死亡率都极高（在浅水中被认为超过 99%），它们要么被捕食，要么被饿死。然而，幸存者在动物的生命史中提供了一个散播期，并且它们的变异性更有可能产生一系列适应于新环境的性状。相反，那些早期发育中没有浮游营养阶段的物种，它们产下的卵较少，每个卵有更多的能量投入以确保其长到成体的机会最大化。最适应环境的那些物种要么孵育幼虫，要么卵在荚膜中发育（通常这些卵黏附在海底），为卵和正在发育的胚胎提供保护（见图 5.24）。虽然存活率可能较高，但物种的扩散必然比幼虫为浮游营养型的物种受到更多的限制。扩散最广的可能是自由游泳的卵黄营养幼虫，它们的体型一般较小，因此相比直接发育的物种可以产生更多的幼虫。对于这些卵黄营养的幼虫，培养实验说明，当存在由浮游营养模式转换为成体模式时，死亡率特别高。早期发育为卵黄营养型的物种在深海双壳类动物中占优势（Ockelmann，1965；Knudsen，1970；Scheltema，1972）。

另一个预测是，深海是一个生物学活动速率低的环境。该预测基于 20 世纪 70 年代由"阿尔文"号潜水器开展的对沉积物、微生物群落和鱼类呼吸作用的原位研究（参见第 12 章）。预测深海动物的生长速率同样非常低（Grassle & Sanders，1973），这也得到了对小型双壳类动物 *Tindaria callistiformis* 进行的同位素测定结果的支持，测定结果表明，最大的标本约生存了 100 年（Turekian *et al.*，1975）。这和生活史中具有典型的小的孵化幼虫以及年龄结构中以较年长的个体为主相关（Grassle & Sanders，1973；Sanders，1979）。桑德斯（Sanders）将这些特征联系起来，认为"生物学上相适应的"群落的发育是由每个具有狭小的特化小生境的物种组成的，因此容许物种在高度多样化的群落中共同存在（见第 8 章）；生态系统在时间上具有高度稳定性的假设是桑德斯理念的基础。

现在所获得的深海底栖生物各类群的繁殖和生活史的数据是否满足这些预测？要回答这个问题，我们需要审视深海环境造成的特殊生活史问题。生物体需要在资源有限和自然环境所施加的限制（以及提供的机会）下成功地自我繁殖。毋庸置疑，这些因素包括低的食物可获得性，这会限制繁殖生产的规模，而且低种群密度也会给交叉受精带来问题。这些物理因素可能还包括（偶尔高能量的）底层流的出现，这不仅为底栖幼虫的扩散提供了机会，可能也为已进入底栖期的生物扩散迁移提供了机会。

3. 深海无脊椎动物的繁殖和补充

3.1　腔肠动物

来自深海珊瑚虫的有限证据说明物种在繁殖过程中的变化潜力。一种群体海葵 *Epizoanthus* sp.寄生在寄居蟹 *Parapagurus pilosimanus* 的体表上；它们与浅水中的群体海葵以相似的方式进行产卵（Muirhead *et al.*，1986），不过是全年连续产卵。卵的大小表明其幼虫采取浮游方式。海葵 *Paracalliactis stephensoni* 和 *Phelliactis robusta* 仅在每年的 4～5 月进行季节性繁殖，幼虫是扩散阶段（Van Praet & Duchateau，1984；Van Praet，个人通信）。在深海无脊椎动物研究中发现两种情况都存在，即连续繁殖和季节性繁殖，在分析其他无脊椎动物群体的证据时，这一现象会反复出现。

3.2　多毛类环节动物

虽然多毛类环节动物占据深海动物优势地位，但是对它们繁殖生物学的研究却少之又少。Hartman 和 Fauchald（1971）推论，沿欢乐角-百慕大狭长条状地带采集的多毛类环节动物长年繁殖。在圣迭戈海槽对深海多毛类动物——扇虫 *Fauveliopsis glabra* 开展了一年 5 次采样的季节性研究（Rokop，1974），支持了这个结论。

来自回迁托盘实验的生活史和生长率证据是基于幼虫阶段靠海流扩散作用而不是成体通过游泳或匍匐爬行横向迁移，虽然横向迁移的情况可能发生在那些"游走型"动物中，如多鳞虫，甚至可能发生在某些"定居的"动物中，如双栉虫（Desbruyères *et al.*，1985）。回迁实验结果表明，许多"定居型"物种的繁殖都是通过以水为载体的扩散阶段进行的，这些物种包括小头虫科、海稚虫科、豆维虫科、异毛虫科、海女虫科、丝鳃虫科和缨鳃虫科。假定这些蠕虫的确移居到这些托盘中，由于幼虫的生长非常迅速，机会主义者小头虫属物种（*Capitella* spp.）在一年左右即达到成熟（Grassle，1977；Grassle & Morse-Porteous，1987；Grassle *et al.*，1979；Desbruyères *et al.*，1980，1985；Levin & Smith，1984）。

3.3　甲壳纲动物

深海甲壳纲动物的繁殖类型多种多样。囊虾总目动物（等足类动物、端足类动物、涟虫类动物和原足类）均是直接发育的动物，它们孵化卵直到卵发育至和成体一样形态的幼虫阶段。George 和 Menzies（1967，1968）首次提出季节性繁殖就是针对深海等足类动物和端足类动物而言的。然而，基于从欢乐角-百慕大断面上于 8 月和 12 月采集的栉水虱 *Ilyarachna* sp.物种样品中正在孵化的雌体的百分比数据比较（Sanders & Hessler，1969a）与季节性繁殖假设不一致。这一断面上的原足类也再一次表明其繁殖呈连续性而不是季节性，Gardiner（1975）也发现某些物种的幼体发育阶段和有卵袋（孵化囊）的雌体贯穿全年。Rokop（1977b）再次审查了乔治（George）和孟席斯（Menzies）的数据，并且认同了等足类动物 *Storthyngura birsteini* 季节性繁殖的证据。他认为其他物种季节性繁殖的证据非常稀少。相反，Harrison（1988）分析了罗科尔海槽中 2.9 km 深处长时间连续采样的等足类动物样品并得出结论，孵化强度存在季节性变化，在冬天的月份里雌性孵卵的比例（25%）比夏天月份里的比例（5%）要高很多。此外，在夏季采集的样品中有更多新产生的幼虫（这也与双壳类动物和棘皮动物中的幼虫数最大值相一致，参见下文）。

有关深海囊虾总目动物发育的资料少得可怜。根据来自苏里南外海约 1.5 km 深处的一个异常大的涟虫 *Leucon jonesi* 样品，Bishop（1982）描述了早期蜕皮阶段的生长发育。早期蜕皮阶段的生长发育一般要比晚期快许多。就像浅水种群一样，雌体可多次生殖（可多次孵化），其间存在休止期，让卵母细胞发育，每次孵育 6～12 个幼虫。Thurston（1979）观察到来自东北大西洋的食腐端足类动物光洁钩虾之间体型大小频率的多态性，他将此解释为季节性孵化的结果或蜕皮发育的结果。然而，在针对太平洋的一种体型巨大的钩虾物种 *Eurythenes gryllus* 的广泛采集样品的调查中，还没有证据证明在补充/孵化方面存在这方面的任何趋势（Baldwin & Smith，1987）。在 *E. gryllus* 体型大小的数据中，明显看得出与连续的蜕皮阶段以及随后龄期生物生长的几何增量相对应的体型大小的峰值反复出现（Ingram & Hessler，1987）（图 13.1）。与雄性相比，雌性长得更大，龄期更长。就像其他端足类动物一样，它们可能是多次生殖，在成熟期之后的每次孵化期之间有一个休止期。

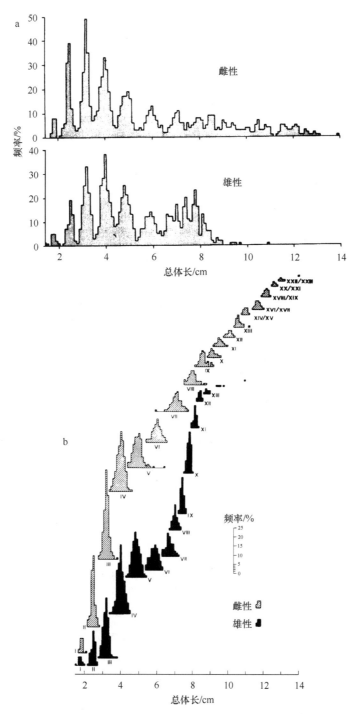

图 13.1　a. *Eurythenes gryllus* 的雄性和雌性的总体长频率；b. 从体型大小频率分布分离出来的个体的龄期（引自 Ingram & Hessler，1987）

食腐端足类动物中正在孵化的雌体尚未发现，因此，对它们生殖能力的估计是根据卵母细胞的数目，为 70～185 个。但是在某些物种中，卵母细胞的数目在第二性征的发育之后即减少。这说明发生了吸收作用，而不是季节性繁殖（Thurston，1979；Hessler *et al*.，1978；Ingram & Hessler，1987）。幼虫似乎快速度过早龄期，但随着它们长大，蜕皮之间的间隔加长。假定补充是连续的，这就解释了为何捕获的前几个龄期的幼虫比后面龄期的幼虫少。

我们对于较大的深海甲壳纲动物的繁殖了解相对少一些。Ahlfeld（1979）检查了与季节变化无关的样品，包括 *Parapagurus pilosimanus*、*Catapaguroides microps*、*Munidopsis rostrata* 和 *Nematocarcinus ensifer*，并得出结论，某些繁殖活动一年到头都会发生，所有 4 个物种表现出繁殖强度的周期性增强。来自布莱克深海高原的寄居蟹 *Parapagurus pilosimanus* 的全年繁殖活动是不同步的，但是冬天产卵都是高度同步的（George，1981）。在东北大西洋，*P. pilosimanus* 是整年繁殖的，没有季节性繁殖的任何证据。次深海带的蜘蛛蟹 *Dorhynchus thomsoni* 有一个明显的繁殖周期（Hartnoll & Rice，1985）。虽然卵的携带和幼虫发育模式与浅水中的物种相似，但卵的孵化差不多要花 8～9 个月。人们对深海蟹幼虫的了解并不多，Williamson（1982）已经鉴别出 *Dorhychus thomsoni* 的幼虫，而 Perkins（1973）及 Sulkin 和 van Heukelem（1980）也报道发现了深海红蟹 *Chaceon quinquedens* 中"典型的"十足目幼虫阶段。非洲西南部外海大陆坡上部商业开发的物种 *Geryon maritae* 的繁殖说明，不存在季节性繁殖，并且它的配子发育生物学的详细资料说明，它与浅水中的同种生物相当类似（Melville-Smith，1987）。研究已经发现全年繁殖存在于多螯虾 *Stereomastis nana* 和 *S. sculpta* 中（Wenner，1978）。在这些物种中，只有最大的雌性才会携带卵。Wenner（1980）描述了对虾 *Benthesicymus bartletti* 的繁殖过程，不过由于资料有限，不能确定其是连续繁殖还是季节性繁殖。

3.4 软体动物

深海软体动物的繁殖相比前面谈到的各类群受到人们更多的关注。现存的大部分证据涉及原鳃亚纲双壳类动物和前鳃亚纲腹足类动物。Ockelmann（1965）全面考察了东北大西洋浅水双壳类动物早期发育的各种类型，并将其与幼虫的壳或胚壳的形态学联系起来。他表示，在深海双壳类动物中以卵黄营养发育为主，而直接发育和孵卵保护的早期发育方式很少见，印度洋次深海带 58% 的双壳类动物存在卵黄营养发育（Knudsen，1967，1970）。Knudsen（1979）总结了已知的发育方面的资料后得出结论，在次深海带物种中[除了特化的凿木蛤亚科（Xylophagainae）物种]，卵黄营养发育占 60%，直接发育占 30%。在深渊中，比例分别是 70%～75% 和 15%（凿木蛤亚科除外，它似乎是孵卵保护方式）。在浅水中，浮游营养（浮游的）发育占主要地位，在潮下带和次深海带之间繁殖模式发生了最显著的变化。深海双壳类动物倾向于比浅水生物具有更小的生殖腺。Scheltema（1972）从 7 个胡桃蛤属物种（*Nucula* spp.）的性腺成熟卵的数目中发现繁殖力随深度梯度下降。细小的深海胡桃蛤 *Microgloma* 的性腺只有两个卵，是迄今为止所发现的所有双壳类动物中最少的（Sanders & Allen，1973）。

Rokop（1974，1979）分析了圣迭戈海槽中 4 个物种的繁殖周期，它们分别是 *Nuculana pontonia*、*Nucula darella*、*Tindaria cervola* 和 *Bathyarca* sp.，这 4 个物种都是全年繁殖的，

证实了 Scheltema（1972）的猜测，即深海双壳类动物的产卵总是连续不断的。然而，来自罗科尔海槽 2.9 km 深处的原鳃亚纲双壳类动物 *Yoldiella jeffreysi*（图 13.2）和 *Ledella pustulosa*（Lightfoot *et al.*，1979）显示配子发生周期呈季节性。研究观察到卵的最大尺寸，说明它们的发育是卵黄营养方式而不是浮游营养方式。Jablonski 和 Lutz（1983）认为，大部分深海软体动物的小体型迫使它们采取非浮游营养的幼虫发育模式，因为身体上不允许其在每次产卵中孵化出足够的浮游营养的幼虫以确保成功补充繁殖。

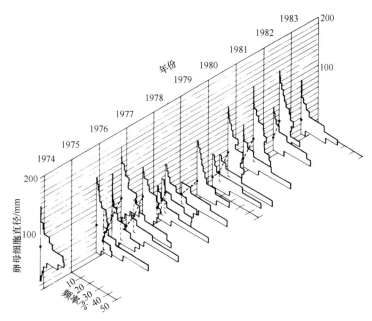

图 13.2　原鳃亚纲双壳类动物 *Yoldiella jeffreysi* 的性腺中卵母细胞的大小频率：来自罗科尔海槽 2.9 km 深处，表现出季节性繁殖。实心圆圈表示每个样本的平均直径，用虚线连接表示卵发生的季节性周期，从每年的早期开始，夏季卵黄形成（卵中卵黄的生成）最为活跃，在冬季/春季的早期释放成熟的卵。
雄性中季节性精子发生与卵具有相同周期，"产卵"后两种性别可能在种群中同步出现

　　凿木蛤亚科深海物种有一种很特别的生活方式，可能存在季节性繁殖。放置在深海底的实验木块被迅速定殖。幼虫快速生长，成熟早并具有高繁殖率。浮游幼虫的发育阶段被延长了，这样可以使它们找到木头的机会最大化。同时，成体在不断地消耗它们的栖息地，木头一旦被吃光，它们也就随之死亡。Turner（1973，1977）假定，由于木头被输送到海里呈季节性，与下暴雨的周期有关，幼虫的排放也可能呈季节性；高峰期随地理位置不同而不同。

　　深海双壳类动物的幼虫很少出现在浮游生物中。Allen（1983）提到在大西洋海面的浮游生物中观察到双壳类动物幼虫。在千岛-堪察加海沟附近 1.8~2 km 深处采集到瓣鳃类动物的幼虫（Mileikovsky，1968）。研究者在罗科尔海槽深处获得的浮游生物拖网样品中采集到带壳的幼虫，可能是原鳃亚纲的几个物种。

3.4.1　腹足纲软体动物

　　腹足纲软体动物的受精通常在体内进行；但是前鳃亚纲腹足类动物的繁殖模式与原鳃亚纲双壳类动物相似。深海中型腹足纲软体动物 *Benthonella tenella* 的繁殖是常年发生

的，卵母细胞的大小/频率直方图表明没有季节性差异（Rex *et al.*，1979）。其幼虫的壳预示存在长时间的浮游营养期。在整个幼虫死亡率最高的早期发育阶段，偶尔的食物掉落所提供的信号可能引发定居和刺激快速生长，使物种成功得到补充。他们认为，这符合 Murphy（1968）和 Schaffer（1974）提出的生活史模型，这些模型预示着 *Benthonella* 寿命长、反复生殖的生活史特征在环境选择中占优势，即使这些特征整体而言对深海物种可能不具有代表性。相似的繁殖特征在新腹足目物种 *Colus jeffreysianus* 和马蹄螺科物种 *Calliotropis ottoi*（来自东北大西洋）中被观察到。配子发育是常年连续进行的过程，在卵巢的每个卵泡中发现了卵生成发育的全部阶段，同时成熟卵的大小说明这两个物种早期都是直接发育的（Colman *et al.*，1986a；Colman & Tyler，1988）。

和双壳类动物一样，对成体深海腹足纲软体动物的早期壳形态学的观察可能提供有关早期发育模式的许多信息。浮游营养发育的物种有一个幼虫壳，或称为双壳（可以在成体贝壳最顶端找到），呈狭窄的多螺旋形，通常为棕色，并且有一个显著的装饰华丽的刻纹。清楚区分胎壳 I（胚胎壳）和胎壳 II（幼虫壳）是有可能的（图 13.3）。在非浮游营养发育的物种中，幼虫壳大、呈鳞茎状、少环壳（很少有螺旋）、单螺管并且没有刻纹。

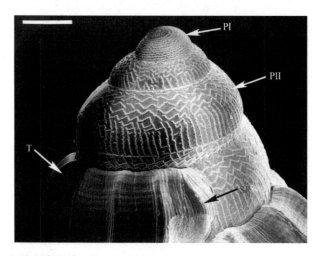

图 13.3　深海前鳃亚纲腹足类软体动物 *Amphissa acutecostata*（核螺科）幼虫壳的电子扫描显微镜照片，表明以浮游营养为早期发育阶段的典型特征。PI. 胎壳 I（胚胎壳）；PII. 胎壳 II（幼虫壳）；SR. 成体壳（T）的皱褶。比例尺＝0.1 mm（引自 Colman，1987）

这些参数被许多作者用于确定深海前鳃亚纲动物的繁殖模式（Bouchet，1976a，1976b；Bouchet & Warén，1982；Rex & Warén，1982；Colman *et al.*，1986b）。这些资料表明，前鳃螺的浮游营养发育方式随深度增加而增加。在深度＜1 km 处具有浮游营养发育阶段的物种少于 25%，而深度大于 4 km 时有超过 50%的物种具有浮游营养发育阶段（Rex & Warén，1982）。两种常见的深海前鳃亚纲腹足类 *Benthomangelia macro* 和 *Benthonella tenella* 的浮游营养阶段的面盘幼虫已经在东北大西洋和地中海被收集到（Richter & Thorson，1974；Bouchet，1976b；Bouchet & Warén，1979a），它们的成体生活在 2 km 与 4 km 之间的深海。令人吃惊的是如此微小的幼虫能迁移越过上述深度范围，幼虫和成体之间壳内稳定氧同位素值的显著性差异为此提供了证据。由于在沉淀的方解石中同位素 $^{18}O : ^{16}O$ 值和温度有直接的关系，说明幼虫的壳是在较温暖的表层水体中生成的（Bouchet & Fontes，1981；Killingley & Rex，1985）。对卵黄营养物种的壳的类似分析表明，其幼虫和成体的壳之间的氧同位素之比没有差异，表示这种幼虫待在海底。Bouchet（1976a）认为，利用浮游植物作为食物以及通过表层水流进行扩散的优势从生物能的角度来看是有利的。现在推断这种模式的选择优势发生在北大西洋 30%～43% 的前鳃类腹足纲软体动物中（Bouchet & Warén，1979b；Colman *et al.*，1986b）。

其他前鳃亚纲动物的大多数物种似乎在底部有一个包裹的早期发育（图 5.24）。

3.4.2 其他软体动物

沉积物回迁托盘实验的证据表明，蠕虫状的无板纲软体动物 *Prochaetoderma yongei* 幼虫仅仅在两个月内就发育为成体，一年内达到性成熟（Scheltema，1987）。虽然配子发生是不同步的，但似乎有增加补充个体和成熟个体的时期，但这是否是真正的季节性繁殖尚不清楚。

在掘足纲动物中，*Cadulus californicus* 已经被详细分析描述（Rokop，1974，1977a）。在圣迭戈海槽的次深海带深处，这个物种展现出季节性繁殖周期，在周期内存在配子发育的同步性，并且在 7～10 月大量排卵。一些证据表明罗科尔海槽掘足纲动物的季节性孵化与它们摄入的食物中浮游和底栖有孔虫动物的比例变化有关（Davies，1987）。

3.5 腕足动物

Rokop（1977a）从来自圣迭戈的有分节的物种 *Frieleia halli* 中发现了季节性繁殖，它们在 1～4 月大量排卵。然而，在解释这些季节性现象时，Rokop 认为这种周期可能是种群从浅水延伸到深水垂直分布的结果，或者生殖周期可能与潮汐现象同步。

3.6 棘皮动物

最完整的繁殖资料来自棘皮动物，可能是因为棘皮动物呈全球性分布且体型大。迄今为止，我们已经调查了来自 0.5～5.4 km 深处的样品中超过 40 个物种的繁殖生物学的各个方面。在伟大的丹麦动物学家特奥多尔·莫滕森（Theodor Mortensen）从 20 世纪初到 20 世纪 50 年代发表的有关棘皮动物的全面的专论著作中，他对调查的包括深海物种在内的样品的繁殖状况定期作出评论。然而，对深海棘皮动物的繁殖模式的详细观察是根据沿欢乐角-百慕大狭长条状地带收集的材料。最初，Schoener（1986）根据种群大小的结构差异提出 *Ophiura ljungmani* 和莱曼瓷蛇尾（*Ophiomusium lymani*）的后期幼体到成体种群存在季节性输入。这些资料通过调查深海蛇尾 5 个物种的卵的大小和数量得到了补充。Schoener（1972）将 *Ophiura ljungmani* 的卵小和生殖力高与存在浮游幼虫阶段的间接发育联系起来，而其他卵较大和生殖力较低的物种通常是直接发育。Rokop（1974）在圣迭戈海槽 1 年的连续观察中没有发现蛇尾 *Ophiophthalmus normani* 存在任何季节性繁殖变化的证据。

最大的一组数据来自苏格兰海洋生物协会于 20 世纪 70 年代和 80 年代在罗科尔海槽进行的时间序列采样计划。Tyler（1986）及其他研究人员利用这个材料以及英国海洋科学研究所在东北大西洋采集的标本，对大量棘皮动物的繁殖生物学进行了详细的分析。从这些观测中可以明显地看出深海棘皮动物存在 3 种主要的繁殖模型。

（1）"连续的"繁殖。这是深海棘皮动物中占主导的繁殖模式。雌体以生产相对少而大（直径 600 μm 到 3.4 mm）并且卵黄储备丰富的卵为特征。卵母细胞的大小/频率数说明在卵巢中储备着大量小的前卵黄卵母细胞（< 300 μm）（图 13.4a）。这些卵母细胞

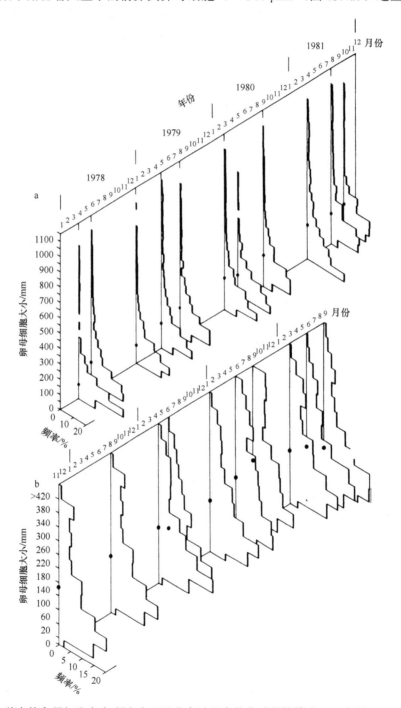

图 13.4　物种中的卵母细胞大小/频率在配子发育过程中的非季节性模式：a. 海星 Hymenaster membranaceus；b. 莱曼瓷蛇尾（Ophiomusium lymani）。两者来自罗科尔海槽 2.2 km 深度重复站位。其他详见图 13.2（引自 Tyler，1986）

的一部分经受卵黄生成作用并且发育成最大。在许多物种中有证据证明存在未耗尽的卵母细胞的再循环以及偶然的"护理卵母细胞"，其中一个卵母细胞生长发育到一定的大小然后裂解，可能为卵母细胞发育提供大量能量。

在许多海蛇尾动物、海胆和大多数调查过的海参纲动物中，研究已经观察到这种连续繁殖的模式。除了同时存在雌雄同体 *Parorhiza pallens* 和雄性先熟的雌雄同体 *Ophiacantha bidentata* 以外，大多数棘皮动物物种都有独立的性别（雌雄异体）（Tyler & Gage，1982a）。

在大多数雌雄异体的物种中，雄性处于连续成熟的状态，幽灵参科的雄性例外，研究并没有观察到它有精子形成（Tyler & Billett，1988）。这就确保了雄性成熟有机会偶遇一个成熟的雌性。这种模式意味着虽然受精卵可能分散在海底上方的水体中，但它直接发育。在海床上方 3 km 处的浮游生物拖网中采集到了蝶参属（*Psychropotes*）的幼虫，因此证明了这个属的幼虫可以浮游扩散（Grieg，1921；Billett *et al.*，1985；Tyler & Billett，1988）。虽然我们已经假定这种直接发育发生在深海的海底边界层内（Tyler & Gage，1984a），但许多对海胆进行的实验表明，*Phormosoma placenta* 和 *Araeosoma fenestratum* 的卵能够在不到两天之内浮到海面，可能是由于那里温度较高从而会使其发育得更快（Young & Cameron，1987；Cameron *et al.*，1988）。

令人吃惊的是，在深海棘皮动物中很少观察到孵化的情况，即使在所有其他已知物种都孵化的翅海星科海盘车类群中。只有海参纲 *Oneirophanta mutabilis affinis* 被描述过存在卵巢内孵化的现象（Hansen，1968）。

（2）过渡状态的发育过程。在很少的深海棘皮动物中观察到这种模式，其中描述最多的是全球性分布的莱曼瓷蛇尾（*Ophiomusium lymani*）。这个物种拥有中等大小的卵（约 420 μm）和中等的生殖力（每一个体约 10^4 个卵），但是检查卵母细胞的大小/频率数据表明没有配子发育的季节性迹象（图 13.4b）。在已知这些繁殖参数的浅水海蛇尾动物中，研究经常发现小型的幼虫（Hendler，1975）。虽然 Schoener（1967）已经描述了瓷蛇尾属早先的后期幼体，然而，还没有观察到它有任何形式的浮游幼虫。Gage 和 Tyler（1982）在调查来自东北大西洋这一物种的种群结构时，发现了后期幼体补充到成体种群的季节性变化（图 13.6b）。由于配子发育中缺乏任何明显的季节性变化（Gage & Tyler，1982），我们必须假定这一季节性变化的原因是新补充的成员的死亡率在一年的不同时间发生变化，这可能与海面产生的新鲜的有机物颗粒的季节性分解有关。

（3）季节性繁殖过程。在调查了欢乐角-百慕大断面一年中不同时间的蛇尾动物种群结构之后，Schoener（1968）首先针对深海棘皮动物提出了这种意想不到的繁殖模式。来自东北大西洋 1～2.9 km 处更为详尽的数据中，3 个棘皮物种中有确切的证据以及 5 个物种中有详细证据证明它们的季节性繁殖。鉴定这些物种的特征是卵小（最大直径约 100 μm）、高生殖力、配子发育同步和显著的季节性繁殖周期。虽然详细的情况在物种之间稍有不同，但主要的季节性特性是：①每年春天配子开始发育（除了 *Echinus affinis* 出现在 11/12 月外）；②在夏季和初秋卵黄生成活跃；③每年的初春排卵。

这些特征在海蛇尾 *Ophiura ljungmani*、海星 *Plutonaster bifrons* 和海胆 *Echinus affinis* 中都有观察到（图 13.5）（Tyler *et al.*，1982；Tyler，1986，1988）。在 *Ophiura ljungmani* 中，这种季节性孵化体现在幼虫发育阶段的个体大量汇入种群中，这在罗科尔海槽的夏季表层

撬网样品中非常引人注目（图 13.6a）（Lightfood *et al.*，1979）。东北大西洋从浅水到深水的全部海胆属物种都采取了这种模式（Gage *et al.*，1986）。海星 *Dytaster insignis* 具有与 *Plutonaster* 相似的模式，次深海带上部的蛇尾 *Ophiocten gracilis* 的繁殖周期也呈现高度的季节性。在后者中，季节性可通过配子生物学、体盘大小频率方法加以确认，也可以通过春季表面浮游生物拖网中出现 *Ophiopluteus ramosus* 的幼虫来证实（Geiger，1963；Semenova *et al.*，1964；Tyler & Gage，1982b；Gage & Tyler，1982）。研究人员已经在晚春浮游生物拖网中采集到了 *Ophiocten gracilis* 的后期幼体，这些幼体后来很快被补充到底栖动物中（Gage & Tyler，1981a）。Young 和 Cameron（1989）利用"约翰逊海链 II"号潜水器，采用精良的处理方法在一个大气压下的 5~25℃ 环境中培养次深海物种 *Linopneustes longispinus* 的幼虫。结果显示这个物种与浅水棘皮动物的发育阶段相似，并且在 10~15℃ 温度下发育得最好。说明这些浮游营养幼虫依赖的食物资源出现在透光层以下海域。

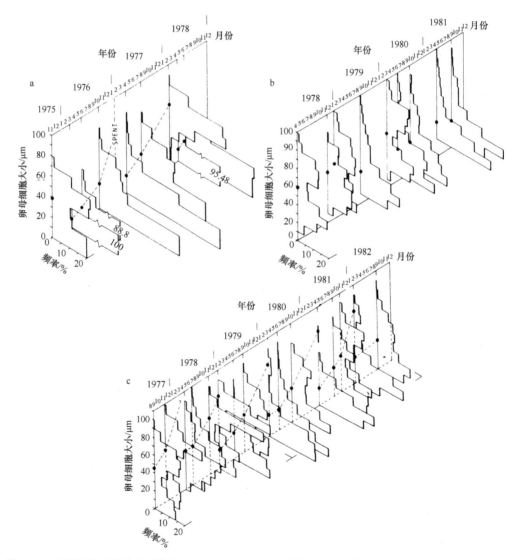

图 13.5　季节性繁殖的棘皮动物中卵母细胞大小/频率，来自罗科尔海槽 2.2 km 深度重复站位：a. 蛇尾 *Ophiura ljungmani*；b. 海星 *Plutonaster bifrons*；c. 海胆 *Echinus affinis*。其他详见图 13.2（引自 Tyler，1986）

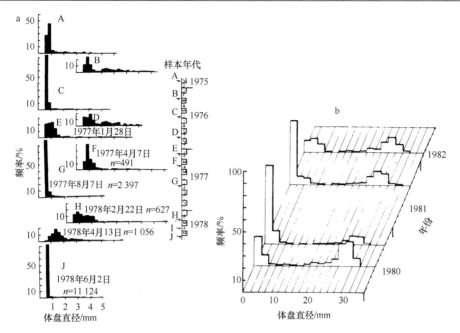

图 13.6　蛇尾动物大小频率直方图：a. *Ophiura ljungmani*，来自 2.9 km；b. 莱曼瓷蛇尾（*Ophiomusium lymani*）（来自 2.2 km 重复站位），表明在罗科尔海槽中幼虫的夏季补充模式（图 a 修改自 Gage & Tyler，1981b）

在深海蛇尾动物中，研究已经将浮游后期幼体的腕节数量作为早期发育类型的标志。在这些直接发育或缩短发育的物种中，很少有多于两个腕节的，但是那些间接发育的物种在浮游阶段每个腕有多达 10 个腕节（Schoener，1967，1969）。

深海棘皮动物的繁殖提供了一个说明浮游生物营养幼虫的浪费性扩散很好的例子，这个现象很早就被发现于浅水中。我们已经发现，在一年中的某些时间，在罗科尔海槽的不同深度都有大量深海海胆和蛇尾幼虫涌入成体种群中。样品的大小结构表明，在正常深度区定居的幼虫幸存者会长大到成体的大小；不过，在它们生活的深度区外，体型大小结构表明（图 13.7a，图 13.7b），远离分布中心的死亡率迅速提高，极少有幸存者甚至没有幸存者能长到成体大小（Gage & Tyler，1982）。

3.7　季节性繁殖的调控

对于季节性繁殖的深海物种，必定存在某些调控性腺发育和产卵的外在因素。我们认为，从海面沉降下来的季节性产生的有机物（参见第 11 章）是浮游幼虫的食物源，这些有机物到达海底从而为成体的卵黄发生提供营养并促进新沉降至海底的幼虫成长。虽然这些物质在海底的出现（图 11.3）与卵黄开始生成一致，但我们并不知道是哪种或哪些因素启动配子发育或者刺激排卵，但有一个意外发现是在东北大西洋调查的物种中，排卵与最大涡流动能的周期相一致（Dickson *et al.*，1982）。Tyler 和 Gage（1984b）猜测，由这种漩涡传送到海底产生的海流可能携带信息素从而触发成熟的种群排卵，不过到现在为止还没有找到证据。

根据这些无脊椎动物繁殖的资料，我们可以得出结论，还没有哪种特别的模式可以作为深海的典型模式。选择压力已经导致物种进化出了各种各样成功的繁殖模式。

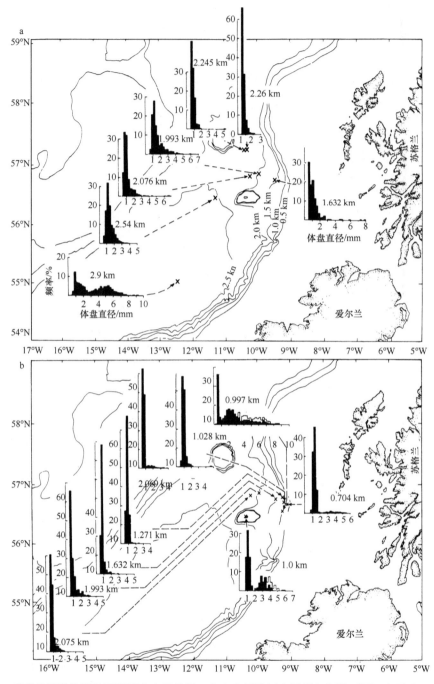

图 13.7　季节性繁殖的海蛇尾种群大小结构图，来自表层撬网在罗科尔海槽不同深度夏季几天内采集的样品。体盘大小频率显示出较大体型个体所占比例不同，这可能反映出远离分布中心的幼虫存活率降低：a. 深海上部/次深海下部的物种 *Ophiura ljungmani*；b. 次深海上部物种 *Ophiocten gracilis*（引自 Gage & Tyler，1982b）

3.8　交配和繁殖群

正如在浅水中那样，大多数深海无脊椎动物的性别是分离的（雌雄异体），排出的卵和精子体外受精。然而，某些类群如腹足纲软体动物，精子进入并储存在雌性体内而发生体内受精，同时其他一些软体动物则属于雌雄同体。显然，雌雄同体在种群数量少、密度低、寻找交配对象存在困难的生态系统中是有益的，不过也带来了自身受精和近交繁殖的问题。因此，雌雄同体的性腺通常需要性别转变，而不是同时成熟。

根据个别物种分布的资料，我们知道许多物种种群密度低，交配必须依靠雌雄相遇的机会。雌性和雄性越成熟、成熟的时间越长，偶然相遇的机会就越大。因此，在大多数深海无脊椎动物中，每次只产生几个卵，并且如果这些卵不被排出则会被重新吸收。有两种机制可以帮助成功受精。在季节性繁殖的物种中，所有动物个体中的卵和精子都几乎同时产生、排出并发生体外受精。

寻找交配对象的问题也可以在聚集的群体中得到解决，这从载人潜水器和深海照片中可以观察到（参见第 6 章），这就像成群结队的牧群可以更为有效的牧食或对散落食物产生响应，表现出群居的繁殖活力。在海胆 *Phormosoma placenta*（Grassle *et al.*，1975）和海参纲动物 *Kolga hyaline*（图 6.2）（Billett & Hansen，1982）中观察到的聚集体可能是繁殖群，因为通常在其他时候这些种群非常分散。然而，研究人员并没有这些物种大规模排卵的照片凭据，还只是猜测。在巴哈马外海次深海带深度区，Young（个人通信）指出，深海海胆 *Cidaris blakei* 和 *Stylocidaris lineata* 在排卵前成对地出现。虽然只有约 50% 是雄性/雌性结对，但这可能是帮助成功受精的适应性变化。

4. 深海底栖鱼类的繁殖

关于深海鱼类繁殖的许多信息都来自分类或分布研究中的注释，而不是专门针对这一目的的研究（Merrett & Marshall，1981；Merrett & Domanski，1985；Merrett & Saldanha，1985）。与无脊椎动物一样，鱼类也存在各种各样的繁殖模式。不幸的是，研究人员对深海底游生活的鱼类种群很少进行长时间观察，因此大多数有关繁殖的数据都是特定时间观察得到的。主要的生殖力、性行为和发育过程的信息来自底游生活鱼类中占多数的长尾鳕科物种。这些信息是重要的渔业信息，特别是对俄罗斯人来说。一般来说，生殖力与深度无关，并且既有雌雄异体的物种如狮子鱼科和绵鳚科，也有雌雄同体的物种如青眼鱼科（Mead *et al.*，1964；Sulak，1977）。然而，狮子鱼科的卵较大但生殖力较低（Stein，1980），可能口是育雏室（Wenner，1979），并且可能在孵出之后很快或者立即采取底栖的生活方式。绵鳚科和青眼鱼科的卵在海底发育。这代表了深海鱼类繁殖策略的可变性。有关早期生活史的资料少之又少，不过人们早就知道在陆坡栖居的合鳃鳗，从幼年阶段开始就在马尾藻海中进行繁殖。

在东北大西洋有一些研究，其中繁殖是生态学研究的一个重要因素。有证据表明同一地方的不同物种存在连续繁殖和季节性繁殖两种迹象，也有地形影响繁殖策略的证据（Gordon，1979；Gordon & Duncan，1987；Merrett，1987）。Merrett（1987）调查了东北大西洋 40°N 附近南、北海域许多物种的繁殖过程。"南面"的聚集体生殖力低，并且在 3 个占优势的物种中，卵巢中有 3 代卵母细胞。这一策略被认为是对 40°N 以南贫瘠、季节性较弱环境的一种适应。"北面"的聚集体生殖力较强，卵巢中的卵全都处于同一发育阶段，并且同时在 2～4 月大量产卵。这一策略适应于 40°N 以北富营养的季节性环境条件（Merrett，1987）。Gordon（1979）根据"北面"的聚集体，总结了之前季节性繁殖的时间数据，同时，Stein 和 Pearcy（1982）则对北太平洋长尾鳕的繁殖信息进行概括，对它们平均生殖力的范围作出估计，为 $2.6 \times 10^4 \sim 2.5 \times 10^6$（产卵数）。许多物种似乎是季节性繁殖，但是每年时间都不相同。例如，北大西洋 *Nezumia aequalis* 大量产卵的季节从 4 月一直持续至 10 月，然而 *Trachyrhynchus murrayi* 和 *Lepidion eques* 似乎在 3～5 月产卵。Gordon 和 Duncan（1987）还报道了 2.2 km 深的 *Coryphaenoides guentheri* 在 4 月和 5 月季节性产卵。在深海广深分布的狮子鱼科中，Stein（1980）发现，一年到头都排卵的物种主要处于深海带，而次深海带存在周期性排卵的物种。

理解深海鱼类繁殖季节性的一个问题是，物种之间的产卵季节并不同步，因此不像深海无脊椎动物，鱼类与春季浮游生物水华没有必然联系，除非幼年发育阶段能够以真光层的次级产物为食。然而，在以低密度广泛分布的游动生物中，为了种间相遇的繁殖价值最大化，种群同步繁殖发育将是非常有利的。

虽然长尾鳕的卵在近海底处排出并受精，但是它们包含油珠，使其漂浮起来。浮游幼虫可能在季节性温跃层上方进行早期发育，在此后的发育后期再下沉到深海边界层（Merrett，1986）。

5. 深海生物的生长速率

5.1 软体动物

Turekian 等（1975）在他们颇有影响的论文中采用了新的放射性定年法，测定了原鳃亚纲双壳类动物 *Tindaria callistiformis* 介壳的年代。这一研究以及所有的其他研究都支持深海生物的生长速率异常低这一依然流行在学术界的观点。在西北大西洋欢乐角-百慕大断面 3.8 km 深处研究获得了一些标本，测定了 4 个不同大小等级的壳中天然存在的放射性同位素 ^{228}Ra（半衰期 5.75 年）的活性。虽然测定的年龄显示相当分散，但是这些结果（图 13.8）

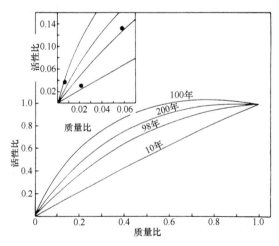

图 13.8 ^{228}Ra 的活性比对质量比作图（上面插图中的黑圈）（^{228}Ra 的活性比是指 *Tindaria callistiformis* 个体中，以最大体型组分为标准与给定体型组分的 ^{228}Ra 的活性之比；质量比是指以最大体型组分为标准与给定体型组分的质量之比）。曲线由最年长动物的不同年龄段计算得到（引自 Cochran，1982）

和这些相对细小的标本在大约 50 年时达到繁殖成熟是一致的，对最大的标本的年龄估计为 100 年（尽管 95%的置信度区间为±76 年）！然而值得我们检查的是，这个结果是如何得到的，在放射性测定的年代学中又引入了哪些假定。通过测定定量的物质（作为长度的立方函数）中每增加一定质量含有 ^{228}Ra 的物质后 ^{228}Ra 的衰变速率来确定不同尺寸贝壳中 ^{228}Ra 的活性。用于估算 ^{228}Ra 的活性表达式与表示时间与质量变化关系的生长速率函数是通过壳上鲜明的刻环得出的。然而，这些刻环并不一定像设想的那样按固定的间隔时间出现。在生长缓慢的近海双壳类动物 *Astarte* 身上相似的刻环形成的间隔时间随寿命的增加变得越来越长（Trutschler & Samtleben，1987），不能将它作为年龄的标记。Jumars 和 Gallagher（1982）告诫要谨慎面对动物个体和种群的生长速率缓慢是深海动物特征的推论。的确，通过研究壳的条纹、标记和放射性年代测定，某些浅水双壳类动物可以存活超过 100 年，关于这一点已经很清楚（Jones *et al.*，1987；Thompson *et al.*，1980；Forster，1981；Turekian *et al.*，1979；Breen & Shields，1983）。

根据我们从罗科尔海槽按一年时间序列采集的原鳃亚纲双壳类动物样品显示的不同大小的结构，可以推测幼虫的成长是相当迅速的（图 13.9）。这个解释得到了反映生长

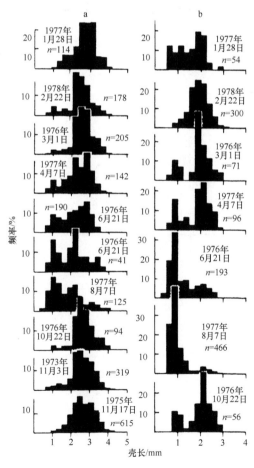

图 13.9　罗科尔海槽 2.9 km 深处永久性站位的浅表撬网样本中壳的长度频率：a. *Ledella pustulosa*，b. *Yoldiella jeffreysi*。样本是在 1973～1978 年的不同时间内采集的，按照"组成年份"排列，可以看出在夏季种群中小体型动物的补充（引自 Gage，1985）

痕迹的环状图案的支持；在壳上有些生长痕迹表明动物的季节性繁殖（图 13.10），尽管我们还不能肯定这些生长痕迹是由季节性繁殖引起的。成体频率的合并和叠加使得采用经典技术分析群体结构变得困难。但是，研究可以拟合一个包含生长率的模型，其初始界限是根据显示出季节性繁殖的两个物种 *Ledella pustulosa* 和 *Yoldiella jeffreysi* 的幼虫的移动和适合的存活率函数一起估计得出的。图 13.11 展示了分为 8 个年龄组别的

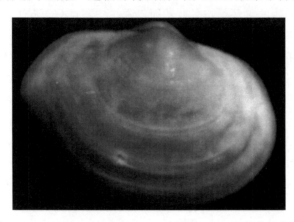

图 13.10 罗科尔海槽 2.9 km 深处的 *Ledella pustulosa* 壳标本，呈现出的生长带被认为是每年生长的痕迹。图中的样本是夏天采集的，年龄可能在 4 年左右

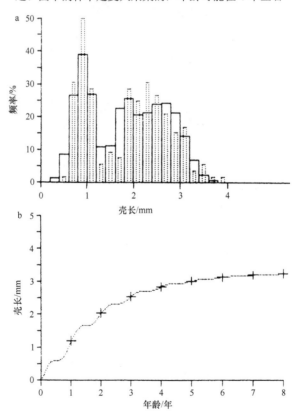

图 13.11 a. 罗科尔海槽 2.9 km 处的 *Ledella pustulosa* 8 个年龄组别的统计模型的期望频率（实线条块），体现了图 b 中所示的生长曲线和每年 43% 的死亡率，拟合至观察到的壳大小频率（窄的点线条块）。b. 采用表 13.1 参数值的拟合模型的冯·贝塔朗菲生长曲线（具有季节变化速率）

Ledella pustulosa 壳的大小频率最优化模型的拟合。该模型显示这些物种的生长和死亡率与沿海物种的种群可能没有显著差异。

　　Deminucula cancellata 在繁殖方面全年都表现得很活跃，因此，年度繁殖的年龄标记同龄组的动态生长分析不能用于这个物种。然而，从北大西洋投放了 26 个月的沉积物托盘中回收的样品差不多已经达到了繁殖的成熟期（Grassle，1977）。假定通过水传幼虫进行定居，在此期间必然会长到 2 mm 大小（Grassle & Morse-Portenous，1987）。此外，在罗科尔海槽，补充是按年度有节奏出现的，如同蛇尾中瓷蛇尾属（*Ophiomusium*）（图 13.5a）那样，所以根据一年一度的补充波动产生的频率分布可以得出它们的生长模式。

　　与此相似，体型较大的原鳃亚纲动物快速的生长速率是根据外壳生长条纹的分析估测出来的，它们的分布范围从浅水扩展到次深海的深度（Hutchings & Haedrich，1984；Gilkinson *et al.*，1986）。

　　唯一具有完整生长资料的非双壳类软体动物是无板纲软体动物 *Prochaetoderma yongei*。Scheltema（1987）根据沉积物托盘的重新定殖实验表明（参见第 8 章），该物种在 2 个月内长成成体大小，在 1 年内达到性成熟。尽管如此，由于生殖力低和卵的产生缺乏同步性，这种本质上是机会主义者的物种在扰动过的地区的种群恢复仍然需要大约 10 年时间。

5.2　腔肠动物

　　研究利用放射性测量技术手段实现了对南大西洋深海单体珊瑚生长速率的评估（Cochran，1982），测定了这一种群不同大小分级中 ^{228}Ra 的活性。通过将骨骼的生长模拟成一个圆锥体的生长，将不同大小珊瑚总 ^{228}Ra 的变化与它们的质量拟合成生长曲线图。有两种可选的生长模式，一种是假定线性增长，另一种更合理的是假定体积增量恒定，这两种模式估计最大标本的年龄约为 60 年或 6 年（图 13.12）。研究采用另外一种自然界存在的半衰期为 22.3 年的放射性同位素 ^{210}Pb 作进一步的分析，表明在大小分级之间没有变化，这在一定程度上支持了后述的解释。

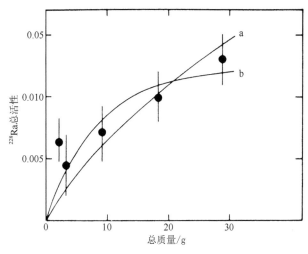

图 13.12　深海单体珊瑚中 ^{228}Ra 总活性作为不同大小分级标本珊瑚的质量函数。曲线是珊瑚质量增加条件下 ^{228}Ra 活性增长函数的最佳拟合模型计算：a. 恒定的长度速率；b. 恒定的体积速率（引自 Cochran，1982）

5.3　腕足动物

检查无铰类腕足动物 *Pelagodiscus atlanticus* 的壳可发现清晰的生长带，假设生长过程以一年为一个周期，这些条带表示其寿命为 3～6 年（图 13.13），在生命的第 1 年、第 2 年或第 3 年达到成熟期（Zezina，1975）。同样，有铰类物种 *Macandrevia africanum* 的生长速率同样很快，该假说来自对热带南大西洋 3 km 深处样品壳的生长线结构的分析。一般认为，大的样品的年龄可以达到 12～14 年（Laurin & Gaspard，1988）。

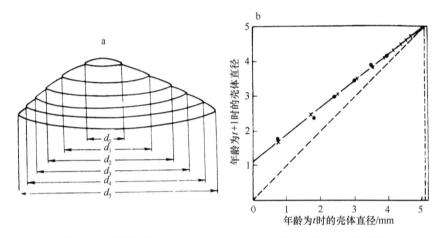

图 13.13　腕足动物 *Pelagodiscus atlanticus* 介壳上的生长带分析

a. 壳体的侧视图，显示壳体直径（*d*）由图 b 中绘制的相应年龄（*t*）表示：福特-沃尔福德壳体测量图，拟合回归表明符合冯·贝塔朗菲生长函数。零增长线条截距表示最大增长理论增长渐近线处的壳尺寸。实心圆为观察的壳体直径；叉字形记号为拟合生长函数的理论尺寸（引自 Zezina，1976）

5.4　甲壳类动物

Bishop（1982）根据大样本大小频率的龄期相关峰值分析了涟虫 *Leucon jonesi* 的相对生长。然而，这些数据缺少以绝对时间为单位的时间标尺，而这是计算生长速率所必需的。根据北太平洋中部诱捕的巨型食腐端足目动物 *Euythenes gryllus* 的大小频率，研究人员已经获得了仅有的对深海甲壳类动物绝对生长速率的估值（Ingram & Hessler，1987）。这些作者认为龄期丰度峰值的变化反映了取样间隔 1 年期间占优势的年龄组或同龄组的生长（可能与 1976 年出现厄尔尼诺事件有关）。Ingram 和 Hessler（1987）利用这一结论以及甲壳类动物体型大小和生长速率与年龄有关的假定，估计雌性 *E. gryllus* 的成熟期大约是 8.8 年，到这个时间，它们已经长到大约 7 cm，同时随即多次进行孵卵。一般认为体型较小的雄性 4 年成熟，结果在总体上雄雌比为 3：1。

5.5　棘皮动物

在罗科尔按时间顺序收集的样品中，常见的蛇尾和海胆由于每年繁殖而发生季节性脉冲补充，这使得我们能够应用经典的大小频率分析方法，其中可以沿着样本时间序列中频率分布的大小轴跟踪年龄标记同龄组的增长。在蛇尾动物 *Ophiura ljungmani* 中，补充个体后幼虫可继续生长发育，虽然在每个年龄组中减少的个体数量和个体生长过程中的可变性都使得这些同龄组不能被认定为进入了成年阶段，但按时间顺序所做的生长曲线暗示了季节性的生长发育模式（Tyler & Gage，1980；Gage & Tyler，1981b）。虽然并没有表现出明显的季节性繁殖，但在较大的莱曼瓷蛇尾（*Ophiomusium lymani*）中每年的补充模式可使用类似的处理方法（Gage & Tyler，1982）。与 *Ophiura ljungmani* 相反，在罗科尔的莱曼瓷蛇尾种群中成体占据了主导地位（表明年老动物的死亡率没有那么高），但是由于这些体型形成一个几乎是单峰型的高峰值，这就使得把体型结构细分为同龄组的想法难以实现，这些同龄组可通过相对快速生长的幼虫的脉冲式补充来追踪测定（图 13.5b）。

用于了解莱曼瓷蛇尾这个物种种群在世界范围内生长和存活率的计算机模型表明，罗科尔种群的大型成体的密度峰值可能包含一群数量可观的覆盖各年龄组的物种（图 13.14）。这意味着在罗科尔海槽成体蛇尾动物的死亡率低，被认为与种群密度较低有关。在圣迭戈海槽的种群中，体型相对较小的成体数量更适中，但是种群密度高很多，说明成体的存活率低一些。Gage（1982）认为这可能是资源竞争更趋激烈的结果。在 *Ophiura ljungmani*（图 13.15）和莱曼瓷蛇尾（图 13.16）两个物种的骨质腕小骨中研究发现了环状生长区，为这两个物种的种群动态模式提供了独立的支持（Gage，1990）。柄小骨内相似的生长带已经被用于确定海百合 *Annacrinus wyvillethomsoni* 和 *Bathycrinus carpenteri* 标本的年龄。假定一年为一个周期（也许和营养物质通量有关），两个物种最年长的标本年龄估计为 10～15 年（Roux，1977；Duco & Roux，1981）。

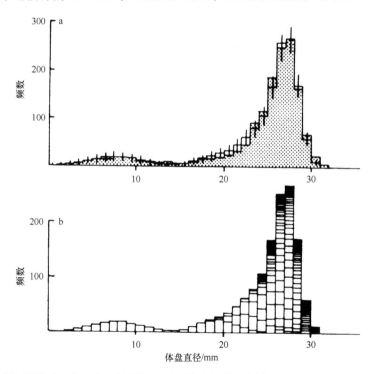

图 13.14　种群统计模型（空心条）的频数，用于估计罗科尔海槽 2.2 km 深处重复站位观察到的莱曼瓷蛇尾种群的频数（点状条）：a. 观察到的频数和 95%置信区间的总模型频数；b. 模型频数显示模型中各组分年龄组的预期频数的叠加，年死亡率为 10%

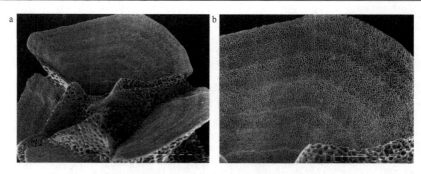

图 13.15　罗科尔海槽 2.9 km 深处的深海蛇尾 *Ophiura ljungmani* 腕小骨的扫描电子显微镜照片：a. 骨板整体，侧面观可见外缘骨间肌肉所在位置的生长年轮；b. 展示和生长环一致的骨小梁微结构密度变化的细节图，这些环被认为反映了骨骼每年生长速率的模式（引自 Gage，1990）

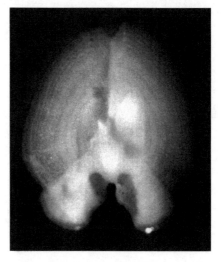

图 13.16　处理后的莱曼瓷蛇尾腕小骨的光学显微镜照片，显示出有许多致密的生长环。这些数量多、间隔小的环证实了从体盘大小频率研究中发展而来的种群统计学模型（引自 Gage，1990）

　　在 *Ophiura ljungmani* 中，其大小结构的时间序列比较表明，年-组强度存在年际变化，这也许和早期补充个体的存活率差异有关（图 13.17）。这种现象似乎是深海海胆

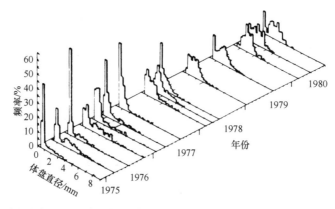

图 13.17　来自罗科尔海槽的时间序列样品中深海蛇尾动物 *Ophiura ljungmani* 的体盘大小频率，显示总体体型大小构成的年际变化模式；早期样品中存在的较古老的体型在后来的样品中不复存在（引自 Gage & Tyler，1981b）

Echinus affinis 的常见特征，它在空间和时间上多变的体型结构使得大小频率的分析毫无意义。然而，在罗科尔海槽中应用时间序列方法可以让我们在新补充到种群中的海胆从样品中消失之前的短时间内，观察幼虫后期成长过程。与这些数据相拟合的生长曲线与这种海胆的骨板（图 13.18a，图 13.19a）生长区的分析完全一致（Gage & Tyler，1985）。人们已经从浅水海胆中了解了这些生长纹，并且有证据证明它们反映出了每年的生长速率周期；成体 *E. affinis* 被认为可以达到 28 年。这些海胆的生长相当缓慢，并且比在陆坡上部和浅水水域中的同类物种存活更长的时间（Gage *et al.*，1986）。种群内非常不均衡的年龄分布可能反映了年际周期中的补充成功，不过这种变化（如同在浅水中那样）的原因至今不明。对来自同一站位的不规则海胆 *Echinosigra phiale*（图 13.18b）和

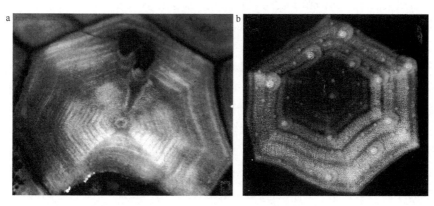

图 13.18　罗科尔海槽中 2.2 km 深处的深海海胆骨板中的生长纹：a. 规则的海胆 *Echinus affinis*（一个格外大的标本，壳直径为 50 mm，从中可数出近 27 个环）；b. 不规则的海胆 *Echinosigra phiale*（标本的壳长度为 36 mm）

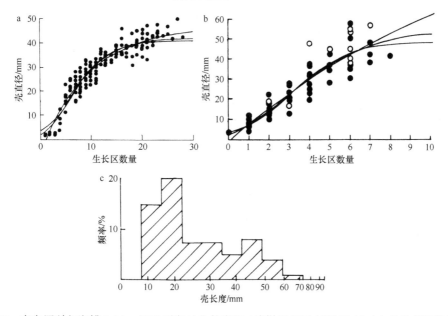

图 13.19　来自罗科尔海槽 2.2 km 深处重复站位的海胆（该样品显示在图 13.18 中）的生长环数目拟合的生长曲线：a. *Echinus affinis*；b. *Echinosigra phiale*，假定这些生长环反映出季节性变化的骨骼生长速率，则环的数量可以解读为年龄；c. 显示 *Echinosigra phiale* 种群的年龄结构，依据重复站位总样品中年龄的频率（图 a 修改自 Gage & Tyler，1986；图 b 和图 c 根据 Gage，1987 的资料修正）

Hemiaster expergitus 的生长区进行分析。结果表明，这些掘穴物种比 *Echinus affinis*（图 13.19b）生长得更快（Gage，1987）。假定壳骨板上的环状图案反映了骨骼生长以一年为一个周期，由于这些不规则的物种未显示出配子发育的季节周期性，我们可以更加肯定地认为深海海胆上的生长环在它们的整个生命中是逐年长出的，而不是到了成年之后才长出（作为资源转移到配子发育和产卵阶段的结果）（Harvey & Gage，1984），并且在任何情况下，这些环都清晰地存在于幼虫的壳上。

5.6 深海鱼的生长

对陆架鱼类的年龄结构和生长的了解传统上来自对不同频率周期模型的分析，而对周期性的了解则来自每年补充的脉冲和耳石与鳞片等骨骼元素中的生长环。尽管从 20 世纪初开始研究人员就从深海底游生活的长尾鳕了解到了类似的生长环结构（Murray & Hjort，1912；Farran，1924；Ranou，1975；Wilson，1982），但是关于年龄结构和种群补充的信息（Gordon，1979）仍然贫乏。Rannou（1976）通过从种群大小结构模型和耳石生长环频率中分离年龄组的方法，得到了对粗吻奈氏鳕（*Nezumia sclerorhynchus*）种群年龄结构的评估（图 13.20）。此外，对耳石显微结构的研究揭示了深海长尾鳕 *Coryphaenoides (Nematonurus) armatus variabilis* 和 *C. (N.) yaquinae* 的样本中更精细的生长环模式，类似于浅水鱼每天的生长增量（Wilson，1988）。然而，在不存在光周期制约的情况下，生长环形成的原因和真实的周期依然存疑。根据长尾鳕主要的耳石生长环的周期（假定为一年）所产生的生长曲线，一般与典型的浅水硬骨鱼的生长曲线渐近，表明鱼在小于 10 年到大于 30 年的整个生命期内都在稳定生长（Gordon，1979；Wilson，1982；Sahrhage，

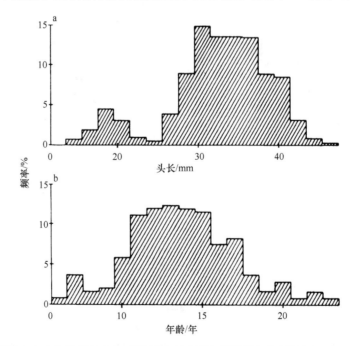

图 13.20 大小频率（a）和年龄频率（b），根据来自地中海东部的粗吻奈氏鳕（*Nezumia sclerorhynchus*）的耳石生长环的数目（深度为 0.3～3.0 km）（引自 Jumars & Gallagher，1962，基于 Rannou，1976 的数据）

1986；Bergstad & Isaken，1987）。然而，对两种商业开发的非长尾鳕次深海物种大西洋胸棘鲷（*Hoplostethus atlanticus*）和裸盖鱼（*Anoplopoma fimbria*）（参见第 16 章）的研究工作表明，大自然的种群含有数量巨大的年老鱼类（裸盖鱼的年龄高达 70 年），而这些鱼的体型大小根本没有增加（Beamish & Chilton，1982；Merrett，1989）。

　　Gordon（1979）综述了商业捕获的圆吻突吻鳕（*Coryphaenoides rupestris*）和同属的其他物种薄鳞突吻鳕 *C.(Nematonurus)armatus* 的体型测量数据后指出，随着年龄的不断增加其向坡下迁移。在达到繁殖大小后，圆吻突吻鳕存于整个深度范围内，在局部深度性别分离。和体型大小相关的深度分离被认为与在食物不充足的较深水域中需要提高觅食效率有关（Polloni *et al.*，1979）。然而，这种看法遭到 Stein 和 Pearcy（1982）的反驳，他们认为这种分离与水体中的食物竞争弱于海底食物竞争有关。

5.7　深海底的次级生产速率

　　虽然现有异常贫乏的资料还没有办法对深海海底边界层整个群落的更替率进行任何有意义的评估，但是假如种群统计参数值大致相当，还是可以对单个物种甚至可能对群落的各个部分进行估算。物种种群的更替率可以方便地表示为其年产量和生物量之间的比率或 *P/B*，该比率受到年龄和大小结构（由其生活史特征决定）的显著影响。以生长较快的幼虫为主的种群与它的生物量相比将表现出更高的生产速率，相比之下，主要由较年长成体组成、生长缓慢的群体的生产速率则相对低一些。一般来说，每年的 *P/B* 值和生物体的寿命之间存在相当密切的关系（Robertson，1979）。在浅水中，通过计算几个关键物种的 *P/B* 值，通过对它们的生活史和现存量的了解可以对其他物种的生产力作出估测（Sanders，1956）。

　　这种方法适用于深海中吗？现在还不能，因为现有的信息仅来自大范围的不同海域的孤立物种。这种方法始于 Zezina（1975）对欢乐角-百慕大断面的腕足动物 *Pelagodiscus atlanticus* 所做的分析。这种动物的生产力与生物量之比（*P/B*）估计为 0.3～0.42；这一数值在近海底栖生物的更替率估计值范围之内（Robertson，1979）。然而估计值没有考虑繁殖过程的生产力。

　　Lightfoot 等（1979）给出了罗科尔海槽中每年繁殖的双壳类动物 *Ledella pustulosa* 和 *Yoldiella jeffreysi* 的生殖力与卵的大小的数据，Rowe（1983）利用这些数据估计了罗科尔海槽这些种群每年的繁殖生产力，这一生产力占总的大型底栖动物现存量相当大的一部分。通过估计该海域半数大型底栖动物进行类似繁殖投入，Rowe 得出总的大型底栖动物的繁殖生产力与生物量的比值为 0.03。我们可以将该估计值扩展到包括 2.9 km 深处罗科尔永久站位 4 种数量占优的双壳类动物在内的总的（躯体的加繁殖的）年度生产力。这些估计值由种群统计模型得出，这一模型主要通过跟踪由时间序列样品的季节性补充得到的体型大小的模式发展而来，如图 13.9 所示的 *Ledella pustulosa* 和 *Yoldiella jeffreysi*，并且得到了壳上生长线和其他信息的证实。表 13.1 给出了这个模型的参数和湿重生产力的计算以及 *P/B* 值（种群的更替率），原鳃亚纲物种的数据就是根据这个模型得出的。

表 13.1　罗科尔海槽永久站位（2.9 km 深处）的原鳃亚纲双壳类动物
***Ledella pustulosa* 种群动力学最优种群统计模型的生产力参数**

a. 种群统计模型按年分组的参数

年龄级	时间，t/年	平均壳长，L/mm	离差/mm	年龄级数量	总存活数
1	0.40	0.49	0.23	1000	1000
2	1.40	1.60	0.23	648	1648
3	2.40	2.28	0.23	420	2068
4	3.40	2.68	0.23	272	2340
5	4.40	2.93	0.23	176	2516
6	5.40	3.08	0.24	144	2630
7	6.40	3.17	0.26	74	2704
8	7.40	3.22	0.32	48	2752

注：表中 t 时刻的长度 L，$L(t) = L_\infty \left(1 - e^{-K(t-t_0)}\right)$，冯·贝塔朗菲生长系数 $K = 0.504$，渐近长度 $L_\infty = 3.305$，该长度下的年龄外推回零 $t_0 = 0.084$。存活函数 $Z = 0.426$，这里 $N_t = N_0 e^{-Zt}$，每个年度级的离差（S.D.）随着渐近函数增加，相当于 $L(t)$ 的生长

b. 按年分组的生产力

年龄级	时间，t/年	N	WW/mg	dWW/mg	mean N	P/mg	B/mg
1	0.40	1000	0.01	0.01	1000	10.0	10.0
2	1.40	648	0.53	0.51	824	420.2	343.4
3	2.40	420	1.51	0.99	534	528.7	634.2
4	3.40	272	2.48	0.97	346	335.6	674.6
5	4.40	176	3.23	0.75	224	168.0	568.5
6	5.40	144	3.74	0.52	160	83.2	538.6
7	6.40	74	4.08	0.34	109	37.1	301.9
8	7.40	48	4.29	0.21	61	12.6	205.9

注：湿重（WW）由动力曲线函数计算，表示壳长度 L 与重量的关系，WW=$0.128L^{3.002}$；dWW 是重量的年增量；mean N 是 t_n 与 t_{n+1} 之间每个年龄级中动物个体的估计平均值，N 是每个周期结束时存活动物数。P 是估计的 WW 产量，B 是估计的 WW 生物量。总结上面的 P 和 B 得出 P/B 为 0.49。观察到的平均 WW 生物量（来自箱式取样）为 27.55 mg/m^2，因此，年产量为 13.42 mg WW/（m^2·a）

　　罗科尔海槽 2.9 km 深永久站位的 *Yoldiella jeffreysi*（P/B 值为 0.78）、*Malletia cuneata*（P/B 值为 1.03）和 *Deminucula cancellata*（P/B 值为 0.94）的 P/B 估计值就是根据类似的模型计算出来的（Sage，未发表）。与 *Ledella pustulosa* 一样，这些基于模型的估计中包含生长率和死亡率的佐证是从贝壳生长线获得的，与大小有关的死亡率是通过死贝壳的大小分布获得的；此外，对于 *Deminucula cancellata*，可根据沉积物回迁托盘实验获得这些数据（Grassle & Morse-Porteous，1987）。这些更替过程的估计值在常见浅水软体动物的范围内（Sanders，1956；Rachor，1876；Robertson，1979）。

6. 深海生物有没有一种典型的生活史"策略"？

　　本章已经讨论了来自各种深海分类群的资料，不可否认这些资料既不充分又不完

整。很明显，对深海生物的繁殖和幼虫生态学所做的预测（本章开头所概述的）的应用价值是有限的。

就季节性而言，繁殖过程缺乏季节周期性的预测显然没有得到证实。这使人想到同步繁殖具有强大的选择优势。现在看来非常可能经历巨大的季节性脉冲式的 "新的"有机物输入和相关生物群输入的环境中，与之同步的配子发育过程和幼虫补充至海底将具有很高的选择价值。我们也许会问，为什么更多的物种并不表现出这种繁殖的季节性？答案可能是更多的物种表现为季节性补充而不是根据配子发育的研究作出的季节性繁殖推断。由于收集到的数据少而难以进行定量，我们对罗科尔海槽时间序列的观察说明，尽管在种群中不存在同步化的配子发育的周期性，但除了莱曼瓷蛇尾之外，某些棘皮动物具有夏季补充高峰。这种"策略"说明，在一年的其他时间里如果繁殖水平低，则是一种浪费型繁殖策略。如同在浅水中那样，这种浪费型繁殖通常与浮游营养的幼虫有关，这些幼虫可能扩散到不适宜的深度或海域中而死亡（Gage & Tyler，1982）。有意思的是，季节性繁殖的物种看起来不会表现为全球性分布，全球性分布的物种有些周年产生成熟的卵，如莱曼瓷蛇尾。很明显，生活史研究需要更多关于物种的整个地理分布范围内季节性繁殖数据，特别是那些季节性输入不明显或发生时间不同的低纬度地区的季节性繁殖数据。

对于深海中浮游发育几乎或完全暂停的预测（Thorson，1950）也已被发现与最近取得的数据相冲突，近期研究表明深海底栖无脊椎动物中存在真正的浮游营养方式。的确，浮游营养动物的出现令人惊奇，因为它们在通过深海水体进行迁移时花费的能量成本和风险都很大。然而，体型最大值小于 5 mm 的所有物种明显不存在浮游营养型，这强烈地说明产生足够的卵以保证种群补充的能量成本限制了这个早期发育模式。在许多非甲壳类动物中，非浮游、卵黄营养为早期发育的物种占优势，表明节省产卵（一种保留一些水扩散能力的策略）是一个强大的特性，可能只能用至少具有同等选择价值的对立特性来取代。对动物来说产出卵黄营养付出的能量"成本"相当高，这一点从原鳃亚纲同属物种沿深度梯度下降生殖力也下降可以看出（Scheltema，1972）。不过，卵黄营养仍然是深海生物群生活史策略的第一要素，证实了本节开头提到的预测。然而，在深海海螺 Benthonella 的研究中，Rex 等（1979）强调，"深海是一个复杂而又多变的环境"，在这里，"谈论一个典型的深海繁殖策略可能比描述一个单一的浅水或陆地策略更没有意义"。

深海生物生长速度极慢的预测似乎过于简单化了。前面综述过的数据表明，在可能对密切相关的生物群进行比较的情况下，研究发现生存在最深处的生物群往往表现出最低的繁殖力、最慢的生长速率并伴随最长的寿命；然而这些讨论过的数据总体来说表明如此低的繁殖力、如此低的生长速率以及如此大的年龄不是深海中的普遍规律。

第 14 章　深海中动物–沉积物的关系

1. 生 物 扰 动

Darwin（1881）首先确立了陆地掘穴动物如蚯蚓在土壤最上层的混合中所起的重要作用。海洋掘穴动物，如海蚯蚓沙蠋 *Arenicola* 在海滩淤泥地上的活动可以引起类似的混合作用，海蚯蚓吞食沉积物的生活方式改造了海滩表面，形成坑坑洼洼的微地形和像火山堆一样的排泄物（图 14.1）。近年在浅海的研究表明，生活在软相海底的底栖生物的活动能深刻地影响沉积物的性质和变化过程（Johnson，1971；Rhoads，1974；Rhoads & Boyer，1982；Aller，1982；Meadows & Tufail，1986）。

图 14.1　苏格兰海湾潮间带沉积物的水下照片（约 $1\,m^2$），显示出海蚯蚓沙蠋引起的生物扰动，与图 14.2 作比较

在深海中，由于底栖动物现存量比生产力高的近海要小几个数量级，底栖动物个体相对较小，而且深海中生物过程的速率低得多，因此生物扰动的影响程度会小一些。但有学者认为深海中碎屑食性的底栖动物数量远远超过以悬浮颗粒物为食的动物，更能充分吸收利用有机物（如消化道变长）。由于深海水体扰动速率低、沉积速率低，沉积物再悬浮的频率必然降低，这种环境下底栖生物扰动的破坏程度较低，同时由于沉积速率低，生物群落可能比在浅水中维持更长的时间（Rowe，1974）。总之在考虑海底边界层的地球化学平衡和成岩作用时，这些生物扰动的影响可能大大减少甚至可以忽略。

单纯依据视像资料研究发现，在卡里亚科海沟和黑海滞流海盆的均质沉积物海底，以及在生产力高的上升流海域海底（氧气全部被消耗殆尽，海底沉积物中无生命迹象），与存在底栖动物分布的海底形成鲜明的对比（图 14.2）。说明海底生物在重构和改变沉积物的过程中起到举足轻重的作用。海底照片和沉积物芯样垂直分析的结果将为我们揭示生物扰动作用在改造海底沉积物深部的重要性。

图 14.2　东北大西洋罗科尔海槽 2 km 深处生物扰动后的海底（约涵盖 1 m^2），呈现大量的土堆和洞穴，细小的凸出的构造和其他微细结构（可能包括多毛类和/或胶状有孔虫目的管状组织）（照片由普利茅斯海洋生物研究所 A. J. 索思沃德博士提供）

对于地质学家来说，由深海的生物扰动特性形成的生物结构可指示过去的环境状况。这种史前环境的指示物不仅可以帮助分析古代的沉积情况（Ekdale，1985），同时还因为经历了再沉积过程而对成岩作用（由松散的沉积物变为沉积岩）的研究有所帮助。

此外，人们已经认识到，这种发生在广袤的深海海床上方的扰动过程对于生源要素（如碳）循环中的全球生物地球化学平衡很重要，因此对于维持地球上的生命也有重要的意义。

1.1　生物活动痕迹或遗迹

生物活动痕迹这一术语描述底栖动物在沉积物中的活动。它们也简单地被称为遗迹。根据海底照片，在大陆坡上约 7% 的沉积物表面可以观察到生物扰动的痕迹，在深渊处的生物扰动减少一半（Laughton，1963）。这一评估结果依据拍摄的照片中所看到的痕迹（这些照片覆盖 1 m^2 或更大的面积）（图 14.3）。在分辨率达到几平方厘米的微镜头照片（图 14.4a，图 14.4b）中可观察到底层微小范围内更加细微的变化，表明这些生物扰动具有连续性。

图 14.3　可以看到星形的痕迹，显然这是海星 *Plutonaster bifrons* 所为，可以看到在图右边中间部位它的一半身体埋在沉积物中。这幅照片是 1979 年在东北大西洋豪猪海湾 1.95 km 深处拍摄的，当时海底被一层植物碎屑所覆盖（照片由英国海洋科学研究所 A. L. 赖斯博士提供）

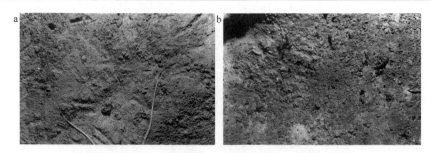

图 14.4　罗科尔海槽中沉积物表面由生物活动造成的小规模的地势起伏；每张照片约 0.035 m², 其上显示有大量的大型底栖动物产生的精细构造：a. 在 2.0 km 水深以下的赫布里底陆坡可看到莱曼瓷蛇尾（*Ophiomusium lymani*）的两只腕的末端，以及两腕之间很小的平足目海参透明体壁内的消化道；b. 1.2 km 水深以浅的赫布里底陆坡有大量的微凹凸结构，包括（图中间底部）新近挖过的小洞穴周围环绕鲜亮的沉积物和很多突起的构造，可能包括多毛纲动物的管状器官和软壁胶结有孔虫以及软枝有孔虫（照片由普利茅斯海洋生物研究所 A. J. 索思沃德博士提供）

按照动物的行为可以将生物活动痕迹分成以下几种类型（Seilacher，1953）。

（1）栖息痕迹：这是定居动物的印记（图 14.3，14.7f）。

（2）爬行痕迹：常常以沉积物的移位为特征（图 14.5a，图 14.5b），有时还零星有一些运动器官留下的印记，如海参纲动物的管足（图 14.7a，图 14.7b，图 14.7h，图 14.7j，图 14.7k）。

（3）觅食结构：由摄食沉积物的动物排泄物或假排泄物形成的团粒（图 8.8，图 14.7d）。

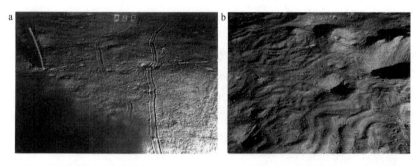

图 14.5　爱尔兰西南部外海大陆坡的爬行痕迹（照片由海洋科学研究所 A. L. 赖斯博士提供）
a. 在 0.98 km 深处的新腹足目伯尼斯峨螺（*Troschelia berniciensis*）造成的双脊痕迹；b. 在 0.92 km 深处的不规则海胆 *Spatangus raschi* 爬过的不规则痕迹

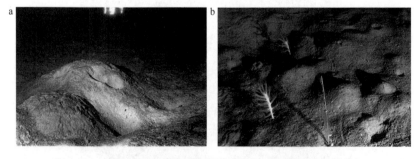

图 14.6　土堆（照片由海洋科学研究所 A. L. 赖斯博士提供）
a. 非洲西北部白角外海 3.921 km 深处布满坑的大土堆；b. 爱尔兰外海陆坡上部 0.4 km 深处火山口状土堆。它们可能是掘穴海参 *Molpadia blakei* 所为。大型水螅型腔肠动物是海鳃 *Kophobelemnon stelliferum*。在沉积物表面可以看见大量小的海蛇尾

（4）牧食痕迹：在沉积物表面的精细印记（图 14.7b，图 14.7j，图 14.7l，图 14.7n，图 14.7o）。

（5）居住痕迹：居所，如洞穴或管道（图 14.1，图 14.2，图 14.6a，图 14.6b，图 14.8a～图 14.8g，图 14.9a～图 14.9i）。

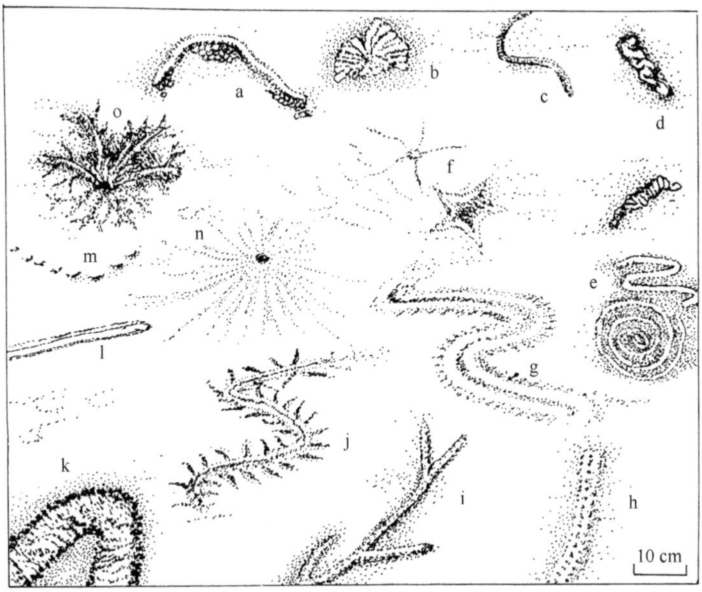

图 14.7　不同类型的表面痕迹图及其可能的成因（括号内）；a. 平滑曲折脊状，有时与排出的粪球一起出现；b. 玫瑰花形或“辐条形”，从掘穴的洞口向外呈辐射状（摄食表层沉积物的多毛类或螠虫）；c. 简单的凹槽，可能是直的也可能是弯的（海葵，软体动物?）；d. 粪圈，或粪“疙瘩”（海参排泄物）；e. 粪圈和粪环（紫肠鳃动物）；f. 海蛇尾（上部）和海星遗留的痕迹，海蛇尾腕移动导致的痕迹；g. 双犁沟，有时有“细褶皱”（不规则海胆动物）；h. 4 排“踩出来的”痕迹，靠里一对间隔很小的印记，靠外有一排痕迹[平足目海参，如底游参属（*Benthodytes*）或哈德海参属（*Paelopatides*）的痕迹]；i. 分支的隆脊，带边分支的隆脊（未知来源）；j. 羽毛状（“鲱鱼骨”）痕迹（鱼类？）；k. “踩痕”，直线或者弯曲，旁边有穿孔（海星的踪迹？）；l. 双沟槽，凹槽隔开的两条隆脊（板足目蝶参属）；m. 间断的凹槽，一连串的小孔，有时成对或几排平行（鱼类、十足目甲壳纲动物）；n. 细小射线状玫瑰花形，或“轮辐状”，环绕洞穴（多毛类？）；o. 环绕洞穴的带分支玫瑰花形（双壳类动物、星虫类动物、多毛类？）（根据 Ewing & Davis，1967；Heezen & Hollister，1971；Kitchell *et al.*，1978b；Mauviel & Sibuet，1985；Young *et al.*，1985 重新绘制和修改）

很明显，这些扰动对沉积物的物理特征产生不同的影响，有的短暂，有的持久。爬行痕迹是最短暂的，大多会破坏先前的物理结构和生物痕迹，因此造成大量的沉积物混合。居住痕迹和觅食痕迹会保留更长的时间，因此造成的混合作用就小一些，居住痕迹反映了更为持久的生物活动的结构（形成了在地层学中人们所熟知的“斑点”效应），对混合作用的影响很有限。

研究解释沉积岩石中化石遗迹结构的地质学家将这些不同的类型称为足迹化石；它们出现在颇具特征的群体中，或者称为遗迹相。直到最近几年，通过对近代沉积物中类似结构的研究，才将其中一部分和生活在深海中的已知生物产生的痕迹联系起来（Ekdale & Berger，1978）。

深海照相技术、深潜技术和高效率箱式取样器的大规模调查应用表明这些痕迹是海底常见的特征，尽管只在少数的海底照片或取芯样中发现了大型动物的存在。事实上，生物活动痕迹是深海底表面和内部产生小范围异质性的主要成因。

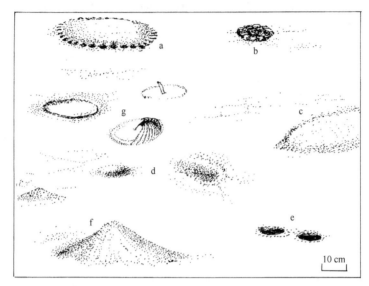

图 14.8　凸面起伏的痕迹（括号内为可能的来源）：a. 洞穴圈，"仙女环"（未知来源）；b. 充满团块的洞穴（没有生物居住的洞穴）；c. 低矮的土堆（未知来源）；d. 浅压痕和环形山（多毛类、甲壳类、海葵？）；e. 简单的大洞（掘穴多毛类、甲壳类？）；f. 平滑的圆锥体和土堆（未知，可能是多种来源）；g. 或深或浅的环形凹槽，有些可以看作柳珊瑚（如 *Primnoa*）造成的（见图 4.43b），其他中间具有垂直管道的可能是多毛类的觅食触须造成的，如欧文虫科 *Myriochele*（根据 Ewing & Davis，1967；Heezen & Hollister，1971；Mauviel & Sibuet，1985；Young *et al.*，1985 文献中的照片和图绘制）

1.2　生物活动痕迹的形成

除了能量较高的边缘区域之外，深海其他区域的沉积作用超过侵蚀作用占据主导地位，形成的水浸透的淤泥和软泥很松散，含水量很高（60%～90%），沉积物承载力从 25 g/cm² 下降到 5 g/cm²。这样黏稠的淤泥很容易留下痕迹，也很容易受到扰动，而且一旦留下痕迹，淤泥本身不会很快平复；"阿尔文"号深潜器和重型底拖装置留下的踪迹可以一直保存到第二年（Rowe，1974；Grassle *et al.*，1975）。这些基底的承载力足以使通常相对较软的深海动物的躯体不会陷入软泥中，也有利于底栖生物钻入泥中。在板块中部盆地富含红黏土的贫瘠海区沉积速率通常为 0.1～0.2 cm/1000 a 之间，在大陆坡上达 20 cm/1000 a。而沿海峡湾和港湾中的沉积速率可达每年几厘米。因此，可以判断这些痕迹中有一部分已存在了几百年，特别是那些厚度有好几厘米的痕迹，可以想象它们能够保留很久。

科学家根据全球深海底潜水器拍摄的照片对各类底栖动物造成的这些印记进行了归类研究分析（Laughton，1963；Ewing & Davis，1967；Heezen & Hollister，1971；Hollister *et al.*，1975；Ekdale & Berger，1978；Mauviel & Sibuet，1985；Young *et al.*，1985）。离散的痕迹是由某些棘皮动物、节肢动物或某些鱼类，如深海鳕或三脚鱼留下的，它们将身体抬起，在海底上方"行走"或者探查（图 4.26，图 4.30）。螃蟹会留下一连串特别的带刺痕的印记，而大部分看得见的大型突起足迹都是由棘皮动物留下的。海蛇尾可能产生一系列身体的压痕，呈现出羽毛状的痕迹（如我们在图 4.1 中拍摄到的动物旁边看到的那些痕迹），与此同时，海蛇尾和海星两类动物都可能在爬过表层后，半埋在软泥中一动不动而留下清晰的身体印痕（图 14.3）。目前深海中发现的大多数痕迹都是平足目海参留下的，如图 4.13 所示的 *Benthogone* "漫步"的管足留下了由侧面几排浅洞组成的颇具特色的踪迹。那些沟槽和隆起部分由在沉积物表面或下方匍匐爬行的动物造成。巨型底栖动物中的棘皮动物，特别是较大的楯手目海参（它们缺少会"行走"的大管足）依靠足底慢慢移动，而底表动物多毛类，如明管虫属（*Hyalinoecia*）可能是照片中大部分沟槽和隆起土堆的制造者。其他犁沟由不规则的海胆挖掘出来（图 14.5b），它们在迂回曲折的小道上蠕动，部分或几乎全部身体埋在富营养区域的软泥中。某些靠近海底生活的鱼类也许能够用它们像铲子一样的口挖出犁状沟槽。Mauviel 和 Sibuet（1985）展示了一张在比斯开湾拍摄的鳕鱼照片，照片中鳕鱼的头埋进软泥中。

由于深海中以细菌和其他有机颗粒形态存在的营养物质很少，因此以摄食沉积物为生的动物必须吞入大量的沉积物。Deming 和 Colwell（1982）估计，每天通过海参消化道的沉积物有 100 g；Smith 等（1986）根据加利福尼亚圣卡塔利娜海盆的蠕形动物产生的排泄物土堆的密度估计，这些蠕虫排泄沉积物的速度为 1500 ml/（$m^2 \cdot a$）左右。这种摄食沉积物的动物所产生的排泄物或假排泄物在沉积物表面很常见，属于再加工的沉积物，物理性质与海底沉积物相比略有改变。部分排泄物可能由于微生物繁殖而具有足够的养分，结果成为被摄食的对象。例如，豪猪海湾的"深海连续照片"记录显示 *Benthogone* 海参的排泄物土堆在 22 天后仅 1 h 就被海胆 *Echinus affinis* 吞食（Lampitt，1985b）。

紫肠鳃动物形成神奇的环状痕迹（图 4.5b）是部分深海底常见的地貌特征，特别是在南大洋和南太平洋。海参吞食沉积物表面一层富含细菌的薄膜后，可定期排放产生类似绳状圆圈和螺圈状的排泄物（图 8.8 中显示），厚度小于 1 mm。

海底土堆常常和洞穴一起出现（图 14.6a，图 14.9a，图 14.9d，图 14.9e，图 14.9h），毫无疑问，这些都是底栖动物留下的最常见的遗迹，在几乎所有深海环境中，它们形成深海底最常见的分米级地貌特征（Heezen & Hollister，1971；Smith *et al.*，1986）。这类痕迹由各类生物体的活动产生（Hollister *et al.*，1975；Young *et al.*，1985），比较有代表性的是摄食沉积物的巨型底栖动物，如掘穴的蠕形动物和肠鳃动物的排泄物形成的遗迹。这类肠鳃动物可产生单一或多个洞口，这些洞口围绕土堆基部排列（图 14.9d）（Mauviel *et al.*，1987）。其他洞穴可能位于土堆之上，就像一座火山（图 14.6a，图 14.6b，图 14.9a）。和土堆不相连的洞穴口（图 14.8a，图 14.8e）非常稀少，不过偶尔也会成群出现，或者布满一地（图 14.9b）。"裂纹"状土堆这类特殊的痕迹（图 14.9c）可能是由深海中常见的生活在一端封闭的"L"形洞穴的蠕虫动物回缩活动产生的（图 14.10），蠕虫洞穴的开口（周围环绕玫瑰花形标记，图 4.16d）常常就在这类土堆旁边（Vaugelas，1989）。

在加利福尼亚外海圣卡塔利娜海盆 1.24 km 深处，使用"阿尔文"号潜水器上的机械手开展操纵实验的结果表明这些土堆形成的速度非常快；在蠕虫动物的土堆上（它们通常由生活在"U"形洞穴内的浅居物种形成），"阿尔文"号潜水器在上面撒满了细小的玻璃珠，50 天后取样显示这些玻璃珠被埋进土堆 1~3 cm（Smith *et al.*，1986）。排泄物的堆积速率约比该地区的自然沉降速率快 1000 倍。

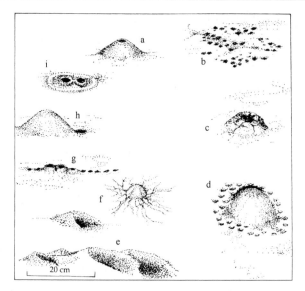

图 14.9　复杂的生物痕迹：a. 火山丘（由芋参 *Molpadia blakei* 造成，一类地表掘穴生物，沉积食性）；b. "火山口"——通常与不规则的小丘相关（可能由肠鳃类动物造成）；c. "丛状"小丘，小丘分裂成不规则的块状或光滑的块状（可能由蟹虫造成）；d. "锥体和火山口环"——坑状丘（可能由肠鳃类动物造成）；e. 大型的凹凸洞穴或洼地，有时凸起呈拱形，以及小型洼地（浅坑可能是鱼的进食坑；较深的拱形坑可能是蟹类 *Geryon* 的洞穴）；f. 射线丘（可能由巨型阿米巴虫 *Psammetta* 造成）；g. "火山口排"——成排的"火山"（来源不明）；h. 小丘和相邻的洞穴——小丘高达 30 cm，相邻的坑可达 1～2 m 宽、30 cm 深（来源不明，另见图 14.6a）；i. 一个边缘较浅的坑内双洞穴（来源不明）（根据 Mauviel & Sibuet，1985 重绘以及 Ewing & Davis，1967；Young *et al.*，1985 所摄照片）

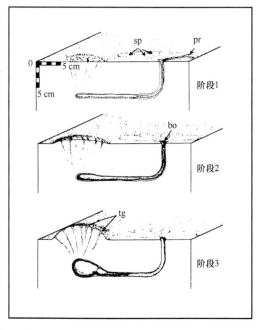

图 14.10　深海掘穴蟹虫的觅食行为，显示如图 14.9c 中所描述的"裂开的"土堆可能的形成方式。图中显示了觅食活动的不同阶段，在阶段 1 中，伸长的吻（pr）形成了独特的"玫瑰花状"轮辐模式（sp），从中央的洞口（bo）向外辐射分布。阶段 2 中，吻部分缩回，在表面看不到虫体。阶段 3 中，虫体完全缩回，肿胀的身体推开沉积物，在轮辐状痕迹边缘的沉积物上形成了因张力而裂开的土堆（tg）（相似的沉积物扰动显示在图 4.16d 中蟹虫动物轮辐状痕迹附近）（仿 Vaugelas，1989）

动物觅食痕迹与移动或排出排泄物引起的痕迹明显不同，它们更加稀少。由掘穴蟺虫动物的觅食活动产生的玫瑰花形痕迹（参考上面）已经在第 4 章中描述过（图 4.16d）。轮辐状的踪迹（图 14.7b，图 14.7n，图 14.7o）可能是由其他蠕虫如多毛类动物造成的。

深海生物活动痕迹的形态学分类主要依据 Mauviel 和 Sibuet（1985）及 Young 等（1985）提出的方法，前者主要基于东北大西洋拍摄到的巨型底栖动物的痕迹，而后者则以加勒比海中生物活动的痕迹为基础，如图 14.7～图 14.9 所示。表 14.1 列出 Young 等（1985）提出的形态类型，并将它们和当前研究中描绘的生物活动痕迹联系起来。

表 14.1　生物活动痕迹的形态类型分类（Young *et al.*，1985）

形态类型	图号	来源
动态痕迹（由底栖生物摄食沉积物活动造成的）		
粪球	图 14.7d，图 14.7e	平足目和楯手目海参
三分犁印	图 14.7g，图 14.5b	心形海胆
平滑犁印	图 14.7h	楯手目海参
花纹犁印		海胆？
细圆齿状犁印		海胆？
平滑弯曲脊状	图 14.7a	表层掘穴动物
折断弯曲脊状		未知
弯曲凹槽	图 14.5a	软体动物为主
拉长的凹槽	图 5.25b	软体动物为主
羽状	图 14.7j	底层觅食鱼类
"土坑"		鱼（鳍条？）
压痕	图 14.8d	多种多样，包括多螯虾科甲壳动物
稳定痕迹（生物定居或栖息痕迹）		
平滑的圆圈	图 14.2	各种巨型掘穴动物
成群的块状土堆	图 14.9c，图 14.10	蟺虫？
辐射状土堆	图 14.9f	巨型单细胞有孔虫 *Psammetta*
凹陷土堆	图 14.9d	肠鳃动物
圆锥形	图 14.6b，图 14.9a	芋参目海参
垂直管状	图 14.2	多毛类
水平管状		多毛类 *Abyssoclymene*
洞穴	图 14.8e	各种无脊椎动物和鱼类
环形凹槽	图 14.8g	欧文虫科多毛类和柳珊瑚
环形脊状土堆	图 14.8g	欧文虫科多毛类和柳珊瑚
玫瑰花形	图 4.16d，图 11.5，图 14.7b，图 14.7n，图 14.7o	各种掘穴的摄食沉积物的动物
星形	图 14.3，图 14.7f	瓷海星和其他海星

1.3 最佳觅食理论和痕迹

研究沉积物的地质学家在寻找古代沉积环境中环境状况的标记时，对利用遗迹化石的几何形态作为次深海或深海环境指示的想法产生了兴趣，这些遗迹化石可能是由底栖动物摄食沉积物后排放出的排泄物或移动踪迹形成的。在富营养的浅海中，节约能量不是那么迫切，因此以沉积物为食的动物搜寻食物的效率较低，在海底留下了错综交叉的踪迹，动物个体频繁相遇。相反，在深海环境中食物有限（营养贫瘠），沉积物摄食者为了保存能量，如何有效利用资源变得至关重要。这就产生高度有效率的觅食策略，其目的是最大限度地减少摄食地区交叉重叠，这种策略造就了那些复杂的圆圈或螺旋形踪迹，这些是紫肠鳃动物觅食活动的痕迹（Seilacher，1967a，1967b）。

计算机模拟结果表明，这种看起来复杂的觅食痕迹事实上可能是动物简单防止路径交叉的行为调整结果，从而产生螺旋形和圆圈状两种寻找食物的策略（Raup & Seilacher，1969；Papentin，1973）。科学家分析了深海中不同深度和不同生产力海域的海底照片中痕迹的分布及其几何复杂性，证实了这种"食物搜寻的假说"（Kitchell *et al.*，1978a，1978b；Kitchell，1979）。觅食痕迹的复杂性（从简单的像草书一样的痕迹到曲纹或圆圈再到螺旋形和复杂的双螺旋）与水深不是密切相关（图 14.11）；科学家还发现尽管南大洋上层生产力更高，但在南极底栖动物这种复杂多样的觅食痕迹比在北极更多。

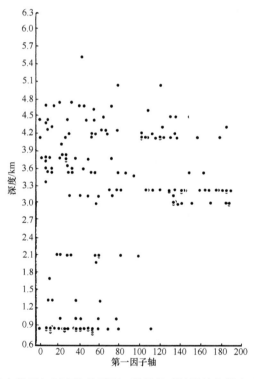

图 14.11　遗迹化石中的形态类型与深度的关系图。横轴是"随机性"的主成分分析，向右逐渐减少。最大的随机性表现为心形海胆产生的交叉犁沟痕迹（图 14.4b）。最小的随机性是螺旋、圆圈和环状痕迹（图 14.6f，图 4.14b），多个圆圈表示有多个痕迹的数值相同。没有发现深度与随机性程度的显著相关（引自 Kitchell，1979）

此外，沿着深度梯度环绕的曲纹形和螺旋形痕迹出现的高值区均被发现在 3～3.5 km 深处。虽然这些痕迹可能是对这种中等深度良好的指示，但很明显它们的存在与否不能作为确定深度的指标。Kitchell 等（1978b）认为摄食表层沉积物的生物可能比深度或食物供给对痕迹的多样性影响更大。

最佳觅食理论对理解深海中的营养过程也非常重要。过去研究人员认为，即使在食物密度较低的区域，摄食沉积物动物的食物也是均匀分布在海底；在深海中这些动物密度低，即使搜寻效率低，它们也完全有可能沿直线搜寻食物。目前研究表明情况也许并非如此。在搜寻小范围斑块分布的碎屑食物时（如在春季藻华之后新近沉降的植物碎屑絮凝物呈斑块分布）（图 14.3），非随机的觅食路径可能更加有效（Billett *et al.*，1983；Rice *et al.*，1986）。在这方面有意思的是，有研究发现生活在潮间带挖螺旋形洞的多毛类动物更容易遇上富含丰富食物的沉积物（Rick & Tunnicliffe，1978）。螺旋形和曲纹形痕迹的另一个优势是在有限空间内最大化地利用资源，将捕食风险降到最低。

Ohta（1984）指出，动物觅食行为模式和深度的微弱关系可以通过生物量和食物数量与深度的相关性得到间接反映，这些参数与深度均未表现出通常假定的简单的成反比的关系（参见第 7 章）。食物的差异能显著改变底栖生物群落结构和摄食行为（Sokolova & Pasternak，1964）。Kitchell（1979）认为，虽然深海生态相互作用导致生物分层分布可能代表深度梯度转换过程，但觅食痕迹的分布数量和类型主要取决于物种特性，而与深度无关。Ohta（1984）指出，应该密切注意同类与同类进行比较。例如，摄食效率应该只在觅食痕迹类型中作比较；这些比较应当被限定在相似的行为类型内，避免环境梯度过大或太小。在描述反映踪迹的行为模式时，痕迹复杂性的增加不一定是行为效率即最优觅食产生的结果。研究人员认为底栖生物的扰动行为主要受到遗传因素影响，周围环境如食物供给等因素影响较小（Ohta，1984）。

Young 等（1985）对加勒比海委内瑞拉海盆的海底照片中生物遗迹和生物功能类群的相关性分析结果也证实了上述判断。尽管这些痕迹的数量与巨型底栖动物的密度并不相关，但是两者的相对多样性是相关的。生物扰动痕迹密度最高的地方大多数为定栖者而不是游动的沉积物摄食者，在更为贫瘠的环境中前者占多数。这也反映出游动型沉积物摄食者的运动行为有助于抚平深海底上面的微起伏（Brundage *et al.*，1967；Rowe *et al.*，1974；Rowe，1974；Paul *et al.*，1978；Thorndike *et al.*，1982；Gardner *et al.*，1984）。这些生物活动痕迹也可能被有选择性地摄食，如海参的排泄物土堆，参考前面章节，它们在 1 h 内便被正在搜寻食物的海胆消耗殆尽。

此外，最新的研究表明，即使是广泛分布的地貌也可能迅速被底层流抚平。同时，即使在相对平静的海域，其他动物的活动也可能会慢慢抹去这些遗迹。想要作为遗迹化石保存下来，这些生物活动的痕迹不仅要避免动物的摄取和海流对沉积物表面的冲刷作用，而且要在埋藏前后避免沉积物的混合或生物扰动的影响。

Wheatcroft 等（1989）还注意到痕迹密度（定义为被足迹和痕迹覆盖的海底的比例）会发生动态变化，他们开发了一个与游动的底表巨型动物的密度和种类组成以及沉积物表面粗糙度有关的痕迹动态变化模型。例如，在圣卡塔利娜海盆（1.3 km 深处），由于沉积物表面非常粗糙，尽管有丰富的底表巨型动物，产生的痕迹也很少。在高能底部边界层试验计划（HEBBLE）试验区（水深 4.8 km）沉积物表面非常平滑，因此大部分底表动物类群都能产生活动痕迹；但是由于沉积物中底内动物密度较高而且非常活跃，导致沉积物混合速率很快，因此痕迹的滞留时间短，密度低（占海底面积的 5%）。基于这一点以及之前的资料，Wheatcroft 等（1989）认为不考虑痕迹被毁坏的因素，这些痕迹都是短暂性的，它们的存在时间以天和周计算，而不像之前认为的以月和年计算（Mauvial & Sibuet，1985）。再加上海底边界层沉积物的混合速率较高，因此这些生物活动痕迹很难作为遗迹化石被保存下来。

1.4　沉积物内部的影响

深海掘穴动物选择挖掘洞穴的生活方式的原因与浅海一样，主要是为了躲避被捕食，而不是钻入沉积物内寻找食物，因为它们的食物主要还是来源于沉积物表层。不像浅海海底沉积物内部还蕴含丰富的有机物，深海沉积物表层之下非常贫瘠，因此对底栖生物似乎没有吸引力。在浅水沉积物深处觅食的动物的生活方式不尽相同。例如，多毛类襟节虫属（*Clymenella*）可在潮间带的沉积物深处营造出觅食空间（Rhoads，1974）。Young 等（1985）根据海底照片和拖网捕获样品研究发现，深海的竹节虫科种类 *Abyssoclymene annularis* 栖居于沉积物表面的大管道中，该物种应当不会在沉积物深处寻觅食物。摄食沉积物的海参，如布氏芋海参（*Molpadia blakei*），可以挖掘出像火山一样的圆锥体并在其表面觅食（图 14.6b，图 14.9a），这与它近海的同类物种 *M. oolitica* 相类似，Rhoads 和 Young（1971）还对它们的摄食机理进行过研究。此外，在深海中布氏芋海参可能在局部区域非常丰富（Sibuet，1977）。一些掘穴动物可以生活在更深的沉积物内。研究人员从罗科尔海槽的箱式沉积物样品 20～30 cm 深处可以发现成堆的动物排泄物团粒。在近海的淤泥中，这些相似的洞穴是由深掘洞的巨型底栖动物活动形成的。这些动物包括甲壳纲十足目美人虾属动物，其中有些种类可将洞挖在表面以下 3～5 m 深的地方（Pemberton *et al.*，1976；Frey *et al.*，1978），洞穴直径可达 10 cm（Chapman & Rice，1971），这类动物还包括掘穴或穴居的鱼类（Atkinson，1986）。然而，大多数掘穴动物都很小，以至于局限分布在沉积物顶部几厘米的地方。即使巨大的火山状土堆也是由在沉积物表层觅食的动物如螠虫产生的排泄物形成的。研究人员在沉积物表面还发现一些非常大的地洞和孔洞，如图 14.9g 所示排成行的火山成因依然未知。通过比较十足目甲壳纲动物（如生活在近海淤泥中的美人虾属甲壳动物）和鱼类复杂的洞穴结构，我们可以推测在深海沉积物深部也可能存在着类似的复杂结构。

值得一提的是，在富含有机物的海底峡谷沉积物中，一些没有消化道的须腕动物能够挖 40 多厘米深，到达富含还原态化合物的沉积层，这里可为它们提供与之共生的细菌所需的还原态化合物（Southward & Dando，1988）。

1.5　生物扰动的地质学意义

地质学家试图从地层学记录的信号中重构古代沉积环境，他们认为生物扰动或海底的混合作用对沉积物外貌的影响主要有以下 4 种方式：①产生次生构造遗迹化石；②对沉积物的物理和/或化学方面的改变；③滤过或掩盖原生地层学信号；④对沉积物的稳定性产生影响以及具有侵蚀作用。

在浅水中，生物扰动除了导致沉积物上产生丰富的遗迹化石结构、影响沉积物稳定性与侵蚀作用外，还能提高生源要素的生物地球化学循环（Meadows & Tufail，1986）。而在深海中，底栖生物的生物量很低且新陈代谢速率低，因此很多人认为这些影响大大降低或者不存在。但事实似乎相反。颗粒物的混合作用掩盖了指示化石的信号，从而使研究人员分辨不清深海沉积物微化石的年代（Berger & Heath，1968）。这也导致在深海沉积物内部产生许多稳定的次生构造或遗迹，它们的生物起源之前几乎被我们忽略。混合作用也深刻影响着沉积物的化学成岩过程（Aller，1982）；通常研究可以发现水环境中的化学分层现象（通过检测 Rh 或 Eh 电位快速变化层），界面处有一层几毫米厚的氧化层，覆盖在一层较厚的还原层上。

1.6　混合深度

上述有关生物群落对沉积物的影响以及对遗迹化石的描述都是从海底照片中获得的，但有关生物活动产生的混合扰动或再沉积的定量数据则需要研究沉积物的芯样。从 Bramlette 和 Bradley（1942）开始，人们就认识到，即使在深渊中生物扰动过程也会产生重大影响。研究人员在沉积物下方至少 40 cm 处都能检测到混合扰动的痕迹。对于海底斜坡环境，可根据海床的扰动程度来估计混合量（Piper & Marshall，1969），这样的地形在深海中不常见。生物扰动也可用同位素示踪法定量分析测定（Guinasso & Schink，1975）。

利用放射性核素确定年代的方法始于 20 世纪 70 年代"法美洋中脊水下研究计划"（FAMOUS）对大西洋中洋脊地区的研究。研究人员利用"阿尔文"号潜水器采集到沉积物/水界面未被扰动的保存完整的芯样。这些放射性核素的半衰期为几十年到几千年。如果衰变速率（用半衰期表示，如 ^{210}Pb 半衰期为 22 年）与其在沉积物中的混合速率相近，那么在沉积物–水界面附近就会出现浓度梯度（图 14.12b）；相比沉积物的混合速率，半衰期长的核素如 ^{14}C（半衰期 5.7×10^3 年）在混合层的含量相对稳定，混合层下方随深

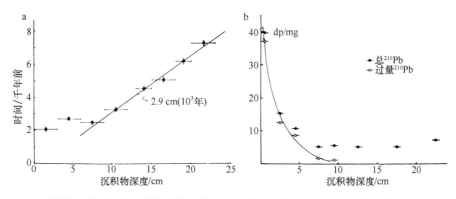

图 14.12　大西洋洋中脊采集的沉积物芯样内测定生物扰动的沉积物混合剖面图（引自 Cochran，1982）a. ^{14}C 年代随深度变化曲线。在上方 8 cm 处划分出了一个"混合区"；8 cm 以下的线性增加速率与沉积物 2.9cm 的沉积速率相一致。这一模式的产生是由于持续的扰动一直出现在 8 cm 以浅，而 8 cm 以深混合作用很弱；b. ^{210}Pb 活性随沉积物深度变化曲线。过量的 ^{210}Pb（高 ^{210}Pb 活性－^{226}Ra 活性）一直分布到 8 cm 深处。这个样本中的沉积物混合系数为 6×10^{-9} cm^2/s。其他与图 a 中相同

度增加 ^{14}C 含量呈线性上升趋势（图 14.12a）。沉积物的混合速率对于 ^{14}C 的活度来说已经足够快，但对于存在浓度梯度的 ^{210}Pb 来说则比较慢。此外，根据 ^{210}Pb 的变化曲线，我们可以粗略地推论，在 ^{210}Pb 5 个半衰期内（＝110 年）表层 8 cm 的沉积物全部被扰动，因为在混合层的不同深度全都存在过量的 ^{210}Pb。生物扰动作用通常采用生物扰动系数进行量化，该系数由 Goldberg 和 Koide（1962）提出的扩散模型进行计算，该模型将沉积物沉积视为一种平流过程，而生物扰动作用则被模拟成一种类似颗粒物在流体中涡旋扩散的混合过程。

^{14}C 和 ^{210}Pb 的变化曲线只能在碳酸盐硅藻软泥中被测出，在太平洋的红黏土区研究测出了半衰期更长而且能被沉降颗粒吸附清除的 ^{230}Th 的活性。^{230}Th 法对 ^{210}Pb 法作了进一步改进，人们不再假设存在 ^{210}Pb 分布均匀的混合层，而是假设沉积混合作用存在随深度呈直线或指数下降或者呈随机混合模式，同时还考虑到核素含量随时间和深度的变化。

根据上述研究结果，深海由掘穴的大型动物活动形成的沉积物混合层深度为 6～15 cm（很明显与沉积物的沉积速率无关）。从浅水中测得的颗粒混合系数比从深海中测得的值大约高 6 个数量级，这可能与两个区域生物扰动速率不同、深海生物量低、深海低温环境或者不同类群的生物产生的混合程度的差异有关。由于后两个变量可能同样适用于浅水环境，它们作为潜在相关变量似乎不如生物量有用，而生物量似乎可以解释从沿海到深海沉积物的大部分变量的巨大数值变化范围（Matisoff，1982）。根据上述比较也能据此推断出深海中的其他生物过程，如生物的生长过程，可能不会与浅水中具有很大的差异。研究人员利用含有 ^{32}Si 或 $^{239+240}$Pu 参数的 ^{210}Pb 法来测定生物扰动速率会得到显著不同的测定值；采用含 Pu 参数的 ^{210}Pb 法测出更快的混合速率可能是因为个别核素和不同大小的颗粒黏附在一起。扰动生物选择性地吸入颗粒也许反映了与核素黏附的沉积物颗粒具有不同的食物价值，这一结论使沉积物颗粒在生物扰动过程中反应方式相同的前提假设变得毫无价值（DeMaster，1979；Stordal et al.，1985；Swinbanks & Shirayama，1986b）。

利用上述模型检验浅水动物扰动速率的结果显示，扩散模型足以描述由端足类扰动引起的混合过程，但不能用于由寡毛类环节动物这种定向"传送带"摄食沉积物的模式（Robbins et al.，1978）。很明显，在深海中，扩散模型没有考虑到较大的沉积物摄食者引起的局部集中的混合作用和定向传送的影响（Boudreau，1986a，1986b）。例如，Smith 等（1986）对采集到的螠虫土堆的芯样进行了过量 ^{234}Th（半衰期为 24 天，但是 100 天左右在沉积物中还能检测到）的分析，辅之以土堆表面上的延时拍照，结果发现土堆的形成导致局部地区沉积物被快速而短暂地翻动。上述这些作者估计，仅螠虫就能在约 70 年内将南加利福尼亚外海顶部 10 cm 的沉积物翻转过来，相当于平均一个沉积物颗粒在永久埋藏之前要通过螠虫消化道约 10 次。因此，虽然消化道的空间很狭小，但是这些巨型底栖动物的掘穴活动可能对沉积物混合深度和成岩过程产生显著的影响。

上层均匀混合的分布模式不能够解释芯样中 ^{210}Pb 和 $^{239+240}$Pu 最大值出现在沉积物次表层（Somayajulu et al.，1983；Rutgers van de Loeff & Lavaleye，1986）。星虫类动物占这个研究站点大型底栖动物区现存量的 28%（相当于 8 个螠虫/m^2），Rutger van de Loeff 和 Lavaleye 认为可能是星虫类动物传送带式觅食模式导致次表层出现极大值；这些星虫可以在沉积物被永久埋藏前将其翻动 3 次以上。已有的一些零散的小型底内动物在沉积物内垂直分布的调查结果也能证明上述异常现象。Swinbanks 和 Shirayama（1986）认为使用单一模型测定沉积物混合速率有很大的误差，他们将 2～3 cm 深处明显的 ^{210}Pb 次表层极大值分布与底内动物巨型单细胞有孔虫 *Occultammina profunda* 的垂直分布联系起来，这类有孔虫在沉积物表面觅食，它们体内的原虫粪中浓缩着大量 ^{210}Pb。因此会导致沉积物中 ^{210}Pb 在次表层分布最多，对沉积物中 ^{210}Pb 的地球化学平衡产生很大的影响，所以采用 ^{210}Pb 分析测定生物扰动速率产生很大的误差。

小型底栖动物主要分布在沉积物的最上层（Thiel，1972b；Coull *et al*.，1977；Dinet & Vivier，1977；Vivier，1978），虽然线虫和有孔虫动物偶尔在沉积物深处被发现，但小型底栖动物 99%的个体出现在表层 12 cm 以浅处（Shirayama，1984b；Swinbank & Shirayama，1984）；大型底栖生物也集中分布在沉积物的最上层（Hessler & Jumars，1974；Jumars，1974；Shirayama & Horikoshi，1982）。现有的资料表明，囊虾类和双壳类动物一般分布在 3 cm 以浅处，多毛类环节动物和其他蠕虫类可分布到更深的沉积层中。

科学家在研究箱式取样器样品后发现，较大的蠕虫，如大的多毛类、星虫类动物如挪威方格星虫（*Sipunculus norvegicus*）以及螠虫类动物至少可以挖洞 15 cm 以深。在挪威的大陆坡上研究人员发现由戈芬星虫属种类建造的大量精巧的洞穴，可向下延伸到 50 cm 处（Romero-Wetzel，1987），其他地方也发现由不同生物制造的类似精巧的深洞穴，其中有些伸入表层沉积物 2 m 以下的地方（Thomson & Wilson，1980；Wetzel，1981；Weaver & Schultheiss，1983）。前文已提到须腕动物的洞穴深度，虽然它们不是表面摄食动物，但是也能扰动深层沉积物。虽然这些深层掘穴动物的密度比沉积物表面附近那些产生扰动的底内动物的密度小很多，但它们应当是沉积物上部几厘米以下生物扰动的主要来源。

箱式取样器切片的 X 射线照片分析结果证实了上述推论，这些照片显示沉积物中有各种洞穴结构，包括垂直形、"U"形、螺旋形和分叉形等多种类型（Pye，1980；Yingst & Aller，1982；Rutgers van der Loeff & Lavaleye，1986）。Pye（1980）发现在苏格兰外海大陆坡上最多洞穴数出现在沉积物表面以下 3 cm 处，接近上覆水界面的沉积物可能受到强烈的生物活动的扰动，正如 Yingst 和 Aller（1982）在新斯科舍外海 HEBBLE 试验区的调查也得到类似的结果。在 HEBBLE 试验区的沉积物 X 射线照片中发现最上层 2～3 cm 处有许多纵横交错的小洞穴，是生物扰动最强烈的区域，在沉积物深处则被较大且水平分布的洞穴所取代。显然生物扰动区域范围大大超过了放射性同位素法分析测得的混合深度，因此，对深海生物扰动的研究需要将放射性同位素法和 X 射线成像分析法结合起来。

1.7　生物扰动对沉积物的地球化学和成岩作用的影响

在浅水中，掘穴动物活动产生洞穴和管道、增大沉积物孔隙度，这些海底表面微环境的变化对无机离子的地球化学过程和沉积物成岩过程有显著影响（Aller & Yingst，1978；Anderson & Meadows，1978；Gust & Harrison，1981；Aller，1982）。深海仅有的少量研究结果表明深海中的生物扰动如同在浅水中一样，对促进沉积物的生物地球化学异质性发挥同样重要的作用。Meadows 和 Tait（1985）测定罗科尔海槽箱式取样器采集的沉积物 Eh 值，异养微生物的生物量（平板涂布法）、土工力学参数（垂直和水平切面的沉积物抗剪切强度）。他们发现与洞穴显著相关的沉积物异质性可达 33 cm 深处。Meadows 和 Tait 发现，沉积物表面的微生物生物量和 Eh 剖面的最大斜率随着海区水深的增大而减小。我们应当关注深海尤其是沉积物发生周期性再悬浮区域的微生物密度和水动力条件的相关性。Aller 和 Aller（1986）在新斯科舍海隆 HEBBLE 试验区的研究显示，废弃的和动物栖息的两种类型洞穴都能影响沉积物化学过程和生物群落的分布。他们发现沉积物三磷酸腺苷（ATP）的浓度、细菌生物量以及小型底栖动物密度等指标在大型底栖动物多毛类扇栉虫 *Amphicteis* 的洞穴周围明显增大很多（图 5.4a，图 14.13，图 14.14）。在一些大型底栖动物如扇栉虫的觅食深坑内虽然发现细菌密度降低，但 ATP 浓度（反映微生物周转率或者活性）反而增加，说明这些洞穴有利于微生物的生长。这些蠕虫采取与浅水和潮间带生物类似的策略，通过摄食微生物刺激微生物的生长（Aller & Yingst，1985）。Aller 和 Aller（1986）认为，废弃的洞穴可以收集来自其表面的新鲜的有机碎屑物，为环境微生物降解起到局部能量供应的作用，否则有机质将很匮乏。正如在潮间带的沉积物中看到的那样（Reise，1981），深海小型和大型底栖动物的密度，特别是线虫和有孔虫在这些洞穴周围明显增多，这可能是对微生物种群密度增加的响应。洞穴内和洞穴周围的沉积物中对氧化还原状态敏感的金属元素如铁和锰的活化迁移反映了动物栖息的洞穴和遗弃洞穴附近的微生物活性得到增强。Aller 和 Aller（1986）估计，海底面积的 34% 已经受到 HEBBLE 试验区这种洞穴的影响。

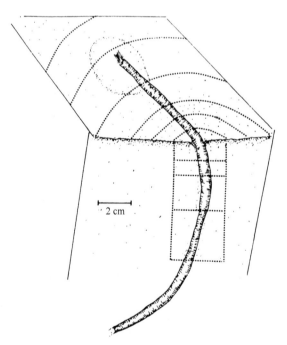

图 14.13　来自西北大西洋 HEBBLE 试验区的箱式取样器中多毛类环节动物扇栉虫的管及其周围辐射状和垂直的觅食区。管上端周围的点线区表示蠕虫的觅食区域（见图 5.4a，双栉虫的生活位置和觅食机理）（引自 Aller & Aller，1986）

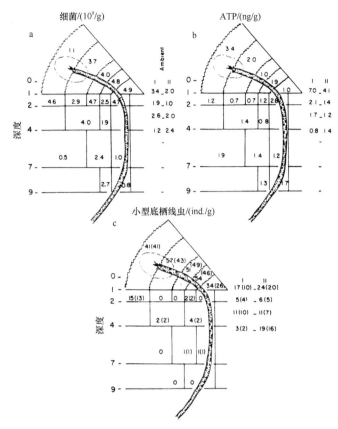

图 14.14　图 14.13 中描述的扇栉虫管穴周围细菌（a）、沉积物总 ATP（b）、总小型底栖动物和线虫（c）的垂直和水平分布（引自 Aller & Aller，1986）

研究人员从中太平洋赤道寡营养海区海底钙质软泥中可以观察到独特的 3 层洞穴结构：最上面是外表均匀单调的薄层；中间是"杂色层"，这里的化石洞穴遗迹色彩醒目，下面是"褪色层"，特点是具有模糊不清的遗迹或无遗迹而与上层区分开（Berger et al.，1979；Swinbanks & Shirayama，1984）。X 射线照片揭示上层有大量填满的洞穴，说明生物扰动强烈。

沉积物孔隙水中的金属离子由于底内动物的活动可以积聚在洞穴周围，斯温班克斯（Swinbanks）和白山（Shirayama）指出生物居住的洞穴及周边的固相锰和铁的微小变化会引起沉积物分层现象，这些微小变化主要是由生物扰动和成岩作用导致的。在这样的沉积物内锰的成岩作用主要受生物活动制约，这可以由原位测量到的小型底栖生物吸收作用导致的锰呈现梯度分布的现象反映出来（Shirayama & Swinbanks，1986）。因此，生物扰动导致这些金属在深海软泥垂直方向上的分布显著不均匀。

Southward 和 Dando（1988）认为，在海底峡谷有机物含量高的沉积物中局部区域高密度的须腕动物可能因它们硫氧化共生菌的活动而削弱硫参与的成岩作用。

2. 生物对沉积物稳定性的影响

根据海底生物对沉积物稳定性的直接和间接影响可以将其分成几种功能类群

（Woodin & Jackson，1979；Woodin，1983）。在浅水中，位于沉积物上方的稠密海草床和固着动物通过加大对细颗粒的沉降起到稳定海床的作用（参见 Nowell *et al.*，1981；Eckman，1987 及文中所引文献）。掘穴动物，如端足类和多毛类可能形成高密度的分布层，从而降低对沉积物的再悬浮和侵蚀作用，稳定沉积环境。

虽然在深海中可能存在相似的影响，然而掘穴动物没有足够大的分布密度来产生这种影响。独自行动的生物，如海鳃或蠕虫的管状器官可能会不断冲刷沉积物的粗糙表面，最终导致沉积物变得不稳定（Eckman，1979，1983；Luckenbach，1986）。在游动的摄食沉积物的动物如原鳃目软体动物较多的地方，会不断沉积微小颗粒，在掘穴捕食者如底栖鱼类丰富的地方，它们的活动会扰动沉积物，这两种情况可能产生含水量高的团粒化表层，容易再悬浮并遭受侵蚀（Rhoads & Young，1970；McLellan，1977；Hecker，1982；Bender & Davis，1984）。摄食沉积物的大型底内动物如蠕虫动物也能产生相似的影响，它们将团粒化的排泄物土堆堆积在沉积物上。而一些微生物受深海底较强海流的影响（Baird *et al.*，1985）可进化出将海底沉积物颗粒黏结在一起的功能（Filatova，1982；Tufail，1987），增强海床的稳定性（Eckman *et al.*，1981）。

在陡峭的陆坡上和峡谷中，由于沉积物增加而受益的掘穴底栖动物的密集集群引起强烈的生物扰动，这被认为会导致地层不稳定并最终引起陆坡最陡处沉积物的坍塌，同时，由底表动物，如怪蟹属（*Geryon*）和查氏蟹属（*Chaceon*）引起的表面沉积物的再悬浮有助于形成雾状层和物质的顺坡向下输送（Dillon & Zimmerman，1970；Stanley，1971；Hecker，1982；Malahoff *et al.*，1982）。

第五部分

并行系统和人类活动的影响

1977 年，深海科学家意外发现了一个巨大而奇特的生物群，这些生物在生活方式上与已知的深海其他地区的动物群完全不同。这似乎是为了强调对深海的探索是多么的少，深海科学家对此感到震惊。这种动物群的生物量（10~70 kg/m² 湿重）比附近深海底的生物量大好几个数量级。这些明显丰饶但孤立的动物"绿洲"是由体型巨大的双壳类软体动物和奇异的红色羽毛状管栖蠕虫组成的，它们聚集在东太平洋赤道处的扩张中心加拉帕戈斯裂谷 2.8 km 深处新发现的热泉周围。更加令人惊奇的是维持这些生物的有机物不是来源于海洋表面太阳能驱动的光合作用的产物，而是来自化能合成的微生物，其中有些以共生形式生活在动物躯体组织中，利用源于地球深处的硫那样的无机化合物作为提供能量的底物。

最近研究发现了许多与其他形式的海底渗漏有关的类似动物群，同时认识到在有机沉积物的高度还原态环境中，生物群中的生物化学系统具有相似性，其中能量是通过利用除氧以外的电子受体获得的。表明这些动物群可能与我们的含氧大气形成之前地球上生命祖先的生活环境有着更为密切的联系，而不是深海中更"常见"的栖息地。

这些"并行"系统激发了大量的科学探索，其中很多都是利用装有应答器导航的深潜器（参见第 3 章）来定位海底特定范围内的小区域，并在深海海床上实现精确控制采样和进行实验作业。由于研究进展快和强度高，本章只能提供关于这些独特的栖息地有限的生物学描述。

最后一章简要回顾了人类对深海的利用现状和潜力。虽然深海地域广袤，但直到最近几年，深海的难以到达限制了研究人员对深海底生物资源和矿物资源的开发。然而，人口增长、资源枯竭以及大陆架上废弃物自净能力的压力，迫使人们对深海越来越感兴趣。令人不安的是，这种日益增加的兴趣不仅包括获取潜在的（虽然几乎肯定是有限的）生物资源，也包括将深海海床作为人类有害废物的便利储存地。

第 15 章 深海热泉和冷泉

1. 热 泉

1.1 东太平洋热泉

根据 1976 年在加拉帕戈斯裂谷用拖曳探测系统"深拖"得到的热水"温度峰"记录和巨型双壳类的海底照片（Lonsdale，1977a，1977b），人们第一次猜测，在东太平洋应该有热液喷口的存在。水样中存在原始气体，特别是氢同位素，证明这些温泉受到海床下方熔岩的加热作用。但是，更让人吃惊的则是喷口区动物的壮观景象，在载人潜水器"阿尔文"号的现场观测之后不久就被展示出来（Corliss & Ballard，1977；Corliss *et al.*，1979）。这个喷口地带位于加拉帕戈斯裂谷，几乎刚好处于厄瓜多尔外海加拉帕戈斯扩张中心和相邻的加拉帕戈斯群岛之间的赤道线上（图 15.1）。活动的喷口及其动物被发现位于 2.5 km 水深处新的熔岩流形成的玄武岩岩床上，这些熔岩流沿着这个相对较慢的扩张中心的中央裂谷轴向延伸 1～2 km，构成了连续的（虽然偶尔也存在分支）全球洋中脊系统的一部分（图 15.2）。

虽然这些热泉群落在刚开始时被认为是孤立和稀有的现象，随着探索脚步的加快，人们很快发现在太平洋和大西洋深海研究过的海区，几乎所有的构造活动地都有类似

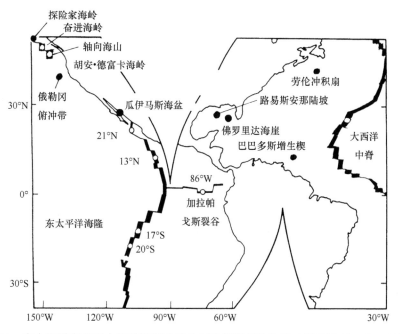

图 15.1 东太平洋东部和大西洋发现的热泉与冷泉群落的位置（修改自 Grassle，1986）

deep sea

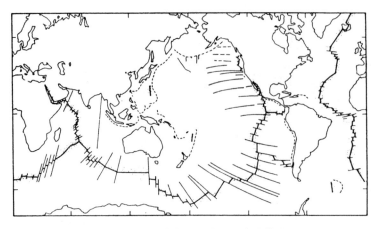

图 15.2 大洋洋脊扩张中心的全球模式

的群落（参见下文）。不仅有扩张中心的喷口，也包括那些俯冲带、断裂带和弧后盆地（深海海沟中与俯冲过程相联系的扩张中心）。以太平洋为例，研究人员在多个区域都分别发现含有丰富动物的热泉，这些区域有墨西哥外海东太平洋海隆 11°N～13°N 以及 21°N（在这两个区域相近的深度区发现典型的高温"黑烟囱"）（Ballard *et al.*，1982，1984；CYAMEX Scientific Team，1981）；加利福尼亚海湾的瓜伊马斯海盆（Grassle，1985）；华盛顿州和不列颠哥伦比亚省外海的胡安·德富卡海岭和探险家海岭（Canadian American Seamount Expedition，1985；Crane *et al.*，1985）；从赤道沿东太平洋海隆往南至 20°S（Francheteau & Ballard，1983）；沿日本东海岸外海俯冲带和沿马里亚纳海沟附近的马里亚纳海槽弧后扩张中心（Hessler *et al.*，1988）以及分别在斐济西部和东部的劳海盆与北斐济海盆（Auzende & Honza，1988）。人们认为，很可能沿着活动的洋中脊地域，大约每千米甚至更短的距离内就可能出现一个热泉（Crane & Ballard，1980）。图 15.1 展示了目前所知的东太平洋以及大西洋热泉的位置。

1.2 热泉群落

虽然研究已观察到不同的热泉之间生物组成的相对丰度差异明显，但东太平洋热泉共同的典型特征是具有大型双壳类动物蛤和贻贝以及色彩明亮的管栖蠕虫。在没有矿物沉淀堆积形成"烟囱"的地方（"烟囱"只在最热的热液口处形成），颜色明亮的双壳类动物的壳和蟹类动物与背景中黑色玄武岩形成强烈对比，这为潜水器里的观察者寻找热泉提供了最佳标记。这些热泉的直径很少超过 60 m（图 15.3）。其他地点只有零星的双壳类贝壳，热液活动应该已经"消亡"。各个地点动物组成的差异与热液流体的流速或流体化学成分的不同有关（Desbruyères *et al.*，1982；Hessler *et al.*，1985，1988b；Fustec *et al.*，1987）。在低温热泉，湿重生物量可达 8.5 kg/m^2，而在东太平洋海隆上最热的热泉（200～360℃）处，平均湿重生物量只有 2～4 kg/m^2（Fustec *et al.*，1988）。热泉与周围环境对潜水器里的观察者来说形成强烈的反差——热泉世外桃源般的情形和丰富的生物量形成生命"绿洲"，而其毗邻的硬基底环境则荒凉如不毛之地。

图 15.3　艺术地表现"鹦鹉螺"号潜水器勘探与热液硫化物"黑烟囱"伴生生物群落的场景。而弥散的、较低温度的流体来自"白烟囱","白烟囱"被管栖蠕虫的管状器官包围[插图承蒙法国海洋开发研究院维奥莱纳·马丁（Violaine Martin）提供]

　　人们认识最深入的热泉是那些最早知道并回访最多的地方，这些地方提供了大部分关于热泉群落组成、结构、物种的生活模式及变化速率的信息。包括卤水渗口和冷泉处的群落在内，它们由将近 160 个新物种组成，而这些无脊椎动物分属于至少 16 个从未报道过的科。本章使用它们的新名字，但限于篇幅，在此将不提供这些物种原始描述的参考文献；托本·沃尔夫（Torben Wolff）在未出版的 1985 年 12 月《深海时讯》中汇编了一份详尽而权威的热泉特有物种名录。热泉和冷泉的黑白生物照片常常不能令人满意。已经出版的科普文章中有大量精美的热泉生物彩色照片，如 Anonymous（1979）、Laubier & Desbruyères（1984）、Hessler（1981）和 Hessler 等（1988）。此外，Segonzac（1987）汇编了一本优秀的鉴别手册，其中附有每一个物种的彩色图像资料。Grassle（1986）对热泉生物学进行了很好的综述，与此同时，Laubier（1989）和 Southward（1989）的综述还涵盖已经发现的冷泉和还原性沉积物中类似群落的生态学。关于热泉群落的其他更详尽的信息可以参考 Jones（1985）、Childress（1988）和 Laubier（1988）编纂的丛书。

　　与热泉生命相似的化石记录可追溯至距今约 3.5 亿年早石炭世时期。从该化石记录中发现了与现今热泉群落相似的生命形式（如蠕虫），它们与其他生物形成一个低多样性群落，并与活跃的硫化物矿化相关（Banks，1985；Haymon & Koski，1985；Bitter et al.，1990）。

1.3　热泉群落的物理属性和持续性

　　沿洋中脊的热液活动是由于新生洋壳冷却并随板块运动向两边张开，产生裂隙和断层，为冷底层水进入下层地壳进行热液循环提供了通道。参与该循环过程的海水可以渗透到地下几千米深处，与玄武岩在超过 300℃的环境中发生化学反应，最终以热泉的形式涌出洋底。形成的热液流体或者以相对温和（5～250℃）的弥散流从玄武岩的裂缝和裂隙中渗出，或者以高温（270～380℃）集中流喷出并形成黑烟囱，或者从温度较低但很热的"白烟囱"中以很高的流速（最大流速 1~5 m/s）呈云雾状羽流逸散出来（图 15.3）。不断上升的羽流立即与海水混合，因此大部分热泉生物生活在与周围水体温度（约 2℃）很接近的环境中。该环境及其伴生的群落一般非常短暂和不稳定，而来自热泉堆积的已经死亡的大型双壳类壳体为此提供了清晰的证据（图 15.4c，壳体在被分解之前最多只能存留大约 15 年，表明热泉环境的变化是近期才发生的）（Ballard et al.，1982；Turner & Lutz，1984；Lutz et al.，1985）。地球物理和地球化学的证据说明，短暂的热液活动可能延续几十年或更短。在以天甚至以秒为单位的更短的时间尺度上，热泉群落中的温度记录显示不稳定且快速的波动，表明这些动物经历着化学环境的巨大变化（Tunnicliffe et al.，1985；Johnson et al.，1988）。活动热泉一个存活期内环境条件的波动同样被记录在了动物的反应中，如热泉双壳动物壳体微结构中环形纹理的变化，这与其浅水亲缘种的生长环的变化类似，研究人员对热泉的回访中观察到动物组成的变化（Hessler & Smithey，1983；Laubier & Desbruyères，1984；Hessler et al.，1985，1988；Grassle，1985；Fustec et al.，1987）。

1.4 能量来源

支撑着如此繁茂生命绿洲的能量来源是什么？这一早期谜题在对加拉帕戈斯裂谷的前期探险考察之后即得到了某种暗示。种种迹象表明，一类原始的非光合作用是热泉生物有机碳的来源。到 20 世纪 80 年代，人们已经认识到一类化能自养细菌在多孔熔岩的热液流体中利用含硫无机物作为氧化底物急速生长，支撑着快速生长的大型热泉动物群落（Jannasch & Wirsen，1979；Jannasch & Mottl，1985；Cavanaugh，1985）。更加令人吃惊的是，数量最多的巨型底栖生物与化能自养细菌已发展形成共生关系（Cavanaugh et al.，1981；Felbeck，1981）。因此，这些巨型底栖动物支配了热泉群落中的初级生产（Jannasch，1985；Johnson et al.，1986）。这种将基本的 CO_2 和 CH_4 合成有机碳的化能合成方式和光合作用不同，后者的能源来自太阳光而非化学氧化过程。类似的化能自养反应在其他一些环境中也存在，如有机质含量很高、溶解氧耗尽呈还原性的黑色表层沉积物中，穴居的大型底栖动物体内发现类似的共生菌（Felbeck et al.，1981；Southward et al.，1981；Cavanaugh，1985；Southward，1986）。然而，只有在热泉和其他冷泉区（参见下文）才具有将热量、还原性无机物的稳定供给、富氧水以及代谢功能多样的微生物组合在一起，以支撑形成如此繁茂的多细胞动物群落（图 15.3）。

细菌除了以共生形式存在于双壳类动物和管栖蠕虫的鳃或其他组织内之外，还存在丰富的营自由生活的细菌群落，包括类似贝氏硫细菌属（Beggiatoa）的形态群，它们可在诸如贝壳、虫管等任何硬表面上形成醒目的网状菌席。在瓜伊马斯海盆，它们构成热液口的优势生物，贝氏硫细菌覆盖着缺氧的黑色沉积物，可形成直径达 3~4 m、厚度达 3 cm 的菌席。在实验室培养中，这些菌席展现出化能自养的代谢过程（Jannasch et al.，1989）。在温暖的沉积物内，硫还原细菌生长旺盛，部分可以耐受高于 100℃ 的温度。此外，从瓜伊马斯海盆的沉积物中也已经分离出了能产生甲烷的古菌，它们可以生长在高于 110℃ 的环境中（Huber et al.，1989）。在加拉帕戈斯热泉紧贴喷口的热液羽流中，已经测得细菌密度达 10^3 cells/ml 数量级（Jannasch & Wirson，1979；Karl *et al.*，1980；Cartiss *et al.*，1979）；但是在其他地方的羽流中，正在生长的细胞只有大约 20%是化能自养的；而羽流上方自由生活的细菌实际上全都是异养菌（Naganumi *et al.*，1989）。那些数不清有多少亿个的高效能量转化者（双壳类动物和管栖蠕虫）可能占据了温热的深海热泉绝大部分的生物量（Naganumi *et al.*，1989）。在加拉帕戈斯裂谷，低温（10℃）热泉微生物的生产力被认为是同一海区表面光合作用生产力的 2～3 倍（Karl *et al.*，1980）。

2. 东太平洋热泉动物区系

2.1 软体动物

和大多数体型小的深海双壳类截然不同的是两种体型巨大的物种，像囊螂科的 *Calyptogena magnifica*（图 15.4）和贻贝科的 *Bathymodiolus thermophilus*（图 15.5），它们以密集的群体出现在热泉周围。这些物种聚集的密度极高，如 *B. thermophilus* 在热泉某些位置的生物量超过 10 kg/m^2（Hessler & Smithey，1983）。当东太平洋加拉帕戈斯裂谷热泉的个别位置以这种极具特色的景象呈现在潜水器中的观察者面前时，它们被形象地命名为"贻贝床"和"蛤蜊烤箱"。这两种双壳类动物都在裂隙中生活，其中 *C. magnifica*（图 15.4a）仅在温度稍高且有微弱羽流的地方被发现。尽管 *B. thermophilus* 单个个体会利用斧足分泌的足丝黏附在裸露的岩石表面，但其绝不会远离热泉。*C. magnifica* 通常利用一只巨型的斧足插进裂隙中，不过研究也观察到它们用斧足改变其在海底的位置。这两个物种的鳃内都有共生细菌，在 *Calyptogena* 中的共生细菌占鳃组织的 75%

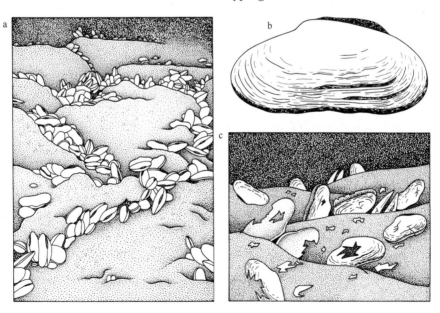

图 15.4 a. 东太平洋 21°N 热泉巨型热液蛤 *Calyptogena magnifica*，沿玄武岩的裂缝排列，暴露在微弱的热液羽流中；b. 活的 *Calyptogena magnifica* 长度可能达 25 cm；c. 已经死去正在分解的 *Calyptogena*，所处位置已经没有热液羽流（插图承蒙法国海洋开发研究院维奥莱纳·马丁提供；图 c 已稍作修改）

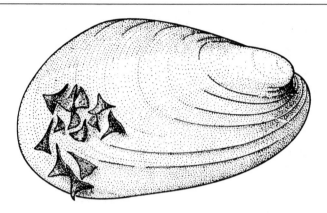

图 15.5　*Bathymodiolus thermophilus* 的壳体，展示个体间用足丝相互连接的方式（插图承蒙法国海洋开发研究院维奥莱纳·马丁提供）

（Stahl *et al.*，1984）。现在已经清楚的是这些硫还原共生生物通过固定 CO_2 为它们的宿主双壳类提供营养。就像其他化能自养细菌的宿主一样，它们对氧化还原反应的依赖使它们的活动范围仅局限于周边含氧海水和热液羽流之间的界面区域。这里存在还原性硫化物，并且还有甲烷存在的可能。在"玫瑰花园"热泉中热液羽流相对微弱的地方研究发现了 *C. magnifica*，它们通过高度血管化的斧足插入含有羽流的裂缝来接触并摄取还原性化合物。在动物的虹吸管周围检测不到热液羽流，因此科学家认为动物个体可能通过斧足摄入硫化物，通过鳃摄入氧和无机碳（Fisher *et al.*，1988a）。

尽管 *B. thermophilus* 鳃内含有丰富的共生微生物，但人们对于这些微生物在宿主的营养过程中所起的作用认识有限，并且它们的重要性已经受到 Fisher 等（1987）的质疑。由于这些贻贝保留着一个功能性的口腔和消化道，因此认为它们能够通过滤食来摄食细菌，并且至少从真光层来源的颗粒物中获取了部分食物。但是，明显退化的消化道显然表明这种营养来源与来自共生微生物的营养相比是次要的。此外，即使采用滤食方式，贻贝也需要离开热泉找到更高浓度的悬浮食物（Le Pennec & Prieur，1984；Le Pennec *et al.*，1985；Hessler *et al.*，1988b；Fisher 的综述，出版中；Somero *et al.*，出版中）。同 *Calyptogena* 或管栖蠕虫 *Riftia* 相比，*B. thermophilus* 的鳃中与化能合成过程相关的酶的活性差异较明显，且通常活性极低，反映出它对共生微生物的依存度相对较低，这就解释了贻贝可以在更大范围茁壮生长的原因（Fisher *et al.*，1988b）。

最近从热泉及周边已经记录到超过 30 种帽贝类腹足纲软体动物，科学家暂时将它们归入 7 个总科中的 8 个不同的科（McLean，1988），包括一个新科。它们出现在裸露的岩石表面、硫化物堆积体、硫化物烟囱或较大的固着生物表面，如管栖蠕虫或贻贝的表面，靠刮食微生物为生。大多数物种被发现于太平洋的更南地区，与来自其他热泉的物种似乎不同。热泉的其他软体动物包括有螺纹壳的腹足纲新物种（Warén & Bouchet，1989），一种未定的塔螺科腹足类，一种扇贝双壳类动物 *Bathypecten vulcani* 和蠕虫状无板纲软体动物新种。

2.2　蠕虫类

让东太平洋热泉群落蒙上超现实主义色彩的特有生物可能非红羽状巨型管栖蠕虫

（*Riftia pachyptila*）莫属（图 15.6）。动物学家在根据动物的形态学和解剖学特征试图确定其在动物界的分类系统中的正确位置时产生了极大的困惑。它们修长的牢固的管状器官深深地附着在裂隙内部。它们既没有口也没有消化道，与近乎无消化道但常呈丝状的须腕动物门具有相似性。它们与深海中体型大但明显稀少的闭孔（羽毛状的）须腕动物 Lamellibrachiidae 有亲缘关系。该科的第 1 个物种 *Lamellibrachia barhami* 于 20 世纪 60 年代在加利福尼亚大陆边缘地带被发现，相继发现的其他物种是冷泉的特征物种（Hecker，1985）。这些物种与 *Riftia* 一起被归于 Vestimentifera 中。*Riftia* 已经被归于 Riftiidae 中，而在离胡安·德富卡海岭北部相当遥远的海域发现的表面上相似的大的羽毛状的 *Ridgeia* 物种归于另一个新科，即 Ridgeiidae，它似乎与 lamellibrachiids 关系更加亲密。Jones（1985a，1985b）将它们全部都放在与须腕动物有关联但独立的门（Vestimentifera）中，至少包括 8 个已知物种（译者注：Vestimentifera 门目前已被取消，其所属物种之后全部归属到另一个科 Siboglinidae Caullery，1914）。须腕动物没有消化系统，它通过布满血管的树叶形鳃瓣或鳃获得营养，这些鳃附着在底部形成羽状结构（图 15.7），那些含有血红蛋白的血管能够承受水中氧的张力变化。正如在 *Calyptogena* 和 *Bathymodiolus* 中那样，蠕虫的身体携带大量共生的硫氧化固碳菌。这些细菌贡献了蠕虫体重的一半，或许能够供应蠕虫大部分新陈代谢所需。因为需要从水中同时吸收 O_2、硫化物和 CO_2，这就要求蠕虫必须能在混合良好的环境中生活（Felbeck，1985）。*Riftia* 通过调节 O_2 的消耗，同样有能力经受由热液羽流短期变化引起的长期缺氧环境。此外，Tunnicliffe 等（1990）发现，用延时照相机在很多天内记录下来的 *Ridgeia* 约一半种群在伸展同一个时间收缩回去。由于伸展的管栖蠕虫因遭受鱼类的攻击和它们附着的硫化物周期性坍塌造成的高死亡率，这些收缩行为对于降低捕食风险和保留它们的管状器官来说是有必要的，尽管它们也需要在热液口流

图 15.6　法国科学家调查的 13°N 热液区的群落，展示一丛巨型管栖蠕虫 *Riftia pachyptila* 及其伴随分布的大量贻贝、蟹、铠甲虾和鱼（插图承蒙法国海洋开发研究院维奥莱纳·马丁提供）

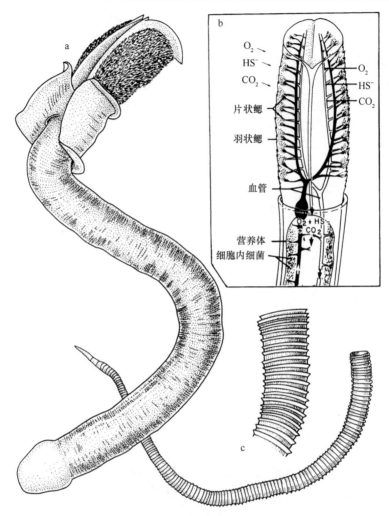

图 15.7　a. 从栖管中剥离出来的 *Riftia pachyptila* 和身体的一截（b）以及 "耶利哥" 虫 *Tevnia jerichonana* 的栖管（c）。嵌图显示了周围水体和 *Riftia* 营养体内共生细菌之间的气体交换，以及树叶形鳃瓣上散布的鳃丝和羽片内的血液循环模式，形成一个颇具特色的亮红色加长 "羽毛"（插图承蒙法国海洋开发研究院维奥莱纳·马丁提供）

体中溶解的硫化物。许多其他动物，包括贻贝、阿尔文虾、海葵以及笠贝，包括 *Neomphalus*，它们生活在 *Riftia* 的管丛中，而 *Calyptogena* 则生活在裂谷内，远离管栖蠕虫。

　　多毛类环节动物，包括大的 "庞贝虫"（*Alvinella pompejana*）（图 15.8a），现在已被归为新的 Alvinellidae 中。它们的一个显著特征是生活于 13°N 和 21°N 热液区中较热的热液喷口。这些蠕虫一般生活在大的蜂巢状的管丛中（图 15.8b），形成像雪球状的结构耸立在热泉的周围和白烟囱的壁上，这里的热流为 150℃，同时在 350℃ 黑烟囱的硫化物烟窗壁上也已经被观察到。那些外附在后部疣足枝状附肢上的微生物与蠕虫形成共生体。它们可能提供给蠕虫大量食物。蠕虫可能通过触须直接摄食细菌，也可能通过布满血管的末端表皮吸收细菌产生的溶解有机物（Desbruyères & Laubier，1980）。其他 *Paralvinella* 的多毛类环节动物也会出现，但是没有体表共生菌，因此可能属于沉积食性动物。所有这些蠕虫似乎能忍受喷口附近格外高的温度，这些喷口的温度达 285℃

（Grassle，1986）。另一种在热泉处可能非常丰富的多毛类环节动物是具有石灰质栖管的滤食性龙介虫属动物。新物种 *Laminatubus alvini* 和 *Protis hydrothermica* 有时在加拉帕戈斯裂谷的热泉周围形成一个连续带（Hessler & Smithey，1983）。热泉多毛类动物还包括几种多鳞虫，如 *Branchipolynoe symmytilida*，它也许半寄生地生活在贻贝的 1/3 外套膜腔内。其他还有几个新物种，它们属于海稚虫科、矶沙蚕科、豆维虫科、沙蚕科、叶须虫科和竹节虫科；后述的大多数属于沉积食性，可以在热泉处沉淀的沉积物中找到它们（Blake，1985；Desbruyères *et al.*，1985）。

在加拉帕戈斯热泉，一种浅色的蠕虫悬挂在岩石上，被形象地称为"意面虫"，后来被鉴定为肠鳃纲下一个新的科、属、种 *Saxipendium coronatum*。现在还不能确定这些非同寻常的蠕虫是如何觅食的，不过，根据它们后端平卧在岩石上让身体前端在水中自由浮动来判断，它们可能摄食水中的悬浮物（Grassle，1986）。它们可能与第 4 章描述的深海沉积物的底表动物紫肠鳃动物的亲缘关系较远。

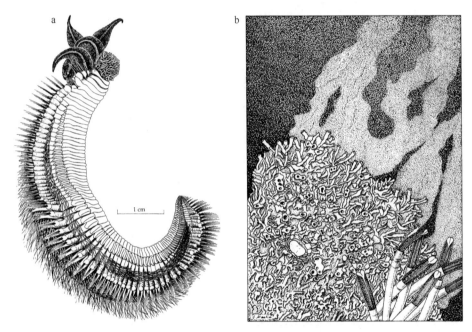

图 15.8　a. "庞贝"虫 *Alvinella pompejana*，体节数量较少和长的背部乳突；b. 在 13°N 热泉"Pogonord"站点的白烟囱，周围分布大量的 *Alvinella* 的管栖蠕虫，其中有大型蟹 *Cyanograea* 移动，右下方是 *Riftia pachyptila*（插图承蒙法国海洋开发研究院维奥莱纳·马丁提供）

2.3　甲壳纲动物

在底栖物种中，热泉铠茗荷、紫垂甲类和等足目动物中各新发现一个古老的属，其中原始的铠茗荷属源自中生代（Newman，1979）。尽管如此，十足目仍是最值得关注的甲壳动物。它们包括归入 *Bythograea* 和 *Cyanograea*（图 15.9a，图 15.9b）的食腐的与肉食的短尾亚目新种。*Bythograea* 中的两个物种会在须腕动物和贻贝的簇群中栖居；*Cyanograea* 作为 *Alvinella* 的捕食者，其分布受到更严格的限制。一个真虾新属种 *Alvinocaris lusca*（Breseliidae）[译者注：该属目前已归入阿尔文虾科（Alvinocarididae）]

聚集在加拉帕戈斯裂谷的 *Riftia* 或 *Bathymodiolus* 上方，密度达 112 ind./m^2（Williams & Chace，1982）。然而迄今为止还未发现在其他地方有该种，虽然研究人员在大西洋和马里亚纳海沟的"黑烟囱"里发现了密度巨大的亲缘物种（参见下文）。在热泉处发现的其他十足目动物包括两种新物种和已知出现于深度相当的其他深海区的生命形态，如 *Munidopsis subsquamosa*（图 15.9c）。该物种常见，但这似乎是因为它更喜欢开放的空间，而不是拥挤的喷口周围，因此更容易被识别。至今人们还不知道这些新物种仅生活在热泉，还是因为数量太少而未能从非热泉地带采集到。从实际情形看，*Bythograea* 和 *Munidopsis* 的密度变化能准确地反映热泉的出现，并且研究人员可以用潜水器和遥控照相机跟踪这些生物来帮助确定热泉的位置（Van Dover *et al.*，1987）。

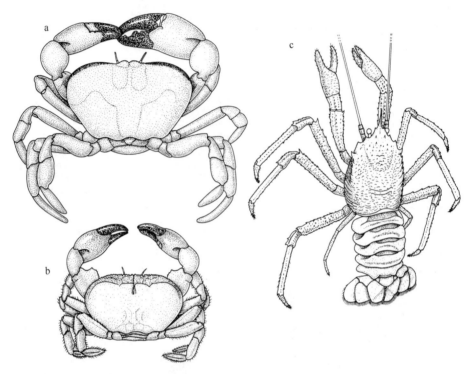

图 15.9　热泉的十足目动物。热泉短尾亚目甲壳纲动物 *Cyanograea praedator*（a）和 *Bythograea thermydron*（b），紧靠在成堆的须腕动物中生活；图 c 为白色铠甲虾 *Munidopsis subsquamosa*（插图承蒙法国海洋开发研究院维奥莱纳·马丁提供）

2.4　腔肠动物

人们对于这一动物门知之甚少（Grassle，1985），主要是因为它们难以鉴定。然而，研究发现海葵（大部分的物种属于甲胄海葵科和链索海葵科）在加拉帕戈斯裂谷形成连续不断的地毯状分布，也大量出现在马里亚纳和北大西洋的热泉四周（参见下文）。它们的大体型令人印象深刻，在 13°N 热泉的少数个体长达 1.5 m（图 15.10）。其他腔肠动物包括看上去外形奇特的加拉帕戈斯"蒲公英"生活在热泉的周边地区，已经被确认为管水母的一个新属，*Thermopalia taraxaca*。

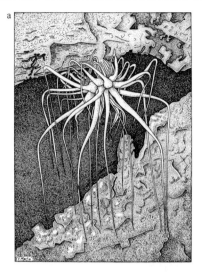

图 15.10　热泉海葵：a. 迄今为止因尚未收集到而未被描述过的一种大型海葵，它的触手长度约为 1 m，迎向洋流；b. 另一种大海葵 *Actinostola callosi*，以及几个蘑菇状的寻常海绵 *Caulophacus cyanae* 和 *Munidopsis subsquamosa* 附着在熔岩柱顶部（插图承蒙法国海洋开发研究院维奥莱纳·马丁提供）

2.5　底游群落

大群的桡足类和其他浮游动物，包括浮游幼体在热液羽流上方被观察到。在某个位点，桡足类动物集群推测由一种热泉特有的新种 *Isaacsicalanus paucisetus* 所组成，密度达 920 ind./m^2，生物量干重为 133 mg/m^2（Smith，1985b）。这种单一物种在小范围内形成的高密度种群最可能与"坍塌"型热泉引起的高密度微生物有关。在更大的范围内比较，浮游动物的生物量比在这一深度下可以预料到的生物量要高一个数量级以上，这是对热液羽流中丰富的微生物的响应（Berg & Van Dover，1987；Wiebe *et al.*，1988）。另外，热泉周边的水流和对流也可能对浮游动物有直接的富集作用（Lonsdale，1977b；Enright *et al.*，1981）。与以桡足类动物为主的一般性深海近底浮游动物群落相反，热泉上方的底游群落中并没有桡足类，而是存在丰富的处于幼虫和幼体期的热泉底栖动物，这些物种的组成因位置不同而异，取决于当地底栖群落的组成和发育情况（Berg & Van Dover，1987）。

令人奇怪的是，在热泉周围很少发现鱼类，即使发现也很难用潜水器捕捉到它们。绵鳚（绵鳚科）*Thermarces cerberus*（图 15.11）和 *T. andersoni* 可能是东太平洋热泉的特有物种，但是，一种粉红色的胎鼬鳚 *Bythites hollisi* 新种在加拉帕戈斯和 13°N～15°N 热泉温暖的羽流内频繁徘徊——头朝下，尾巴不停地摆动，这被认为是唯一的专性栖息在热泉的鱼类（Cohen *et al.*，1990）。在已经观察到的其他物种中有几种已经被鉴别出属于其他 4 个科，但它们是否属于热泉特有种还值得怀疑。

图 15.11　一种小的绵鳚 *Thermarces cerberus*，常见于 13°N～21°N 热泉
（插图承蒙法国海洋开发研究院维奥莱纳·马丁提供）

3. 热泉群落的功能

3.1 摄食

Lonsdale（1977b）提出了支持高密度大型动物的两种可能的营养来源：热液羽流上升引起的局部环流从周边区域带来的营养物质，以及细菌的化能合成。第一个营养来源由于不足以支持巨大的现存生物量和热泉生物明显快速的更替率而很快就被排除。在一般情况下，尽管在紧靠卷流的地区出现浮游生物聚集（参见上文），但在热液区上方约 100 m 的浮游生物的生物量和附近非热泉地区相比几乎没有增加（Wiebe et al.，1988）。表明热泉生物群落食物链的底端存在一个多样化的微生物群落，它们中的很多化能自养微生物从还原态的硫和其他化合物的氧化过程中获得能量。正如我们已经注意到的，微生物共生在无脊椎动物宿主的组织内或皮肤上这种紧密的共生关系，使微生物在热泉发展为最成功最有特色的生物，所以一般的觅食有机颗粒的机制就变得可有可无了。

这些无脊椎动物对化能合成细菌的依赖性通过分析它们躯体内的元素，如碳和氮的稳定同位素的比值显现出来。特别是 $^{13}C/^{12}C$ 值，δ^3C 反映食物链中利用的碳的年限，来自化能合成过程的 ^{13}C 比由光合作用产生的"新的"碳明显少得多（Felbeck et al.，1981；Rau，1985）。

自从 Cavanaugh 等（1981）确定了细菌共生体的存在，Felbeck（1981）确定了这种关系的化能自养性质以来，我们对这些细菌仍然知之甚少（Prieur et al.，1988），并且对于它们的宿主耐受高温和热液口喷发出的有毒化合物的机制也同样几乎一无所知（Somero et al.，出版中）。此外，大量自由生活的细菌在热泉喷出的羽流中聚集成颗粒，为滤食性和沉积食性的热泉动物提供潜在的食物来源，这些动物反过来为食肉和食腐的物种提供食物。

3.2 呼吸和生长速率

原位测量呼吸速率、CO_2 的吸收和底物利用的结果表明，微生物的新陈代谢速率非常高（Karl et al.，1980；Jannasch & Wirsen，1979；Jannasch，1983；Jannasch & Mottl，1985）。热泉巨型底栖动物的呼吸速率也很高，至少与浅海动物相当（Mickel & Childress，1982；Childress & Mickel，1982，1985；Arp et al.，1984；Smith，1985a，1985b）。此外，因为热泉的存留期较短（几年到几十年），而且食物来源和捕食压力似乎完全不构成限制性因素，我们可以预期这些生物能够快速移植到新的地区并迅速生长发育。Turekian 等（1979）利用 Calyptogena magnifica 的壳体生长环中的 ^{238}U 和 ^{232}Th 衰变特征进行放射性年代测定，结果表明所测定的长 22 cm 的标本的年龄在 7 年左右（图 15.12）。

另一种处理方法也粗略证实了这个结果，即在 Bathymodiolus thermophilus 正处于生长的贝壳生长瓣边缘用锉刀开个口子，9 个月后回收时发现它生长迅速，最年长的贻贝根据冯·贝塔朗菲生长曲线估计为 19（±7）年（Rhoads et al.，1982）。还有一种方法是

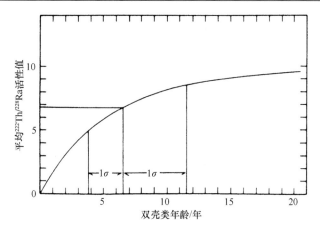

图 15.12　根据 ^{222}Th/^{228}Ra 活性值得到的 *Calyptogena magnifica* 的生长曲线。测得比率的平均值为 0.68（±1 标准偏差，如图垂直于年龄轴的直线所示），相应的所测定的 22 cm 长的双壳类动物的年龄约为 7 年（引自 Turekian *et al.*，1981）

根据 *Calyptogena magnifica* 壳的溶解速度测定生长曲线，结果显示来自加拉帕戈斯裂谷最大的标本（长约 24 cm）为 20 年上下（Turner & Lutz，1984；Lutz *et al.*，1985），对来自 21°N 热泉的标本的类似测定得到的生长速率稍稍低一些（Roux *et al.*，1985；Lutz *et al.*，1988）。但这些物种大约 4 年成熟，这时它们的长度约为 12 cm。

根据这些资料可以发现，这些依托地球化学过程的生物群落展现出来的生物生产速率与海洋环境中已知的最高速率相当。

3.3　生活史策略

由于热液区动物生命短暂且处于食物丰富的环境中，因此热泉动物选择大型个体从而在有限的时间内最大限度地提高繁殖力（Grassle，1986）。调查表明，热泉的间隔通常小于 10 km，而沿胡安·德富卡海岭分布的热泉间隔可能能达到 100 km（Crane *et al.*，1985）。这样的地理隔离意味着热泉物种需要发展有效的手段在世代时间水平上向其他热泉移居。然而，Grassle（1986）指出，沿着整段海脊的热液活动时间跨度可能能够接纳好几代生物的移居。在一个世代时间内生物进行长距离扩散的能力或许不是生存所必需的。因此，研究发现大多数热泉物种的幼虫营卵黄营养而非浮游营养方式生活（Lutz *et al.*，1984；Berg，1985；Turner *et al.*，1985；Southward，1988；Cary *et al.*，1989；McHugh，1989）时就并不奇怪了（参见第 13 章关于幼虫发育模式的讨论）。尽管 *Riftia pachyptila* 富含脂质的卵小且量大，并且很可能在早期也具有一个有限的浮游发育阶段（Cary *et al.*，1989），但只有贻贝、虾、一些十足类动物和肠鳃动物具有小的卵和高繁殖力，这与它们的幼虫以浮游生物为食有关。这与重复访问加拉帕戈斯热泉所观察到的贻贝慢速取代 *Riftia* 并在后来主导群落的观察结果相一致。这是因为除非浮游幼体能够立即定居下来，否则浮游幼体将不得不从其他热泉处获得补充（Hessler *et al.*，1988b）。

然而，浅水中幼虫类型与扩散能力的关系很难用于解释依赖未知、寒冷的深海海流的幼虫输送（Grassle，1986）。尽管热泉相隔甚远，但有些特征物种在已研究的东太平洋所有热泉都存在。因此，大量物种的自由浮游幼虫可能具有一定的扩散能力，并通过幼虫逐步扩散形成分布广泛的种群链（Lutz，1988）。此外，Warén 和 Bouchet（1989）认为，许多物种可能会一次延迟数月定居。在东太平洋洋脊和加拉帕戈斯裂谷的不同海域开展的幼虫补充采集实验显示，聚集在采集板上的后期幼体、幼虫的个体大小范围较大，包括多毛类环节动物、软体动物和藤壶类动物，表明在热泉的幼体是间歇式或连续补充（Van Dover et al.，1988）。当然，热泉的双壳类动物、腹足纲软体动物、多毛类环节动物和甲壳类动物的幼虫和后期幼体均已经在瓜伊马斯海盆热泉上方 100～200 m 处被采集到，表明后期幼体可能在扩散过程中起到重要的作用（Wiebe et al.，1988）。胡安·德富卡海岭热泉的阿尔文虫（*Paralvinella palmiformis*）的个体大小频率分布图具有多峰结构，说明幼体补充过程是间歇性的，也许这是种群中非连续繁殖行为的结果；而它的同属种 *P. pandorae* 则更可能具有连续性的繁殖行为（McHugh，1989）。

3.4　热泉群落的生活周期

人们越来越深信为充分认识深海热泉的自然史，必须对它们进行长时间尺度的研究，因此越来越强调对研究时间最长、描述得最好的地方进行回访。热泉环境的快速变化就是由通常看到的海床上死亡的雪瓜蛤的壳体所证实。根据壳体的溶解速率推测它们在过去 15～25 年内必定已经死亡（Killingley et al.，1980；Lutz et al.，1985）。法国的研究工作发现在东太平洋海隆 13°N 热泉 2 年后即发生了各种变化；最显著的变化出现在被称为"Pogonord"的热泉，由于烟囱体倒塌导致 *Riftia* 簇群的死亡，同时在其他地方 *Riftia* 则被 *Alvinella* 所取代，但在另一些地方 *Riftia* 的补充很明显（Fustec et al.，1987）。距 1979 年加拉帕戈斯裂谷"玫瑰花园"热泉首次发现后的 5～8 年，"阿尔文"号两次重访此地，提供了动物组成变化的证据（Chilldress，1988；Hessler et al.，1988b）。据推测，在 1979 年这个热泉群落处于发展相对较早的时期，大致的群落演替已初步显露出来。开始时，这个热泉被须腕动物、蛤蜊和贻贝等携带化能自养共生微生物的物种占据，滤食性动物则栖息在热泉外围享受羽流带来的颗粒物。须腕动物和滤食性动物都会随硫化物浓度和（或）水流输送资源的减少而减少，但双壳类动物种群，特别是贻贝类动物数量则维持不变甚至扩张。生物间的相互作用也可能导致观察到的管栖蠕虫的减少。这或者是与贻贝竞争的结果，因为贻贝可以更加有效地从流体中除去硫化物，或者是由于生长的贻贝完全改变了热液羽流的流动模式使其不需经过须腕动物栖息地（Johnson et al.，1986，1988；Childress，1988）。此外，羽流的衰减或者是由于贻贝滤食比重升高而对化能合成营养的依赖度越来越低，这也许能解释滤食性物种，如海葵类动物、龙介虫动物、管水母和肠鳃动物的衰退（Berg & Van Dover，1987）。

3.5　物种形成

热泉被认为是其特有物种短暂的、生物地理上的孤岛。潜在的受限的基因流对于物种形成特别重要。显然，每个"孤岛"的物种都要求能够移居到新的岛上，否则将会灭绝。对热泉物种遗传变异的研究清楚地表明，在理解深海中的遗传隔离和物种形成方面仍存在较大的未知空间。一些关于 *Bathymodiolus* 的信息已经说明在相隔 8 km 的两个加拉帕戈斯热泉之间几乎没有基因分化，但是当把这些地方和相隔 2200 km 的 13°N 热泉的贻贝作比较时，差异相当大（Grassle，1985）。然而，热泉之间动物群差异的原因很难将扩散能力的差异与区域之间的生态差异区分开。随着物种隔离程度逐渐增大，物种的比例可能有明显差异，并且可能出现全新的动物类型。那些消失的物种通常被关系很近的生命形态所取代。这种"同类替代现象"可以用来解释在东太平洋的不同热泉中 *Riftia* 形态学上的差别。*R. pachyptila* 内在的低遗传变异性可以解释加拉帕戈斯裂谷和 21°N 热泉种群间同工酶所表现出的有限差异（Bucklin，1988）。

　　洋中脊扩张中心形成一个贯穿大洋的连续网络系统；它有许多分支，几乎没有缺口（图 15.2）。甚至最近研究发现的北大西洋扩张中心（参见下文）的热泉生物群落都是这个连续体的一个组成部分——通过南太平洋澳大利亚南部、印度洋和环绕南部非洲的洋中脊连接东太平洋海隆。板块构造地质学研究得出一个几百万年不断变化的洋中脊分布模式，新洋脊总是从现存的洋脊处延伸，为动物群提供一条移居的路径。现在孤立的地区，如胡安·德富卡海岭和"探险家"海脊（现已被圣安德烈亚斯断层从东太平洋海隆中分割出来）与其南方的热泉群落分隔超过 2500 km。两个地区间不再可能发生基因交换，分隔约 35Ma 的结果是动物区系发生趋异演变（Hessler *et al.*，1988b；Tunnicliffe，1988）。与冷泉伴生的类似的动物区系的发现支持了这些生物群构成一个全球范围内独立的动物区系的观点。种群隔离程度也被认为可以解释 1987 年"阿尔文"号在西太平洋马里亚纳海沟中发现的热泉动物群特征（邻接马里亚纳海沟的弧后扩张中心），这里与洋中脊系统完全隔离，其动物群和东太平洋动物群的特征全然不同（Hessler *et al.*，1988）。群落以帽贝和一种固着的藤壶类为主，后者与浅水群落是近亲，其中一种是已知目前依然存活的最原始的物种（Newman & Hessler，1989）；同时还有新的组分，包括具有带刺壳体的大型腹足纲软体动物，它膨大的鳃包覆着硫氧化的化能自养细菌，约占螺体积的 40%。这种共生关系表明，该腹足动物与其他热泉的巨型双壳类软体动物和管栖蠕虫有相同的生态学作用。其他动物包括在大西洋中脊上（参见下文）发现的阿尔文虾的同属种。热泉周边生长的大量大型海葵和大西洋热泉惊人地相似，其他动物包括 *Bathymodiolus* 和 *Alvinella*，好像是东太平洋物种的同属种。

　　在胡安·德富卡海岭北部和东太平洋海隆热泉之间的分类学比较表明，物种形成的速率低。胡安·德富卡海岭特有生物群的多样性总体上比东太平洋海隆低（Tunnicliffe，1988）。此外，在最近发现的与夏威夷外海海底火山有关的板块内热液系统中，未发现其他热泉所具有的特征性的大型生物群（Karl *et al.*，1988）。这表明全球板块的形成和毁灭体系的完全隔离对生物群的最初建立可能很重要。

3.6　大西洋热泉群落

　　大西洋中脊上具有热泉生物的活跃热泉发现于 3.6～3.7 km 水深处（图 15.1）；其中一些出现在高温"黑烟囱"和硫化物烟囱处（Detrick *et al.*，1986；Rona *et al.*，1986）。在这两个区域，长满菌席并大量聚集了一个新科 Bresiliidae 中的两种虾 *Rimicaris exoculata* 和 *R. chacei*（Williams & Rona，1986）[译者注：这两种目前被归入阿尔文虾科（Alvinocarididae）]，以及固着的半透明的海葵。这些虾消化吸收来自 350℃ 黑烟囱的硫化物颗粒，它们似乎在这些烟囱上摄食自由生活的微生物（Van Dover *et al.*，1988b）。虽然 *R. exoculata* 没有"正常的"眼睛，却有一对大的含有感光色素的背部器官，这被认为可以检测到热液羽流中低水平的黑体辐射（Van Dover *et al.*，1989）。

不过总体来说，和东太平洋相比，动物群的变化更小；特别是双壳类软体动物稀少，而管栖蠕虫显然并不存在。

4. 其他海底冷泉的伴生群落

研究已发现类似的动物组合，它们至少部分依赖于自养生产，自养生产与海底释放溶解性还原物质有关，不一定与构造活动有关。Hovland 和 Judd（1988）综述了深海和浅海中各种各样的海底冷泉，其中包括关于这些渗漏对物理、化学海洋学和生物生产力的重要意义的推测。除了我们已经讨论的与地壳构造活动有关的冷泉以外，还有 3 个主要类型：烃类（石油烃）、地下水和包括来自地球地幔的物质渗漏。生物学家通过"阿尔文"号在加利福尼亚外海的圣卡塔利娜海盆 1.24 km 深的海底也已经观察到类似的动物伴生于完整的鲸鱼残骸的油性骨骼上（Smith *et al.*，1989）。

4.1 烃类冷泉

烃类冷泉和甲烷水合物沉积（可以通过声学空白区或地震记录上的"无反射区"，或者根据源自海底的气泡羽流来识别）在墨西哥湾较常见（Kennicutt II *et al.*，1988）。在浅水处，天然气的渗漏与捕鱼浅滩上的菌席有关，表明该处海底具有高生产力。在大陆坡，如路易斯安那外海大陆坡的上部（图 15.1），烃类的渗漏伴生着化能合成底栖生物群落，其动物群在分类学上和太平洋的热泉群落较近，不过缺少后者典型的温度异常现象。群落包括须腕动物 *Lamellibrachia*、雪瓜蛤科双壳类软体动物 *Calyptogena ponderosa* 和 *Vesicomya cordata* 以及大型的类似 *Bathymodiolus* 的贻贝 *Pseudomiltha* sp.（两者具有类似的鳃），还有早就已知存在于非冷泉的其他双壳类软体动物，包括 *Acesta bullesi* 和 *Lucinoma atlantis*（Kannicutt II *et al.*，1985a，1985b，1988；Brooks *et al.*，1985；Turner，1985）。双壳类软体动物 *Calyptogena* 和 *Vesicomya* 与死的贝壳一起在海床上形成密集的聚集体，并且可以犁过沉积物表面，这可能是对孔隙水中硫化物和烃浓度梯度的反应（Rosman *et al.*，1987）。

墨西哥湾冷泉动物群落的组成很复杂。贻贝的密度与水中甲烷含量显著相关，而管栖蠕虫的覆盖程度和沉积物中烃的含量有关。至少有 5 种基本的生物集群被识别出，不仅包括贻贝床、蛤蜊床和管栖蠕虫群，还包括底表腕足动物/单体珊瑚聚群和柳珊瑚场。它们可能在空间上重叠，并且都对下文讨论的化能合成过程存在某些依赖。此外，与路易斯安那外海极为相似的化学环境，同样支持着含有内共生菌的双壳类软体动物，最近也在北加利福尼亚陆坡 0.42～0.6 km 深处被发现（Kennicutt II *et al.*，1988，1989）。

来源于沉积物内甲烷水合物的气泡羽流在大陆边缘可能广泛出现。在千岛群岛中幌筵岛西部的鄂霍次克海，俄罗斯科学家用潜水器对这里 0.77 km 深处的一个站点进行了调查研究。这里的沉积物含有饱和甲烷气体并且还原性高，气泡羽流从坑内渗漏，并伴

生着大量类似于 *Conchocele* 的大型（足有 20 cm）双壳类软体动物和类似双栉虫的多毛类，很明显它们含有共生的化能合成的硫氧化细菌（Zonenshayn *et al.*，1987）。

在北海北部，人们已知甲烷气泡羽流与这里松软有黏性的陆架沉积物上类似"麻坑"的特征有关（Hovland & Thomsen，1989）。尽管活跃的麻坑与生物的高密度有关，如双壳类软体动物和磷虾，但这里的生物群与深水区不同，它们似乎是来自本底群落的已知物种。

实验首次证明了来自墨西哥湾冷泉的活体贻贝 *Pseudomiltha* 能氧化摄入甲烷碳。这些碳是通过贻贝膨胀鳃组织细胞内的嗜甲烷细菌摄入的（Childress *et al.*，1986；Brooks *et al.*，1987；Fisher *et al.*，1987；Cary *et al.*，1988）；与此同时，Cavanaugh 等（1987）在来自佛罗里达海崖（参见下文）的贻贝鳃组织中报道了相似的细菌。虽然这些能利用甲烷而非硫化氢的微生物之间的互利共生关系对贻贝种群获取营养很重要，甚至可能满足贻贝对碳的需要，但是仍不能排除它们通过滤食性方式获得营养。有趣的是，在须腕动物中甲烷自养共生现象的发现表明，相似的营养模式在低氧区动物中也可能存在，如预期可能产生甲烷的富含有机物的还原性沉积物所在区（Schmaljohan & Flügel，1987）。然而，这些甲烷自养共生微生物的高耗氧需求可能大大限制了它们的分布（Childress & Fisher，1988）。

4.2　地下水冷泉

在墨西哥湾被动大陆边缘，冷的富含硫化物和甲烷的水从佛罗里达海崖多孔石灰岩的陡峭陆坡底部 3.266 km 水深处渗漏出来（图 15.1），在那里遇到密西西比冲积扇难渗透的半深海黏土。这处资源供养着一个高密度的动物群以及沉积物表面宽 20～30 m、长至少 1.5 km 的菌席（Paull *et al.*，1984；Hecker，1985）。群落（图 15.13）由长达 19 cm 的大贻贝和名为 *Escarpia laminata* 的须腕动物蠕虫组成。这两种动物明显由化能自养共生细菌所支持。稳定同位素分析显示，*E. laminata* 和贻贝两种动物活体组织所含的碳主要来自化石种群的氧化作用（Cary *et al.*，1989；Paull *et al.*，1989）。其他海底固着动物包括雪瓜蛤科、*Calyptogenaa*、铠甲虾、龙介虫、海葵、具葡匐枝的软珊瑚、海蛇尾、塔螺和帽贝以及虾，它们构成的群落在组成上与东太平洋热泉特别相似。

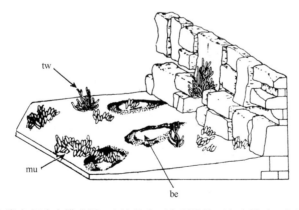

图 15.13　佛罗里达海崖底部冷泉模式图。右边是水下有裂隙的石灰岩峭壁，左边是有渗漏（用密点表示）的深海沉积物。细菌菌席（be）位于渗漏位置的中间；贻贝床（mu）局限于沉积物中。管栖蠕虫（tw）聚集生活在沉积物上面和崖壁的裂缝里。水平标尺约为 5 m（引自 Paull *et al.*，1984）

4.3　构造俯冲带冷泉

这类系统与热泉不同，后者的流体由附近的熔岩加热。在俯冲带，海洋地壳完全处于沉积物下，这是由于它沿着活跃的大陆边缘俯冲到上覆陆壳的下面。因此，这些地区的渗漏更弥散，温度更低，最典型的是富含溶解甲烷。

这种俯冲带冷泉首次在东太平洋俄勒冈外海被发现。在那里，研究人员已经用拖网从沉积物中采集到喷口型动物，包括 *Lamellibrachia* 和大的雪瓜蛤科双壳类（可能是 *Vesicomya gigas*），猜测流体是从沉积物覆盖的岩石裂缝中渗漏出来的（Suess *et al.*，1985；Kulm et al.，1986）。研究人员在加利福尼亚湾瓜伊马斯海盆南部海槽 2 km 水深的沉积物中也已经发现 *Vesicomya gigas* 的密集分布。在那里厚厚的贝氏硫细菌属（*Beggiatoa*）菌席包裹着硫化物和饱和烃的沉积物（Grassle *et al.*，1985）。流体在到达海底表面之前必须通过 200～400 m 厚的沉积物，因此渗出处的温度只比周围的海底温度（2℃）高几摄氏度；但是，在其他许多地方它作为温度高达 350℃ 的热泉涌出。

4.4　日本俯冲带

1984～1985 年，日本的潜水器"深海 2000"在东京外海相模湾 0.8～1.1 km 水深处发现了包含石蟹科仿石蟹属并以 *Calyptogena* 蛤蜊集群为主的密集的海底群落。研究人员观察到这些蟹在可能有低温渗漏的发黑沉积物上觅取食物。相似的生物群已经在 1985 年被新的潜入更深的法国潜水器"鹦鹉螺"号观察到。当时，在法国-日本潜水器考察航次中，日本东海岸外俯冲带海沟 3.86～6 km 水深处发现有多达 50 个冷的沉积物孔隙水渗漏处（Bourlegue *et al.*，1985；Cadet *et al.*，1985；Laubier *et al.*，1986；Le Pichon *et al.*，1987；Ohta & Laubier，1987）。正在溶解的死的 *Calyptogena* 壳体的聚集出现说明这些冷泉和热泉一样，都是短暂和周期性的。供养的动物种类随地点的不同而不同，但是都包括固着在死的壳体上的龙介虫和海葵、会动的铠甲虾和游泳的海参（如 *Peniagone*）以及大体型的麦秆虫端足目动物。在两种 *Calyptogena* 新物种的鳃中，人们发现存在与 *C. magnifica* 体内类似的共生细菌，表明活跃的硫代谢是初级能源。硫在物种体内的输送过程可能是插入沉积物中的斧足吸收硫化物，通过血液输送给鳃中的共生细菌（Fiala-Médioni & Le Pennec，1988）。然而，与热泉完全依赖细菌共生为其提供必需营养的 *C. magnifica* 不同，这些俯冲带沉积物中的 *Calyptogena* 物种似乎保留着功能退化了的消化道。这里面含有颗粒物质，包括浮游植物的碎屑，所以这些物质也可能就是它的营养来源（Le Pennec & Fiala-Médioni，1988）。有意思的是，在冷泉采集的 4 种 *Calyptogena* 中，多达 3 种在同一冷泉区被找到。虽然 Ohta 和 Laubier（1987）观察到 *Calyptogena* 具有非常有限的运动能力，可能使它们能够迁移到就近的新区，但是死的壳体的聚集分布说明这种运动能力并没有意义，大多数死亡是因为年老或者是有限的渗漏持续时间（Juniper & Sibuet，1987）。

其他非双壳类动物似乎是杂食性的、沉积物食性和滤食性物种的随机聚集。这是对局部地区丰富的食物所作出的反应，这些食物由 *Calyptogena* 群体产生，也可能由周边沉积物中自由生活的化能合成微生物产生，并以新鲜的有机物碎屑的形式出现。这些地区可能有弱的孔隙水渗漏，虽然渗漏强度太低而无法维持 *Calyptogena* 的生存，但却给沉积物食性的管栖多毛类和 *Peniagone* 海参提供了有机富集条件（Juniper & Sibuet，1987）。

有趣的是，在俄勒冈俯冲带发现的原鳃目双壳类动物 *Solemya* 以及在路易斯安那陆坡上发现的 *Lucinoma*，它们所在的属和科包含一些分布于其他不太可能有渗漏的环境（如因富含有机质导致缺氧和富含硫化物的沉积物、海草床以及排污口）但却有共生微生物的物种（Cavanaugh，1985；Felbeck，1983；Fisher & Hand，1984）。此外，尽管一些双壳类动物（如满月蛤科和索足蛤科的部分物种）鳃中的共生细菌最可能是硫氧化自养微生物（Dando & Southward，1986），但却生活在有时很难检测到游离硫化物的还原性沉积物中（Southward，1986）。很明显，这样的共生系统和那里广泛存在的微生物化能合成过程表明它们可能的共同来源与构造活动有关。

4.5　其他深海冷泉

通过深海摄影，在巴巴多斯岛正东方向的巴巴多斯增生楔南端 1～2.2 km 水深处的低温冷泉研究发现了喷口型生物（图 15.1）（增生楔由一个板块被推至另一板块下方之前堆积的物质组成）。在那里有一个"泥火山"，由一个大约 1 km 跨度的椭圆形火山口组成，热的液化淤泥缓慢地从中心向上流动（给在西印度群岛外正在碰撞的美洲和加勒比板块之间受限制的水提供一条逃逸的路线）。冷泉群落由不连续的生物聚群组成，优势物种包括大型的 *Bathymodiolus* 和小型双壳类动物雪瓜蛤以及长达 2 m 的须腕动物蠕虫，伴随着周期性的死壳堆积，在由硬结泥浆构成的底部有一层覆盖在碳酸盐胶结物上的铁质菌席（Jollivet *et al.*，1990）。

"阿尔文"号的观察者于 1986 年在加拿大东南大陆边缘的劳伦冲积扇（图 15.1）3.84～3.89 km 水深处发现了密集的喷口型群落（Mayer *et al.*，1988）。该群落包括雪瓜蛤科和 thyasirid 双壳动物、腹足动物、须腕动物、铠甲虾和其他底表动物分类群，与粉末状的丝状细菌菌席一起覆盖着海床上的波纹状砾石堆，这是 1929 年大地震之后浊流通过时形成的（参见第 2 章）。这些群落可能从 1929 年就形成了，维持其生存的化能自养过程则是利用沉积物深处的还原性化合物，而沉积物由水流冲刷带来。

5. 热泉动物的起源

冷泉和热泉的动物群在分类学上的相似性表明它们有一个共同的起源和演化史。的确，Hecker（1985）认为冷泉较长的寿命使那里更加可能成为现生动物祖先最初起源的地方。然而，它们与周边的深海动物群的根本性不同说明它们有不同的起源。它们和还原性沉积物动物群在分类学、对有毒硫化物环境的适应性以及微生物共生现象上的相似性，有力地表明这个"并行的"深海动物群有着共同的起源。事实上，目前已知许多物种出现在深海不同的还原性栖息地中，并且它们在像鲸鱼骨骼这样短暂生境中的出现，表明这些油性残骸（估计出现的密度为每 300 m² 大约一具）是深海化能合成生物扩散的重要"垫脚石"（Smith *et al.*，1989）。尽管热泉生物群具有丰富的多样性，但某些在其他地方的岩石上很丰富的种类，如海绵、水螅、珊瑚、柳珊瑚、角珊瑚、苔藓和棘皮动物，在热泉却明显缺失（尽管在热泉周边地区出现一些海蛇尾动物）。也许是这些分类群由于某种未知的原因不能耐受热泉的物理或化学环境（Hessler & Smithey，1983）。研究已知某些分类群比另外一些分类群对热液羽流中的金属更加敏感——在 Calyptogena 的鳃中已经发现了一系列的金属种类，而正常情况下它们对浅水双壳类动物是有毒的（Roesijadi & Crecelius，1984）。缺少像环节动物和须腕动物蠕虫、甲壳动物和软体动物体内发育良好的血管系统，也可能使某些物种在氧的供应发生显著改变的环境中处于不利的境况；小的海葵动物是一个例外——已知海葵动物能耐受缺氧的环境（Sassman & Mangum，1972）。具外壳腔肠动物（如珊瑚和苔藓动物）的缺乏可能是它们无性繁殖的结果；热泉的生命周期太短，不能提供这些具外壳腔肠动物擅长的竞争优势，如在珊瑚礁中让竞争者窒息或者抑制其附着（Grassle，1986）。此外，即使是双壳类动物如 Calyptogena 可以借助长长的斧足，而 Bathymodiolus 则借助于分泌的足丝来移动并重新定位，它们也可能因为缺乏运动能力甚至不能重新调整其摄食器官的方向而处于极其不利的境况。

对于深海生物学家来说，原有认识中随深度梯度的下降压力增大和温度下降，限制着深海生命活动这一想法，最终被这些大体型、快速生长的生物的发现而推翻。站在更宽广的视角来看，这些在全球尺度上运行的厌氧化能合成微生物系统与依赖光合作用的微生物系统构成并行体系，这可能为地球上生命起源的条件和途径提供深刻的认识。因为扩张中心地理上的连续性和时间上的连续性，除了形成、发展和最终的消亡等亘古不变的过程，海洋热液口被认为是海底的一个古老特征（Malahoff，1985）。因此这些热泉动物可能比我们更加熟悉的深海中的动物更为古老。据此产生了一种假说——海底热泉是地球第一个生命体的有机物合成的地方（Corliss et al.，1981；Nisbet，1987）。然而，Miller 和 Bada（1988）反对该假说。他们认为这些暴露在强还原条件和高温条件下（超过 300℃）的碳源不利于水溶液中生物高分子化合物的合成。不管怎样，也许思考一下这些问题是有益的，万一最终依赖光合作用的海洋和陆地生命灭绝，这样的"并行"系统也许会给这个星球上生命的延续提供唯一的希望。

第16章　人类活动引起的冲击：人类对深海的影响

世界上海洋的体积为 $1.37×10^8$ km^3，是地球上最大的生态系统，几千年来人类为了各种各样的目的对海洋加以利用。人类对于大海的利用很多都是无害的。海路仍然是非常重要的运输路线和重要的食物来源。然而，自工业革命以来，海洋逐渐成为一个废物储藏仓库。由于海洋的容量和物理特性，它的稀释作用无比巨大，并且作为其化学和生物作用的结果，具有循环大量沉积废物的潜力。

由于海洋体积和面积巨大，全球海洋深刻地影响世界气候。海水表层的浮游植物可以再生大气中的 O_2，并且起到缓冲 CO_2 的作用，因此，缓解了所谓的"温室"效应。海洋维持着地球的平衡，唤起了人们对于保持海洋完好重要性的关注，不要使污染严重到损害它"天然的"功能。然而我们应该注意，当考虑废物处理时，要确定哪些是污染物，哪些会构成污染。GESAMP（1982）将污染物定义为"引入海洋环境、能改变海洋内物质的浓度和分布的物质"。污染的定义是"由人类直接或间接将物质或能量引入海洋环境中，结果造成有害的影响，如损害生物资源、危及人类健康、妨碍海事活动包括渔业，海水使用质量受损以及令其舒适度下降"。

人类对海洋的大部分开发不可避免地被限制在海岸周边或大陆坡相对狭窄的地带。这个地带的开发是直接或间接的。虽然对浅水开发的完整综述超出了本书的范畴，但与深海开发作比较时应指出主要的影响值。

大陆架的直接开发包括各种各样的渔业和药物、石油烃、砂矿、碳酸盐、砂石精选以及污水污泥的处理、疏浚的弃土、工业及医药垃圾。另外，这些浅海区已经被用于水产养殖、海水淡化厂、防御以及波浪能生产计划。

海洋环境的间接污染可能通过大气层或经由河流将各种各样的化合物，包括杀虫剂、SO_2、氟利昂、放射性沉降物和重金属等流入海中。

许多废物被滞留在大陆架的水体中。在很多情况下，排放量处于环境内部同化能力或输送能力范围内，可是在更多的情况下，这些污染物造成了污染（*sensu* GESAMP，1982）。在了解了这一背景后，我们可以考虑影响深海底生态系统的污染物，如果有，会是哪些。

正如上面提到的那样，大陆架已经被人类广泛开发利用。与之截然不同的是广袤的深海底地区是人类开发利用最少的生态系统。虽然有以深海动物（鱼和无脊椎动物）为目的的有限渔业，但大多数仍然处于试探性阶段。人们对于在热泉发现的嗜热细菌的潜在工业价值的兴趣也在不断增长，而对从深海底采掘锰结核和其他矿藏也有着相当大的兴趣。然而，由于需要船舶停留在海上并且需要利用高科技工具从深水处将矿物提上来，因此深海海床的任何开发利用都是很昂贵的。

深海对于我们从现实和心理上来讲都是遥不可及的，正是这一点使人们产生了另一个人类活动的影响——废物处理：由于政策和安全原因，这些废物不适宜于在陆地或近海水体中进行处理，特别是废物中的污染物可能循环回到人类生活的地方。

为了管理开采和废物处理，必须对海洋利用进行有计划的安排，于是面临始终存在着海洋法想要澄清的利益冲突问题。在本章中，我们着重对这些影响进行评估：①在深海中自然资源的开发利用；②人类废物的处理对深海生物生态学的影响。

1. 深海自然资源的开发利用

1.1　生物资源

与大陆架相比，深海的生物资源的开发利用规模还很有限。这是因为受到下列因素的制约：①对深海渔业资源了解太少，特别是对它们的生活史生物学（可能使它们不适宜开发利用）；②大多数的物种密度较低；③收获这些原始资源的成本，特别是考虑到有关的投资；④由于离开初级生产源太远，资源永续性可能较差。

在深海的生物资源中，鱼类是最可能被开发利用的资源，生活在大陆坡上部陆架裂缝附近（参见第 4 章）的深海查氏蟹属（*Chaceon*）[此前归属为怪蟹属（*Geryon*）]从1973 年以来一直被商业捕捞（Wigley & Theroux，1975；Melville-Smith，1987）。深海鱼类的捕捞（参见第4章）总体而言依然处于评估阶段。而大量栖居陆坡和深中层水域的物种在全球海洋的不同地区被捕捞。

人们最熟悉的已开发的深海鱼是圆吻突吻鳕（*Coryphaenoides rupestris*）和喜荫长尾鳕（*Macrourus berglax*）。这些鳕鱼资源主要由前苏联捕鱼船队在北极和西北大西洋进行捕捞。在 1967～1968 年，年最大捕获量为 83 800 t，此后一直减少，不过目前仍不清楚这是由于过分捕捞引起的还是水体长时间冷却的结果（Atkinson *et al.*，1982；Savvatimsky，1987）。Sahrhage（1986）、Bergstad 和 Isaksen（1987）、Bergstad（出版中）给出有关北大西洋东部这些长尾鳕的分布、种群年龄结构和生活史的生物学资料。在深海带深度区，薄鳞突吻鳕[*Coryphaenoides(Nematonurus)armatus*]和 *C.(N.) yaquinae* 的种群密度大约为 200 尾/km^2，全球生物量约为 1.5×10^8 t，相当于全球全年的商业捕鱼量（Priede，个人通信）。

在新西兰和澳大利亚周围，大西洋胸棘鲷（*Hoplostethus atlanticus*），一种出现在全球许多地方的大陆坡上靠近海底生活的鱼类，在海山和 0.75～1 km 的查塔姆海隆被捕捞，在这些地方的拖网捕捞量有时可达 50 t/h（Merrett，1989）。虽然通常作为食物来源进行抓捕，但该物种的肌肉内含有大量的蜡酯，油脂和蜡也被应用于化妆品、药物和高级润滑油中，其中油脂已被证明是抹香鲸油的很好的替代品（Wilson，1982；Merrett & Wheeler，1983；Lester *et al.*，1988）。在 20 世纪 80 年代中期的总捕捞量大约为 42 000 t/a，但现存量大部分是由比较大而年长的鱼组成的，人们可能存在现存量减少的担忧。

在太平洋也有针对捕捞黑鲷或裸盖鱼（*Anoplopoma fimbria*）的长期固定捕捞业，这些鱼出现在整个太平洋沿岸 1.5 km 的陆坡上部，在这些地方用网板拖网和多钩定置延绳钓进行抓捕。这是仅有的通过"阅读"骨骼元素中的生长线估计现存量年龄结构的深海鱼，这些骨骼元素如鳞片和耳石，通过放回野生环境的带标记鱼的回收加以确证。这些鱼在几年前用注射抗生素四环素的方法"加上标记"（它在鱼的骨骼和鳞片的生长边缘留下颇具特征的荧光标记）。这些结果表明许多年长且生长缓慢的鱼的年龄比根据耳石生长环的数目显示的年龄要大得多（采用这种方法测得的最大年龄接近 40 年），这种方法也可以用于准备发展捕捞业的其他物种上（Beamish & Chilton，1982）。研究表明大型的鱼类资源很快将被耗尽，因此，除非认真加以规范，否则捕鱼业将无法持续。

在大西洋有黑等鳍叉尾带鱼（*Aphanopus carbo*）的长期固定捕捞业，在马德拉外海 0.75～1 km 的深度用小捕鱼船的延绳钓进行作业。这种鱼在东北大西洋的其他地方的深水中常常可以看到，但没有进行商业开发。

捕捞压力转向深海生物资源的可能性一直都存在。然而，由于大部分潜在的商业资源出现在大陆坡上，它们存在于某些特定的海岸国家 200 mile "专属经济区"，这些国家既可能有也可能没有收获这些资源的愿望或需要。

深海嗜热细菌的生物工程潜力最近得到了更多关注。Jannasch 等（1989）在瓜伊马斯海盆热液口地带（参见第 15 章）已经发现了一种像贝氏硫细菌丛生的硫还原生物的天然大量生长的能力。此外，从同一个地方分离出来的嗜热产甲烷菌可能对高温高压下油的形成有普遍的意义（Huber *et al.*，1989）。

1.2　非生物资源

深海蕴含着大量各种形式的有商业价值的矿物沉积。其中广为人知的是铁锰结核[①]矿（富含钴、镍和锰），在所有海洋的深海平原上均可以找到（Heath，1982）。除了结核矿外，在红海的深海中（Nawab，1984）研究还发现了含金属的沉积物[②]（富含锌、铜、金、银、钴），并且沿着洋中脊发现了大量的硫化物沉积物[③]（富含锌、铜和铁）（Francheteau *et al.*，1979；Bonatti，1983；Malahoff，1985）。虽然类似的沉积物在陆地上也有，出于政策原因它们并不总是很容易获得。这些沉积物的特殊意义在于它们含有所谓的 "战略矿藏"，被认为是许多国家国防工业的重要资源。除了任何形式的环境制约以外，最初的争论在于是否有必要开采深海沉积物。关于这方面的讨论超出了本书的范畴，Pendley（1982）和 Clark（1982）讨论了支持和反对的情况。

然而，深海采矿对环境的影响巨大，因为这些沉积物可以覆盖北太平洋深海中心大约 75%的海域。这里，它们典型地覆盖沉积物表面的 20%～40%（非常清晰的照片参见 Heezen & Hollister，1971）。太平洋的克拉里昂-克利珀顿断裂带（CCFZ）是含有锰结核矿特别丰富的地区，含有最高浓度的钴、镍和铜（Ross，1980）。我们担心的是采集这些矿物资源引起的扰动可能深刻地改变着环境生态学和深海生物区系。在本章中我们的讨论基于锰结核矿和含金属沉积物的开采影响，因为这一类开采的勘探阶段比其他类型的深海采矿更加成熟。

Smale-Adams 和 Jackson（1978）对在大于 3 km 水深处开采锰结核矿的技术进行了讨论，并提出了 4 种系统的建议（图 16.1）。它们包括：①海底一系列的铲斗；②遥控

---

① 现称多金属结核
② 现称多金属软泥
③ 现称多金属硫化物

运载器在海底缓慢爬行舀取结核矿，然后将矿浆输送到母船上；③遥控采矿机，它将结核矿和沉积物一起收集到半潜式钻井平台上。Knecht（1982）在他的一篇热门文章中评论采掘过程将对深海底的生态系统造成不利的影响（Ozturgut *et al.*，1981；Jumars，1981；Curtis，1982）。对环境的影响发生在两个阶段中：第一阶段是结核矿的采集过程；第二阶段则是母船上尾矿的排放。

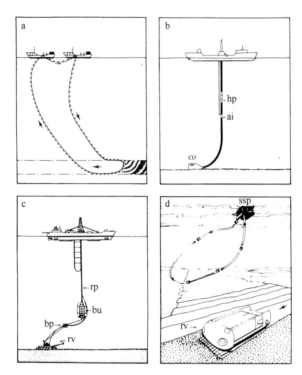

图 16.1　建议在太平洋深海底采集锰结核矿使用的系统：a. 连续铲斗系统；b. 气压（ai）和液压（hp）泵提升系统或安装在采矿机（co）上的电子泵提升系统；c, d. 遥控采集车，无论是系留式（c）还是自主式（d）采集车（rv），它们都沿着海底爬行，收集并破碎结核，在图 c 中，通过浮管（bp）将矿浆输送到中继站或中间舱（bu），再通过硬管（rp）输送到母船上。图 d 所示的法国概念集矿系统，包括一组在海底以带状模式作业的采矿车车队，每辆车收集结核并将其存放至半潜式平台（ssp）上，然后再下沉至海底继续采集并装载另一批结核（源自 Knecht，1982）

　　Ozturgut 等（1981）提供了在深海底开采结核矿造成直接影响的最好证据。主要影响是采集器扰动造成的，它将结核矿、沉积物和动物群搬动"几厘米"的深度。沉积物被推到采集器的旁边，就像在浅水拖网中所观察到的那样。采集器留下了结核矿而排放出剩余的沉积物和动物，它们在周围的海底上悬浮，形成一个厚厚的覆盖层。集矿机经过时产生的海底羽状流中的悬浮泥沙浓度为本底值的 3～75 倍。细小的颗粒物在海底边界层中顺流扩散（参见第 2 章）。这种海底羽状流可能持续几天，并且会扩散到离采集地 10 km 以上的地方（Ozturgut *et al.*，1981）。Curtis（1982）认为，要获得 1000 t 的结核矿将会造成 4000 t 沉积物的扰动。

　　对于大多数观察者来说，这应当看作对深海底栖生物产生的毁灭性影响。虽然有证据表明深海种群在逐年补充（参见第 13 章），在深海中进行的几个迁入实验（Grassle，1987；Desbruyères *et al.*，1980；Grassle & Morse-Porteous，1987）表明，重新建立自然底栖生物群落的速度是非常缓慢的（参见第 8 章）。即使使用所谓的"带状模式"进行结核采集，生物再迁入也可能需要好多年，而且可能存在采集某一区域所有可用结核的经济压力。也许，唯一可能在短期内受益的底栖动物就是食腐动物，在采掘过程中受伤的动物增加了它们的食物供应（Jumars，1981）。Jumars（1981）乐观地认为，低水平的采掘活动可能让机会主义者在采集器经过的路径中安顿下来，因此补充了不受采掘影响的群落而提高了物种的多样性。这些看法得到了 Wilson 和 Hessler（1987）最新研究成果的支持，他们在 5 年后对小规模实验性采矿区进行取样并与对照区（未采矿）进行比较。他们认为，在采矿之后会立即产生对动物未知的（但是可能是重要的）影响；可是5 年之后，群落则得到很好的恢复，观察不到这两个对比地区的区别。他们由此得出结论，这种小规模的实验性采集对深海底栖动物不具有持续的不利影响，可是他们不愿意预测大规模的采矿对底栖群落造成的影响。Jumars（1981）相信，大规模的采矿将会给开采区带来剧烈的有害影响并且会降低物种多样性。

采集和加工结核释放出来的有毒痕量元素可能会改变物理扰动。除了沉积物内的底内动物会受到影响之外，附着在结核上的动物将受到严重的危害（Mullineaux，1987）。深海采矿环境研究计划（DOMES）指出，"海洋表面采矿废水的排放可能导致重金属长期影响海洋生物群落"。食物链的累积效应会扩大这种影响，但相关资料仍然缺乏。然而，Ozturgut 等（1981）确信，开采锰结核矿的结果如下：①在集矿机经过的地方，底栖生物将受到破坏；②邻近的底栖生物会由于悬浮沉积物的沉降而窒息；③生理活动将发生改变；④受悬浮物影响的近底水体中的微生物活性和化学活性将会改变。有人将采矿活动比作火山灰下落或浊流等自然"灾害"，但这种观点忽略了常年遭受火山灰和浊流影响的不稳定地区，动物可能进化适应了扰动影响，而在开采锰结核矿的地方，这些自然灾害的扰动可能极少发生，这里的动物对环境扰动更加敏感（Jumars，1981）。

第一次评估环境影响的大规模实验于1989年在加拉帕戈斯群岛南部水域4.15 km深处进行，由船拖带的一把 8 m 宽的多重犁对底表进行扰动，扰动的面积约为 8 km²。德国人的这项研究在本书撰写时才刚刚开始，将来的生物监测将会评估扰动的程度和面积以及实验区恢复至原来状态所需的时间。该实验所带来的信息不仅与结核采矿的影响评估直接相关，而且对于我们理解扰动对维持生活在深海底的小型动物丰富多样性的作用具有重要意义（参见第 8 章）。

在红海较深处含金属沉积物的回收不存在海底扰动这种严重的环境问题，因为红海深海中底栖动物的数量特别稀少（Thiel，1979b）。然而，Abu Gideiri（1984）在初步研究中建议，即使尾矿的排放被限制在红海 1.1 km 以上的深度，在 1.5 km 以下深度至少占海底总面积 2%～4%的区域也会受到影响而变得无生命存在，不过他认为未受影响的区域比例应当足够维持该区域的物种多样性。Abu Gideiri（1984）也很担心底栖动物将受到来自海洋上层和中层生态系统沉降下来的悬浮物中有害金属的污染。然而，红海咸水中的颗粒物小于 10 μm，并且难以下沉，因此可能在水体中维持数月或好几年，并且受海盆对流的影响。

热液活动通常会形成大量的硫化物沉积（Francheteau et al.，1979）。虽然在热泉有丰富的动物群落（参见第 15 章），但活动热泉的寿命是很短的，矿物的开采将会在热泉及其群落消失之后进行。

2. 深海底的废物处理

由于没有任何减少废物产生的全球性政策，又因受到当前陆地和近海环境政策和后勤保障方面的限制，利用深海作为废物储存地的压力越来越大，这些废物对人类无害或高度危险。陆地的废物处理能力是有限的，而现在容纳了相当多废物的近海水体和大陆架是重要的食物来源。它们的面积也是有限的。这些因素导致人们开始考虑占地球表面积 2/3 的没有被利用并且看起来并没有为人类造福的广泛地区。因此，深海被作为多余废物，尤其是危险废物的最终储存地，正面临着越来越大的压力。深海确实具有巨大的同化能力，并且某些废物可以在这里找到它们最终的归宿。

在相对较小的水平上，从人类开始跨越海洋算起，人类活动产生的废物就被丢弃到深海中。人工制品在深海照片中经常被发现（Heezen & Hollister，1971），并且有时成为底栖生物适宜的附着物。沉船（由于事故或人为设计）被丢弃到深海底，最著名的是"泰坦尼克"号，最近在西北大西洋的深海底被人们发现并拍摄到了照片。即使在 3.0 km 深处经过了 75 年之后，也很少有动物附着在它的外表面。烧煤的蒸汽船的年龄非常短（从 19 世纪 80 年代中叶到 20 世纪 40 年代），然而在深海样品中仍发现了大量的炉渣。Kidd 和 Huggett（1981）通过检查浅表滑撬拖网发现了覆满炉渣的岩石碎屑，而我们也发现在里斯本（葡萄牙）外海陆坡主航道的拖网上面布满了炉渣。但这只是小规模的废物处置，并未对深海底栖动物造成伤害性的影响。

就更大范围而言，邻近的深海被用于处理：①疏浚弃土；②污泥；③工业废物；④放射性废物。

将废物丢弃到海洋环境中受到《防止倾倒废弃物及其他物质污染海洋的公约》的制约，通常称为《伦敦倾废公约》。该公约从 1975 年开始实施，并且提供了规范海洋中倾倒废物的法律框架（包括 57 个国家）（NEA，1985）。

（1）疏浚弃土的深海倾废。全球主要港口的海洋航道的疏浚对于开放经济渠道从而维持国家财富至关重要。Pequegnat（1983）对疏浚航道的弃土的深海处理做过唯一的综述。他在综述中考虑到陆地处理相对于海洋处理的社会和经济成本。他假设在环境影响最小的情况下，深海同化疏浚物的能力小于 $76 \times 10^6 \ m^3$。海洋以浊流和相似的形式吸收大量的外来沉积物的能力支持了这一假设。

如果疏浚弃土被丢弃到深水中，它将自然沉降。许多非常细小的物体将维持悬浮状态，几乎无限期地处于永久性温跃层内，较粗大的物体将抵达深海底。在下降期间，pH 的任何变化、氧化还原电位或盐度的改变都将吸收或释放痕量物质。

在深海底，正在下沉的沉积物会产生底层云和土堆。由颗粒物组成的底层云将从接触海底的地方向外产生颗粒密度的激增。这一混合的结果是底层云被稀释，所有携带的有机物被异养细菌利用。受到重金属和油严重污染的疏浚弃土只是一个环境问题。这种污染使得哈得孙河、莱茵河和默西河的疏浚弃土不能被用于土地开垦。

关于近海水域疏浚弃土处理的实地研究非常有限，Pequegnat（1983）报道了其对陆坡生物的主要生态学影响就是物种多样性、数量和生物量的减少。然而，在较短的时间内，虽然生物量仍然减少，但物种的多样性和数量都能够恢复到倾废前的水平。Pequegnat

（1983）认为，即使经过大范围的倾废之后，所有地区都可能被快速地再次定殖，并且引用了 Turner（1973）对木板定殖的研究成果（参见第 5 章和第 13 章）。然而，与之相反的长期定殖研究（Grassle，1977；Grassle & Morse-Porteous，1987）表明，失去了所有动物的深海沉积物需要花很长的时间才能再次被定殖。海洋疏浚弃土如果在大面积和长时间内得到扩散，有可能对深海底栖生物产生较小的影响，并且很可能形成可接受的陆地倾废替代场地。

（2）污泥的深海倾废。许多年来，特别是在沿海城市，都有允许直接向海洋排放已处理和未处理污水的政策。这导致在一个封闭区域内水体的富营养化，随之而来的是水体缺氧，并对自然底栖生物种群产生有害影响。如果污水经过处理依然有污泥残留，则其中可能含有高浓度的镉、铜、铅、汞、锌和多氯双酚。这些物质经常被排放到深海环境中，特别是在近海水体或大陆坡上。虽然现在人们已经认识到分离民用和工业废水的重要性，但是目前减少或停止在大陆坡上倾倒污水仍然存在很大的压力。

作为一个替代办法，深海被建议可以作为排放污泥的地方。在新英格兰海滩外海，来自纽约/新泽西地区的城市废物被排放到正好越过陆架边缘约 2.7 km 水深的海域（Walker & Paul，1989）。有人认为污水具有营养价值，就脂肪和蛋白质含量而言与海洋碎屑很相似（Vaccaro et al.，1981）。目前，在深海中这种处理废物的方式仍然处于探索阶段，不过，可以认定在将来会有非常重要的意义。随着我们对深海中天然有机物垂直通量认识的加深（参见第 11 章），可能不久就可以预测被处理的淤泥量以及它们到达特定地区海床的速率。根据目前对实际抵达海底的有机物水平及其与底栖生物现存量关系的了解（参见第 7 章），我们可以粗略预测可能导致的生物量增加等变化。Angel（1988）经过初步的计算认为，污泥或许可以通过海面船只上的排放管直接排放到深海底边界层（约为海底上方 50 m）（图 16.2）。10^6 m^3 的淤泥（英国每年的产量）将覆盖 600 km^2 的面积。在东北大西洋，海底水更新的速度被认为每年足以氧化 150.1^6 t[①]的污泥。

现有的有限证据说明在受控的条件下，深海中上述两种处理废物的形式可能相对来说是无害的。然而，后文中的两种处理废物的方式就可能严重改变深海底栖生物的生态学。

（3）深海海床的工业废物处理。人们很少意识到，许多我们认为理所当然的日常制品，以及现代治疗药物，可能是以产生有毒废物的副产品为代价的。到目前为止，我们已经在海洋的同化能力范围内处理了废物，这些废物的特性与自然进入海洋的物质没有不同。排放到海洋中的工业废物没有天然的类似物，因此海洋在循环利用它们时也更加困难。这些外来的化学物质将在海床上积累，可能对深海底栖生物产生有害影响。Simpson 等（1981）仔细分析了深海废物处理方面的问题。他们提供了来自波多黎各海沟中波多黎各垃圾场和美国东北海岸 106 mile 深水垃圾场的数据。虽然来自波多黎各垃圾场的数据有限，但我们知道它由包括链霉素在内的制药工业废物所组成。虽然废物被排放到水体中，但链霉素很可能给附着在下降颗粒上的细菌种群带来致命的影响，同时它也将提高进入深海的 POM 含量。然而，这种影响可能最小。

---

① 原文可能有误

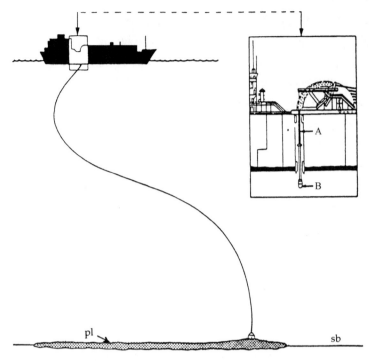

图 16.2　英国某公司建议的将污泥倾倒入海洋中的方法。大型油轮通过直径 45 cm 的软管将污泥排放到约 4 km 深处的海底边界层，在海床（sb）上方产生局部近海床羽状流（pl）。A. 排放管；B. 排放口
（引自 Angel，1988）

在西北大西洋的深水倾废地（DWD 106）的实地研究（Pearce *et al.*，1979；Simpson *et al.*，1981）涉及各种类型废物的处理，如强酸和强碱、铬、钒、苯酚和有机磷杀虫剂等。这些废物大多是液体，最初被分散到排放船的航道上。废物在海面和密度跃层之间积累。后者的结构可能阻止废物抵达深海底（Simpson *et al.*，1981）。有毒的元素和化合物很有可能被吸附在颗粒上，共同沉到深海底，并且融入海底的食物链中。在更早期的研究中，Pearce 等（1979）指出，这种废物对群落结构或底栖大型动物中的重金属累积量没有明显影响。目前，似乎这种类型的废物量很低，并且对 DWD 106 中的底栖生物的影响极小。

（4）深海中放射性废物的处理。在所有关于在任何环境中排放废物的讨论中，放射性废物的排放引起的响应最大。幸运的是，科学家对深海同化放射性废物的能力进行了合理讨论。这里我们的目的就是综合各种文献作一简单的评述，检查排放的废物已经造成的影响以及这些长寿命的核素未来可能带来的影响。在所有有关深海中排放放射性废物对环境影响的研究中，对底栖生物的影响位于第 2 位，考虑放射性物质是否可能通过某些途径反过来对人类造成影响才是首要的。在海洋中放射性核素的主要来源是核武器试验，核事故和直接倾倒低含量的核废料。在这一部分，我们主要讨论放射性核素对海底边界层动物区系的影响，如果有必要，还要考虑与倾弃放射性废物有关的深海生态系统的更加广泛的概念。Needler 和 Templeton（1981）对海洋吸收放射性废物的总体容量进行过综述。

2.1　在深海中天然放射性核素的水平

长期以来，人们普遍认识到在深海沉积物中放射性核素的含量较高（Svedrup *et al.*，1942；Menzies，1965）。放射性软泥中镭的含量为 $1.4×10^{-13}$ g/g，相比之下，在近海的沉积物中为 $0.3×10^{-12}$ g/g。最近，Woodhead 和 Pentreath（1983）对深海生物在天然基底中的剂量率进行了评估。他们的数据表明，在深海沉积物中铀和钍的浓度与碳酸钙的浓度成反比。因此，红黏土比抱球虫软泥具有更高的天然放射性核素含量。Woodhead 和 Pentreath（1983）认为，与陆地的岩石相比，只有 ^{230}Th 和 ^{226}Ra 在深海沉积物中是过量的，并且这种过量的α射线和β射线可能影响沉积物中吞咽沉积物的底栖物种消化道中的微型动物和小型动物。总体来说，其他放射性核素与浅水沉积物中的含量没有显著不同。除了在沉积物中的放射性核素外，在中层生物的消化道中，天然产生的 ^{210}Po 的含量也提高了（Cherry & Heyraud，1982；Heyraud *et al.*，1988）。

2.2　深海中放射性核素的人为提高——核武器试验和核事故

众所周知，在深海沉积物中研究发现了核武器试验产生的放射性核素（Livingston & Anderson，1983）。早在 1963 年，Osterberg 等（1963）记录了俄勒冈海岸外海 2.8 km 深处的海参 *Paelopathides* 和 *Stichopus* 内 ^{95}Zr、^{95}Nb、^{143}Ce 和 ^{144}Ce 含量的增加。所有这些核素的半衰期都短（^{144}Ce 最长为 282 天），说明它们从海面转移到深海比人们之前认为的要快很多。这种快速的垂直传送机制是从沉积物捕获器的研究中得到的（参见第 11 章）。从沉积物捕获器收集到的 POM 内的核素检查结果表明，POM 有能力清除钚和镭，并将这些元素转移至深海中（Livingston & Anderson，1983；Fowler *et al.*，1983）。切尔诺贝利事故提供了这种快速清除放射性核素的垂直通量的意外证据（Buesseler *et al.*，1987；Fowler *et al.*，1987）。Fowler 等在 1986 年 4 月 13 日到 5 月 21 日刚巧在科西嘉岛卡尔维附近 2.2 km 的水域 200 m 深处布放了一套沉积物捕获器，进行一系列以 6.25 天为周期的定时采样。核事故发生在 1986 年 4 月 26 日，而在 5 月 4~5 日，放射性坠尘进入卡尔维附近的海中。根据回收和检查的结果，在放射性坠尘达到峰值后大约 7 天放射性核素的主要脉冲波到达沉积物捕获器，这说明下沉的速度为 29 m/d。北海（Kempe & Nies，1987）和黑海（Buesseler *et al.*，1987）的一系列沉积物捕获器进一步证实了放射性核素的这一垂直通量。这种快速的沉降是由于浮游生物摄入了放射性核素并产生快速沉降的排泄物团粒。这些偶然得到的资料证实了排泄物团粒迅速将放射性核素从表层转移到能被底栖生物吸收的深海中的重要性。

2.3　人为增加深海中的放射性核素——倾倒废物

人们对深海最初的印象为深海是一个极具吸引力的处理放射性废物的场所。它是那么遥远，稀释系数又非常巨大，并且处理起来相对低廉。核废物的主要形态如下。

（1）α射线放射体，通常与核燃料的加工有关，并且具有最强的电离辐射，如镭和钚。

（2）β射线放射体，研究发现了 4 种主要的来源（NEA，1985）：①由重新加工核燃料产生的钚；②常规发电厂操作产生的 ^{95}Sr、^{137}Cs；③工业以及科学研究产生，如 ^{14}C 和 ^{124}I，主要是实验室废物；④关闭的核电站。

（3）氚废料（^3H），通常在医药和科研中用作标记化合物。

目前，只有低水平的放射性废料被排放到深海倾废场。这种废料的处理受到高度的管制和严厉的监控。在东北大西洋，46°N、17°W 附近有一个倾废场，那里 20 多年来接受了带包装的低水平核废料的排放。核能部门（NEA）对这个倾废场的监控结果和根据监控的结果作出的未来处理的模型进行了综述。虽然这个综述考查了放射性核素对海洋生物的影响，但它的主要目的还是追踪深海倾废对人类造成影响的潜在路径。

以东北大西洋倾废场（NEAD）为个案研究，被处理的废料是来自核电站、科研工作和医药工厂的废料。所有这些物料都装在钢桶里或混凝土的容器里屏蔽和防止漏逸。

NEAD 从 1967 年起存在至今，现存的场地呈长方形，位于 45°59′N～46°10′N, 16°W～17°30′W。选择的这个地方的主要特征是很深，不会在此实施拖网作业，没有海底电缆，离陆地相对较近（因此运输上花费较少）并且相对离大陆边缘足够远，不至于受斜坡的自然推移，如浊流的影响。平均深度为 4.4 km，在这个地区的沉积物厚度为 350～370 m，是由泥灰岩组成的。由于海底边界层的特性，可以认为在倾废场释放的废料将只会进入海底上方狭窄的区域。然而，最近通过涡流的漩涡扩展到深海海床对 BBL 流体动力学的影响研究表明，从长远的角度来看，释放到海底边界层的溶解废料将永久性地存留在海底上方一个狭窄区域的看法是不明智的。在 NEAD 地区的天然动物区系相对大大减少，并且由下列动物组成：腔肠动物、多毛类环节动物、蔓足动物、腕足动物、双壳类软体动物、海蛇尾动物、海参和被囊动物（NEA，1985）。一个仿制的金属桶在倾废场存放了 3 年多，在此期间，没有生物在上面附着，说明在这一地区很少有潜在的污损生物存在。

2.4　东北大西洋倾废场中的放射性核素和底栖动物

在倾废场存在大范围放射性核素的证据表明，当地的无脊椎动物体中发现的半衰期短的放射性核素来自大气核试验带来的放射性坠尘，但是，在东北大西洋倾废场和对照点之间放射性核素含量并没有显著差异。然而，一个例外是海葵 Chitonanthus abyssorum，在它的体内 ^{90}Sr 和 ^{137}Cs 的量在 1966～1980 年增加了，这可能是装废料的容器泄漏造成的。

Vangenechten 等（1983）对东北大西洋倾废场地区沉积物中浅水生物摄入实验进行了研究。研究发现 ^{241}Am 的摄入在多毛类环节动物 Hermione hystrix 中比在等足类 Cirolana borealis 或双壳类 Venerupis decussata 动物中更快，说明如果能够获得的话，这种放射性核素是生物可用的。

仍有一些未知因素可能影响倾废场放射性核素的活动和运输。生物扰动对放射性核素流动性的影响以及放射性核素对遗传和生理过程（包括生殖）的影响尚不清楚。

然而，研究人员对潜在的放射性核素影响人类的问题了解较多。有证据表明，放射性核素进入深海（通过颗粒物流动）比它们离开深海更容易，经过长时间之后（某些放射性核素的半衰期很长），可能会产生一个完整的转移机制。东北大西洋倾废场的研究（NEA，1985）得出结论，任何这类物质通过食物链，以比允许的剂量（1 mSv/a）低几个数量级的剂量传递给人类是几乎不可能的。

迄今为止，所有的证据都考虑到了低水平放射性废料的处置。下一阶段应该是研究通过将其容器深埋入沉积物内处理中、高放射性水平的废料（Freeman *et al.*，1984）。Hessler 和 Jumars（1977，1979）考虑了意外暴露给底栖生物带来的一些影响。虽然研究人员针对高水平放射性废物处理的技术和废物对环境的影响已经有了一个积极的研究计划，但在撰写本书时（1989 年），由于政治压力中止了在深海中处理放射性废料计划的实施。

因此，深海可以和地球上其他大片荒无人烟的地区归为一类，在我们完全认识这个复杂的生态系统的自然史和生态学之前，我们不应当尝试开发它的资源。

参 考 文 献

Abele, L. G. & Walters, K. (1979). Marine benthic diversity: a critique and alternative parameters. *Journal of Biogeography*, **6**, 115–26.

Abu Gideiri, Y. B. (1984). Impacts of mining on central Red Sea environment. *Deep-Sea Research*, **31A**, 823–31.

Agassiz, A. (1888). *Three Cruises of the United States Coast and Geodetic Survey Steamer 'Blake'*. 2 vols. London: Sampson Low, Marston, Searle & Rivington.

Ahlfeld, T. E. (1977). A disparate seasonal study of reproduction of eight deep-sea megainvertebrate species from the NW Atlantic Ocean. Unpublished Ph.D. Thesis, Florida State University, 105 pp.

Åkesson, B. (1961). Some observations on *Pelagosphaera* larvae (Sipunculoidea). *Galathea Report*, **5**, 7–17.

Aldred, R. G., Thurston, M. H., Rice, A. L. & Morley, D. R. (1976). An acoustically monitored opening and closing epibenthic sledge. *Deep-Sea Research*, **23**, 167–74.

Aldred, R. G., Riemann-Zurneck, K., Thiel, H. & Rice, A. L. (1982). Ecological observations on the deep-sea anemone *Actinoscyphia aurelia*. *Oceanologica Acta*, **2**, 389–95.

Alldredge, A. L. & Gotschalk, C. C. (1989). Direct observations of mass flocculations of diatom blooms: characteristics, settling velocities and formation of diatom aggregates. *Deep-sea Research*, **36A**, 159–73.

Alldredge, A. L. & Silver, M. W. (1988). Characteristics, dynamics and significance of marine snow. *Progress in Oceanography*, **20**, 41–82.

Allen, J. A. (1958). On the basic form and adaptations to habitat in the Lucinacea (Eulamellibranchia). *Philosophical Transactions of the Royal Society of London*, Series B, **241**, 421–84.

 (1978). Evolution of the deep sea protobranch bivalves. *Philosophical Transactions of the Royal Society of London*, Series B, **284**, 387–401.

 (1979). The adaptations and radiation of deep-sea bivalves. *Sarsia*, **64**, 19–27.

 (1983). The ecology of the deep-sea Mollusca. In *The Mollusca*, Vol. 6, ed. W. D. Russell-Hunter, pp. 29–75. London: Academic Press.

(1985). The recent Bivalvia: their form and evolution. In *The Molluscs*, Vol. 10, *Evolution*, eds E. R. Trueman & M. R. Clarke, pp. 337–403. Orlando: Academic Press.

Allen, J. A. & Morgan, R. E. (1981). The functional morphology of Atlantic deep-water species of the families Cuspidaria and Poromyidae (Bivalvia): an analysis of the evolution of the septibranch condition. *Philosophical Transactions of the Royal Society of London*, Series B, **294**, 413–546.

Allen, J. A. & Sanders, H. L. (1966). Adaptations to abyssal life as shown by the bivalve *Abra profundorum*. *Deep-Sea Research*, **13**, 1175–84.

(1973). Studies on deep-sea Protobranchia (Bivalvia); prologue and the Pristiglomidae. *Bulletin of the Museum of Comparative Zoology of Harvard College*, **145**, 237–62.

Allen, J. A. & Turner, J. F. (1974). On the functional morphology of the family Verticordiidae (Bivalvia) with descriptions of a new species from the abyssal Atlantic. *Philosophical Transactions of the Royal Society of London*, Series B, **268**, 401–536.

Allen, J. R. L. (1970). *Physical Processes of Sedimentation*. London: Unwin University Books.

Aller, J. Y. (1989). Quantifying sediment disturbances by bottom currents and its effect on benthic communities in a deep-sea western boundary zone. *Deep-Sea Research*, **36A**, 901–34.

Aller, J. Y. & Aller, R. C. (1986). Evidence for localized enhancement of biological activity associated with tube and burrow structures in deep-sea sediments at the HEBBLE site, western North Atlantic. *Deep-Sea Research*, **33A**, 755–90.

Aller, R. C. (1982). The effects of macrobenthos on chemical properties of marine sediment and overlying water. In *Animal–Sediment Relations: the Biogenic Alteration of Sediments*, eds P. L. McCall & M. J. S. Tevesz, pp. 53–102. New York: Plenum Press.

Aller, R. C. & Yingst, J. Y. (1978). Biogeochemistry of tube-dwellings: a study of the sedentary polychaete *Amphitrite ornata*. *Journal of Marine Research*, **36**, 201–54.

(1985). Effects of the marine deposit-feeders *Heteromastus filiformis* (Polychaeta), *Macoma balthica* (Bivalvia), and *Tellina texana* (Bivalvia) on averaged sedimentary solute transport, reaction rates, and microbial distributions. *Journal of Marine Research*, **43**, 615–45.

Almaça, C. (1982). Marine slides and allopatric speciation. In *Marine Slides and Other Mass Movements*, eds S. Saxov & J. K. Nieuwehuis, pp. 325–34. New York: Plenum Press.

Alongi, D. M. (1987). The description and composition of deep-sea microbenthos in a bathyal region of the western Coral Sea. *Deep-Sea Research*, **34A**, 1245–54.

(1990). Bacterial growth rates, production and estimates of detrital carbon utilization in deep-sea sediments of the Solomon and Coral Seas. *Deep-Sea Research*, **37A**, 731–46.

Alongi, D. M. & Pichon, M. (1988). Bathyal meiobenthos of the western Coral Sea: distribution and abundance in relation to microbial standing stocks and environmental factors. *Deep-Sea Research*, **35A**, 491–503.

Alton, M. S. (1966). Bathymetric distribution of sea stars (Asteroidea) off the northern Oregon coast. *Journal of the Fisheries Research Board of Canada*, **23**, 1673–714.

Ambler, J. W. (1980). Species of *Munidopsis* (Crustacea, Galatheidae) occurring off Oregon and in adjacent waters. *Fishery Bulletin*, **78**, 13–34.

Anderson, R. C. & Meadows, P. C. (1978). The importance of diffusive permeability of animal burrow linings in determining marine sediment chemistry. *Journal of Marine Research*, **41**, 299–322.

Andrew, N. L. & Mapstone, B. D. (1987). Sampling and the description of spatial pattern in marine ecology. *Oceanography and Marine Biology: an Annual Review*, **25**, 39–90.

Angel, M. V. (1984). Detrital organic fluxes through pelagic ecosystems. In *Flows of Energy and Materials in Marine Ecosystems*, ed. M. J. Fasham, pp. 475–516. London: Plenum Press.

  (1988). The deep-ocean option for the disposal of sewage sludge. *The Environmentalist*, **8(1)**, 19–26.

Angel, M. V. & Baker, A. de C. (1982). Vertical distribution of the standing crop of plankton and micronekton at three stations in the Northeast Atlantic. *Biological Oceanography*, **2**, 1–30.

Angel, M. V., Fasham, M. J. R. & Rice, A. L. (1981). Marine biology needed to assess the safety of a program of disposal of high-level radioactive waste in the ocean. In *Marine Environment Pollution*, Vol. 2. *Mining and Dumping*, ed. R. A. Geyer, pp. 297–312. Amsterdam: Elsevier.

Anikouchine, W. A. & Sternberg, R. N. (1973) *The World Ocean: An Introduction to Oceanography*. Englewood Cliffs, New Jersey: Prentice-Hall.

Anonymous (1979). Strange world without sun. *National Geographic Magazine*, **156**, 680–8.

Armi, L. & Millard, R. C. (1976). The bottom boundary layer in the deep ocean. *Journal of Geophysical Research*, **81**, 4983–90.

Arnaud, F. & Bamber, R. N. (1987). The biology of Pycnogonida. *Advances in Marine Biology*, **24**, 1–96.

Arp, A. J., Childress, J. J. & Fisher, C. R. (1984). Metabolic and blood gas transport characteristics of the hydrothermal vent bivalve. *Calyptogena magnifica. Physiological Zoology*, **57**, 648–62.

Atkinson, D. B., Bowering, W. R., Parsons, D. G., Horsted, S. A. & Minet, J. P. (1982). A review of the biology and fisheries for roundnose grenadier, Greenland halibut and northern shrimp in Davis Strait. *NAFO Scientific Council Studies*, **3**, 7–27.

Atkinson, R. J. A. (1986). Mud-burrowing megafauna in the Clyde Sea Area. *Proceedings of the Royal Society of Edinburgh*, **90B**, 351–61.

Ayala, F. J. & Valentine, J. W. (1974). Genetic variability in the cosmopolitan deep-water ophiuran *Ophiomusium lymani*. *Marine Biology*, **27**, 51–7.

Băcescu, M. (1985). Apseudoidea (Crustacés, Tanaidacea). In *Peuplements Profonds du Golfe de Gascogne*, eds L. Laubier & C. Monniot, pp. 435–40. Brest: Institut Français de Recherche pour l'Exploitation de la Mer.

Backus, R. H. (1966). The 'pinger' as an aid to deep trawling. *Journal du Conseil Permanent International pour Exploration de la Mer*, **30**, 270–7.

Backus, R. H., Mead, G. L., Haedrich, R. L. & Ebeling, A. W. (1965). The mesopelagic fishes collected during cruise 17 of the R/V Chain, with a method for analyzing faunal transects. *Bulletin of the Museum of Comparative Zoology, Harvard*, **134**, 139–58.

Baird, B. H., Nivens, D. E., Parker, J. H. & White, D. C. (1985). The biomass, community structure, and spatial distribution of the sedimentary microbiota from a high-energy area of the deep sea. *Deep-Sea Research*, **32A**, 1089–99.

Baldwin, R. J. & Smith, K. L. (1987). Temporal variation in the catch rate, length, color and sex of the necrophagous amphipod *Eurythenes gryllus* from the central and eastern North Pacific. *Deep-Sea Research* **34A**, 425–39.

Ballard, R. D. (1975). Photography from a submersible during project FAMOUS. *Oceanus*, **18**, 31–9.

(1982). Argo and Jason. *Oceanus*, **25**, 30–5.

Ballard, R. D., van Andel, T. H. & Holcomb, R. T. (1982). The Galapagos Rift at 86° W: 5. Variations in volcanism, structure, and hydrothermal activity along a 30-kilometer segment of the rift valley. *Journal of Geophysical Research*, **87**, 1149–61.

Ballard, R. D., Hekinian, R. & Francheteau, J. (1984). Geological setting of hydrothermal activity at 12°50' N on the East Pacific Rise: A submersible study. *Earth and Planetary Science Letters*, **69**, 176–86.

Bambach, R. K. (1977). Species richness in marine benthic assemblages throughout the Phanerozoic. *Paleobiology*, **3**, 152–7.

Bandel, K. & Leich, H. (1986). Jurassic Vampyromorpha (dibrachiate cephalopods). *Neues Jahrbuch für Geolologie und Paläontologie. Monatshefte*, **1986**, 129–48.

Bandy, O. (1965). The pinger as a deep water grab control. *Undersea Technology*, **6**, 36.

Banks, D. A. (1985). A fossil hydrothermal worm assemblage from the Tynagh lead-zinc deposit in Ireland. *Nature, London*, **313**, 128–31.

Barham, E., Ayer, N. J. & Boyce, R. E. (1967). Megabenthos of the San Diego Trough: photographic census and observations from the bathyscaphe Trieste. *Deep-Sea Research*, **14**, 773–84.

Barnard, J. L. (1961). Gammaridean Amphipoda from depths of 400 to 6000 meters. *Galathea Report*, **5**, 23–128.

(1962). South Atlantic abyssal amphipods collected by R. V. Vema. Abyssal Crustacea. *Vema Research Series (Columbia University, New York)*, **1**, 1–78.

(1969). The families and genera of marine gammaridean Amphipoda. *Bulletin of the U.S. National Museum*, **271**, 1–535.

(1971). Gammaridean Amphipoda from a deep-sea transect off Oregon. *Smithsonian Contributions to Zoology*, No. 61, 86 pp.

(1973). Deep-sea Amphipoda of the Genus *Lepechinella* (Crustacea). *Smithsonian Contributions to Zoology*, No. 133, 30 pp.

Barnard, J. L. & Hartman, O. (1959). The sea bottom off Santa Barbara, California: biomass and community structure. *Pacific Naturalist*, **1**, 6.

Barnard, J. L. & Ingram, C. L. (1986). The supergiant amphipod *Alicella gigantea* Chevreux from the North Pacific Gyre. *Journal of Crustacean Biology*, **6**, 825–39.

Barnes, A. T., Quetin, L. B., Childress, J. J. & Pawson, D. L. (1976). Deep-sea macroplanktonic sea cucumbers: suspended sediment feeders captured from deep submergence vehicle. *Science, Washington*, **194**, 1083–5.

Barnett, P. R. O., Watson, J. & Connelly, D. (1984). The multiple corer for taking virtually undisturbed samples from shelf, bathyal and abyssal sediments. *Oceanologica Acta*, **7**, 399–408.

Barnett, V. (1974). *Elements of Sampling Theory*. London: English Universities Press.

Bartsch, G. M. (1988). Deep-sea halacarids (Acari) and descriptions of new species. *Journal of Natural History*, **22**, 811–21.

Beamish, R. J. & Chilton, D. E. (1982). Preliminary evaluation of a method to determine the age of sablefish (*Anopoploma fimbria*). *Canadian Journal of Fisheries and Aquatic Sciences*, **39**, 277–87.

Belyaev, G. M. (1966). Bottom Fauna of the Ultra-abyssal of the World Ocean. Moscow: Institute of Oceanology, USSR Academy of Sciences (in Russian, translated by Israel Program for Scientific Translations, Jerusalem 1972).

(1970). Ultra-abyssal holothurians of the genus *Myriotrochus* (order Apoda, fam. Myriotrochidae). *Trudy Instituta Okeanologii*, **86**, 458–88 (in Russian).

(1989). *Deep-sea Oceanic Trenches and their Fauna*. Moscow: Institute of Oceanology, USSR Academy of Sciences (in Russian).

Belyaev, G. M. & Mironov, A. N. (1977). Bottom fauna of the West Pacific deep-sea trenches. *Trudy Instituta Okeanologii*, **108**, 7–24 (in Russian, English summary).

Belyaev, G. M. & Vilenkin, B. Y. (1983). Species diversity of the bottom fauna in deep-sea trenches. *Okeanologyia*, **23**, 150–4 (in Russian, English summary).

Belyaev, G. M., Vinogradova, N. G., Levenshyteyn, N. G., Pasternak, F. A., Sokolova, M. N. & Filatova, Z. A. (1973). Distribution patterns of deep-water bottom fauna related to the idea of the biological structure of the ocean. *Oceanology*, **13**, 114–20 (English translation of *Okeanologiya*).

Bender, K. & Davis, W. R. (1984). The effect of feeding by *Yoldia limatula* on bioturbation. *Ophelia*, **23**, 91–100.

Bensoussan, M. G., Scoditti, P.-M. & Bianchi, A. J. M. (1979). Étude comparative des potentialités cataboliques de microflores entériques d'échinodermes et des sédiments superficiels prelevées en milieu abyssal. *Compte rendu hebdomadaire des séances de l'Académie des sciences, Paris* (Série D), **289**, 437–40.

(1984). Bacterial flora from echinoderm guts and associated sediment in the abyssal Vema Fault. *Marine Biology*, **79**, 1–10.

Berg, C. J. (1985). Reproductive strategies of mollusks from abyssal hydrothermal vent communities. *Bulletin of the Biological Society of Washington*, **6**, 185–97.

Berg, C. J. & Van Dover, C. L. (1987). Benthopelagic macrozooplankton communities at and near deep-sea hydrothermal vents in the eastern Pacific Ocean and Gulf of California. *Deep-Sea Research*, **34A**, 379–401.

Berger, W. H., Bé, A. W. H. & Vincent, E. (eds) (1979/81). Oxygen and carbon isotopes in Foraminifera. *Palaeogeography, Palaeoclimatology, Palaeoecology*, **33** (1/3), 1–277.

Berger, W. H., Ekdale, A. A. & Bryant, P. P. (1979). Selective preservation of burrows in deep-sea carbonates. *Marine Geology*, **32**, 205–30.

Berger, W. H. & Heath, G. R. (1968). Vertical mixing in pelagic sediments. *Journal of Marine Research*, **26**, 134–43.

Berger, W. H., Vincent, E. & Thierstein, H. R. (1981). The deep-sea record: major steps in Cenozoic ocean evolution. *Special Publications. Society of Economic Paleontologists and Mineralogists, Tulsa*, **32**, 489–504.

Bergstad, O. A. (1990). Distribution, population structure, growth and reproduction of the roundnose grenadier *Coryphaenoides rupestris* (Pisces: Macrouridae) in the deep waters of the Skagerrak. *Marine Biology*, **107**, 25–39.

Bergstad, O. A. & Isaksen, B. (1987). Deep-water resources of the Northeast Atlantic: distribution, abundance and exploitation. *Fisken og Havet*, 1987(3), 1–56.

Berner, R. A. (1976). The benthic boundary layer from the point of view of a geochemist. In *The Benthic Boundary Layer*, ed. I. N. McCave, pp. 33–55. New York: Plenum Press.

Bernstein, B. B. & Meador, J. P. (1979). Temporal persistence of biological patch structure in an abyssal benthic community. *Marine Biology*, **51**, 179–83.

Bernstein, B. B., Hessler, R. R., Smith, R. & Jumars, P. A. (1978). Spatial distribution of benthic Foraminifera in the central North Pacific. *Limnology and Oceanography*, **23**, 401–16.

Betzer, P. R., Showers, W. J., Laws, E. A., Winn, C. D., DiTullio, G. R. & Kroopnick, P. M. (1984). Primary productivity and particle fluxes on a transect of the equator at 153° West in the Pacific Ocean. *Deep-Sea Research*, **31A**, 1–11.

Bianchi, A. J., Bianchi, M., Scoditti, P. M. & Bensoussan, M. G. (1979). Distributions des populations bactériennes hétérotrophes dans les sédiments et les tractus digestifs d'animaux benthiques recueilles dans la faille Vema et les plaines abyssales du Demerara et de la Gambie. *Vie Marine*, **1**, 7–12.

Billett, D. S. M. Deep-sea holothurians. *Oceanography and Marine Biology: an Annual Review* (in press).

Billett, D. S. & Hansen, B. (1982). Abyssal aggregations of *Kolga hyalina* Danielssen and Koren (Echinodermata: Holothuroidea) in the northeast Atlantic Ocean. *Deep-Sea Research*, **29A**, 799–818.

Billett, D. S. M., Hansen, B. & Huggett, Q. (1985). Pelagic Holothurioidea (Echinodermata) of the northeast Atlantic. In *Echinodermata*, eds B. F. Keegan & D. S. O'Connor, pp. 399–411. Rotterdam: Balkema.

Billett, D. S. M., Lampitt, R. S., Rice, A. L. & Mantoura, R. F. C. (1983). Seasonal sedimentation of phytoplankton to the deep-sea benthos. *Nature, London*, **302**, 520–2.

Billett, D. S. M., Llewellyn, C. & Watson, J. (1988). Are deep-sea holothurians selective feeders? In *Echinoderm Biology*, eds R. D. Burke, P. V. Mladenov, P. Lambert & R. L. Parsley, pp. 421–9. Rotterdam: Balkema.

Bird, G. J. & Holdich, D. M. (1985). A remarkable tubicolous tanaid (Crustacea: Tanaidacea) from the Rockall Trough. *Journal of the Marine Biological Association of the United Kingdom*, **65**, 563–72.

Birstein, Y. A. (1957). Certain peculiarities of the ultra-abyssal fauna at the example of the genus *Storthyngura* (Crustacea Isopoda Asellota). *Zoologicheskii Zhurnal*, **36**, 961–85 (in Russian, English summary).

Birstein, Y. A. & Zarenkov, N. A. (1970). On the bottom decapods (Crustacea, Decapoda) of the Kurile-Kamchatka region. *Trudy Institut Okeanologii*, SSSR, **86**, 420–6 (in Russian, translated by Israel Program for Scientific Translations, Jerusalem 1972).

Bishop, J. D. D. (1981). A revised definition of the genus *Epileucon* Jones (Crustacea, Cumacea) with descriptions of species from the deep Atlantic. *Philosophical Transactions of the Royal Society of London*, Series B, **291**, 353–409.

(1982). The growth, development and reproduction of deep-sea cumaceans (Crustacea: Peracarida). *Zoological Journal of the Linnaean Society*, **4**, 359–80.

Bisol, P. M., Costa, R. & Sibuet, M. (1984). Ecological and genetic survey of two deep-sea holothurians: *Benthogone rosea* and *Benthodytes typica*. *Marine Ecology – Progress Series*, **15**, 275–81.

Bitter, P. H., Scott, S. D. & Schenk, P. E. (1990). Early carboniferous low-temperature hydrothermal vent communities from Newfoundland. *Nature, London*, **344**, 145–8.

Blake, J. A. (1985). Polychaeta from the vicinity of deep-sea geothermal vents in the eastern Pacific. I. Euphrosinidae, Phyllodocidae, Hesionidae, Nereidae, Glyceridae, Dorvilleidae, Orbiniidae and Maldanidae. *Bulletin of the Biological Society of Washington*, **6**, 67–101.

Blake, J. A., Hecker, B., Grassle, J. F., Brown, B., Wade, M., Boehm, P.

D., Baptiste, E., Hilbig, B., Maciolek, N., Petrecca, R., Ruff, R. E., Starczak, V. & Watling, L. (1987). Study of Biological Processes on the U.S. South Atlantic Slope and Rise. Phase 2. Final Report prepared for U.S. Department of the Interior Mineral Management Service, Washington, D.C., 414 pp. + Appendices A–M.

Bodin, P. (1968). Copépodes harpacticoides des étages bathyal et abyssal du Golfe de Gascogne. *Mémoires du Muséum National d'histoire naturelle, Paris*, Série A, Zoologie, **55(1)**, 1–107.

Bonatti, E. (1983). Hydrothermal metal deposits from the Oceanic Rifts: A classification. In *Hydrothermal Processes at Seafloor Spreading Centres*, eds P. A. Rona, K. Bostrom, L. Laubier & K. L. Smith Jr, pp. 491–502. Plenum Press.

Bone, Q. & Roberts, B. L. (1969). The density of elasmobranchs. *Journal of the Marine Biological Association of the United Kingdom*, **49**, 913–37.

Booth, D. A. & Gage, J. D. (1980). On minimizing warp payout in deep-sea trawling. Unpublished report. Dunstaffnage Marine Research Laboratory, Scottish Marine Biological Association.

Bouchet, P. (1976a). Mise en évidence d'une migration de larves véligères entre l'étage abyssal et la surface. *Comptes rendu hebdomadaire des séances de l'Académie des sciences, Paris (Sér. D)*, **283**, 821–4.

(1976b). Mise en évidence de stades larvaires planctoniques chez des Gastéropodes Prosobranches des étages bathyal et abyssal. *Bulletin du Museum National d'histoire naturelle, Paris (Sér. 3)*, No. 400, Zoologie, **277**, 947–71.

Bouchet, P. & Fontes, J-C. (1981). Migrations verticales des larves de Gastéropodes abyssaux: arguments nouveaux à l'analyse isotopique de la coquille larvaire et postlarvaire. *Comptes rendu hebdomadaire des séances de l'Académie des sciences, Paris*, **292**, 1005–8.

Bouchet, P. & Warén, A. (1979a). Planktotrophic larval development in deep water gastropods. *Sarsia*, **64**, 37–40.

(1979b). The abyssal molluscan fauna of the Norwegian Sea and its relation to other faunas. *Sarsia*, **64**, 211–43.

(1980). Revision of the Northeast Atlantic bathyal and abyssal Turridae (Mollusca: Gastropoda). *Journal of Molluscan Studies, Supplement* **8**, 1–116.

(1985). Revision of the northeast Atlantic bathyal and abyssal Neogastropoda excluding Turridae (Mollusca, Gastropoda). *Bollettino Malacologico, Supplemento* **1**, 122–296.

(1986). Revision of the northeast Atlantic bathyal and abyssal Aclididae, Eulimidae, Epitonidae (Mollusca, Gastropoda). *Bollettino Malacologico, Supplemento* **2**, 288–576.

Boudreau, B. P. (1986a). Mathematics of tracer mixing in sediments: I. Spatially dependent, diffusive mixing. *American Journal of Science*, **226**, 161–98.

(1986b). Mathematics of tracer mixing in sediments: II. Nonlocal mixing and biological conveyer-belt phenomena. *American Journal of Science*, **286**, 199–238.

Bouma, A. H. (1969). *Methods for the Study of Sedimentary Structures*. New York: John Wiley.

Bourlegue, J., Le Pichon, X. & Iiyama, J. T. (1985). Prévision des tremblements de terre dans la région de Tokai (Japon). *Compte rendus hebdomadaires des séances de l'Académie des sciences, Paris (Sér. II)*, **16**, 1217–19.

Bourne, D. W. & Heezen, B. C. (1965). A wandering enteropneust from the abyssal Pacific, and the distribution of 'spiral' tracks on the sea floor. *Science, Washington*, **150**, 60–3.

Bowman, K. O., Hutcheson, K., Odum, E. P. & Shenton, L. R. (1969). Comment on the distribution of indices of diversity. In *Statistical Ecology*, Vol. 3, eds G. P. Patil, E. C. Pielou & W. E. Waters, pp. 315–59. Pennsylvania State University Press.

Bowman, T. E. & Manning, R. B. (1972). Two arctic bathyal crustaceans: the shrimp *Bythocaris cryonesus* new species, and the amphipod *Eurythenes gryllus*, with *in situ* photographs from Ice Island T-3. *Crustaceana*, **23**, 187–201.

Bramlette, M. N. & Bradley, W. H. (1942). Lithology and geological interpretations. *In Geology and Biology of North Atlantic Deep-sea Cores*. U.S. Geological Survey Professional Paper 196, 34 pp.

Breen, P. A. & Shields, T. L. (1983). Age and size structure in five populations of geoduck clam (*Panope generosa*) in British Columbia. *Canadian Technical Report of Fisheries and Aquatic Sciences*, no. 1169, 62 pp.

Briggs, K. (1985). Deposit feeding by some deep-sea megabenthos from the Venezuela Basin: selective or non-selective. *Marine Ecology – Progress Series*, **21**, 127–34.

Brooks, J. M., Kennicutt II, M. C., Birdigare, R. R. & Fay, R. R. (1985). Hydrates, oil seepage, and chemosynthetic ecosystems on the Gulf of Mexico slope. *EOS*, **66**, 106.

Brooks, J. M., Kennicutt II, M. C., Fisher, C. R., Macko, S. A., Cole, K., Childress, J. J., Bidigare, R. R. & Vetter, R. D. (1987). Deep-sea hydrocarbon seep communities; evidence for energy and nutritional carbon sources. *Science, Washington*, **238**, 1138–42.

Brown, J. H. & Maurer, B. A. (1986). Body size, ecological dominance and Cope's rule. *Nature, London*, **324**, 248–50.

Brundage, W. L., Buchanan, C. L. & Patterson, R. B. (1967). Search and serendipity. In *Deep-Sea Photography*, ed. J. B. Hersey, pp. 75–87. Baltimore: Johns Hopkins Press.

Bruun, A. F. (1937). Contributions to the life histories of the deep sea eels: Synaphobranchidae. *Dana Report*, No. 9, 31 pp.

 (1956). The abyssal fauna: its ecology, distribution and origin. *Nature, London*, **177**, 1105–8.

 (1957). Deep sea and abyssal depths. *Geological Society of America Memoir*, **67(1)**, 641–72.

Bucklin, A., Wilson, R. R. & Smith, K. L. (1987). Genetic differentiation of seamount and basin populations of the deep-sea amphipod *Eurythenes gryllus. Deep-Sea Research*, **34A**, 1795–810.

Buesseler, K. O., Livingston, H. D., Honjo, S., Hay, B. J., Manganini, S. J., Degens, E., Ittekkot, V., Izdar, E. & Konuk, T. (1987). Chernobyl radionuclides in a Black Sea sediment trap. *Nature, London*, **329**, 825–8.

Burnett, B. R. (1973). Observations of the microfauna of the deep-sea benthos using light and scanning electron microscopy. *Deep-Sea Research*, **20**, 413–17.

(1977). Quantitative sampling of microbiota of the deep-sea benthos. I. Sampling techniques and some data from the abyssal central North Pacific. *Deep-Sea Research*, **24**, 781–9.

(1979). Quantitative sampling of microbiota of the deep-sea benthos. II. Evaluation of technique and introduction to the biota of the San Diego Trough. *Transactions of the American Microscopical Society*, **98**, 233–42.

(1981). Quantitative sampling of microbiota of the deep-sea benthos. III. The bathyal San Diego Trough. *Deep-Sea Research*, **28A**, 649–63.

Burnett, B. R. & Nealson, K. H. (1981). Organic films and microorganisms associated with manganese nodules. *Deep-Sea Research*, **28A**, 637–45.

Busby, R. F. (1977). Unmanned submersibles. In *Submersibles and their Use in Oceanography and Ocean Engineering*, ed. R. A. Geyer, pp. 23–59. Amsterdam: Elsevier.

Butman, C. A. (1987). Larval settlement of soft-sediment invertebrates: the spatial scales of pattern explained by active habitat selection and the emerging role of hydrodynamical processes. *Oceanography and Marine Biology: an Annual Review*, **25**, 113–65.

Caccione, D. A., Rowe, G. T. & Malahoff, A. (1978). Submersible investigation of the outer Hudson submarine canyon. In *Sedimentation in Submarine Canyons, Fans and Trenches*, eds D. J. Stanley & G. Kelling, pp. 42–50. Stroudsberg, Pennsylvania: Dowden, Hutchinson & Ross.

Cadet, J. P., Kobayashi, K., Aubouin, J., Boulegue, J., Dubois, J., Von Huene, R., Jolivet, L., Kanazawa, T., Kasahara, J., Suyehiro, K., Lallemand, S., Nakamura, Y., Pautot, G., Suyehiro, K., Tani, S., Tokuyama, H. & Yamazaki, T. (1985). De la fosse de Japon à la fosse des Kouriles: premiers résultats de la campagne océanographique franco-japonaise Kaiko (leg III). *Compte rendus hebdomadaires des séances de l'Académie des sciences, Paris (Sér. II)*, **5**, 287–96.

Cahet, G. & Sibuet, M. (1986). Activité biologique en domains profond: transformations biochemique *in situ* de composés organiques marqués au carbone—14 à l'interface eau-sédiment par 2000 m de profondeur dans le Golfe de Gascogne. *Marine Biology*, **90**, 307–15.

Cairns, S. D. (1982). Antarctic and subantarctic Scleractinia. *Antartic Research Series*, **34**, 74 pp.

Calvert, S.E. (1978). Geochemistry of oceanic ferromanganese deposits. *Philosophical Transactions of the Royal Society of London, Series A*, **290**, 43–73.

Cameron, J. L., McEuen. F. S. & Young, C. M. (1988). Floating lecithotrophic eggs from the bathyal echinothuriid sea urchin *Araeosoma fenestratum*. In *Echinoderm Biology*, eds R. D. Burke, P. V. Mladenov, P. Lambert & R. L. Parsley, pp. 177–80. Rotterdam: Balkena.

Canadian American Seamount Expedition. (1985). Hydrothermal vents on an axis seamount of the Juan de Fuca ridge. *Nature, London*, **313**, 212–14.

Caralp, M.-H. (1987). Deep-sea circulation in the northeastern Atlantic over the past 30000 years: the benthic foraminiferal record. *Oceanologica Acta*, **10**, 27–40.

Carey, A. G. (1965). Preliminary studies on animal–sediment interrelationships off the central Oregon coast. *Transactions of the Joint Conference of Ocean Scientists and Engineers*, **1**, 100–10.

(1972). Food sources of sublittoral, bathyal and abyssal asteroids in the northeast Pacific. *Ophelia*, **10**, 35–47.

Carey, A. G. & Hancock, D. R. (1965). An anchor-box dredge for deep-sea sampling. *Deep-Sea Research*, **12**, 983–4.

Carlgren, O. (1956). Actinaria from depths exceeding 6000 meters. *Galathea Report*, **2**, 9–16.

Carman, K. R., Sherman, K. M. & Thistle, D. (1987). Evidence that sediment type influences the horizontal and vertical distribution of nematodes at a deep-sea site. *Deep-Sea Research*, **34A**, 45–53.

Carney, R. S. & Carey, A. G. (1977). Distribution pattern of holothurians on the northeastern Pacific (Oregon, U.S.A.) continental shelf slope, and abyssal plain. *Thallasia Jugoslavica*, **12**, 67–74.

Carney, R. S., Haedrich, R. L. & Rowe, G. T. (1983). Zonation of fauna in the deep sea. In *The Sea*, Vol 8, ed. G. T. Rowe, pp. 371–98, New York: Wiley-Interscience.

Carpenter, W. B., Jeffreys, J. W. & Thomson, W. (1870). Preliminary report of the scientific exploration of the deep sea in H.M. surveying-vessel 'Porcupine', during the summer of 1869. *Proceedings of the Royal Society of London*, **18**, 397–492.

Carter, G. S. (1961). Evolution in the deep sea. In *Oceanography*, ed. M. Sears, pp. 229–38. Washington, D.C.: American Association for the Advancement of Science.

Cartwright, N. G., Gooday, A. J. & Jones, A. R. The morphology, internal organization, and taxonomic position of *Rhizammina algaeformis* Brady, a large agglutinated deep-sea foraminifer. *Journal of Foraminiferal Research*, **19**, 115–25.

Cary, C., Fry, B., Felbeck, H. & Vetter, R. D. (1989). Multiple resources for a chemoautotrophic community at a cold water brine seep at the base of the Florida Escarpment. *Marine Biology*, **100**, 411–18.

Cary, S. C., Felbeck, H. & Holland, N. D. (1989). Observations on the reproductive biology of the hydrothermal vent tube worm *Riftia pachyptila*. *Marine Ecology Progress Series*, **52**, 89–94.

Cary, S. S., Fisher, C. R. & Felbeck, H. (1988). Mussel growth supported by methane as a sole carbon and energy source. *Science, Washington*, **240**, 78–80.

Caswell, H. (1976). Community structure: a neutral model analysis. *Ecological Monographs*, **46**, 327–54.

Cavanaugh, C. M. (1983). Symbiotic chemoautotrophic bacteria in marine invertebrates from sulphide-rich habitats. *Nature, London*, **302**, 58–61.

(1985). Symbiosis of chemoautotrophic bacteria and marine invertebrates from hydrothermal vents and reducing sediments. *Bulletin of the Biological Society of Washington*, **6**, 373–88.

Cavanaugh, C. M., Gardiner, S. L., Jones, M. L., Jannasch, H. W. & Waterbury, J. B. (1981). Procaryotic cells in the hydrothermal vent tubeworm, *Riftia pachyptila* Jones: possible chemoautotrophic symbionts. *Science, Washington*, **213**, 340–2.

Cavanaugh, C. M., Levering, P. R., Maki, J. S., Mitchell, R. & Listrom, M. E. (1987). Symbiosis of methylotrophic bacteria and deep-sea mussels. *Nature, London*, **325**, 348.

Cavanie, A. & Hyacinthe, J. L. (1976). Étude du courant et de la marée a la limite du plateau continental d'après les mesures effectuées pendant la campagne Golfe de Gascogne 1970. *Rapports Scientifique et Technical CNEXO*, **32**, 1–41.

Cedhagen, T. (1988). Position in the sediment and feeding of *Astrorhiza limicola* Sandahl, 1857 (Foraminifera). *Sarsia*, **73**, 43–7.

Certes, A. (1884). Sur la culture, à labrides germes atmosphériques, des eaux et des sédiments rapportés par les expéditions du Travailleur et Talisman. *Comptes rendu hebdomadaire des séances l'Académie des sciences, Paris*, **98**, 690–3.

Chapman, C. J. & Rice, A. L. (1971). Some direct observations on the ecology and behaviour of the Norway lobster *Nephrops norvegicus*. *Marine Biology*, **10**, 321–9.

Chardy, P. (1979). Structure of deep-sea Asellota assemblages in the Bay of Biscay; relationships with the environment. *Ambio Special Report*, **6**, 79–82.

Charmasson, S. S. & Calmet, D. P. (1987). Distribution of scavenging Lysianassidae amphipods *Eurythenes gryllus* in the northeast Atlantic: comparison with studies held in the Pacific. *Deep-Sea Research*, **34A**, 1509–23.

Cherbonnier, G. & Sibuet, M. (1972). Résultats scientifiques de la campagne Noratlante: astéroides et ophiurides. *Bulletin du Muséum national d'histoire naturelle, Paris (Sér. 3) Zoologie*, No. 76, 1333–94.

Cherry, R. D. & Heyraud, M. (1982). Evidence of high natural radiation doses in certain mid-water oceanic organisms. *Science, Washington*, **218**, 54–56.

Childress, J. J. (1976). The respiratory rates of midwater crustacea as a function of depth of occurrence and relation to the oxygen minimum layer off southern California. *Comparative Biochemistry and Physiology*, **50A**, 787–99.

(ed.) (1988). Hydrothermal vents: A case study of the biology and chemistry of a deep-sea hydrothermal vent of the Galapagos Rift. *Deep-Sea Research*, **35**, Nos 10/11A, 1677–849.

(1988). Biology and chemistry of a deep-sea hydrothermal vent on the Galapagos Rift; the Rose Garden in 1985. Introduction. *Deep-Sea Research*, **35A**, 1677–80.

Childress, J. J., Cowles, D. L., Favuzzi, J. A. & Mickel, T. J. (1990). Metabolic rates of benthic deep-sea decapod crustaceans decline with increasing depth primarily due to the decline in temperature. *Deep-Sea Research*, **37A**, 929–49.

Childress, J. J. & Fisher, C. R. (1988). The methanotrophic symbiosis in a hydrocarbon seep mussel. Fifth Deep-Sea Biology Symposium, June 26th–July 1st 1988, Brest: Institut Français de Recherche pour l'Exploitation de la Mer.

Childress, J. J., Fisher, C. R., Brooks, J. M., Kennicutt, M. C., Bidigare, R. & Anderson, A. E. (1986). A methanotrophic marine molluscan (Bivalvia, Mytilidae) symbiosis: mussels fueled by gas. *Science, Washington*, **233**, 1306–8.

Childress, J. J., Gluck, D. L., Carney, R. S. & Gowing, M. M. (1989). Benthopelagic biomass distribution and oxygen consumption in a deep-sea benthic boundary layer dominated by gelatinous organisms. *Limnology and Oceanography*, **34**, 913–30.

Childress, J. J. & Mickel, T. J. (1982). Oxygen and sulfide consumption rates of the vent clam *Calyptogena pacifica*. *Marine Biology Letters*, **3**, 3–79.

Childress, J. J. & Mickel, T. J. (1985). Metabolic rates of animals from the hydrothermal vents and other deep-sea habitats. *Bulletin of the Biological Society of Washington*, **6**, 249–60.

Cho, B. C. & Azam, F. (1988). Major role of bacteria in biogeochemical fluxes in the ocean interior. *Nature, London*, **332**, 441–3.

Clark, J. P. (1982). The nodules are not essential. *Oceanus*, **25**, 18–21.

Clark, R. B. (1977). Reproduction, speciation and polychaete taxonomy. In *Essays on Polychaetous Annelids*, eds D. K. Reish & K. Fauchald, pp. 477–501. Los Angeles: Alan Hancock Foundation Special Publications.

Clarke, A. H. (1962). On the composition, zoogeography, origin and age of the deep-sea mollusk fauna. *Deep-Sea Research*, **9**, 291–306.

Cliff, A. D. & Ord, J. K. (1973). *Spatial Autocorrelation*. London: Pion.

Cochran, J. K. (1982). The use of naturally occurring radionuclides as tracers for biologically related processes in deep-sea sediments. In *The Environment of the Deep-Sea*, eds W. G. Ernst & J. G. Morin, pp. 55–72. Englewood Cliffs, New Jersey: Prentice-Hall.

Cohen, D. M., Rosenblatt, R. H. & Moser, H. G. (1990). Biology and description of a bythitid fish from deep-sea thermal vents in the tropical eastern Pacific. *Deep-Sea Research*, **37A**, 267–83.

Cole, J. J., Honjo, S. & Erez, J. (1987). Benthic decomposition of organic matter at a deep-water site in the Panama Basin. *Nature, London,* **327**, 703–4.

Colman, J. G. & Tyler, P. A. (1988). Observations on the reproductive biology of the deep-sea trochid *Calliostoma otteri* (Philippi). *Journal of Molluscan Studies,* **54**, 239–42.

Colman, J. G., Tyler, P. A. & Gage, J. D. (1986a). The reproductive biology of *Colus jeffreysianus* (Gastropoda: Prosobranchia) from 2000 m in the N.E. Atlantic. *Journal of Molluscan Studies,* **52**, 45–54.

(1986b). Larval development of the deep-sea gastropods (Prosobranchia: Neogastropoda) from the Rockall Trough. *Journal of the Marine Biological Association of the United Kingdom,* **66**, 951–65.

Comita, P. B., Gagosian, R. B. & Williams, P. M. (1984). Suspended particulate organic material from hydrothermal vent waters at 21° N. *Nature, London,* **307**, 450–3.

Conan, G., Roux, M. & Sibuet, M. (1981). A photographic survey of a population of the stalked crinoid *Diplocrinus* (*Annacrinus*) *wyvillethomsoni* (Echinodermata) from the bathyal slope of the Bay of Biscay. *Deep-Sea Research,* **28A**, 441–53.

Connell, J. H. (1970). A predator–prey system in the marine intertidal region. 1. *Balanus glandula* and several predatory species of *Thais. Ecological Monographs,* **40**, 49–78.

(1978). Diversity in tropical rain forests and coral reefs. *Science, Washington,* **199**, 1302–9.

Cook, D. G. (1970). Bathyal and abyssal Tubificidae (Annelida, Oligochaeta) from the Gay Head–Bermuda transect, with descriptions of new genera and species. *Deep-Sea Research,* **17**, 973–81.

Cooper, L. H. N. (1952). The physical and chemical oceanography of the waters bathing the continental slope of the Celtic Sea. *Journal of the Marine Biological Association of the United Kingdom,* **30**, 465–509.

Corliss, J. B. & Ballard, R. D. (1977). Oases of life in the cold abyss. *National Geographic Magazine,* **152**, 441–53.

Corliss, J. B., Baross, J. A. & Hoffman, S. E. (1981). An hypothesis concerning the relationship between submarine hot springs and the origin of life on Earth. In *Proceedings 26th International Geological Congress, Geology of Oceans Symposium, Paris, July 7–17, 1980,* pp. 59–69. Paris.

Corliss, J. B., Dymond, J., Gordo, L. I., Edmond, J. M., von Herzen, R. P., Ballard, R. D., Green K., Williams, D., Bainbridge, A., Crane, K. & van Andel, T. H. (1979). Submarine thermal springs on the Galapagos Rift. *Science, Washington,* **203**, 1073–83.

Corner, E. D. S., Denton, E. J. & Forster, G. R. (1969). On the buoyancy of some deep-sea sharks. *Proceedings of the Royal Society, Series B,* **171**, 415–29.

Coull, B. C. (1972). Species diversity and faunal affinities of meiobenthic Copepoda in the deep sea. *Marine Biology,* **14**, 48–51.

Coull, B. C., Ellison, R. L., Fleeger, J. W., Higgens, R. P., Hope, W. D., Hummon, W. D., Rieger, R. M., Sterrer, W. E., Thiel, H. & Tietjen,

J. H. (1977). Quantitative estimates of the meiofauna from the deep sea off North Carolina, USA. *Marine Biology*, **39**, 233–40.

Craib, J. S. (1965). A sampler for taking short undisturbed marine cores. *Journal du Conseil*, **30**, 34–9.

Crane, K., Aikman, F., Embley, R. Hammond, S. & Malahoff, A. (1985). The distribution of geothermal fields on the Juan de Fuca Ridge. *Journal of Geographical Research*, **90**, 727–44.

Crane, K. & Ballard, R. D. (1980). The Galapagos Rift at 86° W: 4. Structure and morphology of hydrothermal fields and their relationship to the volcanic and tectonic processes of the Rift Valley. *Journal of Geographical Research*, **85**, 1443–54.

Crosnier, A. & Forest, J. (1973). Les crevettes profondes de l'Atlantique oriental tropical. *Faune Tropicale*, **19**, 1–409.

Culliney, J. B. & Turner, R. D. (1976). Larval development of the deep-water wood boring bivalve, *Xylophaga atlantica* Richards (Mollusca, Bivalvia, Pholadidae). *Ophelia*, **15**, 149–61.

Curry, G. B. (1983). Ecology of the recent deep-water rhynchonellid brachiopod *Cryptopora* from the Rockall Trough. *Palaeogeography, Palaeoclimatology, Palaeoecology*, **44**, 93–102.

Curtis, C. (1982). The environmental aspects of deep ocean mining. *Oceanus*, **25**, 31–36.

Cutler, E. B. (1975). Zoogeographical barrier on the continental slope off Cape Lookout, North Carolina. *Deep-Sea Research*, **22**, 893–901.

Cutler, E. B. & Cutler, N. J. (1987). Deep-water Sipuncula from the eastern Atlantic Ocean. *Sarsia*, **72**, 71–89.

CYAMEX Scientific Team: Francheteau, J., Needham, H. D., Choukroune, P., Juteau, T., Seguret, M., Ballard, R. D., Fox, P. J., Normark, W. R., Carranza, A., Cordoba, D., Guerrero, J. & Rangan, C. (1981). First manned submersible dives on the East Pacific Rise at 21° N (Project Rita): general results. *Marine Geophysical Research*, **4**, 345–79.

Dahl, E. (1954). The distribution of deep-sea Crustacea. In *On the Distribution and Origin of the Deep Sea Bottom Fauna. International Union of Biological Sciences*, Ser. B, **16**, 43–8.

(1972). The Norwegian Sea deep water fauna and its derivation. *Ambio Special Report*, **2**, 19–24.

(1979). Amphipoda Gammaridea from the deep Norwegian Sea. A preliminary report. *Sarsia*, **64**, 57–60.

Dahl, E., Laubier, L., Sibuet, M. & Stromberg, J.-O. (1976). Some quantitative results on benthic communities of the deep Norwegian Sea. *Astarte*, **9**, 61–79.

Dando, P. R. & Southward, A. J. (1986). Chemoautotrophy in bivalve molluscs of the genus *Thyasira*. *Journal of the Marine Biological Association of the United Kingdom*, **66**, 915–29.

Darwin, C. R. (1881). *The Formation of Vegetable Mould through the Action of Worms, with Observations on their Habits*. London: John Murray.

Dattagupta, A. K. (1981). Atlantic echiurans. Part I. Report on twenty-two species of deep-sea echiurans of the North and the South Atlantic Ocean. *Bulletin du Muséum national d'histoire naturelle. Paris. (Sér. 3)*, No. 2, Zoologie, 353–78.

Dauer, D. M. (1983). Functional morphology and feeding behaviour of *Scololepis squamata* (Polychaeta: Spionidae). *Marine Biology*, **77**, 279–85.

David, B. (1983). Isolement géographique de populations benthique abyssales: les *Pourtalesia jeffreysi* (Echinoidea, Holasteroida) en Mer de Norvège. *Oceanologica Acta*, **6**, 13–20.

Davies, G. D. (1987). Aspects of the biology and ecology of deep-sea Scaphopoda. Unpublished PhD Thesis, Heriot Watt University, Edinburgh, 194 pp.

Dayton, P. K. (1971). Competition, disturbance and community organization: the provision and subsequent utilization of space in a rocky intertidal community. *Ecological Monographs*, **41**, 351–89.

Dayton, P. K. & Hessler, R. R. (1972). Role of biological disturbance in maintaining diversity in the deep sea. *Deep-Sea Research*, **19**, 199–208.

Dayton, P. K., Newman, W. A. & Oliver, J. S. (1982). The vertical zonation of the deep-sea Antarctic acorn barnacle, *Bathylasma corolliforme* (Hoek): experimental transplants from the shelf into shallow water. *Journal of Biogeography*, **9**, 95–109.

De Broyer, C. & Thurston, M. H. (1987). New Atlantic material and redescription of the type specimens of the giant abyssal amphipod *Alicella gigantea* Chevreux (Crustacea). *Zoologica Scripta*, **16**, 335–50.

DeLaca, T. E., Karl, D. & Lipps, J. H. (1981). Direct use of dissolved organic carbon by agglutinated benthic foraminifera. *Nature, London*, **289**, 287–9.

DeMaster, D. (1979). The marine silica and Si budgets. Unpublished PhD Thesis, Yale University.

Deming, J. W. (1985). Bacterial growth in deep-sea sediment trap and boxcore samples. *Marine Ecology – Progress Series*, **25**, 305–12.

(1986). Ecological strategies of barophilic bacteria in the deep ocean. *Microbiological Sciences*, **3**, 205–11.

Deming, J. W. & Colwell, R. R. (1982). Barophilic bacteria associated with the digestive tract of abyssal holothurians. *Applied and Environmental Microbiology*, **44**, 1222–30.

(1985). Observations of barophilic microbial activity in samples of sediment and intercepted particulates from the Demerara Abyssal Plain. *Applied and Environmental Microbiology*, **50**, 1002–6.

Deming, J. W., Tabor, P. S. & Colwell, R. R. (1981). Barophilic growth of bacteria from intestinal tracts of deep-sea invertebrates. *Microbial Ecology*, **7**, 85–94.

Desbruyères, D., Bevas, J. Y. & Khripounoff, A. (1980). Un cas de colonisation rapide d'une sédiment profond. *Oceanologica Acta*, **3**, 285–91.

Desbruyères, D., Crassous, P., Grassle, J., Khripounoff, A., Reyss, D., Rio, M. & Van Praet, M. (1982). Données écologiques sur un nouveau site d'hydrothermalisme actif de la ride du Pacifique oriental. *Compte rendus de l'Académie des sciences, Paris (Sér. III)*, **295**, 489–94.

Desbruyères, D., Deming, J., Dinet, A. & Khripounoff, A. (1985). Réactions de l'écosystème benthique profond aux perturbations: nouveaux résultats expérimentaux. In *Peuplements Profonds du Golfe de Gascogne*, eds L. Laubier & C. Monniot, pp. 121–42. Brest: Institut Français de Recherche pour l'Exploitation de la Mer.

Desbruyères, D., Gaill, F., Laubier, L. & Fouquet, Y. (1985). Polychaetous annetids from hydrothermal vent ecosystems: an ecological overview. *Bulletin of the Biological Society of Washington*, **6**, 103–16.

Desbruyères, D. & Laubier, L. (1980). *Alvinella pompejana* gen. sp. nov., Ampharetidae aberrent des sources hydrothermales de la ride Est-Pacifique. *Oceanologica Acta*, **3**, 267–74.

Detrick, R. S., Honorez, J., Adamson, A. C., Brass, G. W., Gillis, K. M., Humphris, S. E., Mevel, C., Meyer, P. S., Petersen, N., Rautenschlein, M., Shibata, T., Staudigel, H., Wooldridge, A. & Yamamoto, K. (1986). Mid-Atlantic bare-rock drilling and hydrothermal vents. *Nature, London*, **321**, 14–15.

Deuser, W. G. (1986). Seasonal and interannual variations in deep water particle fluxes in the Sargasso sea and their relation to surface hydrography. *Deep-Sea Research*, **33A**, 225–46.

  (1987). Seasonal variation in isotopic composition and deep-water fluxes of the tests of perennially abundant planktonic forams of the Sargasso sea. Results from the sediment trap collections and their palaeoceanographic significance. *Journal of Foraminiferan Research*, **17**, 14–27.

Deuser, W. G. & Ross, E. H. (1980). Seasonal change in the flux of organic carbon to the deep Sargasso Sea. *Nature, London*, **283**, 364–5.

Deuser, W. G., Ross E. H. & Anderson, R. F. (1981). Seasonality in the supply of sediment to the deep Sargasso Sea and implications for the rapid transfer of matter to the deep ocean. *Deep-sea Research*, **28A**, 495–505.

Dickinson, J. J. (1978). Faunal composition of the gammarid Amphipoda (Crustacea) in two bathyal basins of the California continental borderland. *Marine Biology*, **48**, 367–72.

Dickinson, J. J. & Carey, A. G. (1978). Distribution of gammarid Amphipoda (Crustacea) on Cascadia Abyssal Plain (Oregon). *Deep-Sea Research*, **25**, 97–106.

Dickson, R. R. (1983). Global summaries and intercomparisons: flow statistics from long-term current meter moorings. In *Eddies in Marine Science*, ed. A. R. Robinson, pp. 278–353. Berlin: Springer-Verlag.

Dickson, R. R., Gould, W. J., Griffiths, C., Medler, K. J. & Gmitrowicz, E. M. (1986). Seasonality in currents of the Rockall Trough. *Proceedings of the Royal Society of Edinburgh*, **88B**, 103–25.

Dickson, R. R., Gould, W. J., Gurbutt, P. A. & Killworth, P. D. (1982). A seasonal signal in the ocean currents to abyssal depths. *Nature, London*, **295**, 193–8.

Dickson, R. R. & Hughes, D. G. (1981). Satellite evidence of mesoscale eddy activity over the Biscay abyssal plain. *Oceanologica Acta*, **4**, 43–6.

Digby, P. G. N. & Kempton, R. A. (1987). *Multivariate Analysis of Ecological Communities*. London: Chapman and Hall.

Diggle, P. J. (1983). *Statistical Analysis of Spatial Point Patterns*. London: Academic Press.

Dillon, W. P. & Zimmerman, H. B. (1970). Erosion by biological activity in two New England submarine canyons. *Journal of Sedimentary Petrology*, **40**, 542–7.

Dinet, A. (1979). A quantitative survey of meiobenthos in the deep Norwegian Sea. *Ambio Special Report*, **6**, 75–7.

Dinet, A., Desbruyères, D. & Khripounoff, A. (1985). Abondance des peuplements macro- et meio-benthiques: répartition et stratégie d'échantillonage. In *Peuplements Profonds du Golfe de Gascogne*, ed. L. Laubier & C. Monniot, pp. 121–42. Brest: Institut Français de Recherche pour l'Exploitation de la Mer.

Dinet, A., Laubier, L., Soyer, J. & Vitellio, P. (1973). Résultats biologique de la campagne Polymede. II. Le meiobenthos abyssal. *Rapport et procès-verbaux des réunions. Commission internationale pour l'exploration scientifique de la Mer Méditerranée*, **21**, 701–4.

Dinet, A. & Vivier, M.-H. (1977). Le meiobenthos abyssal du Golfe de Gascogne. I. Considérations sur les données quantitatives. *Cahiers de Biologie Marine*, **18**, 85–97.

(1979). Le meiobenthos abyssal du Golfe de Gascogne. II. Les Peuplements de Nématodes et leur diversité spécifique. *Cahiers de Biologie Marine*, **20**, 9–123.

Dobzhansky, T., Ayala, F. J., Stebbins, G. L. & Valentine, J. W. (1977). *Evolution*. San Francisco: Freeman.

Douglas, R. & Woodruff, F. (1981). Deep-sea benthic Foraminifera. In *The Sea*, Vol. 7, ed. C. Emiliani, pp. 1233–8. New York: John Wiley.

Doyle, R. W. (1972). Genetic variation in *Ophiomusium lymani* (Echinodermata) populations in the deep sea. *Deep-Sea Research*, **19**, 661–4.

(1979). Ingestion rate of a selective deposit feeder in a complex mixture of particles: testing the energy optimization hypothesis. *Limnology and Oceanography*, **24**, 867–74.

Duco, A. & Roux, M. (1981). Modalités particulières de croissance liées au milieu abyssal chez les Bathycrinidae (Échinodermes, Crinoïdes pédoncules). *Oceanologica Acta*, **4**, 389–93.

Eagle, R. A. (1975). Natural fluctuations in a soft bottom benthic community. *Journal of the Marine Biological Association of the United Kingdom*, **55**, 865–78.

Eckman, J. A. (1979). Small-scale patterns and processes in softsubstratum, intertidal community. *Journal of Marine Research*, **37**, 437–57.

(1983). Hydrodynamic processes affecting benthic recruitment. *Limnology and Oceanography*, **28**, 241–57.

(1987). The role of hydrodynamics in recruitment, growth, and survival of *Argopecten irradians* (L.) and *Anomia simplex* (D'Orbigny) within seagrass meadows. *Journal of Marine Biology and Ecology*, **106**, 165–91.

Eckman, J. A., Nowell, A. R. M. & Jumars, P. A. (1981). Sediment destabilization by animal tubes. *Journal of Marine Research*, **39**, 361–74.

Eckman, J. A. & Thistle, D. (1988). Small-scale spatial pattern in meiobenthos in the San Diego Trough. *Deep-Sea Research*, **35**, 1565–78.

Eittreim, S., Thorndike, E. M. & Sullivan, L. (1976). Turbidity distribution in the Atlantic Ocean. *Deep-Sea Research*, **23**, 115–27.

Ekdale, A. A. (1985). Paleoecology of the marine endobenthos. *Palaeogeography, Palaeoclimatology, Palaeoecology*, **50**, 63–81.

Ekdale, A. A. & Berger, W. H. (1978). Deep-sea ichnofacies: modern organism traces on and in pelagic carbonates of the western equatorial Pacific. *Palaeogeography, Palaeoclimatology, Palaeoecology*, **23**, 263–78.

Ekman, S. (1953). *Zoogeography of the Sea*. London: Sidgwick & Jackson.

Eleftheriou, A. & Holme, N. A. (1984). Macrofaunal techniques. In *Methods for the study of Marine Benthos*, eds. N. A. Holme & A. D. McIntyre, pp. 140–216. Oxford: Blackwell Scientific Publications.

Ellett, D. J., Edwards, A. & Bowers, R. (1986). The hydrography of the Rockall Channel – an overview. *Proceedings of the Royal Society of Edinburgh*, **88B**, 61–81.

Ellett, D. J. & Martin, J. H. A. (1973). The physical and chemical oceanography of the Rockall Channel. *Deep-Sea Research*, **20**, 585–625.

Ellett, D. J. & Roberts, D. (1973) The overflow of Norwegian Sea deep water across the Wyville Thomson Ridge. *Deep-Sea Research*, **20**, 585–625.

Elliott, J. M. (1971). *Some Methods for the Statistical Analysis of Samples of Benthic Invertebrates*. Scientific Publication No. 25. Ambleside, Cumbria: Freshwater Biological Association.

Emerson, S., Fischer, K., Reimers, C. & Heggie, D. (1985). Organic carbon dynamics and preservation in deep-sea sediments. *Deep-Sea Research*, **32A**, 1–22.

Emig, C. C. (1985). Distribution et synécologie des fonds à *Gryphus vitreus* (Brachiopoda) en Corse. *Marine Biology*, **90**, 139–46.

(1987). Offshore brachiopods investigated by submersible. *Journal of Experimental Marine Biology and Ecology*, **108**, 261–73.

Enright, J. T., Newman, W. A., Hessler, R. R. & McGowan, J. A. (1981). Deep-ocean hydrothermal vent communities. *Nature, London*, **289**, 219–21.

Epp, D. & Smoot, N. C. (1989). Distribution of seamounts in the North Atlantic. *Nature, London*, **337**, 254–7.

Erseus, C. (1985). Distribution and biogeography of Oligochaeta. In *Peuplements Profonds du Golfe de Gascogne*, eds L. Laubier & C. Monniot, pp. 365–7. Brest: Institut Français de Recherche pour l'Exploitation de la Mer.

Ewing, M. & Davis, R. A. (1967). Lebensspuren photographed on the ocean floor. In *Deep-Sea Photography*, ed. J. B. Hersey, pp. 259–94. Baltimore: Johns Hopkins Press.

Fager, E. W. (1972). Diversity: a sampling study. *American Naturalist*, **106**, 293–310.

Farran, G. P. (1924). Seventh report on the fishes of the Irish Atlantic slope. The macrurid fishes (Coryphaenoididae). *Proceedings of the Royal Irish Academy*, **36B**, 91–148.

Fauchald, K. & Jumars, P. A. (1979). The diet of worms: a study of polychaete feeding guilds. *Oceanography and Marine Biology: an Annual Review*, **17**, 193–284.

Felbeck, H. (1981). Chemoautotrophic potential of the hydrothermal vent tubeworm *Riftia pachyptila* Jones (Vestimentifera). *Science, Washington*, **203**, 1073–83.

(1983). Sulfide oxidation and carbon fixation by the gutless clam *Solemya reidi*: An animal–bacteria symbiosis. *Journal of Comparative Physiology*, **152**, 3–11.

(1985). CO_2 fixation in the hydrothermal vent tube worm *Riftia pachyptila* (Jones). *Physiological Zoology*, **58**, 272–81.

Felbeck, H., Childress, J. J. & Somero, G. N. (1981). Calvin–Benson cycle and sulphide oxidation enzymes in animals from sulphide-rich habitats. *Nature, London*, **293**, 291–3.

Felbeck, H. & Somero, G. N. (1982). Primary production in deep-sea hydrothermal vent organisms: roles of sulfide-oxidizing bacteria. *Trends in Biochemical Research*, **7**, 201–4.

Feller, R. J., Zagursky, G. & Day, E. A. (1985). Deep-sea food-web analysis using cross-reacting antisera. *Deep-Sea Research*, **32A**, 488–97.

Fenchel, T. M. (1975a). Factors determining the distribution patterns of mud snails (Hydrobiiae). *Oecologia, Berlin*, **20**, 1–17.

(1975b). Character displacement and coexistence in mud snails (Hydrobiidae). *Oecologia, Berlin*, **20**, 19–32.

(1978). The ecology of the micro- and meiobenthos. *Annual Review of Ecology and Systematics*, **9**, 99–121.

Fiala-Médioni, A. & Le Pennec, M. (1988). Structural adaptations in the gill of the Japan subduction zone bivalves (Vesicomyidae) *Calyptogena phaseoliformis* and *Calyptogena lauberi*. *Oceanologica Acta*, **11**, 185–92.

Filatova, Z. A. (1982). On some problems of the quantitative study of deep-sea bottom fauna. *Trudy Instituta Okeanologii*, **117**, 5–18 (English translation by Institute of Oceanographic Sciences, Translation No. 179, 1984).

Filatova, Z. A. & Vinogradova, N. G. (1974). Bottom fauna of the South Atlantic deep-sea trenchs. *Trudÿ Instituta Okeanologii*, **98**, 141–56 (in Russian, English summary).

Firth, R. W. & Pequegnat, W. E. (1971). Deep-sea lobsters of the families Polychelidae and Nephropidae (Crustacea, Decapoda) in the Gulf of Mexico and Caribbean Sea. Texas A & M Research Foundation, Reference 71–11T, 103 pp.

Fisher, C. R. Marine environments and their chemolithautotrophic symbionts. *Reviews in Aquatic Sciences* (in press).

Fisher, C. R., Childress, J. J., Arp, A. J., Brooks, J. M., Distel, D. L., Dugan, J. A., Felbeck, H., Fritz, L. W., Hessler, R. R., Johnson, K. S., Kennicutt II, M. C., Lutz, R. A., Macko, S. A., Newton, A., Powell, M. A., Somero, G. N. & Soto, T. (1988a). Variation in the hydrothermal vent clam *Calyptogena magnifica*, at the Rose Garden vent on the Galapagos spreading centre. *Deep-Sea Research*, **35A**, 1811–31.

Fisher, C. R., Childress, J. J., Arp, A. J., Brooks, J. M., Distel, D., Favuzzi, J. A., Felbeck, H., Hessler, R. R., Johnson, K. S., Kennicutt II, M. C., Macko, S. A., Newton, A., Powell, M. A., Somero, G. N. & Soto, T. (1988b). Microhabitat variation in the hydrothermal vent mussel *Bathymodiolus thermophilus* at the Rose Garden vent on the Galapagos Rift. *Deep-Sea Research*, **35A**, 1769–88.

Fisher, C. R., Childress, J. J., Oremland, R. A. & Bidigare, R. R. (1987). The importance of methane thiosulfate in the metabolism of the bacterial symbionts of two deep-sea mussels. *Marine Biology*, **96**, 59–71.

Fisher, M. & Hand, C. (1984). Chemoautotrophic symbionts in the bivalve *Lucina floridana* from seagrass beds. *Biological Bulletin. Marine Biological Laboratory, Woods Hole, Mass.*, **167**, 445–59.

Foell, E. J. & Pawson, D. L. (1986). Photographs of invertebrate megafauna from abyssal depths of the north-eastern equatorial Pacific Ocean. *Ohio Journal of Science*, **86**, 61–8.

Forster, G. R. (1964). Line-fishing on the continental slope. *Journal of the Marine Biological Association of the United Kingdom*, **44**, 277–284.

(1981). A note on the growth of *Arctica islandica*. *Journal of the Marine Biological Association of the United Kingdom*, **61**, 817.

Fowler, S. W., Ballestra, S., La Rose, J. & Fukai, R. (1983). Vertical transport of particulate-associated plutonium and americium in the upper water column of the Northeast Pacific. *Deep-Sea Research*, **30A**, 1221–33.

Fowler, S. W., Buat-Menard, P., Yokoyama, Y., Ballastra, S., Holm, E. & Huu Van Nguyen (1987). Rapid removal of Chernobyl fallout from Mediterranean surface waters by biological activity. *Nature, London*, **329**, 56–58.

Fowler, S. W. & Knauer, G. A. (1986). Role of large particles in the transport of elements and organic compounds through the oceanic water column. *Progress in Oceanography*, **16**, 147–94.

Francheteau, J. & Ballard, R. D. (1983). The East Pacific rise near 21° N,

13° N and 20° S: Inferences for a long-strike variability of axial processes of the Mid-Ocean Ridge. *Earth and Planetary Science Letters*, **64**, 93–116.

Francheteau, J., Needham, H. D., Choukroune, P., Juteau, T., Seguret, M., Ballard, R. D., Fox, J. P., Normark, W., Carranza, A., Cordoba, D., Guerrero, J., Rangin, C., Bougault, H., Cambon, P. & Hekinian, R. (1979). Massive deep-sea sulphide ore deposits discovered on the East Pacific Rise. *Nature, London*, **227**, 523–8.

Fredj, G. & Laubier, L. (1985). The deep Mediterranean benthos. In *Mediterranean Marine Ecosystems*, eds M. Moriatou-Apostolopoulou & V. Kiortsis, pp. 109–45. New York: Plenum Press.

Freeman, T. J., Murray, C. N., Francis, T. J. G., McPhail, S. D. & Schultheiss, P. J. (1984). Modelling radioactive waste disposal by penetrator experiments in the abyssal Atlantic Ocean. *Nature, London*, **310**, 130–3.

Frey, R. W., Howard, J. D. & Pryor, W. A. (1978). *Ophiomorpha*: its morphologic, taxonomic, and environmental significance. *Palaeogeography, Palaeoclimatology, Palaeoecology*, **23**, 199–229.

Fujita, T. & Ohta, S. (1988). Photographic observations of the life style of a deep-sea ophiuroid *Asteronyx loveni (Echinodermata)*. *Deep-Sea Research*, **35A**, 2029–43.

Fujita, T., Ohta, S. & Oji, T. (1987). Photographic observations of the stalked crinoid *Metacrinus rotundus* Carpenter in Surugu Bay, Central Japan. *Journal of the Oceanographical Society of Japan*, **43**, 333–43.

Fustec, A., Desbruyères, D. & Juniper, S. K. (1987). Deep-sea hydrothermal vent communities at 13° N on the East Pacific Rise: microdistribution and temporal variations. *Biological Oceanography*, **4**, 99–164.

Fustec, A., Desbruyères, D. & Laubier, L. (1988). Biomass estimates of animal communities associated with deep-sea hydrothermal vents near 13° N/EPR. *Oceanologica Acta* (spec. Vol.) **8**, 15–21.

Gage, J. D. (1975). A comparison of the deep-sea epibenthic sledge and anchor-box dredge samplers with the van Veen grab and hand coring by divers. *Deep-Sea Research*, **22**, 693–702.

(1977). Structure of the abyssal macrobenthic community in the Rockall Trough. In *Biology of Benthic Organisms*, eds B. F. Keegan, P. O. Ceidigh & P. J. S. Boaden, pp. 247–60. Oxford: Pergamon.

(1978). Animals in deep sea sediments. *Proceedings of the Royal Society of Edinburgh*, **76B**, 77–93.

(1979). Macrobenthic community structure in the Rockall Trough. *Ambio Special Report*, **6**, 43–6.

(1982). Age structure in populations of the deep-sea brittle star *Ophiomusium lymani*: a regional comparison. *Deep-Sea Research*, **29A**, 1505–86.

(1986). The benthic fauna of the Rockall Trough: regional distribution and bathymetric zonation. *Proceedings of the Royal Society of Edinburgh*, **88B**, 159–74.

(1987). Growth of the deep-sea irregular sea urchins *Echinosigra phiale* and *Hemiaster expergitus* in the Rockall Trough (N.E. Atlantic Ocean). *Marine Biology*, **96**, 19–30.

(1990). Skeletal growth markers in the deep-sea brittle stars *Ophiura ljungmani* and *Ophiomusium lymani*. *Marine Biology*, **104**, 427–35.

Biological rates in the deep sea: a perspective from studies on processes at the benthic boundary layer. *Reviews in Aquatic Sciences* (in press).

Gage, J. D. & Billett, D. S. M. (1986). The family Myriotrochidae Théel (Echinodermata: Holothurioidea) in the deep Northeast Atlantic Ocean. *Zoological Journal of the Linnaean Society*, **88**, 229–76.

Gage, J. D., Billett, D. S. M., Jensen, M. & Tyler, P. A. (1985). Echinoderms of the Rockall Trough and adjacent areas. 2. Echinoidea and Holothurioidea. *Bulletin of the British Museum, Natural History, (Zoology)*, **48**, 173–213.

Gage, J. D., Lightfoot, R. H., Pearson, M. & Tyler, P. A. (1980). An introduction to a sample time-series of abyssal macrobenthos: methods and principle sources of variability. *Oceanologica Acta*, **3**, 169–76.

Gage, J. D., Pearson, M., Billett, D. S. M., Clark, A. M., Jensen, M., Paterson, G. L. J. & Tyler, P. A. (1985). Echinoderm zonation in the Rockall Trough (NE Atlantic). In *Proceedings of the Fifth International Echinoderm Conference, Galway 24–29 September 1984*, eds B. F. Keegan & B. D. S. O'Connor, pp. 31–6. Rotterdam: Balkema.

Gage, J. D., Pearson, M., Clark, A. M., Paterson, G. L. J. & Tyler, P. A. (1983). Echinoderms of the Rockall Trough and adjacent areas. I. Crinoidea, Asteroidea and Ophiuroidea. *Bulletin of the British Museum, Natural History, (Zoology)*, **45**, 263–308.

Gage, J. D. & Tyler, P. A. (1981*a*). Non-viable seasonal settlement of larvae of the upper bathyal brittlestar *Ophiocten gracilis* in the Rockall Trough abyssal. *Marine Biology*, **64**, 153–61.

(1981*b*). Reappraisal of age composition, growth and survivorship of the deep-sea brittle star *Ophiura ljungmani* from size structure in a time series from the Rockall Trough. *Marine Biology*, **64**, 163–72.

(1982). Growth and reproduction in the deep-sea brittlestar *Ophiomusium lymani* Wyville Thomson. *Oceanologica Acta*, **5**, 73–83.

(1985). Growth and recruitment of the deep-sea urchin *Echinus affinis*. *Marine Biology*, **90**, 41–53.

Gage, J. D., Tyler, P. A. & Nichols, D. (1986). Reproduction and growth of *Echinus acutus* var. *norvegicus* and *E. elegans* on the continental slope off Scotland. *Journal of Experimental Marine Biology and Ecology*, **101**, 61–83.

Gardiner, L. F. (1975). The systematics, postmarsupial development, and ecology of the deep-sea family Neotanaidae (Crustacea: Tanaidacea). *Smithsonian Contributions to Zoology*, No. 170, 265 pp.

Gardner, W. D. (1989). Baltimore Canyon as a modern conduit of sediment to the deep sea. *Deep-Sea Research*, **36A**, 323–58.

Gardner, W. D., Hinga, K. R. & Marra, J. (1983). Observations on the degradation of biogenic material in the deep ocean with implications on accuracy of sediment trap fluxes. *Journal of Marine Research*, **41**, 195–214.

Gardner, W. D., Sullivan, L. G. & Thorndike, E. M. (1984). Long-term photographic, current, and nephelometer observations of manganese nodule environments in the Pacific. *Earth and Planetary Science Letters*, **70**, 95–109.

Gauch, H. G. (1982). *Multivariate Analysis in Community Ecology*. Cambridge University Press.

Gebruk, A. V. (1983). Abyssal holothurians of the genus *Scotoplanes* (Elasipoda, Elpidiiae). *Zoologicheskii Zhurnal*, **62**, 1359–70 (in Russian, English summary).

Geiger, S. R. (1963). *Ophiopluteus ramosus* between Iceland and Newfoundland. *Nature, London*, **198**, 908–9.

Genin, A., Dayton, P. K., Lonsdale, P. F. & Spiess, F. N. (1986). Corals on seamount peaks provide evidence of current acceleration over deep-sea topography. *Nature, London*, **332**, 59–61.

George, J. D. & George, J. J. (1979). *Marine Life. An Illustrated Encyclopaedia of Invertebrates in the Sea*. London: Harrap.

George, R. Y. (1979a). What adaptive strategies promote immigration and speciation in deep-sea environment. *Sarsia*, **64**, 61–5.

(1979b). Behavioral and metabolic adaptation of polar and deep-sea crustaceans: a hypothesis concerning physiological basis for evolution in cold adapted crustaceans. *Bulletin of the Biological Society of Washington*, **3**, 283–96.

(1981). Functional adaptations of deep-sea organisms. In *Functional Adaptations of Deep-sea Organisms*, eds F. J. Vernberg & W. B. Vernberg, pp. 280–332. Academic Press.

(1985). Basal and active metabolic rates of deep-sea animals in relation to pressure and food ration. In *Proceedings of the 19th European Marine Biology Symposium*, ed. P. E. Gibbs, pp. 173–82, Cambridge: University Press.

George, R. Y. & Higgins, R. P. (1979). Eutrophic hadal benthic community in the Puerto Rico Trench. *Ambio Special Report*, **6**, 51–8.

George, R. Y. & Menzies, R. J. (1967). Indication of cyclic reproductive activity in abyssal organisms. *Nature, London*, **215**, 878.

(1968). Further evidence for seasonal breeding cycles in the deep-sea. *Nature, London*, **220**, 80–1.

Gerdes, D. (1990). Antarctic trials of the multi-box corer, a new device for benthos sampling. *Polar Record*, **26**, 35–8.

GESAMP (1982). Scientific criteria for the selection of waste disposal sites at sea. *Reports and Studies*, No. 16, 1–60. Vienna: International Atomic Energy Agency.

Geyer, R. A. (ed.) (1977). *Submersibles and their use in Oceanography and Ocean Engineering*. Amsterdam: Elsevier.

Ghiorse, W. C. & Hirsch, P. (1982). Isolation and properties of ferromanganese-depositing budding bacteria from Baltic Sea ferromanganese concretions. *Applied and Environmental Microbiology*, **43**, 1464–72.

Giere, O. & Pfannkuche, O. (1982). Biology and ecology of marine Oligochaeta, a review. *Oceanography and Marine Biology: an Annual Review*, **20**, 173–308.

Giese, A. C. & Pearse, J. S. (1974). Introduction: general principles. In *Reproductive Ecology of Marine Invertebrates*, eds A. C. Giese & J. S. Pearse. New York: John Wiley.

Gilkinson, K. D., Hutchings, J. A., Oshel, P. E. & Haedrich, R. L. (1986). Shell microstructure and observations on internal banding patterns in the bivalves *Yoldia thraciaeformis* Storer, 1838, and *Nuculana pernula* Müller, 1779 (Nuculanidae), from a deep-sea environment. *The Veliger*, **29**, 70–7.

Goldberg, E. D. & Koide, M. (1962). Geochronological studies of deep-sea sediments by the ionium/thorium method. *Geochimica et Cosmochimica Acta*, **26**, 417–50.

Gooch, J. L. & Schopf, T. J. M. (1972). Genetic variability in the deep-sea: relation to environmental variability. *Evolution*, **26**, 545–52.

Gooday, A. J. (1983). *Primitive Foraminifera and Xenophyophorea in IOS epibenthic sledge samples from the Northeast Atlantic*. (I.O.S. Report No. 156.) Wormley, Surrey: Institute of Oceanographic Sciences.

  (1984). Records of deep-sea rhizopod tests inhabited by metazoans in the north-east Atlantic. *Sarsia*, **69**, 45–53.

  (1986a). Soft-shelled Foraminifera in meiofaunal samples from the bathyal northeast Atlantic. *Sarsia*, **71**, 275–87.

  (1986b). Meiofaunal foraminiferans from the bathyal Porcupine Seabight (northeast Atlantic): size structure, standing stock, taxonomic composition, species diversity and vertical distribution in the sediment. *Deep-Sea Research*, **33A**, 1345–73.

  (1988). A response by benthic Foraminifera to the deposition of phytodetritus in the deep sea. *Nature, London*, **332**, 70–3.

Gooday, A. J. & Cook, P. L. (1984). Komokiacean foraminifers (Protozoa) and paludicelline ctenostomes (Bryozoa) from the abyssal northeast Atlantic. *Journal of Natural History*, **18**, 765–84.

Gooday, A. J. & Haynes, J. R. (1983). Abyssal foraminifers, including two new genera, encrusting the interior of *Bathysiphon rustica* tubes. *Deep-Sea Research*, **30A**, 591–614.

Gooday, A. J. & Lambshead, P. J. D. (1989). Influence of seasonally deposited phytodetritus on benthic foraminfersal populations in the bathyal northeast Atlantic: the species response. *Marine Ecology – Progress Series*, **58**, 53–67.

Gooday, A. J. & Turley, C. M. (1990). Responses by benthic organisms to inputs of organic material to the ocean floor: a review. *Philosophical Transactions of the Royal Society of London*, Series A, **331**, 119–38.

Gordon, I. (1955). Crustacea Decapoda. *Report of the Swedish Deep-Sea Expedition*, 2, Zoology, Fasc. **2 (19)**, 237–45.

Gordon, J. D. M. (1979). Seasonal reproduction in deep-sea fish. In *Cyclic Phenomena in Marine Plants and Animals*, eds E. Naylor & R. G. Hartnoll, pp. 223–30. Oxford: Pergamon Press.

(1986). The fish populations of the Rockall Trough. *Proceedings of the Royal Society of Edinburgh*, **88B**, 191–204.

Gordon, J. D. M. & Duncan, J. A. R. (1985). The ecology of the deep-sea benthic and benthopelagic fish on the slopes of the Rockall Trough, northeastern Atlantic. *Progress in Oceanography*, **15**, 37–69.

(1987). Deep-sea bottom-living fishes at two repeat stations at 2200 m and 2900 m in the Rockall Trough, northeastern Atlantic Ocean. *Marine Biology*, **96**, 309–25.

Gould, W. J. & McKee, W. D. (1973). Vertical structure of semi-diurnal tidal currents in the Bay of Biscay. *Nature, London*, **244**, 88–91.

Gould-Somero, M. (1975). Echiura. In *Reproduction in Marine Invertebrates*, Vol. III, eds A. C. Giese & J. S. Pearse, pp. 277–311. New York: Academic Press.

Gowing, M. M. & Silver, M. W. (1983). Origins and microenvironments of bacteria mediating fecal pellet decomposition in the sea. *Marine Biology*, **73**, 7–16.

Gowing, M. M. & Wishner, K. F. (1986). Trophic relationships of deep-sea calanoid copepods from the benthic boundary layer of the Santa Catalina Basin, California. *Deep-Sea Research*, **33A**, 939–61.

Graf, G. (1989). Benthic-pelagic coupling in a deep-sea benthic community. *Nature, London*, **341**, 437–9.

Graf, G., Schulz, R., Peinert, R. & Meyer-Reidl, L. A. (1983). Benthic response to sedimentation events during autumn to spring at a shallow-water station in the western Kiel Bight. *Marine Biology*, **77**, 235–46.

Grant, W. D., Williams, A. J. & Gross, T. F. (1985). A description of the bottom boundary layer at the HEBBLE site: Low-frequency forcing, bottom stress and temperature structure. *Marine Geology*, **66**, 219–41.

Grasshoff, M. (1982). Die Gorgonaria, Pennatularia und Antipatharia des Tiefwassers der Biscaya (Cnidaria, Anthozoa). Ergebnisse der franzosischen Expeditionen Biogas, Polygas, Geomanche, Incal, Noratlante und Fahrte der Thalassa. *Bulletin du Museum national d'histoire naturelle, Paris (Sér. A)*, **3**, 731–66.

(1985). Die Gorgonaria, Pennatularia und Antipatharia. In *Peuplements Profonds du Golfe de Gascogne*, eds L. Laubier & C. Monniot, pp. 299–310. Brest: Institut Français de Recherche pour l'Exploitation de la Mer.

Grassle, J. F. (1977). Slow recolonization of deep-sea sediment. *Nature, London*, **265**, 618–19.

(1980). *In situ* studies of deep-sea communities. In *Advanced Concepts in Ocean Measurement*, eds F. P. Diemer, F. J. Vernberg & D. Z. Mirkes, pp. 321–32. University of South Carolina Press.

(1985). Hydrothermal vent animals: distribution and biology. *Science, Washington*, **229**, 713–17.

(1986). The ecology of deep-sea hydrothermal vent communities. *Advances in Marine Biology*, **23**, 301–62.

(1989). Species diversity in deep-sea communities. *Trends in Ecology and Evolution*, **4**, 12–15.

Grassle, J. F., Brown-Leger, L. S., Morse-Porteous, L., Petreca, R. & Williams, I. (1985). Deep-sea fauna of sediments in the vicinity of hydrothermal vents. *Bulletin of the Biological Society of Washington*, **6**, 411–28.

Grassle J. F., Maciolek N. J. & Blake J. A. (1990). Are deep-sea communities resilient? In *The Earth in Transition: Patterns and Processes of Biotic Impoverishment*, ed. Woodwell G. M., pp. 384–59. New York: Cambridge University Press.

Grassle, J. F. & Morse-Porteous, L. S. (1987). Macrofaunal colonization of disturbed deep-sea environments and the structure of deep-sea benthic communities. *Deep-Sea Research*, **34A**, 1911–50.

Grassle, J. F. & Sanders, H. L. (1973). Life histories and the role of disturbance. *Deep-Sea Research*, **20**, 643–59.

Grassle, J. F., Sanders, H. L., Hessler, R. R., Rowe, G. T. & McLennan, T. (1975). Pattern and zonation: a study of the bathyal megafauna using the research submersible *Alvin*. *Deep-Sea Research*, **22**, 643–59.

Grassle, J. F., Sanders, H. L. & Smith, W. (1979). Faunal changes with depth in the deep-sea benthos. *Ambio Special Report*, No. 6, 47–50.

Grassle, J. F. & Smith, W. (1976). A similarity measure sensitive to the contribution of rare species and its use in investigation of variation in marine benthic communities. *Oecologia, Berlin*, **25**, 13–22.

Grassle, J. P. (1985). Genetic differentiation in populations of hydrothermal vent mussels (*Bathymodiolus thermophilus*) from the Galapagos Rift and 13° N on the East Pacific Rise. *Bulletin of the Biological Society of Washington*, **6**, 429–42.

Grassle, J. P. & Grassle, J. F. (1977). Sibling species in the marine pollution indicator *Capitella* (Polychaeta). *Science, Washington*, **192**, 567–9.

Green, R. H. (1979). *Sampling Design and Methods for Environmental Biologists*. New York: Wiley-Interscience.

Greenacre, M. J. (1984). *Theory and Applications of Correspondence Analysis*. London: Academic Press.

Grieg, J. A. (1921). Echinodermata. *Report on the Scientific Results of the 'Michael Sars' North Atlantic Deep Sea Expedition, 1910*, 3(2), 1–47.

Griffin, D. J. G. & Brown, D. E. (1975). Deepwater decapod Crustacea from eastern Australia: Brachyuran crabs. *Records of the Australian Museum*, **30**, 248–71.

Griffin, D. J. G. & Tranter, H. A. (1986). Some majid spider crabs from the deep Indo-west Pacific. *Records of the Australian Museum*, **38**, 351–71.

Griggs, G. B., Carey, A. G. & Kulm, L. D. (1969). Deep-sea sedimentation and sediment fauna interaction in Cascadia Channel and on Cascadia Abyssal Plain. *Deep-Sea Research*, **16**, 157–70.

Grigg, R. W. (1972). Orientation and growth form of sea fans. *Limnology and Oceanography*, **17**, 185–92.

Gross, T. F., Williams, A. J. & Nowell A. R. M. (1988). A deep-sea sediment transport storm. *Nature, London*, **331**, 518–21.

Guennegan, Y. & Rannou, M. (1979). Semidiurnal rhythmic activity in deep-sea benthic fishes in the Bay of Biscay. *Sarsia*, **64**, 113–16.

Guerinot, M. L. & Patriquin, D. G. (1981). The association of N_2-fixing bacteria with sea urchins. *Marine Biology*, **62**, 197–207.

Guinasso, N. L. & Schink, D. R. (1975). Quantitative estimates of biological mixing rates in abyssal sediments. *Journal of Geophysical Research*, **80**, 3032–4.

Gust, G. & Harrison, J. T. (1981). Biological pumps at the sediment-water interface: a mechanistic evaluation of the alpheid shrimp *Alpheus mackavi* and its irrigation pattern. *Marine Biology*, **64**, 71–8.

Haeckel, E. (1889). Report on the deep-sea Keratosa. *Report on the Scientific Results of the voyage of H.M.S. Challenger during the years 1873–76. Zoology*, **32**, 1–92.

Haedrich, R. L. (1974). Pelagic capture of the epibenthic rattail *Coryphaenoides rupestris*. *Deep-Sea Research*, **21**, 977–9.

   (1985). Species number–area relationship in the deep sea. *Marine Ecology – Progress Series*, **24**, 303–6.

Haedrich, R. L. & Henderson, N. R. (1974). Pelagic food of *Coryphaenoides rupestris*. *Deep-Sea Research*, **21**, 739–44.

Haedrich, R. L. & Maunder, J. E. (1985). The echinoderm fauna of the Newfoundland continental slope. In *Proceedings of the Fifth International Echinoderms Conference, Galway, 24–29 September 1984*, eds B. F. Keegan & B. D. S. O'Connor, pp. 37–45. Rotterdam: Balkema.

Haedrich, R. L. & Merrett, N. R. (1988). Summary atlas of deep living demersal fishes in the North Atlantic Basin. *Journal of Natural History*, **22**, 1325–62.

   (1990). Little evidence for faunal zonation or communities in the deep sea demersal fish faunas. *Progress in Oceanography*, **24**, 239–50.

Haedrich, R. L. & Rowe G. T. (1977). Megafaunal biomass in the deep-sea. *Nature, London*, **269**, 141–2.

Haedrich, R. L., Rowe, G. T. & Polloni, P. (1975). Zonation and faunal composition of epibenthic populations on the continental slope south of New England. *Journal of Marine Research*, **33**, 191–212.

   (1980). The megabenthic fauna in the deep sea south of New England, USA. *Marine Biology*, **57**, 165–79.

Hansen, B. (1956). Holothurioidea from depths exceeding 6000 meters. *Galathea Report*, **2**, 33–54.

   (1967). The taxonomy and zoogeography of the deep-sea holothurians in their evolutionary aspects. *Studies in Tropical Oceanography, Miami*, **5**, 480–501.

(1968). Brood protection in the deep-sea holothurian *Oneirophanta mutabilis* Théel. *Nature, London*, **217**, 1062–3.

(1972). Photographic evidence of a unique type of walking in deep-sea holothurians. *Deep-Sea Research*, **19**, 461–2.

(1975). Systematics and biology of the deep-sea holothurians. *Galathea Report*, **13**, 1–262.

Hansen, B. & Madsen, F. J. (1956). On two bathypelagic holothurians from the South China Sea. *Galathea Report*, **2**, 55–9.

Hanson, L. C. & Earle, S. A. (1987). Submersibles for scientists. *Oceanus*, **30**, 31–8.

Hargrave, B. T. (1984). Sinking of particulate matter from the surface water of the ocean. In *Heterotrophic Activity in the Sea*, eds J. E. Hobbie & P. J. le B. Williams, pp. 155–78.

(1985). Feeding rates of abyssal scavenging amphipods *(Eurythenes gryllus)* determined *in situ* by time-lapse photography. *Deep-Sea Research*, **32A**, 443–50.

Hargreaves, P. M. (1984). The distribution of Decapoda (Crustacea) in the open ocean and near-bottom over an adjacent slope in the northern North-east Atlantic Ocean during autumn 1979. *Journal of the Marine Biological Association of the United Kingdom*, **64**, 829–57.

Harper, J. L. (1969). The role of predation in vegetational diversity. *Brookhaven Symposia in Biology*, **22**, 48–62.

Harrison, K. (1987). Deep-sea asellote isopods of the north-east Atlantic: the family Thambematidae. *Zoologica Scripta* **16**, 51–72.

(1988). Seasonal reproduction in deep-sea Crustacea (Isopoda: Asellota). *Journal of Natural History*, **22**, 175–97.

(1989). Are deep-sea asellote isopods infaunal or epifaunal? *Crustaceana*, **56**, 317–19.

Hartman, O. (1965). Deep-water benthic polychaetous annelids of New England to Bermuda and other North Atlantic areas. *Allan Hancock Foundation Publications*, **28**, 1–378.

Hartman, O. & Fauchald, K. (1971). Deep-water benthic polychaetous annelids off New England to Bermuda and other North Atlantic areas. Part II. Allan Hancock *Monographs in Marine Biology*, **6**, 1–327.

Hartnoll, R. G. & Rice, A. L. (1985). Further studies on the biology of the deep-sea spider crab *Dorhynchus thomsoni*: instar sequence and the annual cycle. In *Proceedings of the 19th European Marine Biology Symposium*, ed. P. E. Gibbs, pp. 231–41. Cambridge: University Press.

Harvey, R. & Gage, J. D. (1984). Observations on the reproduction and postlarval morphology of pourtalesiid sea urchins in the Rockall Trough area (N.E. Atlantic). *Marine Biology*, **82**, 181–90.

Hassack, E. & Holdich, D. M. (1987). The tubicolous habit amongst the Tanaidacea (Crustacea, Peracarida) with particular reference to deep-sea species. *Zoologica Scripta*, **16**, 223–33.

Haymon, R. M. & Koski, R. A. (1985). Evidence of an ancient hydrothermal vent community, fossil worm tubes in Cretaceous sulfide deposits of the Samail Ophiolite, Oman. *Bulletin of the Biological Society of Washington*, **6**, 57–65.

Hayward, P. J. (1978). The morphology of *Euginoma vermiformis* Jullien (Bryozoa Cheilostomata). *Journal of Natural History*, **12**, 97–106.

(1981). The Cheilostomata of the Deep Sea. *Galathea Report*, **15**, 21–68.

(1985). A summary of the Bryozoa. In *Peuplements Profonds du Golfe de Gascogne*, eds L. Laubier & C. Monniot, pp. 385–90. Brest: Institut Français de Recherche pour l'Exploitation de la Mer.

Heath, G. R. (1982). Deep-sea ferromanganese nodules. In *The Environment of the Deep-Sea*, eds W. G. Ernst & J. G. Morin, pp. 105–53. Englewood Cliffs, New Jersey: Prentice-Hall.

Hecker, B. (1982). Possible benthic fauna and slope instability relationships. In *Marine Slides and Other Mass Movements*, ed. S. Saxov & J. K. Nieuwenhuis, pp. 335–47. New York: Plenum Press.

(1985). Fauna from a cold sulfur-seep in the Gulf of Mexico: comparison with hydrothermal vent communities and evolutionary implications. *Bulletin of the Biological Society of Washington*, **6**, 465–73.

(1990). Variation in megafaunal assemblages on the continental margin south of New England. *Deep-Sea Research*, **37A**, 37–57.

Hecker, B., Logan, D. T., Gandarillas, F. E. & Gibson, P. R. (1983). Megafaunal assemblages in Lydonia Canyon, Baltimore Canyon, and selected slope areas. In *Canyon and Slope Processes Study*, vol. 3, pp. 1–140. Final Report for the U.S. Department of the Interior, Minerals Management Service Contract 14–12–001–29178.

Hecker, B. & Paul, A. Z. (1979). Abyssal community structure of the benthic infauna of the Eastern Equatorial Pacific: DOMES sites A, B, and C. In *Marine Geology and Oceanography of the Pacific Manganese Nodule Province*, eds J. L. Bischoff & D. Z. Piper, pp. 83–112. New York: Plenum Press.

Heezen, B. C. & Hollister, C. D. (1971). *The Face of the Deep*. New York: Oxford University Press.

Heip, C., Vincx, M. & Vranken, G. (1985). The ecology of marine nematodes. *Oceanography and Marine Biology: an Annual Review*, **23**, 399–489.

Heirtzler, J. R. & Grassle, J. F. (1976). Deep-sea research by manned submersibles. *Science, Washington*, **194**, 294–9.

Hendler, G. (1975). Adaptational significance of the patterns of ophiuroid development. *American Zoologist*, **15**, 691–715.

Hepper, B. T. (1971). Notes on *Geryon tridens* (Decapoda, Brachyura) from west of Ireland. *Journal of Natural History*, **15**, 343–8.

Hersey, J. B. (1967). *Deep-Sea Photography*. Baltimore: Johns Hopkins Press.

Hessler, R. R. (1970). The Desmosomatidae (Isopoda, Asellota) of the Gay Head–Bermuda transect. *Bulletin of the Scripps Institution of Oceanography*, **15**, 1–185.

(1974). The structure of deep benthic communities from central oceanic waters. In *The Biology of the Oceanic Pacific*, ed. C. B. Miller, pp. 79–93. Oregon State University Press.

(1981). Oasis under the sea – where sulphur is the staff of life. *New Scientist*, **92**, No. 1283, 741–7.

Hessler, R. R., Ingram, C. L., Yayanos, A. A. & Burnett, B. R. (1978). Scavenging amphipods from the floor of the Philippine Trench. *Deep-Sea Research*, **25**, 1029–47.

Hessler, R. R., Isaacs, J. D. & Mills, E. W. (1972). Giant amphipod from the abyssal Pacific Ocean. *Science, Washington*, **175**, 636–7.

Hessler, R. R. & Jumars, P. A. (1974). Abyssal community analysis from replicate box cores in the central North Pacific. *Deep-Sea Research*, **21**, 185–209.

(1977). Abyssal communities and radioactive waste disposal. *Oceanus*, **20**, 41–6.

(1979). The relation of benthic communities to radioactive waste disposal in the Deep-Sea. *Ambio Special Report*, **6**, 93–6.

Hessler, R. R., Lonsdale, P. & Hawkins, J. (1988a). Patterns on the ocean floor. *New Scientist*, **117**, No. 1605, 47–51.

Hessler, R. R. & Sanders, H. L. (1967). Faunal diversity in the deep sea. *Deep-Sea Research*, **14**, 65–78.

Hessler, R. R. & Smithey, W. M. (1983). The distribution and community structure of megafauna at the Galapagos Rift hydrothermal vents. In *Hydrothermal Processes at Seafloor Spreading Centers*, eds P. A. Rona, K. Bostrom, L. Laubier & K. L. Smith, NATO Conference Series IV, pp. 735–70. New York: Plenum Press.

Hessler, R. R., Smithey, W. M., Boudrias, M. A., Keller, C. H., Lutz, R. A. & Childress, J. J. (1988b). Temporal change in the megafauna at the Rose Garden hydrothermal vent (Galapagos Rift: eastern tropical Pacific). *Deep-Sea Research*, **35A**, 1681–709.

Hessler, R. R., Smithey, W. M., & Keller, C. H. (1985). Spatial and temporal variation of giant clams, tube worms and mussels at deep-sea hydrothermal vents. *Bulletin of the Biological Society of Washington*, **6**, 411–28.

Hessler, R. R. & Strömberg, J.-O. (1989). Behavior of janiroidean isopods (Asellota) with special reference to deep-sea genera. *Sarsia*, **74**, 145–59.

Hessler, R. R. & Thistle, D. (1975). On the place of origin of deep-sea isopods. *Marine Biology*, **32**, 155–65.

Hessler, R. R. & Wilson, G. D. F. (1983). The origin and biogeography of the malacostracan crustaceans in the deep sea. In *Evolution, Time and Space: the Emergence of the Biosphere*, eds R. W. Sims, J. H. Price & P. E. S. Whalley, pp. 227–54. London: Academic Press.

Hessler, R. R., Wilson, G. D. & Thistle, D. (1979). The deep-sea isopods: a biogeographic and phylogenetic overview. *Sarsia*, **64**, 67–76.

Heyraud, M., Domanski, P., Cherry, R. D. & Fasham, M. J. R. (1988). Natural tracers in dietry studies : data for ^{210}Po and ^{210}Pb in decapod shrimp and other pelagic organisms in the northeast Atlantic Ocean. *Marine Biology*, **97**, 507–19.

Hickman, C. S. (1981). Selective deposit-feeding by the deep-sea archaeogastropod *Bathybembix aeola. Marine Ecology – Progress Series*, **6**, 339–42.

(1983). Radular patterns, systematics, diversity, and ecology of deep-sea limpets. *The Veliger*, **26**, 73–92.

(1984). Composition, structure, ecology, and evolution of six cenozoic deep-water mollusc communities. *Journal of Paleontology*, **58**, 1215–34.

Hicks, G. R. F. & Coull, B. C. (1983). The ecology of marine meiobenthic copepods. *Marine Biology and Oceanography: an Annual Review of*, **21**, 67–175.

Hill, M. O. (1979*a*). DECORANA – *A* FORTRAN *Program for detrended correspondence analysis and reciprocal averaging.* Ithaca, New York: Cornell University.

(1979*b*). TWINSPAN – *A* FORTRAN *Program for arranging Multivariate data in an ordered two-way table by classification of the individuals and attributes.* Ithaca, New York: Cornell University.

Hill, M. O. & Gauch, H. G. (1980). Detrended correspondence analysis, an improved ordination technique. *Vegetatio*, **42**, 31–43.

Holdich, D. M. & Bird, G. (1985). A preliminary report on dikonophoran tanaids (Crustacea) from the Bay of Biscay. In *Peuplements Profonds du Golfe de Gascogne*, eds L. Laubier & C. Monniot, pp. 441–7. Brest: Institut Français de Recherche de l'Exploitation du Mer.

Holdich, D. M. & Jones, J. A. (1983). *Tanaids: Keys and Notes for the Identification of the Species.* Synopses of the British Fauna (New Series), eds D. M. Kermack & R. S. Barnes, No. 27. London: Cambridge University Press.

Hollister, C. D., Heezen, B. C. & Nafe, K. E. (1975). Animal traces on the deep-sea floor. In *The Study of Trace Fossils*, ed. R. W. Frey, pp. 493–510. New York: Springer.

Hollister, C. D. & McCave, I. N. (1984). Sedimentation under deep-sea storms. *Nature, London*, **309**, 220–5.

Hollister, C. D., Nowell, A. R. M. & Jumars, P. A. (1984). The dynamic abyss. *Scientific American*, **250**, 42–53.

Holme, N. A. & Willerton, P. F. (1984). Position fixing of ship and gear. In *Methods for the Study of Marine Benthos*, eds N. A. Holme & A. D. McIntyre, pp. 27–40. Oxford: Blackwell Scientific Publications.

Holthius, L. B. (1974). The lobsters of the superfamily Nephropsidea of the Atlantic Ocean. *Bulletin of Marine Science*, **24**, 67–76.

Honjo, S. (1982). Seasonality and interaction of biogenic and lithogenic particulate flux at the Panama Basin. *Science, Washington*, **218**, 883–4.

Honjo, S., Connell, J. F. & Sachs P. L. (1980). Deep Ocean Sediment Trap; Design and function of PARFLUX Mark II. *Deep-Sea Research*, **27A**, 745–53.

Honjo, S. & Doherty, K. W. (1988). Large aperture time-series sediment traps; design objectives, construction and application. *Deep-Sea Research*, **35A**, 133–49.

Honjo, S., Doherty, K. W., Agrawal, Y. C. & Asper, V. L. (1984). Direct optical assessment of large amorphous aggregates (marine snow) in the deep ocean. *Deep-Sea Research*, **31A**, 67–76.

Houston, K. A. & Haedrich, R. L. (1984). Abundance and biomass of macrobenthos in the vicinity of Carson Canyon, northwest Atlantic Ocean. *Marine Biology*, **82**, 301–5.

Hovland, M. & Judd, A. G. (1988). *Seabed Pockmarks and Seepages*. London: Graham & Trotman.

Hovland, M. & Thomsen, E. (1989). Hydrocarbon-based communities in the North Sea, *Sarsia*, **74**, 29–42.

Huber, R., Kurr, M., Jannasch, H. W. & Stettler, K. O. (1959). A novel group of abyssal methanogenic archaebacteria (*Methanopyrus*) growing at 110° C. *Nature, London*, **342**, 833–4.

Huggett, Q. J. (1987). Mapping of hemipelagic versus turbiditic muds by feeding traces observed in deep-sea photographs. In *Geology and Geochemistry of Abyssal Plains*, eds P. P. E. Weaver & J. Thomson, pp. 105–12 (Geological Society Special Publications No. 31). Oxford: Blackwell Scientific Publications.

Hughes, R. G. (1986). Theories and models of species abundance. *American Naturalist*, **128**, 879–99.

Hughes, R. N. (1969). A study of feeding in *Scrobicularia plana*. *Journal of the Marine Biological Association of the United Kingdom*, **49**, 805–23.

Hulings, N. C. & Gray, J. S. (1971). A Manual for the Study of Meiofauna. *Smithsonian Contributions to Zoology*, **28**, 1–79.

Hurlbert, S. H. (1971). The nonconcept of species diversity: a critique and alternative parameters. *Ecology*, **52**, 577–86.

Huston, M. (1979). A general hypothesis of species diversity. *American Naturalist*, **113**, 81–101.

Hutchings, J. A. & Haedrich, R. A. (1984). Growth and population structure in two species of bivalves (Nuculanidae) from the deep sea. *Marine Ecology – Progress Series*, **17**, 135–42.

Hutchinson, E. (1953). The concept of pattern in ecology. *Proceedings of the Academy of Natural Sciences, Philadelphia*, **105**, 1–12.

Hylleberg, J. (1975). Selective feeding by *Abarenicola pacifica* with notes on *Abarenicola vagabunda* and a concept of bacterial gardening. *Ophelia*, **14**, 113–37.

Ingram, C. L. & Hessler, R. R. (1983). Distribution and behavior of scavenging amphipods from the central North Pacific. *Deep-Sea Research*, **30A**, 683–706.

(1987). Population biology of the deep-sea amphipod *Eurythenes gryllus*. *Deep-Sea Research*, **34A**, 1889–910.

Isaacs, J. D. (1969). The nature of oceanic life. *Scientific American*, **175**, 636–7.

Isaacs, J. D. & Schwartzlose, R. A. (1975). Active animals of the deep-sea floor. *Scientific American*, **233**, 85–91.

Iseki, K. (1981). Particulate organic matter transport to the deep sea by salp fecal pellets. *Marine Ecology – Progress Series*, **5**, 55–60.

Ittekkot, V., Deuser W. G. & Degens D. G. (1984). Seasonality in the flux of sugars, amino acids and amino sugars to the deep ocean: Sargasso Sea. *Deep-Sea Research*, **31A**, 1057–69.

Ivanov, A. V., (1963). *Pogonophora*. London: Academic Press.

Jablonski, D. & Lutz, R. A. (1983). Larval ecology of marine benthic invertebrates: palaeobiological implications. *Biological Reviews*, **58**, 21–90.

Jannasch, H. W. (1978). Experiments in deep-sea microbiology. *Oceanus*, **21**, 50–7.

(1979). Chemosynthetic primary production at East Pacific sea floor spreading centers. *Bioscience*, **29**, 228–32.

(1983). Microbial processes at deep sea hydrothermal vents. In *Hydrothermal Processes at Seafloor Spreading Centers*, eds P. A. Rona, K. Bostrom, L. Laubier & K. L. Smith. NATO Conference Series IV, 677–709. New York: Plenum Press.

(1984). Chemosynthesis: the nutritional basis for life at deep-sea vents. *Oceanus*, **27**, 73–8.

(1985). The chemosynthetic support of life and the microbial diversity at deep-sea hydrothermal vents. *Proceedings of the Royal Society of London*, Series B, **225**, 277–97.

Jannasch, H. W., Cuhel, R. L., Wirsen, C. O. & Taylor, C. D. (1980). An approach for *in situ* studies of deep-sea amphipods and their microbial gut flora. *Deep-Sea Research*, **27A**, 867–72.

Jannasch, H. W., Eimhjellen, K., Wirsen, C. O. & Farmanfarmaian, A. (1970). Microbial degradation of organic matter in the deep-sea. *Science, Washington*, **171**, 672–5.

Jannasch, H. W. & Mottl, M. J. (1985). Geomicrobiology of deep-sea hydrothermal vents. *Science, Washington*, **229**, 717–25.

Jannasch, H. W., Nelson, D. C. & Wirsen, C. O. (1989). Massive natural occurrence of unusually large bacteria (*Beggiatoa* sp.) at a hydrothermal deep-sea vent site. *Nature, London*, **342**, 834–6.

Jannasch, H. W. & Taylor, C. D. (1984). Deep-Sea Microbiology. *Annual Review of Microbiology*, **38**, 487–514.

Jannasch, H. W. & Wirsen, C. O. (1973). Deep-Sea Microorganisms: *In situ* response to nutrient enrichment. *Science, Washington*, **180**, 641–3.

(1979). Chemosynthetic primary production of East Pacific seafloor spreading centers. *BioScience*, **29**, 592–8.

(1983). Microbiology of the Deep Sea. In *The Sea*, Vol. 8, ed. G. T. Rowe, pp. 231–59. New York: Wiley-Interscience.

(1984). Variability of pressure adaptation in deep sea bacteria. *Archives of Microbiology*, **139**, 281–8.

Jannasch, H. W., Wirsen, C. O. & Taylor, C. D. (1976) Undecompressed microbial populations from the deep sea. *Applied and Environmental Microbiology*, **32**, 360–7.

(1982). Deep-sea bacteria: isolation in the absence of decompression. *Science, Washington*, **216**, 1315–17.

Jannasch, H. W., Wirsen, C. O. & Winget, C. L. (1973). A bacteriological pressure-retaining deep-sea sampler and culture vessel. *Deep-Sea Research*, **20**, 661–4.

Jensen, P. (1987). Feeding ecology of free-living aquatic nematodes. *Marine Ecology – Progress Series*, **35**, 187–96.

(1988). Nematode assemblages in the deep-sea benthos of the Norwegian Sea. *Deep-Sea Research*, **35A**, 1173–84.

Johnson, D. L. & Richardson P. L. (1977). On the wind-induced sinking of *Sargassum. Journal of Experimental Marine Biology and Ecology*, **28**, 255–67.

Johnson, K. S., Beehler, C. L., Sakamoto-Arnold, C. M. & Childress, J. J. (1986). *In situ* measurements of chemical distributions in a deep-sea hydrothermal vent field. *Science, Washington*, **231**, 1139–41.

Johnson, K. S., Childress, J. J. & Beehler, C. L. (1988). Short-term temperature variability in the Rose Garden hydrothermal vent (Galapagos Rift: eastern tropical Pacific). *Deep-sea Research*, **35A**, 1711–44.

Johnson, R. G. (1971). Animal–sediment relations in shallow water benthic communities. *Marine Geology*, **11**, 93–104.

Jollivet, D., Faugeres, J.-C., Griboulard, R., Desbruyères, D. & Blanc, G. (1990). Composition and spatial organization of a cold seep community on the South Barbados accretionary prism: tectonic, geochemical and sedimentary context. *Progress in Oceanography*, **24**, 25–45.

Jones, D. S., Thompson, I. & Ambrose, W. (1978). Age and growth rate determinations for the Atlantic surf clam *Spisula solidissima* (Bivalvia: Mactracea), based on internal growth lines in shell cross sections. *Marine Biology*, **47**, 63–70.

Jones, M. L. (ed.) (1985). Hydrothermal vents of the eastern Pacific: an overview. *Bulletin of the Biological Society of Washington*, **6**, 1–545.

(1985a). On the Vestimentifera, new phylum: six new species, and other taxa, from hydrothermal vents and elsewhere. *Bulletin of the Biological Society of Washington*, **6**, 117–58.

(1985b). Vestimentiferan pogonophorans: their biology and affinities. In *The Origins and Relationships of the Lower Invertebrates*, eds S. C. Morris, J. D. George, R. Gibson & H. M. Platt, pp. 327–42. Oxford: Clarendon Press.

Jones, N. S. (1956). The fauna and biomass of a muddy sand deposit off Port Erin, Isle of Man. *Journal of Animal Ecology*, **25**, 217–52.

(1969). The systematics and distribution of Cumacea from depths exceeding 200 meters. *Galathea Report*, **10**, 99–180.

(1985). Distribution of the Cumacea. In *Peuplements Profonds du Golfe de Gascogne*, eds L. Laubier & C. Monniot, pp. 429–33. Brest: Institut Français de Recherche pour l'Exploitation de la Mer.

(1986). The Cumacea (Crustacea) of the INCAL cruise. *Proceedings of the Royal Society of Edinburgh*, **88B**, 306–7.

Jones, N. S. & Sanders, H. L. (1972). Distribution of Cumacea in the deep Atlantic. *Deep-Sea Research*, **19**, 737–45.

Jørgensen, C. B. (1966). *Biology of Suspension Feeding*. Oxford: Pergamon Press.

Jumars, P. A. (1975*a*). Methods for measurement of community structure in deep-sea macrobenthos. *Marine Biology*, **30**, 245–52.

(1975*b*). Environmental grain and polychaete species' diversity in a bathyal community. *Marine Biology*, **30**, 253–66.

(1976). Deep-sea species diversity: does it have a characteristic scale? *Journal of Marine Research*, **34**, 217–46.

(1978). Spatial autocorrelation with RUM (Remote Underwater Manipulator): vertical and horizontal structure of a bathyal benthic community. *Deep-Sea Research*, **25**, 589–604.

(1981). Limits in predicting and detecting benthic community responses to manganese nodule mining. *Marine Mining*, **3**, 213–29.

Jumars, P. A. & Eckman, J. (1983). Spatial structure within deep-sea benthic communities. In *The Sea*, Vol. 8, ed. G. T. Rowe, pp. 399–451, New York: Wiley-Interscience.

Jumars, P. A. & Fauchald, K. (1977). Between-community contrasts in successful polychaete feeding strategies. In *Ecology of Marine Benthos*, ed. B. C. Coull, pp. 1–20. Columbia, South Carolina: University of South Carolina Press.

Jumars, P. A. & Gallagher, E. D. (1982). Deep-sea community structure: three plays on the benthic proscenium. In *The Environment of the Deep Sea*, eds W. G. Ernst & J. G. Morin, pp. 217–55. Englewood Cliffs, New Jersey: Prentice-Hall.

Jumars, P. A. & Hessler, R. R. (1976). Hadal community structure: implications from the Aleutian Trench. *Journal of Marine Research*, **34**, 547–60.

Jumars, P. A., Mayer, L. M., Deming, J. W., Baross, J. A. & Wheatcroft, R. A. (1990). Deep-sea deposit-feeding strategies suggested by environmental and feeding constraints. *Philosophical Transactions of the Royal Society of London*, Series A, **331**, 85–101.

Jumars, P. A. & Nowell, A. R. M. (1984). Fluid and sediment dynamic effects on marine benthic community structure. *American Zoologist*, **24**, 885–97.

Jumars, P. A., Self, R. F. L. & Nowell, A. R. M. (1982). Mechanics of particle selection by tentaculate deposit-feeders. *Journal of Experimental Marine Biology and Ecology*, **64**, 47–70.

Jumars, P. A., Thistle, D. & Jones, M. D. (1977). Detecting two-dimensional spatial pattern in biological data. *Oecologia, Berlin*, **28**, 109–23.

Juniper, S. K. & Sibuet, M. (1987). Cold seep benthic communities in Japan subduction zones: spatial organization, trophic strategies and evidence for temporal evolution. *Marine Ecology – Progress Series*, **40**, 115–26.

Just, J. (1980). Abyssal and deep bathyal Malacostraca (Crustacea) from the Polar Sea. *Videnskabelige Meddeleser fra Dansk Naturhistorisk Forening*, **142**, 161–77.

Kaminski, A. (1985). Evidence for control of abyssal agglutinated foraminiferal community structure by substrate disturbance: results from the HEBBLE area. *Marine Geology*, **66**, 113–31.

Karl, D. M., Knauer, G. A. & Martin, J. H. (1988). Downward flux of particulate organic matter in the ocean: a particle decomposition paradox. *Nature, London*, **332**, 438–41.

Karl, D. M., McMurtry, G. M., Malahoff, A., & Garcia, M. O. (1988). Loihi Seamount, Hawaii: a mid-plate volcano with a distinctive hydrothermal system. *Nature, London*, **335**, 532–5.

Karl, D., Wirsen, C. & Jannasch, H. (1980). Deep-sea primary production at the Galapagos hydrothermal vents. *Science, Washington*, **207**, 1345–7.

Kaufmann, R. S., Wakefield, W. W. & Genin, A. (1989). Distribution of epibenthic megafauna and lebensspuren on two central North Pacific seamounts. *Deep-Sea Research*, **36A**, 1863–96.

Keller, G. H., Lambert, D., Rowe, G. T. & Staresnic, N. (1973). Bottom currents in the Hudson Canyon. *Science, Washington*, **180**, 181–3.

Kemp, P. F. (1987). Potential impact on bacteria of grazing by macrofaunal deposit-feeder, and the fate of bacterial populations? *Marine Ecology – Progress Series*, **36**, 151–61.

Kennicutt II, M. C., Brooks, J. M. & Bidigare, R. R. (1985). Hydrocarbon seep communities : four years of study. *Oceanography*, **1 (2)**, 44–5.

Kennicutt II, M. C., Brooks, J. M., Bidigare, R. R., Denoux, G. J. (1988). Gulf of Mexico hydrocarbon seep communities – 1. Regional distribution of hydrocarbon seepage and associated fauna. *Deep-Sea Research*, **35A**, 1639–51.

Kennicutt II, M. C., Brooks, J. M., Bidigare, R. R., Fay, R. R., Wade, T. L. & McDonald, T. J. (1985). Vent-type taxa in a hydrocarbon seep region on the Louisiana slope. *Nature, London*, **317**, 351–3.

Kennicutt II, M. C., Brooks, J. M., Bidigare, R. R., McDonald, S. J., Adkinson, D. L. & Macko, S. A. (1989). An upper slope 'cold' seep community: Northern California. *Limnology and Oceanography*, **34**, 635–40.

Kempe, S. & Nies, H. (1987). Chernobyl nuclide record from a North Sea sediment trap. *Nature, London*, **329**, 828–831.

Kerr, R. A. (1980). A new kind of storm beneath the sea. *Science, Washington*, **208**, 484–6.

Kerr, S. R. (1974). Theory of size distribution in ecological communities. *Journal of the Fisheries Research Board of Canada*, **31**, 1859–62.

Khripounoff, A., Desbruyères, D. & Chardy, P. (1980). Les peuplements benthiques de la faille VEMA: donées quantitatives et bilan d'énergie en milieu abyssal. *Oceanologica Acta*, **3**, 187–98.

Khripounoff, A. & Sibuet, M. (1980). La nutrition d'échinodermes abyssaux. I. Alimentation des holothuries. *Marine Biology*, **60**, 17–26.

Kidd, R. B. & Huggett, Q. J. (1981). Rock debris on abyssal plains in the

NE Atlantic : A comparison of epibenthic sledge hauls and photographic surveys. *Oceanologica Acta*, **4**, 99–104.

Killingley, J., Berger, W. H., MacDonald, K. C. & Newman, W. A. (1980). $^{18}O/^{16}O$ variations in deep-sea carbonate shells from the Rise hydrothermal field. *Nature, London*, **287**, 218–21.

Killingley, J. S. & Rex, M. A. (1985). Mode of larval development in some deep-sea gastropods indicated by oxygen–18 values of their carbonate shells. *Deep-Sea Research*, **32A**, 809–18.

Kirkegaard, J. B. (1954). The zoogeography of the abyssal Polychaeta. In *On the Distribution and Origin of the Deep Sea Bottom Fauna. International Union of Biological Sciences, Series B*, **16**, 40–3. Naples.

(1956). Benthic Polychaeta from depths exceeding 6000 meters. *Galathea Report*, **2**, 63–78.

(1980). Abyssal benthic polychaetes from the northeast Atlantic Ocean, southwest of the British Isles. *Steenstrupia*, **6**, 81–98.

(1983). Bathyal benthic polychaetes from the N.E. Atlantic Ocean, S.W. of the British Isles. *Journal of the Marine Biological Association of the United Kingdom*, **63**, 593–608.

Kitchell, J. A. (1979). Deep-sea foraging pathways: an analysis of randomness and resource exploitation. *Paleobiology*, **5**, 107–25.

Kitchell, J. A., Kitchell, J. F., Clark, D. L. & Dangeard, L. (1978*a*). Deep-sea foraging behavior: its bathymetric potential in the fossil record. *Science, Washington*, **200**, 1289–91.

Kitchell, J. A., Kitchell, J. K., Johnson, G. L. & Hunkins, K. L. (1978*b*). Abyssal traces and megafauna: comparison of productivity, diversity and density in the Arctic and Antarctic. *Paleobiology*, **4**, 171–80.

Klein, H. (1988). Benthic storms, vortices, and particle dispersion in the deep West European Basin. *Deutches Hydrographisches Zeitschrift*, **40**, Jahrgang 1987, Heft 3, 87–102.

Knecht, R. W. (1982). Deep ocean mining. *Oceanus*, **25**, 3–11.

Knudsen, J. (1961). The bathyal and abyssal Xylophaga (Pholadidae, Bivalvia). *Galathea Report*, **5**, 163–209.

(1967). The deep-sea Bivalvia. *Scientific Reports of the 'John Murray' Expedition 1933–1934*, **11**, 23–243.

(1970). The systematics and biology of abyssal and hadal Bivalvia. *Galathea Report*, **11**, 7–241.

(1979). Deep-sea bivalves. In *Pathways in Malacology*, eds S. van der Spoel, A. C. van Bruggen & J. Lever, pp. 195–224. 6th International Congress Unitas Malacologica Europaea, Amsterdam, Netherlands, August 15–20, 1977. Utrecht: Bohn, Scheltema & Holkema.

Koltun, V. M. (1970). Sponge fauna of the northwestern Pacific from the shallows to hadal depths. *Trudy Instituta Okeanologii*, **86**, 165–221 (in Russian).

Kramp, P. L. (1956). Hydroids from depths exceeding 6000 meters. *Galathea Report*, **2**, 17–20.

(1959). *Stephanoscyphus* (Scyphozoa). *Galathea Report*, **1**, 173–85.

Kranck, K. & Milligan, T. G. (1988). Macroflocs from diatoms: *in situ* photography of particles in Bedford Basin, Nova Scotia. *Marine Ecology – Progress Series*. **44**, 183–9.

Kristensen, E. & Blackburn, T. H. (1987). The fate of organic carbon and nitrogen in experimental marine sediment systems: Influence of bioturbation and anoxia. *Journal of Marine Research*, **45**, 231–57.

Kucheruk, N. V. (1976). Polychaete worms of fam. Ampharetidae from the deep part of the Alaska Bay. *Trudy̆ Instituta Okeanologii*, **99**, 91–101 (in Russian, English summary).

Kuhnelt, T. (1976). *Soil Biology*. London: Faber and Faber.

Kullenberg, B. (1951). On the shape and length of the cable during a deep-sea trawling. *Report of the Swedish Deep-Sea Expedition*, II, *Zoology* **(2)**, 29–44.

Kulm, L. D., Suess, E., Moore, J. C., Carson, B., Lewis, B. T., Ritger, S. D., Kadko, D. C., Thornburg, T. M., Embley, R. W., Rugh, W. D., Massoth, G. J., Langseth, M. G., Cochrane, G. R. & Scamman, R. L. (1986). Oregon subduction zone venting, fauna, and carbonates. *Science, Washington*, **231**, 561–6.

Kussakin, O. G. (1973). Peculiarities of the geographical and vertical distribution of marine isopods and the problem of deep-sea fauna origin. *Marine Biology*, **23**, 19–34.

Lagardère, J. P. (1985). Biogéographie et composition taxonomique du peuplement abyssal de Mysidacés. In *Peuplements Profonds du Golfe de Gascogne*, eds L. Laubier & C. Monniot, pp. 425–8. Brest: Institut Français de Recherche pour l'Exploitation de la Mer.

Lambshead, P. J. D. & Platt, H. M. (1988). Analyzing disturbance with the Ewens/Caswell neutral model: theoretical review and practical assessment. *Marine Ecology – Progress Series*, **43**, 31–41.

Lambshead, P. J. D., Platt, H. M. & Shaw, K. M. (1983). The detection of differences among assemblages of marine benthic species based on an assessment of dominance and diversity. *Journal of Natural History*, **17**, 859–74.

Lampitt, R. S. (1985a). Evidence for the seasonal deposition of detritus to the deep-sea floor and its subsequent resuspension. *Deep-Sea Research*, **32A**, 885–97.

(1985b). Fast living on the ocean floor. *New Scientist*, **105**, No. 1445, 37–40.

Lampitt, R. S. & Billett, D. S. M. (1984). Deep-sea echinoderms: a time and motion study. In *Proceedings of the Fifth International Echinoderm Conference, Galway, 24–29 September 1984*, eds Keegan, B. F. & O'Connor, B. D. S., p. 160. Rotterdam: Balkema.

Lampitt, R. S., Billett, D. S. M. & Rice, A. L. (1986). Biomass of the invertebrate megabenthos from 500 to 4100 m in the northeast Atlantic Ocean. *Marine Biology*, **93**, 69–81.

Lampitt, R. S. & Burnham, M. P. (1983). A free-fall time-lapse camera and current meter system "Bathysnap" with notes on the foraging behaviour of a bathyal decapod shrimp. *Deep-Sea Research*, **30A**, 1009–17.

Lampitt, R. S., Merrett, N. R. & Thurston, M. H. (1983). Inter-relations of necrophagous amphipods, a fish predator, and tidal currents in the deep sea. *Marine Biology*, **74**, 73–8.

Lampitt, R. S. & Paterson, G. L. J. (1988). The feeding behaviour of an abyssal sea anemone from *in situ* photographs and trawl samples. *Oceanologica Acta*, **10**, 455–61.

Land, J. van der (1985). Abyssal *Priapulus* (Vermes, Priapulida). In *Peuplements Profonds du Golfe de Gascogne*, eds L. Laubier & C. Monniot, pp. 379–383. Brest: Institut Français de Recherche pour l'Exploitation de la Mer.

Landau, J. V. & Pope, D. H. (1980). Recent advances in the area of barotolerant protein synthesis in bacteria and implications concerning barotolerant and barophilic growth. *Advances in Aquatic Microbiology*, **2**, 49–76.

Laubier, L. (1986). *Des Oasis au Fond des Mers*, Paris: Le Rocher.

(ed.) (1988). Biology and ecology of the hydrothermal vents [Conference Proceedings, Institut Océanographique, Paris, 4–7 November 1985.] *Oceanologica Acta*, (spec. Vol.) **8**, 233 pp.

(1989). Écosystèmes benthiques profonds et chimiosynthèse bactérienne: sources hydrothermales et suintements froids. In *Océanologie: Actualité et Prospective*, ed. M. M. Denis, pp. 61–99. Marseilles: Centre d'Océanologie de Marseille.

Laubier, L. & Desbruyères, D. (1984). Les oasis du fond des oceans. *La Recherche*, **15**, 1506–17.

Laubier, L., Martinais, J. & Reyss, D. (1972). Deep-sea trawling using ultrasonic techniques. In *Barobiology and the Experimental Biology of the Deep Sea*, ed. R. W. Brauer, pp. 175–96. University of North Carolina Press.

Laubier, L., Ohta, S. & Sibuet, M. (1986). Découverte de communautes animales profundes durant la campagne franco-japonaise Kaiko de plongées dans les fosses de subduction autour du Japon. *Compte rendus hebdomadaires des séances de l'Académie des sciences, Paris*, **302**, 25–9.

Laughton, A. S. (1963). Microtopography. In *The Sea*, Vol. 3, ed. M. N. Hill, pp. 437–472. New York: Wiley-Interscience.

Laurin, B. & Gaspard, D. (1988). Variations morphologique et croissance du brachiopode abyssal *Macandrevia africana* Cooper. *Oceanologica Acta*, **10**, 445–54.

Laver, M. B., Olsson, M. S., Edelman, J. L. & Smith, K. L. (1985). Swimming rates of scavenging deep-sea amphipods recorded with a free vehicle video camera. *Deep-Sea Research*, **32A**, 1135–42.

Le Danois, E. (1948). Les Profondeurs de la Mer. Paris: Payot.

Le Pennec, M. & Fiala-Medioni, A. (1988). The role of the digestive tract of *Calyptogena lauberi* and *Calyptogena phaseoliformis*, vesicomyid bivalves of the subduction zones of Japan. *Oceanologica Acta*, **11**, 193–9.

Le Pennec, M. & Prieur, D. (1984). Observations sur la nutrition d'un Mytilidae d'un site hydrothermal actif de la dorsal du Pacific oriental. *Compte rendus hebdomadaires des séances de l'Académie des sciences, Paris*, **298**, 493–8.

Le Pennec, M., Prieur, D. & Lucas, A. (1985). Studies on the feeding of a hydrothermal-vent mytilid from the East Pacific Rise. In *Proceedings of the Nineteenth European Marine Biology Symposium*, ed. P. E. Gibbs, pp. 159–66. Cambridge University Press.

Le Pichon, X., Iiyama, T., Chamley, H., Charvet, J., Favre, M., Fujimoto H., Furuta, T., Ida, Y., Kagami, H., Lallemant, S., Leggett, J., Murata, A., Okada, H., Rangin, C., Renard, V., Taira, A. & Tokuyama, H. (1987). The eastern and western ends of Nankai trough: results of box 5 and box 7 Kaiko survey. *Earth and Planetary Science Letters*, **83**, 199–213.

Lee, J. J. (1980). Nutrition and physiology of Foraminifera. In *Biochemistry and Physiology of Protozoa*, Vol. 3, eds M. Levandowsky & S. M. Hutner, pp. 43–66. London: Academic Press.

Leeder, M. R. (1985). *Sedimentology: Processes and Product*. London: Allen & Unwin.

Lemche, H. (1957). A new living deep sea mollusc of the Cambro-Devonian Class Monoplacophora. *Nature, London*, **179**, 413–16.

Lemche, H., Hansen, B., Madsen, F. J., Tendal, O. S. & Wolff, T. (1976). Hadal life as analyzed from photographs. *Videnskabelige Meddelelser fra Dansk Naturhistorisk Forening*, **139**, 263–336.

Lemche, H. & Wingstrand, K. G. (1959). The anatomy of *Neopilina galatheae* Lemche, 1957 (Mollusca Tryblidiacea). *Galthea Report*, **3**, 9–72.

Leonard, A. B., Strickler, J. R. & Holland, N. D. (1988). Effects of current speed on filtration during suspension feeding in *Oligometra serripinna* (Echinodermata: Crinoidea). *Marine Biology*, **97**, 111–25.

Lester, R. J. G., Sewell, K. B., Barnes, A. & Evans, K. (1988). Stock discrimation of the orange roughy, *Hoplostethus atlanticus*, by parasite analysis. *Marine Biology*, **99**, 137–43.

Levi, C. (1964). Spongaires des zones bathyale, abyssale et hadale. *Galathea Report*, **7**, 63–112.

Levin, L. A., DeMaster, D. J., McCann, L. D. & Thomas, C. L. (1987). Effects of giant protozoans (class: Xenophyophorea) on deep-seamount benthos. *Marine Ecology – Progress Series*, **29**, 99–104.

Levin, L. A. & Smith, C. R. (1984). Response of background fauna to disturbance and enrichment in the deep sea: a sediment tray experiment. *Deep-Sea Research*, **31A**, 1277–85.

Levin, L. A. & Thomas, C. L. (1989). The influence of hydrodynamic regime on infaunal assemblages inhabiting carbonate sediments on central Pacific seamounts. *Deep-Sea Research*, **36A**, 1897–915.

Levinton, J. S. (1979). Deposit-feeders, their resources, and the study of resource limitation. In *Ecological Processes in Coastal and Marine Systems*, ed. R. J. Livingstone, pp. 117–41. New York: Plenum Press. (1982). *Marine Ecology*. Englewood Cliffs, New Jersey: Prentice-Hall.

Lightfoot, R., Tyler, P. A. & Gage, J. D. (1979). Seasonal reproduction in deep-sea bivalves and brittlestars. *Deep-Sea Research*, **26A**, 967–73.

Lincoln, R. J. (1985). Deep-sea asellote isopods of the north-east Atlantic: the family Haploniscidae. *Journal of Natural History*, **19**, 655–95.

Lincoln, R. J. & Boxshall, G. A. (1983). Deep-sea asellote isopods of the north-east Atlantic: the family Dendrotionidae and some new ectoparasitic copepods. *Zoological Journal of the Linnear Society*, **79**, 279–318.

Lipps, J. H. (1983). Biotic interrelations in benthic foraminifera. In *Biotic Interactions in Recent and Fossil Benthic Communities*, eds M. J. S. Tevesz & P. L. McCall, pp. 331–76. New York: Plenum Press.

Lipps, J. H. & Hickman, C. S. (1982). Origin, age and evolution of Antarctic and deep-sea faunas. In *The Environment of the Deep Sea*, eds W. G. Ernst & J. G. Morin, pp. 324–56. Englewood Cliffs, New Jersey: Prentice-Hall.

Littler, M. M., Littler, D. S., Blair, S. M. & Norris, J. N. (1985). Deepest known plant life discovered on an uncharted seamount. *Science, Washington*, **227**, 57–9.

Litvinova, N. M. & Sokolova, M. N. (1971). Feeding of deep-sea ophiuroids of the genus *Amphiophiura. Okeanologija*, Moscow, **11** (in Russian. English translation by Russian Translation Board of the American *Geophysical Union*, pp. 240–7).

Livingston, H. D. & Anderson, R. F. (1983). Large particle transport of plutonium and other fallout radionuclides to the deep ocean. *Nature, London*, **303**, 28–231.

Lochte, K. & Turley, C. M. (1988). Bacteria and cyanobacteria associated with phytodetritus in the deep sea. *Nature, London*, **333**, 67–9.

Loeblich, A. R. & Tappan, H. (1984). Suprageneric classification of the Foraminiferida (Protozoa). *Micropaleontology*, **30**, 1–70.

Lonsdale, P. (1977a). Deep-tow observations at the mounds abyssal thermal field, Galapagos Rift. *Earth and Planetary Letters*, **36**, 92–110.
    (1977b). Clustering of suspension-feeding macrobenthos near abyssal hydrothermal vents at oceanic spreading centers. *Deep-Sea Research*, **24**, 857–63.

Lonsdale, P. & Hollister, C. D. (1979). A near bottom traverse of Rockall Trough: hydrographic and geologic inferences. *Oceanologica Acta*, **2**, 91–105.

Lopez, G. R. & Levinton, J. S. (1987). Ecology of deposit-feeding animals in marine sediments. *The Quarterly Review of Biology*, **62**, 235–60.

Lu, C. C. & Roper, C. F. E. (1979). Cephalopods from deep-water Dumpsite 106 (Western Atlantic): vertical distribution and seasonal abundance. *Smithsonian Contributions to Zoology*, **288**, 1–36.

Luckenbach, M. W. (1986). Sediment stability around animal tubes: the roles of hydrodynamic processes and biotic activity. *Limnology and Oceanography*, **31**, 779–87.

Lutz, R. A. (1988). Dispersal of organisms at deep-sea hydrothermal vents: a review. *Oceanologica Acta* (Spec. Vol.) **8**, 23–9.

Lutz, R. A., Fritz, L. W. & Cerrato, R. M. (1988). A comparison of bivalve (*Calyptogena magnifica*) growth at two deep-sea hydrothermal vents in the eastern Pacific. *Deep-Sea Research*, **35A**, 1793–810.

Lutz, R. A., Fritz, L. W. & Rhoads, D. C. (1985). Molluscan growth at deep-sea hydrothermal vents. *Bulletin of the Biological Society of Washington*, **6**, 199–210.

Lutz, R. A., Jablonski, D. & Turner, R. D. (1984). Larval development and dispersal at deep-sea hydrothermal vents. *Science, Washington*, **226**, 1451–1453.

MacArthur, R. H. & Wilson, E. O. (1967). *The Theory of Island Biogeography*. Princeton, New Jersey: Princeton University Press.

MacGinitie, G. E. & MacGinitie, N. (1968). *Natural History of Marine Animals*. New York: McGraw-Hill.

Maciolek, N., Grassle, J. F., Hecker, B., Boehm, P. D., Brown, B., Dade, B., Steinhauer, W. G., Baptiste, E., Ruff, R. E., Petrecca, R. (1987*a*). Study of biological processes on the U.S. mid-Atlantic slope and rise. Final Report prepared for U.S. Dept. of the Interior, Minerals Management Service, Washington, D.C. 20240, 310 pp.

Maciolek, N., Grassle, J. F., Hecker, B., Brown, B., Blake, J. A., Boehm, P. D., Petrecca, R., Duffy, S., Baptiste, E. & Ruff, R. E. (1987*b*). Study of biological processes on the U.S. North Atlantic slope and rise. Final Report prepared for U.S. Dept. of the Interior, Minerals Management Service, Washington, D.C. 20240, 362 pp.

Macurda, D. N. & Mayer, D. L. (1976). The morphology and life habits of the abyssal crinoid *Bathycrinus aldrichianus* Wyville Thomson and its paleontological implications. *Journal of Paleontology*, **50**, 647–67.

Maddocks, R. F. & Steineck, P. L. (1987). Ostracoda from experimental wood-island habitats in the deep-sea. *Micropaleontology*, **33**, 318–55.

Madsen, F. J. (1961*a*). The Porcellanasteridae. A monographic revision of an abyssal group of sea-stars. *Galathea Report*, **4**, 33–176.

(1961*b*). On the zoogeography and origin of the abyssal fauna. *Galathea Report*, **4**, 177–218.

Malahoff, A. (1985). Hydrothermal vents and polymetallic sulfides of the Galapagos and Gorda/Juan de Fuca Ridge Systems and of submarine volcanoes. *Bulletin of the Biological Society of Washington*, **6**, 19–42.

Malahoff, A., Embley, R. W. & Fornari, D. J. (1982). Geomorphology of Norfolk and Washington Canyons and the surrounding continental slope and upper rise as observed from DSRV ALVIN. In *The Ocean Floor*, Bruce Heezen commemorative volume, eds R. A. Scrutton & M. Talwani, pp. 97–111. London: John Wiley.

Mann, C. R., Coote, A. R. & Garner, D. K. (1973). The meridional distribution of silicate in Western Atlantic Ocean. *Deep-Sea Research*, **20**, 791–801.

Manning, R. B. & Struhsaker, P. (1976). Occurrence of the Caribbean stomatopod *Bathysquilla microps*, off Hawaii, with additional records for *B. microps* and *B. crassispinosa*. *Proceedings of the Biological Society of Washington*, **89**, 439–50.

Mantyla, A. W. & Reid, J. L. (1983). Abyssal characteristics of the world ocean waters. *Deep-Sea Research*, **30A**, *805–33.*

Mare, M. (1942). A study of a marine benthic community with special reference to the microorganisms. *Journal of the Marine Biological Association of the United Kingdom*, **25**, 517–54.

Margalef, R. (1969). Diversity and stability: a practical proposal and a model of interdependence. *Brookhaven Symposia in Biology*, **22**, 25–37.

Marquis, R. E. & Matsumura, P. (1978). Microbial life under pressure. In *Microbial Life in Extreme Environments*, ed. D. J. Kushner. New York: Academic Press.

Marshall, N. B. (1973). Family Macrouridae. In *Fishes of the Western North Atlantic*. Memoir, Sears Foundation for Marine Research, No. 1, part 6, pp. 496–665.

(1979). *Developments in Deep-Sea Biology*. Poole, Dorset: Blandford Press.

Marshall, N. B. & Bourne, D. W. (1967). Deep-sea photography in the study of fishes. In *Deep-Sea Photography*, ed. J. B. Hersey, pp. 251–7. Baltimore: Johns Hopkins Press.

Marshall, N. B. & Merrett, N. R. (1977). The existence of a benthopelagic fauna in the deep-sea. In *A Voyage of Discovery: G. Deacon 70th Anniversary Volume*, ed. M. Angel, pp. 483–97. Oxford: Pergamon Press.

Matisoff, G. (1982). Mathematical models of bioturbation. In *Animal Sediment Relations: the Biogenic Alteration of Sediments*, ed. P. L. McCall & M. J. S. Tevesz, pp. 289–330. New York: Plenum Press.

Mauchline, J. & Gordon, J. D. M. (1984). Diets and bathymetric distributions of the macrourid fish of the Rockall Trough, northeastern Atlantic. *Marine Biology*, **81**, 107–21.

(1985). Trophic diversity in deep-sea fish. *Journal of Fish Biology*, **26**, 527–35.

(1986). Foraging strategies in deep-sea fish. *Marine Ecology – Progress Series*, **27**, 227–38.

Mauviel, A., Juniper, S. K. & Sibuet, M. (1987). Discovery of an enteropneust associated with a mound-burrows trace in the deep sea: ecological and geochemical implications. *Deep-Sea Research*, **34A**, 329–35.

Mauviel, A. & Sibuet, M. (1985). Répartition des traces animales et importance de la bioturbation. In *Peuplements Profonds du Golfe de Gascogne*, eds L. Laubier & C. Monniot. Campagnes Biogas. Brest: Institut Français de Recherche pour l'Exploitation de la Mer.

Mayer, L. A., Shor, A. N., Clarke, J. H. & Piper, D. J. (1988). Dense biological communities at 3850m on the Laurentian Fan and their relationship to the deposits of the 1929 Grand Banks earthquake. *Deep-Sea Research*, **35A**, 1235–46.

Mayr, E. (1963). *Populations, Species and Evolution*. Cambridge, Massachusetts: Harvard University Press.

McCartney, M. S. & Talley, L. D. (1984). Warm-to-cold conversion in the northern North Atlantic Ocean. *Journal of Physical Oceanography*, **14**, 922–35.

McCave, I. N. (1975). Vertical flux of particles in the ocean. *Deep-Sea Research*, **22**, 491–502.

McHugh, D. (1989). Population structure and reproductive biology of two sympatric hydrothermal vent polychaetes, *Paralvinella pandorae* and *P. palmiformis. Marine Biology*, **103**, 95–106.

McIntyre, A. D. (1969). Ecology of marine benthos. *Biological Bulletin*, **44**, 245–90.

McLean, J. H. (1988). New archaeogastropod limpet families in the hydrothermal vent community. *Malacological Review, Supplement 4*, 85–7.

McLellan, T. (1977). Feeding strategies of the macrourids. *Deep-Sea Research*, **24**, 1019–36.

Mead, G. W., Bertelson, E. & Cohen, D. M. (1964). Reproduction among deep-sea fishes. *Deep-Sea Research*, **11**, 569–96.

Meadows, D. S. & Reid, A. (1966). The behaviour of *Corophium volutator* (Crustacea: Amphipoda). *Journal of Zoology*, **150**, 387–99.

Meadows, P. S. & Tait, J. (1985). Bioturbation, geotechnics and microbiology at the sediment-water interface in deep-sea sediments, In *Proceedings of the Nineteenth European Marine Biology Symposium*, ed. P. E. Gibbs, pp. 191–9. Cambridge University Press.

Meadows, P. S. & Tufail, A. (1986). Bioturbation, microbial activity and sediment properties in an estuarine ecosystem. *Proceedings of the Royal Society of Edinburgh*, **90B**, 129–42.

Meincke, J., Siedler, G. & Zenk, W. (1975) Some current observations near the continental slope off Portugal. *Meteor. Forschungsergebnisse*, **16A**, 15–22.

Melville-Smith, R. (1987). The reproductive biology of *Geryon maritae* (Decapoda, Brachyura) off South West Africa/Namibia. *Crustaceana*, **53**, 259–75.

Menge, B. A. & Sutherland, J. P. (1976). Species diversity gradients: synthesis of the roles of predation, competition, and temporal heterogeneity. *American Naturalist*, **110**, 351–69.

Menzies, R. J. (1959). *Priapulus abyssorum*, new species, the first abyssal priapulid. *Nature, London*, **184**, 1585–6.

(1965). Conditions for the existence of life on the abyssal sea floor. *Oceanography and Marine Biology: an Annual Review*, **3**, 195–210.

(1973). Biological history of the Mediterranean Sea with reference to the abyssal benthos. *Rapports et procès-verbaux des réunions Commission internationale pour l'exploration scientifique de la Mer Méditerranée, Paris*, **21** (9), 717–23.

Menzies, R. J., George, R. Y. & Rowe, G. T. (1973). *Abyssal Environment and Ecology of the World Oceans*. New York: Wiley-Interscience.

Menzies, R. J. & Imbrie, J. (1955). On the antiquity of the deep-sea bottom fauna. *Oikos*, **9**, 192–201.

Menzies, R. J. & Rowe, G. T. (1969). The distribution and significance of detrital turtle grass *Thallasia testudinum*, on the deep-sea floor off North Carolina. *International Revue gesampten Hydrobiologia*, **54**, 217–22.

Menzies, R. J., Zanefield, J. S. & Pratt, R. M. (1967). Transported turtle grass as a source of enrichment of abyssal sediments off North Carolina. *Deep-Sea Research*, **14**, 111–12.

Merrett, N. R. (1986). Macrouridae of the eastern North Atlantic. *Fiche d'Identification du Plancton*, Fiche No. 173/174/175, 14 pp.

(1987). A zone of faunal change in assemblages of abyssal demersal fish in the eastern North Atlantic: A response to seasonality in production? *Biological Oceanography*, **5**, 137–51.

(1989). Fishing around in the dark. *New Scientist*, No. 1653, **121**, 50–4.

Merrett, N. R. & Domanski, P. A. (1985). Observations on the ecology of deep-sea bottom-living fishes collected off Northwest Africa. II. The Moroccan slope (27–34 N) with special reference to *Synaphobranchus kaupi* Johnson, 1982. *Biological Oceanography*, **3**, 349–99.

Merrett, N. R. & Marshall, N. B. (1981). Observations on the ecology of two deep-sea bottom-living fishes collected off northwest Africa (08°N–27° N). *Progress in Oceanography*, **9**, 185–244.

Merrett, N. R. & Saldanha, L. (1985). Aspects of the morphology and ecology of some unusual deep-sea eels (Synaphobranchidae, Derichthyidae and Nettastomatidae) from the eastern North Atlantic. *Journal of Fish Biology*, **27**, 719–47.

Merrett, N. R. & Wheeler, A. (1983). The correct identification of two trachichthyid fishes (Pisces, Berycomorphi) from the slope fauna west of Britain with notes on the abundance and commercial importance of *Hoplostethus atlanticus*. *Journal of Natural History*, **17**, 569–73.

Messing, C. G. (1985). Submersible observations of deep-water crinoid assemblages in the tropical western Atlantic. In *Echinodermata*, eds B. F. Keegan & B. D. S. O'Connor, pp. 185–93. Rotterdam: Balkema.

Meyer, D. L. (1982). Food and feeding mechanisms: Crinozoa. In *Echinoderm Nutrition*, eds M. Jangoux & J. M. Lawrence, pp. 25–55. Rotterdam: Balkema.

Mickel, T. J. & Childress, J. J. (1982). Effects of temperature, pressure, and oxygen concentration on the oxygen consumption rate of the hydrothermal vent crab *Bythograea thermydron* (Brachyura). *Physiological Zoology*, **55**, 199–207.

Mileikovsky, S. A. (1968). Distribution of pelagic larvae of bottom invertebrates of the Norwegian and Barents Sea. *Marine Biology*, **1**, 161–7.

Millar, R. H. (1965). Evolution in ascidians. In *Some Contemporary Studies in Marine Science*, ed. H. Barnes, pp. 519–34. London: Allen & Unwin.

(1970). Ascidians, including specimens from the deep sea, collected by the Vema and now in the American Museum of Natural History. *Journal of the Linnaean Society* (Zoology), **49**, 99–159.

Miller, J. E. & Pawson, D. L. (1990). Swimming sea cucumbers (Echinodermata: Holothuroidea): a survey, with analysis of swimming behavior in four bathyal species. *Smithsonian Contributions to the Marine Sciences*, No. 35, 18 pp.

Miller, S. L. & Bada, J. L. (1988). Submarine hot springs and the origin of life. *Nature, London*, **334**, 609–11.

Mills, E. L. (1983). Problems of deep-sea biology: an historical perspective. In *The Sea*, Vol. 8, ed. G. T. Rowe, pp. 1–79. New York: Wiley-Interscience.

Mironov, A. N. (1975). Mode of life of the pourtalesiid sea-urchins (Echinoidea: Pourtalesiidae). *Trudy Instituta Okeanologii*, **103**, 281–8 (in Russian, English summary).

Monniot, C. (1979). Adaptations of benthic filtering animals to the scarcity of suspended particles in deep water. *Ambio Special Report*, **6**, 73–4.

Monniot, C. & Monniot, F. (1975). Abyssal tunicates: an ecological paradox. *Annales de l'Institute Océanographique Paris*, **51**, 99–120.

  (1978). Recent work on the deep-sea tunicates. *Oceanography and Marine Biology: an Annual Review*, **16**, 181–228.

Monniot, F. (1979). Faunal affinities among abyssal Atlantic basins. *Sarsia*, **64**, 93–6.

Moore, D. A. (1973). *Marine Chartwork and Navaids*. Sevenoaks, Kent: Kandy Publications.

Morita, R. Y. (1979). Current status of the microbiology of the deep-sea. *Ambio Special Report*, **6**, 33–6.

Morita, R. Y. & Zobell, C. E. (1955). Occurrence of bacteria in pelagic sediments collected during the Mid-Pacific Expedition. *Deep-Sea Research*, **3**, 66–73.

Mortensen, T. (1907). Echinoidea (Part 2). *Danish Ingolf Expedition*, **4(2)**, 1–200.

  (1927). *Echinoderms of the British Isles*. London: Oxford University Press.

  (1933). Ophiuroidea. *Danish Ingolf Expedition*, **4(8)**, 1–121.

  (1935). A Monograph of the Echinoidea, II. Copenhagen: Reitzel.

  (1938). On the vegetarian diet of some deep-sea echinoids. *Annotations zoologicae japonenses*, **17**, 225–8.

Moseley, H. N. (1880). Deep-sea dredgings and life in the deep sea. *Nature, London*, **21**, 543–7, 569–72, 591–3.

Moskalev, L. I. & Galkin, S. V. (1986). Investigations of the fauna of submarine upheavals during the 9th trip of the research vessel 'Academic Mstislav Keldysh'. *Zoologichesky Zhurnal*, **65**, 1716–21 (in Russian, English summary).

Muirhead, A., Tyler, P. A. & Thurston, M. H. (1986). Reproductive biology and growth of the genus *Epizoanthus* in the NE Atlantic. *Journal of the Marine Biological Association of the United Kingdom*, **66**, 131–43.

Mullineaux, L. S. (1987). Organisms living on manganese nodules and crusts: distribution and abundance at three North Pacific sites. *Deep-Sea Research*, **34A**, 165–84.

(1988). The role of settlement in structuring a hard-substratum community in the deep sea. *Journal of Experimental Marine Biology and Ecology*, **120**, 247–61.

(1989). Vertical distributions of the epifauna on manganese nodules : implications for settlement and feeding. *Limnology and Oceanography*, **34**, 1247–62.

Murina, V. V. (1984). Ecology of Sipuncula. *Marine Ecology – Progress Series*, **17**, 1–7.

Murphy, G. I. (1968). Pattern in life history and the environment. *American Naturalist*, **102**, 390–404.

Murphy, L. S., Rowe, G. T. & Haedrich, R. L. (1976). Genetic variability in deep-sea echinoderms. *Deep-Sea Research*, **23**, 339–48.

Murray, J. (1895). A summary of the scientific results obtained at the sounding, dredging and trawling stations of H.M.S. 'Challenger'. *Report on the Scientific Results of the Voyage of H.M.S. Challenger during the years 1873–76*, Summary of Results, **2**, 1–1608.

Murray, J. & Hjort, J. (1912). *The Depths of the Ocean*. London: MacMillan.

Murray, J. & Renard, A. F. (1891). Report on the deep-sea deposits. *Report on the Scientific Results of the Voyage of H.M.S. Challenger during the years 1873–76*, Deep-Sea Deposits, 1–525.

Murray, J. W. (1973). *Distribution and Ecology of Living Foraminiferids*. New York: Crane, Russak & Co.

Murray, J. W. (1988). Neogene bottom water-masses and benthic Foraminifera in the NE Atlantic Ocean. *Journal of the Geological Society of London*, **145**, 125–32.

Nair, R. R., Ittekkot, V., Manganini, S. J., Ramaswamy, V., Hakke, B., Degens, E. T., Desai, B. N. & Honjo, S. (1989). Increased particle flux to the deep ocean related to Monsoons. *Nature, London*, **338**, 749–51.

Nardin, T. R., Hein, F. J., Gorsline, D. S. & Edwards, B. D. (1979). A review of mass movement processes, sediment and acoustic characteristics, and contrasts in slope and base-of-slope systems versus canyon-fan-basin floor systems. *Special Publications of the Society of Economic Paleontologists and Mineralogists*, Tulsa, **27**, 61–73.

Naganuma, T., Otsuki, A. & Seki, H. (1989). Abundance and growth rates of bacterioplankton community in hydrothermal vent plumes of the North Fiji Basin. *Deep-Sea Research*, **36A**, 1379–90.

Nawab, Z. A. (1984). Red Sea mining: A new era. *Deep-Sea Research*, **31A**, 813–822.

NEA (1985). *Review of the continued suitability of the dumping site for radioactive waste in the north-east Atlantic*. Paris: Nuclear Energy Agency, Organisation for Economic Co-operation and Development.

Neale, J. W. (1985). The incidence and distribution of cladoceran platycopine and podocopine Ostracoda in certain BIOGAS and INCAL samples taken from the deeper waters of the N.E. Atlantic. In *Peuplements Profonds du Golfe de Gascogne*, eds L. Laubier & C. Monniot, pp. 413–17. Brest: Institut Français de Recherche pour l'Exploitation de la Mer.

Nealson, K. H. (1978). The isolation and characterization of marine bacteria which catalyze manganese oxidation. In *Environmental Biogeochemistry and Geomicrobiology*, Vol. 3, ed. W. E. Krumbein, pp. 847–58. Ann Arbor, Michigan: Ann Arbor Science.

(1982) Bacterial ecology of the deep-sea. In *The Environment of the Deep-Sea*, ed. W. G. Ernst & J. G. Morin, pp. 179–216. Englewood Cliffs, New Jersey: Prentice-Hall.

Newell, R. C. (1965). The role of detritus in the nutrition of two marine deposit feeders, the prosobranch *Hydrobia ulvae* and the bivalve *Macoma balthica*. *Proceedings of the Zoological Society of London*, **144**, 25–45.

Newman, W. (1971). A deep-sea burrowing barnacle (Cirripedia: Acrothoracica) from Bermuda. *Journal of Zoology, London*, **165**, 423–9.

Newman, W. A. (1979). A new scalpellid (Cirripedia); a Mesozoic relic living near an abyssal hydrothermal spring. *Transactions of the San Diego Society of Natural History*, **19(11)**, 153–67.

Newman, W. A. & Hessler, R. R. (1989). A new abyssal hydrothermal verrucomorphan (Cirripedia: Sessilia): The most primitive living sessile barnacle. *Transactions of the San Diego Society of Natural History*, **21(16)**, 259–73.

Nisbet, E. G. (1987). *The Young Earth. An Introduction to Archaean Geology*. Winchester, Massachusetts: Allen & Unwin.

Novitsky, J. A. & MacSween, M. C. (1989). Microbiology of a high energy beach sediment: evidence for an active and growing community. *Marine Ecology – Progress Series*, **52**, 71–5.

Nowell, A. R. M. & Jumars P. A. (1984). Flow environments of aquatic benthos. *Annual Review of Ecology and Systematics*, **15**, 303–28.

Nowell, A. R. M., Jumars, P. A. & Eckman, J. E. (1981). Effects of biological activity on the entrainment of marine sediments. *Marine Geology*, **42**, 133–53.

Nowell, A. R. M., Jumars, P. A. & Fauchald, K. (1984). The foraging strategy of a subtidal and deep-sea deposit feeder. *Limnology and Oceanography*, **29**, 645–9.

Nozaki, Y., Cochran, J. K., Turekian, K. K. & Keller, G. (1977). Radiocarbon and Pb-210 distribution in submersible-taken deep-sea cores from Project FAMOUS. *Earth and Planetary Sciences Letters*, **34**, 167–73.

Ockelmann, K. W. (1965). Development types in marine bivalves and their distribution along the Atlantic Coast of Europe. In *Proceedings of the First European Malacological Congress, London 1962*, eds L. R. Cox & J. Peake, 25–35.

Odhner, N. H. (1960). Brachiopoda. *Reports of the Swedish Deep-Sea Expedition*, 2(Zool.) **23**, 402–6.

Ohta, S. (1983). Photographic census of large-sized benthic organisms in the bathyal zone of Suruga Bay, central Japan. *Bulletin of the Ocean Research Institute*, University of Tokyo, No. 15, 244 pp.

(1984). Star-shaped feeding traces produced by echiuran worms on the deep-sea floor of the Bay of Bengal. *Deep-Sea Research*, **31A**, 1415–32.

(1985). Photographic observations of the swimming behaviour of the deep-sea pelagothuriid holothurian *Enypniastes* (Elasipoda, Holothurioidea). *Journal of the Oceanographical Society of Japan*, **41**, 121–33.

Ohta, S. & Laubier, L. (1987). Deep biological communities in the subduction zone of Japan from bottom photographs during 'Nautile' dives in the Kaiko project. *Earth and Planetary Science Letters*, **83**, 329–42.

Ohwada, K., Tabor, P. S. & Colwell R. R. (1980). Species composition and barotolerance of gut microflora of deep-sea benthic macrofauna collected at various depths in the Atlantic Ocean. *Applied and Environmental Microbiology*, **40**, 746–55.

Oliver, G. & Allen, J. A. (1980a). The functional and adaptive morphology of the family Limopsidae (Bivalvia: Arcoida) from the Atlantic. *Philosophical Transactions of the Royal Society of London, Series B*, **291**, 77–125.

(1980b). The functional and adaptive morphology of the deep-sea species of the Arcacea (Mollusca: Bivalvia) from the Atlantic. *Philosophical Transactions of the Royal Society of London*, Series B, **291**, 6–76.

Orton, J. H. (1920). Sea temperature, breeding and distribution in marine animals. *Journal of the Marine Biological Association of the United Kingdom*, **12**, 339–66.

Osman, R. W. & Whitlach, R. B. (1978). Patterns of species diversity: fact or artifact? *Paleobiology*, **4**, 41–54.

Osterberg, C., Carey, A. G. & Curl, H. (1963). Acceleration of sinking rates of radionuclides in the ocean. *Nature, London*, **200**, 1276–7.

Ozturgut, E., Lavelle, J. W. & Burns, R. E. (1981). Impacts of manganese nodule mining on the environment : Results from pilot-scale mining tests in the north equatorial Pacific. In *Marine Environmental Pollution, 2, Dumping and Mining*, ed. R. A. Geyer, pp. 437–74, Amsterdam: Elsevier Oceanography Series.

Paine, R. T. (1966). Food-web complexity and species diversity. *American Naturalist*, **100**, 65–75.

Paine, R. T. & Vadas, R. L. (1969). The effects of grazing by sea urchins, *Strongylocentrotus* spp., on benthic algal populations. *Limnology and Oceanography*, **14**, 710–19.

Papentin, F. (1973). A Darwinian evolutionary system III. Experiments on the evolution of feeding patterns. *Journal of Theoretical Biology*, **39**, 431–45.

Parulekar, A. H., Harkantra, S. N., Ansari, Z. A. & Matondkar, S. G. P. (1982). Abyssal benthos of the central Indian Ocean. *Deep-Sea Research*, **29A**, 1531–7.

Pastnernak, F. A. (1964). The deep-sea pennatularians and antipatharians obtained by R/S "Vitjaz" in the Indian Ocean and the resemblance between the faunas of the pennatularians of the Indian Ocean and the Pacific. *Trudy̆ Inst. Okeanologie*, **69**, 183–215 (in Russian, English summary).

(1977). Antipatharia. *Galathea Report*, **14**, 157–64.

Patching, J. W., Raine, R. C. T. & Barnett, P. R. O. (1986). An investigation into the causes of small scale variation in sediment community oxygen consumption in the Rockall Trough. *Proceedings of the Royal Society of Edinburgh*, **88B**, 281–90.

Paterson, G. L. J., Lambshead, P. J. D. & Sibuet, M. (1985). The Ophiuroidea fauna of the Bay of Biscay. In *Peuplements Profonds du Golfe de Gascogne*, eds L. Laubier & C. Monniot, pp. 491–507. Brest: Institut Français de Recherche pour l'Exploitation de la Mer.

Patterson, D. J. (1990). *Jakela libera* (Ruinan, 1938), a heterotrophic flagellate from deep oceanic sediments. *Journal of the Marine Biological Association of the United Kingdom*, **70**, 381–93.

Paul, A. Z. (1973). Trapping and recovery of living deep-sea amphipods from the Arctic Ocean floor. *Deep-Sea Research*, **20**, 289–90.

(1976). Deep-sea bottom photographs show that benthic organisms remove sediment cover from manganese nodules. *Nature, London*, **263**, 50–1.

Paul, A. Z., Thorndike, E. M., Sullivan, L. G., Heezen, B. C. & Gerard, R. D. (1978). Observations of the deep-sea floor from 202 days of time-lapse photography. *Nature, London*, **272**, 812–14.

Paull, C. K., Hecker, B., Commeau, R., Freeman-Lynde R. P., Neuman, C., Corso, W. P., Golubic, S., Hook, J. E., Sikes, J. E. & Curray, J. (1984). Biological communities at the Florida Escarpment resemble hydrothermal vent taxa. *Science, Washington*, **226**, 965–7.

Paull, C. K., Martens, C. S., Chanton, J. P., Neumann, A. C., Coston, J., Jull, A. J. T. & Toolin, L. J. (1989). Old carbon in living organisms and young $CaCO_3$ cements from abyssal brine seeps. *Nature, London*, **342**, 166–8.

Pawson, D. L. (1976). Some aspects of the biology of deep-sea echinoderms. *Thalassia Jugoslavica*, **12**, 287–93.

(1982). Deep-sea echinoderms in the Tongue of the Ocean, Bahama Islands: a survey, using the research submersible Alvin. *Australian Museum Memoir*, **16**, 129–45.

(1985). *Psychropotes hyalinus*, new species, a swimming elasipod sea cucumber (Echinodermata: Holothuroidea) from the north central Pacific Ocean. *Proceedings of the Biological Society of Washington*, **98**, 523–5.

(1986). *Peniagone leander* new species, an abyssal benthopelagic sea

cucumber (Echinodermata: Holothuroidea) from the eastern
  Central Pacific Ocean. *Bulletin of Marine Science*, **38**, 293–9.
Pearce, J., Caracciolo, L. J., Grieg, R., Wenzloff, D. & Steimle, F. Jr.
  (1979). Benthic fauna and heavy metal burdens in marine
  organisms and sediments of a continental slope dumpsite off the
  northeast coast of the United States (Deepwater Dumpsite 106).
  Ambio Special Report, no. 6, 101–4.
Pearcy, W. G. & Ambler, J. W. (1974). Food habits of deep-sea
  macrourid fishes off the Oregon coast. *Deep-Sea Research*, **21**, 745–
  59.
Pearcy, W. G., Stein, D. L. & Carney, R. (1982). The deep-sea benthic
  fish fauna of the Northeastern Pacific ocean on Cascadia and Tufts
  Abyssal Plains and adjoining continental slopes. *Biological
  Oceanography*, **1**, 375–428.
Pearcy, W. G. & Stuiver, M. (1983). Vertical transport of carbon-14 into
  deep-sea food webs. *Deep-Sea Research*, **30A**, 427–40.
Pearson, M. & Gage, J. D. (1984). Diets of some brittle stars in the
  Rockall Trough. *Marine Biology*, **82**, 247–58.
Peet, R. K. (1974). The measurement of species diversity. *Annual Review
  of Ecology and Systematics*, **5**, 285–307.
Pemberton, G. S., Risk, M. J. & Buckley, D. E. (1976). Supershrimp:
  deep bioturbation in the Strait of Canso, Nova Scotia. *Science,
  Washington*, **192**, 790–1.
Pendley, W. P. (1982). The U.S. will need seabed minerals. *Oceanus*, **25**,
  12–21.
Pequegnat, L. H. (1970*a*). Deep-sea caridean shrimps with descriptions
  of six new species. In *Contributions on the Biology of the Gulf of
  Mexico*, ed. F. A. Chace, pp. 59–124. (Texas A & M University
  Oceanographic Studies, vol. 1.) Houston: Gulf Publishing.
  (1970*b*). Deep-water brachyuran crabs. In *Contributions on the Biology
  of the Gulf of Mexico*, ed. F. A. Chace, pp. 171–205. (Texas A & M
  University Oceanographic Studies, vol. 1.) Houston: Gulf
  Publishing.
Pequegnat, W. E. (1983). Some aspects of deep ocean disposal of
  dredged material. In *Wastes in the Ocean*, Vol. 2, eds D. R. Kester, B.
  H. Ketchum, I. N. Duedall & P. K. Park, pp. 229–52. New York:
  John Wiley.
Pequegnat, W. E. & Pequegnat, L. H. (1970). Deep-sea anomurans of
  superfamily Galatheoidea with descriptions of two new species. In
  Contributions on the Biology of the Gulf of Mexico, ed. F. A. Chace, pp.
  125–70. (Texas A & M University Oceanographic Studies, vol. 1.)
  Houston: Gulf Publishing.
Pequegnat, W. E., Pequegnat, L. H., Firth, R. W., James, B. M. &
  Roberts, T. W. (1971). Gulf of Mexico deep sea fauna. Decapoda
  and Euphasiacea. In *Serial Atlas of the Marine Environment*, ed. W.
  Webster, pp. 1–12. New York: American Geographical Society.
Perez, J.-M. (1982). Major benthic assemblages. In *Marine Ecology*, ed. O.
  Kinne, Chap. 8, pp. 373–522. Chichester: John Wiley.

Perkins, H. C. (1973). The larval stages of the deep-sea red crab, *Geryon quinquedens* Smith, reared under laboratory conditions (Decopoda: Brachyrhyncha). *Fisheries Bulletin*, **71**, 69–82.

Peypouquet, J. P. (1980). Les relations Ostracodes-profondeur. Principles applicables pendant le Cenozoic. *Bulletin de l'Institut de Géologie du Bassin d'Aquitaine*, **28**, 13–28.

Peypouquet, J. P. & Benson, R. (1980). Les Ostracodes actuels des bassins du Cap et d'Angola: distribution bathymétrique en fonction de l'hydrologie. *Bulletin de l'Institut de Géologie du Bassin d'Aquitaine*, **28**, 5–12.

Peters, R. H. (1983). *The Ecological Implicatioes of Body Size*. Cambridge: University Press.

Pfannkuche, O. (1985). The deep-sea meiofauna of the Porcupine Seabight and abyssal plain (NE Atlantic): population structure, distribution, standing stock. *Oceanologica Acta*, **8**, 343–53.

Pfannkuche, O., Theeg, R. & Thiel, H. (1983). Benthos activity, abundance and biomass under an area of low upwelling off Morocco, Northwest Africa. *Meteor Forschungsergebnisse.*, **36**, 85–96.

Phillips, N. W. (1984). Role of different microbes and substrates as potential suppliers of specific, essential nutrients to marine detritivores. *Bulletin of Marine Science*, **35**, 283–98.

Pielou, E. C. (1960). A single mechanism to account for regular, random and aggregated populations. *Journal of Ecology*, **48**, 575–84.

  (1969). *An Introduction to Mathematical Ecology*. New York: Wiley-Interscience.

  (1977). *Mathematical Ecology*. New York: Wiley-Interscience.

Pierce, F. E. (1974). *Wire Ropes for use in the Marine Environment*. IOS Report No. 2. Wormley, Godalming: Institute of Oceanographic Sciences.

Pinhorn, A. T. (1976). Living marine resources of Newfoundland-Labrador: Status and Potential. Department of the Environment (Canada), Fisheries and Marine Science. Bulletin 194, 18–25.

Piper, D. J. W. & Marshall, N. F. (1969). Bioturbation of holocene sediments on La Jolla deep-sea fan, California. *Journal of Sedimentary Petrology*, **39**, 601–6.

Platt, H. M. & Lambshead, P. J. D. (1985). Neutral model analysis of patterns of marine benthic species diversity. *Marine Ecology – Progress Series*, **24**, 75–81.

Platt, T. & Denman, K. (1977). Organization in the pelagic ecosystem. *Helgolander wissenshaftliche Meeresuntersuchungen*, **30**, 575–81.

Pohlo, R. (1982). Evolution of the Tellinacea (Bivalvia). *Journal of Molluscan Studies*, **48**, 245–56.

Polloni, P., Haedrich, R. L., Rowe, G. T. & Clifford, C. H. (1979). The size-depth relationship in deep ocean animals. *Internationale Revue der gesamten Hydrobiogie*, **64**, 39–46.

Por, F. D. (1965). La faune des Harpacticoides dans les vases profondes de la côté d'Israel – une faune panbathyale. *Rapport et Procès-*

Verbaux des réunions Commision internationale pour l'exploration scientifique de la Mer Méditerranée, **18** (2), 159–62.

Postma, H. (1958). Oceanographic results. *Snellius Expedition*, **2**(8), 1–116.

Preston, A. (1983). Deep-sea disposal of radioactive wastes. In *Wastes in the Ocean*, eds P. K. Park, D. R. Kester, I. W. Duedall & B. H. Ketchum, pp. 107–22. New York: John Wiley.

Priede, I. G. & Smith, K. L. (1986). Behaviour of the abyssal grenadier, *Coryphaenoides yaquinae*, monitored using ingestible acoustic transmitters in the Pacific Ocean. *Journal of Fish Biology*, **29** (Supplement A), 199–206.

Priede, I. G., Smith, K. L. & Armstrong, J. D. (1990). Foraging behavior of abyssal grenadier fish: inferences from acoustic tagging and tracking in the North Pacific Ocean. *Deep-Sea Research*, **37A**, 81–101.

Prieur, D., Jeanthon, C. & Jacq, E. (1988). Les communautes bacteriennes des sources hydrothermales profondes du Pacific Oriental. *Vie et Milieu*, **37**, 149–164.

Pye, M. I. A. (1980). Studies of burrows in Recent sublittoral fine sediments off the west coast of Scotland. Unpublished PhD Thesis, University of Glasgow.

Rachor, E. (1976). Structure, dynamics and productivity of a population of *Nucula nitidosa* (Bivalvia, Protobranchiata) in the German Bight. *Bericht der Deutschen Wissenschaftlichen Kommission für Meeresforschung*, **24**, 296–331.

Ralijona, C. & Bianchi, A. (1982). Comparaison de la structure et des potentialités métaboliques des communautés bactériennes du contenu du tractus digestif d'holothuries abyssales et du sédiment environnant. *Bulletin du Centre d'études et de recherche scientifique Biarritz*, **14**, 199–214.

Rannou, M. (1975). Données nouvelles sur l'activité reproductive cycliques des poissons benthique bathyaux et abyssaux. *Compte rendu hebdomadaire des séances de l'Académie des sciences, Paris* (Sér. D), **281**, 1023–5.

(1976). Age et croissance d'un poisson bathyal: *Nezumia sclerorhynchus* (Macrouridae Gadiforme) de la Mer d'Alboran. *Cahiers de Biologie Marin*, **17**, 413–21.

Rasmussen, E. (1973). Systematics and ecology of the Isefjord marine fauna (Denmark). *Ophelia*, **11**, 1–495.

Rau, G. H. (1989). $^{13}C/^{12}C$ and $^{15}N/^{14}N$ in hydrothermal vent organisms: ecological and biogeochemical implications. *Bulletin of the Biological Society of Washington*, **6**, 243–7.

Raup, D. & Seilacher, A. (1969). Fossil foraging behaviour: computer simulation. *Science, Washington*, **166**, 994–5.

Reichardt, W. T. (1987). Burial of Antarctic macroalgal debris in bioturbated deep-sea sediments. *Deep-Sea Research*, **34A**, 1761–70.

Reid, J. L. & Lynn, R. J. (1971). On the influence of the Norwegian-Greenland and Weddell Seas upon the bottom waters of the Indian and Pacific Oceans. *Deep-Sea Research*, **18**, 1063–88.

Reid, R. G. B. & Reid, A. M. (1974). The carnivorous habit of members of the septibranch genus *Cuspidaria* (Mollusca: Bivalvia). *Sarsia*, **56**, 47–56.

Reidenauer, J. A. & Thistle, D. (1985). The tanaid fauna of the deep North Atlantic where near-bottom current velocities are high. *Oceanologica Acta*, **8**, 355–60.

Reineck, H. E. (1963). Der Kastengreifer. *Natur und Museum*, **93**, 102–108.

Reiners, C. E. & Wakefield, W. W. (1989). Flocculation of siliceous detritus on the sea floor of a deep Pacific seamount. *Deep-Sea Research*, **36A**, 1841–61.

Reise, K. (1981). High abundance of small zoobenthos around biogenic structures in tidal sediments of the Waden Sea. *Helgoländer Meeresuntersuchungen*, **34**, 413–25.

Renard, V. & Allenau, J. P. (1979). SEABEAM, multi-beam echo-sounding in Jean Charcot. *International Hydrographic Review*, **56**, 35–67.

Rex, M. A. (1973). Deep-sea species diversity: decreased gastropod diversity at abyssal depths. *Science, Washington*, **181**, 1051–3.

(1976). Biological accommodation in the deep-sea benthos: comparative evidence on the importance of predation and productivity. *Deep-Sea Research*, **23**, 975–87.

(1977). Zonation in deep-sea gastropods: the importance of biological interactions to rates of zonation. In *Biology of Benthic Organisms*, eds B. F. Keegan, P. O'Ceidigh & P. J. S. Boaden, pp. 521–30. Oxford: Pergamon Press.

(1981). Community structure in the deep-sea benthos. *Annual Review of Ecology and Systematics*, **12**, 331–53.

(1983). Geographical patterns of species diversity in the deep-sea benthos. In *The Sea*, Vol. 8, ed. G. T. Rowe, pp. 453–72. New York: John Wiley.

Rex, M. A. & Boss, K. J. (1973). Systematics and distribution of the deep sea gastropod *Epitonium (Ecclisseogyra) nitidum*. *Nautilus*, **87**, 93–8.

Rex, M. A., Etter, R. J. & Nimeskern, P. W. (1990). Density estimates for deep-sea gastropod assemblages. *Deep-Sea Research*, **37A**, 555–69.

Rex, M. A. & Warén, A. (1981). Evolution in the deep-sea: taxonomic diversity of gastropod assemblages. In *Biology of the Pacific Ocean Depths*. Proceedings of the XIV Pacific Science Congress (Khabarovsk, August 1979). Vladivostok: Academy of Sciences of the USSR, Far East Science Center, Institute of Marine Biology (in Russian, English summary).

(1982). Planktotrophic development in deep-sea prosobranch snails from the western North Atlantic. *Deep-Sea Research*, **29A**, 171–84.

Rex, M. A., Van Ummerson, C. A. & Turner, R. A. (1979). Reproductive pattern in the abyssal snail *Benthonella tenella* (Jeffreys). In *Reproductive Ecology of Marine Invertebrates*, ed. S. E. Stancyk, pp. 173–88. University of South Carolina Press.

Reyss, D. (1973). Distribution of Cumacea in the deep Mediterranean. *Deep-Sea Research*, **20**, 1119–23.

Rhoads, D. C. (1974). Organism–sediment relations on the muddy sea floor. *Oceanography and Marine Biology: an Annual Review*, **12**, 263–300.

Rhoads, D. C. & Boyer, L. F. (1982). The effects of marine benthos on physical properties of sediments: a successional perspective. In *Animal-Sediment Relations: the Biogenic Alteration of Sediments*, eds P. L. McCall & M. J. S. Tevesz, pp. 3–52. New York: Plenum Press.

Rhoads, D. C., Lutz, R. A., Cerrato, R. M. & Revelas, E. C. (1982). Growth and predation activity at deep-sea hydrothermal vents along the Galapagos Rift. *Journal of Marine Science*, **40**, 503–16.

Rhoads, D. C. & Young, D. K. (1970). The influence of deposit-feeding organisms on sediment stability and community trophic structure. *Journal of Marine Research*, **28**, 150–78.

(1971). Animal–sediment relations in Cape Cod Bay, Massachusetts. II. Reworking by *Molpadia oolitica* (Holothuroidea). *Marine Biology*, **11**, 255–61.

Rice, A. L. (1981). The abdominal locking mechanism in the deep-sea shrimp genus *Glyphocrangon* (Decapoda, Glypocrangonidae). *Crustaceana*, **40**, 316–19.

(1986). *British Oceanographic Vessels 1800–1950*. London: The Ray Society.

(1987). Benthic transect photography. In *Great Meteor East: a Biological Characterization*, pp. 144–8. Institute of Oceanographic Sciences, Deacon Laboratory, Report No. 248.

Rice, A. L., Aldred, R. G., Billett, D. S. M. & Thurston, M. H. (1979). The combined use of an epibenthic sledge and deep-sea camera to give quantitative relevance to macrobenthos samples. *Ambio Special Report*, no. 6, 59–72.

Rice, A. L., Aldred, R. G., Darlington, E. & Wild, R. A. (1982). The quantitative estimation of the deep-sea megabenthos: a new approach to an old problem. *Oceanologica Acta*, **5**, 63–72.

Rice, A. L., Billett, D. S. M., Fry, J., John, A. W. G., Lampitt, R. S., Mantoura, R. F. C. & Morris, R. J. (1986). Seasonal deposition of phytodetritus to the deep-sea floor. *Proceedings of the Royal Society of Edinburgh*, **88B**, 265–79.

Rice, A. L. & Thurston, M. H. (1988). Dense aggregations of an hexactinellid sponge in the Porcupine Seabight (Abstract). Fifth Deep-sea Biology Symposium, June 26th–July 1st 1988. Brest: Institut Français de Recherche pour l'Exploitation de la Mer.

Richards, K. J. (1982). Modelling the benthic boundary layer. *Journal of Physical Oceanography*, **12**, 428–39.

(1984). The interaction between the bottom mixed layer and mesoscale motions in the ocean: a numerical study. *Journal of Physical Oceanography*, **14**, 754–68.

(1990). Physical processes in the benthic boundary layer. *Philosophical Transactions of the Royal Society of London*, Series A, **331**, 3–13.

Richardson, M. & Young, D. K. (1987). Abyssal benthos of the

Venezuela Basin, Carribean Sea: standing stock considerations. *Deep-Sea Research*, **34A**, 145–64.

Richardson, P. L. (1985). Average velocity and transport of the Gulf Stream near 55° W. *Journal of Marine Research*, **43**, 83–111.

Richter, G. & Thorson, G. (1974). Pelagische Prosobranchier–Larven des Golfes von Neapel. *Ophelia*, **13**, 109–85 (English summary).

Ricklefs, R. E. (1987). Community diversity: Relative roles of local and regional processes. *Science, Washington*, **235**, 167–71.

Riemann, F. (1983). Biological aspects of deep-sea manganese nodule formation. *Oceanologica Acta*, **6**, 303–11.

(1989). Gelatinous detritus aggregates on the Atlantic deep-sea bed. Structure and modes of formation. *Marine Biology*, **100**, 533–9.

Risk, M. J. & Tunnicliffe, V. J. (1978). Intertidal spiral burrows – *Paraonis fulgens* and *Spiophanes wigleyi* in the Minas Basin, Bay of Fundy. *Journal of Sedimentary Petrology*, **48**, 1287–92.

Robbins, J. A., McCall, P. L., Fisher, J. B. & Krezoski, J. R. (1978). Effect of deposit feeders on migration of ^{137}Cs in lake sediments. *Earth and Planetary Science Letters*, **36**, 325–33.

Roberts, T. W. & Pequegnat, W. E. (1970). Deep-water decapod shrimps of the family Penaeidae. In *Contributions on the Biology of the Gulf of Mexico*, ed. F. A. Chace, pp. 21–58. (Texas A & M University Oceanographic Studies, vol. 1) Houston: Gulf Publishing.

Robertson, A. I. (1979). The relationship between annual production: biomass ratios and lifespans for marine macrobenthos. *Oecologia, Berlin*, **38A**, 193–202.

Roesijadi, G. & Crecelius, E. A. (1984). Elemental composition of the hydrothermal vent clam *Calyptogena magnifica* from the East Pacific Rise. *Marine Biology*, **83**, 155–61.

Rogers, A. (1974). *Statistical Analysis of Spatial Dispersion*. London: Pion.

Rokop, F. J. (1974). Reproductive patterns in deep-sea benthos. *Science, Washington*, **186**, 743–5.

(1977a). Seasonal reproduction of the brachiopod *Frieleia halli* and the scaphopod *Cadulus californicus* at bathyal depths in the deep-sea. *Marine Biology*, **43**, 237–46.

(1977b). Patterns of reproduction in the deep-sea benthic crustaceans: a re-evaluation. *Deep-Sea Research*, **24**, 683–91.

(1979). Year round reproduction in deep-sea bivalve molluscs. In *Reproductive Ecology of Marine Invertebrates*, ed. S. E. Stancyk, pp. 189–98. University of South Carolina Press.

Romero-Wetzel, M. B. (1987). Sipunculans as inhabitants of very deep, narrow burrows in deep-sea sediments. *Marine Biology*, **96**, 87–91.

(1989). Branched burrow-systems of the enteropneust *Stereobalanus canadensis* (Spengel) in deep-sea sediments of the Vöring-Plateau, Norwegian Sea. *Sarsia*, **74**, 85–9.

Rona, P. A., Klinkhammer, G., Nelsen, T. A., Trefry, J. H. & Elderfield, H. (1986). Black smokers, massive sulphides and vent biota at the Mid-Atlantic Ridge. *Nature, London*, **321**, 33–7.

Roper, C. F. E. (1969). Systematics and zoogeography of the world wide bathypelagic squid *Bathyteuthis* (Cephalopoda: Oegopsida). *Bulletin of the US Natural History Museum*, **291**, 1–210.

Roper, C. F. E. & Brundage, W. L. (1972). Cirrate octopods with associated deep-sea organisms: new biological data based on deep benthic photographs (Cephalopoda). *Smithsonian Contributions to Zoology*, **121**, 46 pp.

Roper, C. F. E. & Young, R. E. (1975). Vertical distribution of pelagic cephalopods. *Smithsonian Contributions to Zoology*, **209**, 1–51.

Rosman, I., Boland, G. S. & Baker, J. S. (1987). Epifaunal aggregations of Vesicomyidae on the continental slope off Louisiana. *Deep-Sea Research*, **34A**, 1811–20.

Ross, D. A. (1980). *Opportunities and Uses of the Ocean*. Berlin: Springer-Verlag.

Roughgarden, J. (1986). A comparison of food-limited and space-limited animal competition communities. In *Community Ecology*, ed. J. Diamond & T. J. Case, pp. 492–515. New York: Harper and Row.

Roughgarden, J., Iwasa, Y. & Baxter, C. (1985). Demographic theory for an open marine population with space-limited recruitment. *Ecology*, 54–67.

Roux, M. (1975). Les Crinoides pédoncles (Échinodermes) de l'Atlantique N.E.: inventaire, écologie et biogéographie. In *Peuplements Profonds du Golfe de Gascogne*, eds L. Laubier & C. Monniot, pp. 479–89. Brest: Institut Français de Recherche pour l'Exploitation de la Mer.

(1977). Les Bourgueticrinina (Crinoidea) recuillis par la 'Thalassa' dans le golfe de Gascogne: anatomie comparée des pédoncles et systematique. *Bulletin du Muséum national de histoire naturelle (Zoologie), Paris, Série 3*, **426**, 425–84.

(1982). De la biogéographie historique des océans aux reconstutions paléobiogéographiques: tendances et problèmes illustres par des examples pris chez les échinodermes bathyaux at abyssaux. *Bulletin de la Société Géologique de France, Paris, Série 7*, **24**, 907–16.

(1987). Evolutionary ecology and biogeography of recent stalked crinoids as a model for the fossil record. In *Echinoderm Studies*, Vol. 2, eds M. Jangoux & J. M. Lawrence, pp. 1–53. Rotterdam: Balkema.

Roux, M., Rio, M. & Fatton, E. (1985). Clam growth and thermal spring activity recorded by shells at 21° N. *Bulletin of the Biological Society of Washington*, **6**, 211–21.

Rowe, G. T. (1971*a*). Benthic biomass and surface productivity. In *Fertility of the Sea*, Vol. 2, ed. J. D. Costlow. New York: Gordon and Breach.

(1971*b*). Observations on bottom currents and epibenthic populations in Hatteras Submarine Canyon. *Deep-Sea Research*, **18**, 569–81.

(1974). The effects of the benthic fauna on the physical properties of deep-sea sediments. In *Deep-Sea Sediments: Physical and Mechanical Properties*, ed. A. L. Inderbitzen, pp. 381–400. New York: Plenum Press.

(1981). The deep-sea ecosystem. In *Analysis of Marine Ecosystems*, ed. A. R. Longhurst, pp. 235–67. London: Academic Press.

(1983). Biomass and production of the deep-sea macrobenthos. In *The Sea*, Vol. 8, ed. G. T. Rowe, pp. 97–121. New York: Wiley-Interscience.

Rowe, G. T. & Clifford, C. H. (1973). Modifications of the Birge-Ekman box corer for use with SCUBA or deep submergence vehicles. *Limnology and Oceanography*, **18**, 172–5.

Rowe, G. T. & Deming, J. W. (1985). The role of bacteria in the turnover of organic carbon in deep-sea sediments. *Journal of Marine Research*, **43**, 925–50.

Rowe, G. T. & Haedrich, R. L. (1979). The biota and biological processes of the continental slope. In *Continental Slopes*, eds O. Pilkey & L. Doyle, pp. 49–59. Tulsa, Oklahoma: Society of Economic Petrologists and Mineralogists Special Publication no. 27.

Rowe, G. T., Keller, G., Edgerton, H., Staresinic, N. & MacIlvaine, J. (1974). Time-lapse photography of the biological reworking of sediment in Hudson Canyon. *Journal of Sedimentary Petrology*, **44**, 549–52.

Rowe, G. T. & Menzel, D. W. (1971). Quantitative benthic samples from the Deep Gulf of Mexico with comments on the measurement of deep-sea biomass. *Bulletin of Marine Science*, **21**, 556–66.

Rowe, G. T. & Menzies, R. J. (1967). Use of sonic techniques and tension readings as improvements in abyssal trawling. *Deep-Sea Research*, **14**, 271–4.

(1968). Deep bottom currents off the coast of North Carolina. *Deep-Sea Research*, **15**, 711–19.

(1969). Zonation of large benthic invertebrates in the deep-sea off the Carolinas. *Deep-Sea Research*, **16**, 531–7.

Rowe, G. T., Merrett, N., Shepherd, J., Needler, G., Hargrave, B. & Marietta, M. (1986). Estimates of direct biological transport of radioactive waste in the deep-sea with special reference to organic carbon budgets. *Oceanologica Acta*, **9**, 199–208.

Rowe, G. T., Polloni, P. & Haedrich, R. L. (1982). The deep-sea macrobenthos on the continental margin of the northwest Atlantic Ocean. *Deep-Sea Research*, **29A**, 257–78.

Rowe, G. T., Polloni, P. T. & Horner, S. G. (1974). Benthic biomass estimates from the northwestern Atlantic Ocean and the northern Gulf of Mexico. *Deep-Sea Research*, **21**, 641–50.

Rowe, G. T. & Sibuet M. (1983). Recent advances in instrumentation in deep-sea biological research. In *The Sea*, Vol. 8, ed. G. T. Rowe, pp. 81–95. New York: John Wiley.

Rowe, G. T., Sibuet, M. & Vangriesheim, A. (1986). Domains of occupation of abyssal scavengers inferred from baited cameras and traps on the Demerara Abyssal Plain. *Deep-Sea Research*, **33A**, 501–22.

Rowe, G. T. & Staresinic, N. (1979). Sources of organic matter to the deep-sea benthos. *Ambio Special Report*, **6**, 19–24.

Rubenstein, D. I. & Koehl, M. A. R. (1977). The mechanisms of filter
    feeding: some theoretical considerations. *American Naturalist*, **111**,
    981–94.
Rutgers van der Loeff, M. M. & Lavaleye, M. S. S. (1986). *Sediments,
    Fauna and the Dispersal of Radionuclides at the N.E. Atlantic Dumpsite
    for Low-Level Radioactive Waste*. Texel: Netherlands Institute for Sea
    Research.

Sahrhage, D. (1986). Wirtschaftlich wichtige Grenadierfische des
    Nordatlantiks. *Mitteilungen aus dem Institut für Seefischerei der
    Bundesforschungsansalt für Fischeri, Hamburg*. Nr. 37, 81 pp.
Saidova, K. M. (1970). Benthic foraminifers of the Kurile Kamchatka
    region. *Trudy Instituta Okeanologii*, **86**, 134–61 (in Russian).
Saint-Laurent, M. de (1985). Remarques sur la distribution des crustacés
    décapodes. In *Peuplements Profonds du Golfe de Gascogne*, eds L.
    Laubier & C. Monniot, pp. 469–78. Brest: Institut Français de
    Recherche pour l'Exploitation de la Mer.
Sanders, H. L. (1956). Oceanography of Long Island Sound, 1952–1954.
    The biology of marine bottom communities. *Bulletin of the Bingham
    Oceanographic Collection, Yale University*, **15**, 345–414.
    (1968). Marine benthic diversity: a comparative study. *American
    Naturalist*, **102**, 243–82.
    (1969). Benthic marine diversity and the stability–time hypothesis.
    Brookhaven Symposia on Biology, **22**, 71–81.
    (1977). Evolutionary ecology and deep sea benthos. *Academy of
    Natural Sciences of Philadelphia*, Special Publications, **12**, 223–34.
    (1979). Evolutionary ecology and life history patterns in the deep sea.
    Sarsia, **64**, 1–7.
Sanders, H. L. & Allen, J. A. (1973). Studies on the deep sea
    Protobranchia (Bivalvia); the prologue and the Pristiglomidae.
    Bulletin of the Museum of Comparative Zoology, **145**, 237–62.
    (1985). Studies on deep-sea Protobranchia (Bivalvia); the family
    Malletiidae. *Bulletin of the British Museum (Natural History), Zoology*,
    49, 195–238.
Sanders, H. L. & Grassle, J. F. (1971). The interactions of diversity,
    distribution and mode of reproduction among major groupings of
    the deep-sea benthos. *Proceedings of the Joint Oceanographic Assembly*
    (Tokyo, 1970), S6–7, 260–2.
Sanders, H. L. & Hessler, R. R. (1969). Ecology of the deep-sea benthos.
    Science, Washington, **163**, 1419–24.
Sanders, H. L., Hessler, R. R. & Hampson, G. R. (1965). An introduction
    to the study of the deep-sea benthic faunal assemblages along the
    Gay Head–Bermuda transect. *Deep-Sea Research*, **12**, 845–67.
Sassman, C. & Mangum, C. M. (1972). Adaptation to environmental
    oxygen levels in infaunal and epifaunal sea anemones. *Biological
    Bulletin, Marine Biological Laboratory, Woods Hole*, **143**, 657–78.
Savvatimsky, P. I. (1987). Changes in species composition of trawl
    catches by depth on the continental slope from Baffin island to

northeastern Newfoundland. *NAFO Scientific Council Studies*, **11**, 43–52.

Scarabino, V. (1979). Les Scaphopodes bathyaux et abyssaux de l'Atlantique sudoccidental (Systématique, distribution, adaptations). Nouvelle classification pour l'ensemblage de la Classe. Thèse de Doctorat en Océanologie, Université d'Aix-Marseille II, Marseilles, France.

Schaffer, W. M. (1974). Selection for optimal life histories: the effects of age structure. *Ecology*, **55**, 291–303.

Schein-Fatton, E. (1988). Relations between the bathymetric range of Pectinidae (Bivalvia) and their dispersal in the deep sea (Abstract). Fifth Deep-Sea Biology Symposium, June 26th–July 1st 1988, Brest: Institut Français de Recherche pour l'Exploitation de la Mer.

Scheltema, A. H. (1981). Comparative morphology of the radulae and alimentary tracts in the Aplacophora. *Malacologia*, **20**, 361–83.

(1985a). The aplacophoran family Prochaetodermatidae in the North American Basin, including *Chevroderma* n.g. and *Spathoderma* n.g. (Mollusca; Chaetodermomorpha). *Biological Bulletin of the Marine Biological Laboratory, Woods Hole*, **169**, 484–529.

(1985b). The genus *Prochaetoderma* (Aplacophora, Mollusca): initial account. In *Peuplements profonds du Golfe de Gascogne*, ed. L. Laubier & C. Monniot, pp. 391–6. Brest: Institut Français de Recherche pour l'Exploitation de la Mer.

(1987). Reproduction and rapid growth in a deep-sea aplacophoran mollusc, *Prochaetoderma yongi*. *Marine Ecology – Progress Series*, **37**, 171–80.

Scheltema, R. (1972). Reproduction and dispersal of bottom dwelling deep-sea invertebrates: A speculative summary. In *Barobiology and Experimental Biology of the Deep Sea*, ed. R. W. Bauer, pp. 58–68. University of North Carolina Press.

Schick, J. M., Edwards, K. C. & Dearborn, J. H. (1981). Physiological ecology of the deposit-feeding sea star *Ctenodiscus crispatus*: ciliated surfaces and animal-sediment interactions. *Marine Ecology – Progress Series*, **5**, 165–84.

Schick, J. M., Taylor, W. F. & Lamb, A. N. (1981). Reproduction and genetic variability in the deposit feeding sea-star *Ctenodiscus crispatus*. *Marine Biology*, **63**, 51–66.

Schlichting, H. (1968). *Boundary-layer Theory*, 6th ed. New York: McGraw-Hill.

Schmaljohan, R. & Flügel, H. J. (1987). Methane oxidizing bacteria in pogonophora. *Sarsia*, **72**, 91–8.

Schoener, A. (1967). Post-larval development in five deep-sea ophiuroids. *Deep-Sea Research*, **14**, 645–60.

(1968). Evidence for reproductive periodicity in the deep-sea. *Ecology*, **49**, 81–7.

(1969). Atlantic ophiuroids: some post larval forms. *Deep-Sea Research*, **16**, 127–40.

(1972). Fecundity and possible mode of development of some deep-sea ophiuroids. *Limnology and Oceanography*, **17**, 193–9.

Schoener, A. & Rowe, G. T. (1970). Pelagic *Sargassum* and its presence among the deep-sea benthos. *Deep-Sea Research*, **17**, 923–5.

Schriever, G. (1986). Distribution and ecology of Cletodidae (Crustacea, Copepoda) at the Iceland–Faroe Ridge from 290 m to 2500 m water depth. In *Proceedings of the Second International Conference on Copepoda, Ottowa, Canada, 13–17 August 1984*, eds G. Schriever, H. K. Schminke & C.-t. Shih, pp. 448–58. Ottawa: Syllogeus No. 58 National Museums of Canada, National Museum of Natural Sciences.

Schroder, C. J., Scott, D. B., Medioli, F. S., Bernstein, B. B. & Hessler, R. R. (1988). Larger agglutinated Foraminifera: comparison of assemblages from North Pacific and western North Atlantic (Nares Abyssal Plain). *Journal of Foraminiferal Research*, **18**, 25–41.

Schulenberger, E. & Barnard, J. L. (1976). Amphipods from an abyssal trap set in the North Pacific Gyre. *Crustaceana*, **31**, 241–58.

Schulenberger, E. & Hessler, R. R. (1974). Scavenging abyssal benthic amphipods trapped under oligotrophic central north Pacific gyre waters. *Marine Biology*, **28**, 185–7.

Schutt, C. & Ottow, J. C. G. (1978). Distribution and identification of manganese-precipitating bacteria from noncontaminated ferromanganese nodules. In *Environmental Geochemistry and Geomicrobiology*, Vol. 3, ed. W. Krumbein, pp. 869–78. Ann Arbor, Michigan: Ann Arbor Science.

Schwarz, J. R. & Colwell, R. R. (1975). Heterotrophic activity of deep-sea sediment bacteria. *Applied Microbiology*, **30**, 639–49.

Schwarz, J. R., Yayanos, A. A. & Colwell, R. R. (1976). Metabolic activities of the intestinal microflora of deep-sea invertebrates. *Applied and Environmental Microbiology*, **31**, 46–8.

Schwinghamer, P. (1981). Characteristic size distribution of integral benthic communities. *Canadian Journal of Fisheries and Aquatic Science*, **38**, 1255–63.

(1983). Generating ecological hypotheses from biomass spectra using causal analysis: a benthic example. *Marine Ecology – Progress Series*, **13**, 151–66.

(1985). Observations on size-structure and pelagic coupling of some shelf and abyssal benthic communities. In *Proceedings of the Nineteenth European Marine Biology Symposium*, ed. P. G. Gibbs, pp. 347–59. Cambridge: University Press.

Sedberry, G. R. & Musick, J. A. (1978). Feeding strategies of some demersal fishes of the continental slope and rise off the mid-Atlantic coast of the USA. *Marine Biology*, **44**, 357–75.

Segonzac, M. (1987). Manuel servant a la reconnaissance du faune marine profonde (2000 a 3000 m) des zones hydrothermales du Pacifique Est. /Rapport IFREMER/CENTOB. Limited distribution.

Seibold, E. & Berger, W. H. (1982). *The Sea Floor*. Berlin: Springer-Verlag.

Seilacher, A. (1953). Studien zur palichnologie. I. Uber die methoden der palichnologie. *Neues Jahrbuch der Geologie und Palaontologie*, **96**, 421–52.

(1967a). Fossil behavior. *Scientific American*, **217**, 72–80.

(1967b). Bathymetry of trace fossils. *Marine Geology*, **5**, 413–28.

Semenova, T. N., Mileikovsky, S. A. & Nesis, K. N. (1964). The morphology, distribution and seasonal incidence of the ophiuroid larva of *Ophiocten sericium* (Forbes) in the northwest Atlantic, Norwegian Sea and Barents Sea. *Okeanologiya*, **4**, 669–83 (in Russian).

Shaw, K. M., Lambshead, P. J. D. & Platt, H. M. (1983). Detection of pollution-induced disturbance in marine benthic assemblages with special reference to nematodes. *Marine Ecology – Progress Series*, **11**, 195–202.

Sheldon, R. W. (1969). A universal grade scale for particulate materials. *Proceedings of the Geological Society of London*, no. 1659, 292–5.

Sheldon, R. W. & Parsons, T. R. (1967). A continuous size spectrum for particulate matter in the sea. *Journal of the Fisheries Research Board of Canada*, **24**, 909–15.

Shepard, F. P. & Dill, R. F. (1966). *Submarine Canyons and Other Sea Valleys*. Chicago: Rand McNally.

Shin, P. K. S. (1984). Structure of the hadal macrobenthic infauna in the Japan Trench. *Asian Marine Biology*, **1**, 107–14.

Shirayama, Y. (1983). Size structure of deep-sea meio- and macrobenthos in the western Pacific. *Internationale Revue der gesamten Hydrobiologie*, **68**, 799–810.

(1984a). The abundance of deep sea meiobenthos in the Western Pacific in relation to environmental factors. *Oceanologica Acta*, **7**, 113–21.

(1984b). Vertical distribution of meiobenthos in the sediment profile in bathyal, abyssal and hadal deep sea systems of the Western Pacific. *Oceanologica Acta*, **7**, 120–9.

Shirayama, Y. & Horikoshi, M. (1982). Vertical distribution of smaller macrobenthos and larger meiobenthos in the sediment profile in the deep-sea system of Suruga Bay (Central Japan). *Journal of the Oceanographical Society of Japan*, **38**, 273–80.

Shiriyama, Y. & Swinbanks, D. D. (1986). Oxygen profiles in deep-sea calcareous sediment calculated on the basis of measured respiration rates of deep-sea meiobenthos and its relevance to manganese diagenesis. *La Mer*, **24**, 75–80.

Sibuet, M. (1977). Répartition et diversité des échinodermes en zone profonde dans le Golfe de Gascogne. *Deep-Sea Research*, **24**, 549–63.

(1979). Distribution and diversity of asteroids in Atlantic abyssal plains. *Sarsia*, **64**, 85–92.

Sibuet, M. & Lawrence, J. M. (1981). Organic content and biomass of abyssal holothuroids (Echinodermata) from the Bay of Biscay. *Marine Biology*, **65**, 143–7.

Sibuet, M., Monniot, C., Desbruyères, D., Dinet, A., Khripounoff, A.,

Rowe, G. & Segonzac, M. (1984). Peuplements benthiques et caractéristiques trophiques du milieu dans la plaine abyssale Demerara dans l'océan Atlantique. *Oceanologica Acta*, **7**, 345–58.

Sibuet, M. & Segonzac, M. (1985). Abondance et répartition de l'épifaune mégabenthique. In *Peuplements Profonds du Golfe de Gascogne*, eds L. Laubier & C. Monniot, pp. 143–56. Brest: Institut Français de Recherche pour l'Exploitation de la Mer.

Siebenaller, J. F. (1978*a*). Genetic variation in deep-sea invertebrate populations: the bathyal gastropod *Bathybembix bairdii. Marine Biology*, **47**, 265–75.

(1978*b*). Genetic variability in deep-sea fishes of the genus *Sebastolobus* (Scorpaenidae). In *Marine Organisms: Genetics, Ecology, and Evolution*, ed. B. Battaglia & J. Beardmore, pp. 95–122. New York: Plenum Press.

(1984). Pressure-adaptive differences in NAD-dependent dehydrogenases of congeneric marine fishes living at different depths. *Journal of Comparative Physiology*, **154(B)**, 443–8.

Siebenaller, J. F. & Hessler, R. R. (1977). The Nannoniscidae (Isopode, Asellota: *Hebefustis* n. gen. and *Nannoniscoides* Hansen. *Transactions of the San Diego Society of Natural History*, **19**, 17–43.

Siebenaller, J. F. & Somero, G. N. (1978*a*). Pressure-adaptive differences in lactate dehydrogenases of congeneric fishes living at different depths. *Science, Washington*, **201**, 255–7.

(1978*b*). Pressure-adaptive differences in the binding and catalytic properties of muscle-type (M4) lactate dehydrogenases of shallow—and deep-living marine fishes. *Journal of Comparative Physiology*, **129**, 295–300.

Sieg, J. (1986). Distribution of the Tanaidacea: synopsis of the known data and suggestions on possible distribution patterns. In *Crustacean Biogeography*, ed. R. H. Gore & K. L. Heck, pp. 165–93. Boston: Balkema.

(1988). Why do we find so many tanaidaceans in the deep sea? (Abstract). Fifth Deep-Sea Biolology Symposium, June 26th–July 1st 1988. Brest: Institut Français de Recherche pour l'Exploitation de la Mer.

Silvert, W. & Platt, T. (1978). Energy flux in the pelagic ecosystem: a time-dependent equation. *Limnology and Oceanography*, **23**, 813–16.

Simberloff, D. (1972). Properties of the rarefaction diversity measurement. *American Naturalist*, **106**, 414–18.

Simpson, D. C., O'Connor, T. P. & Park, P. K. (1981). Deep-ocean dumping of industrial wastes. In *Marine Environmental Pollution*, Vol. 2 (Mining & Dumping), ed. R. A. Geyer, pp. 379–400. Elsevier.

Simpson, W. R. (1982). Particulate matter in the oceans – sampling methods, concentration, size distribution and particle dynamics. *Oceanography and Marine Biology: an Annual Review*, **20**, 119–72.

Smale-Adams, K. B. & Jackson, G. O. (1978). Manganese nodule mining. *Philosophical Transactions of the Royal Society of London*, Series A, **290**, 125–33.

Smetacek, V. S. (1985). The role of sinking in diatom life-history cycles: ecological, evolutionary and geological significance. *Marine Biology*, **84**, 239–51.

Smith, C. R. (1985*a*). Food for the deep sea: utilization, dispersal and flux of nekton falls at the Santa Catalina Basin floor. *Deep-Sea Research*, **32A**, 417–42.

(1985*b*). Colonization studies in the deep sea: are results biased by experimental design? In *Proceedings of the Nineteenth European Marine Biology Symposium*, ed. P. E. Gibbs, pp. 183–90. Cambridge: Cambridge University Press.

(1986). Nekton falls, low-intensity disturbance and community structure of infaunal benthos in the deep sea. *Journal of Marine Research*, **44**, 567–600.

Smith, C. R. & Brumsickle, S. J. (1989). The effects of patch size and substrate isolation on colonization modes and rates in an intertidal sediment. *Limnology and Oceanography*, **34**, 1263–77.

Smith, C. R. & Hamilton, S. C. (1983). Epibenthic megafauna of a bathyal basin off southern California: patterns of abundance, biomass, and dispersion. *Deep-Sea Research*, **30A**, 907–28.

Smith, C. R. & Hessler, R. R. (1987). Colonization and succession in deep-sea ecosystems. *Trends in Ecology & Evolution*, **2**, 359–63.

Smith, C. R., Jumars, P. A. & DeMaster, D. J. (1986). *In situ* studies of megafaunal mounds indicate rapid sediment turnover and community response at the deep-sea floor. *Nature, London*, **323**, 251–3.

Smith, C. R., Kukert, H, Wheatcroft, R. A., Jumars, P. A. & Deming, J. W. (1989). Vent fauna on whale remains. *Nature, London*, **341**, 27–8.

Smith, K. L. (1974). Oxygen demands of the San Diego Trough sediments: an *in situ* study. *Limnology and Oceanography*, **19**, 939–44.

(1978*a*). Metabolism of the abyssopelagic rattail *Coryphaenoides armatus* measured *in situ*. *Nature, London*, **274**, 362–4.

(1978*b*). Benthic community respiration in the NW Atlantic Ocean: *in situ* measurements from 40 to 5200 m. *Marine Biology*, **47**, 337–47.

(1982). Zooplankton of the bathyal benthic boundary layer: *In situ* rates of oxygen consumption and ammonium excretion. *Limnology and Oceanography*, **27**, 261–471.

(1983). Metabolism of two dominant epibenthic echinoderms measured at bathyal depths in the Santa Catalina Basin. *Marine Biology*, **72**, 249–56.

(1985*a*). Deep-sea hydrothermal vent mussels: nutritional state and distribution at the Galapagos Rift. *Ecology*, **66**, 1067–80.

(1985*b*). Macrozooplankton of a deep sea hydrothermal vent: *in situ* rates of oxygen consumption. *Limnology and Oceanography*, **30**, 102–10.

(1987). Food energy supply and demand: a discrepancy between particulate organic carbon flux and sediment community oxygen consumption in the deep sea. *Limnology and Oceanography*, **32**, 201–20.

(1989). Short time series measurements of particulate organic carbon flux and sediment community oxygen consumption in the North Pacific. *Deep-Sea Research*, **36A**, 1111–19.

Smith, K. L., Alexandrou, D. & Edelman, J. L. (1989). Acoustic detection and tracking of abyssopelagic animals: description of an autonomous split-beam acoustic array. *Deep-Sea Research*, **36A**, 1427–41.

Smith, K. L. & Baldwin, R. J. (1982). Scavenging deep-sea amphipods: effects of food odor on oxygen consumption and a proposed metabolic strategy. *Marine Biology*, **68**, 287–98.

(1984*a*). Vertical distribution of the necrophagous amphipod, *Eurythenes gryllus*, in the North Pacific: spatial and temporal variation. *Deep-Sea Research*, **31A**, 1179–96.

(1984*b*). Seasonal fluctuations in deep-sea sediment community oxygen consumption: central and eastern North Pacific. *Nature, London*, **307**, 624–6.

Smith, K. L. & Brown, N. O. (1983). Oxygen consumption of pelagic juveniles and demersal adults of the deep-sea fish *Sebastolobus altivelis*, measured at depth. *Marine Biology*, **76**, 325–32.

Smith, K. L., Carlucci, A. F., Williams, P. M., Henrichs, S. M., Baldwin, R. J. & Graven, D. B. (1986). Zooplankton and bacterioplankton of an abyssal benthic boundary layer: *in situ* rates of metabolism. *Oceanologica Acta*, **9**, 47–55.

Smith, K. L. & Hessler, R. R. (1974). Respiration of benthopelagic fishes: *in situ* measurements at 1230 meters. *Science, Washington*, **184**, 72–3.

Smith, K. L. & Hinga, K. R. (1983). Sediment community respiration in the deep-sea. In *The Sea*, Vol. 8, ed. G. T. Rowe, pp. 331–70. New York: Wiley-Interscience.

Smith, K. L. & Howard, J. D. (1972). Comparison of a grab sampler and large volume corer. *Limnology and Oceanography*, **17**, 142–5.

Smith K. L., Laver, M. B. & Brown, N. O. (1983). Sediment community oxygen consumption and nutrient exchange in the central and eastern North Pacific. *Limnology and Oceanography*, **28**, 882–98.

Smith, K. L. & Teal, J. M. (1973). Deep-sea benthic community respiration: An *in situ* study at 1850 m. *Science, Washington*, **179**, 282–3.

Smith, K. L. & White, G. A. (1982). Ecological energetic studies in the deep-sea benthic boundary layer: *in situ* respiration studies. In *The Environment of the Deep Sea*, eds W. G. Ernst & J. G. Morin, pp. 279–300. Englewood Cliffs, New Jersey: Prentice-Hall.

Smith, K. L., White, G. A., Laver, M. B. & Haugsness, J. A. (1978). Nutrient exchange and oxygen consumption by deep-sea benthic communities: Preliminary *in situ* measurements. *Limnology and Oceanography*, **23**, 997–1005.

Smith, K. L., Williams, P. M. & Druffel, E. R. M. (1989). Upward flux of particulate organic matter in the deep North Pacific. *Nature, London*, **337**, 724–6.

Smith, W. & Grassle, J. F. (1977). Sampling properties of a family of diversity measures, *Biometrics*, **33**, 283–92.

Smith, W., Grassle, J. F. & Kravitz, D. (1979*a*). Measures of diversity with unbiased estimates. In *Ecological Diversity in Theory and Practice*, eds J. F. Grassle, G. P. Patil, W. Smith & C. Taillie, pp. 177–91. Fairland, Maryland: International Co-operative Publishing House.

Smith, W., Kravitz, D. & Grassle, J. F. (1979*b*). Confidence intervals for similarity measures using the two sample jackknife. In *Multivariate Methods in Ecological Work*, ed. L. Orloci, C. R. Rao, & W. M. Stiteler, pp. 253–62. Fairland, Maryland: International Publishing House.

Snelgrove P. V. R. & Haedrich, R. L. (1987). Structure of the deep demersal fish fauna off Newfoundland. *Marine Ecology – Progress Series*, **27**, 99–107.

Snider, L. J., Burnett, B. B. & Hessler, R. R. (1984). The composition and distribution of meiofauna and nanobiota in a central North Pacific deep-sea area. *Deep-Sea Research*, **31A**, 1225–49.

Soetaert, K. & Heip, C. (1989). The size of nematode assemblages along a Mediterranean deep-sea transect. *Deep-Sea Research*, **36A**, 93–102.

Sokal, R. R. & Ogden, N. L. (1978*a*). Spatial autocorrelation in biology. 1. Methodology. *Biological Journal of the Linnaean Society*, **10**, 199–228.
(1978*b*). Spatial autocorrelation in biology. 2. Some biological applications of evolutionary and ecological interest. *Biological Journal of the Linnaean Society*, **10**, 229–49.

Sokolova, M. N. & Pasternak, F. A. (1964). Quantitative distribution of bottom fauna in the northern parts of Arabian Sea and Andaman Sea. *Trudy Instituta Okeanologii*, **64**, 271–96 (in Russian).

Somayajulu, B. L. K., Sharma, P. & Berger, W. H. (1983). ^{10}Be, ^{14}C and U-Th decay series nuclides and ^{18}O in a box core from the central north Atlantic. *Marine Geology*, **54**, 169–80.

Somero, G. N., Anderson, A. E. & Childress, J. J. Transport, metabolism and detoxification of hydrogen sulfide in animals from sulfide-rich marine environments. *Reviews in Aquatic Sciences* (in press).

Somero, G. N., Siebenaller, J. F. & Hochachka, P. W. (1983). Biochemical and Physiological Adaptations of Deep-Sea Animals. In *The Sea*, Vol. 8, ed. G. T. Rowe, pp. 331–70, New York: Wiley-Interscience.

Sorem, R. K., Reinhart, W. R., Fewkes, R. H. & McFarland, W. D. (1979). Occurrence and character of manganese nodules in DOMES sites A, B, and C, east equatorial Pacific Ocean. In *Marine Geology and Oceanography of the Pacific Manganese Nodule Province*, eds J. L. Bischoff & D. Z. Piper, pp. 475–527. New York: Plenum Press.

Sorokin, Y. I. (1978). Decomposition of organic matter and nutrient regeneration. In *Marine Ecology*, Vol. IV, ed. O. Kinne, pp. 501–616. London: John Wiley.

Southward, A. J. (1989). Animal communities fuelled by chemosynthesis: Life at hydrothermal vents, cold seeps and in reducing sediments. *Journal of the Zoological Society of London*, **217**, 705–9.

Southward, A. J. & Dando, P. R. (1988). Distribution of Pogonophora in canyons of the Bay of Biscay: factors controlling abundance and depth range. *Journal of the Marine Biological Association of the United Kingdom*, **68**, 627–38.

Southward, A. J., Southward, E. C., Dando, P. R., Barrett, R. L. & Ling, R. (1986). Chemoautotrophic function of bacterial symbionts in small Pogonophora. *Journal of the Marine Biological Association of the United Kingdom*, **66**, 415–37.

Southward, A. J., Southward, E. C., Dando, P. R., Rau, G. H., Felbeck, H. & Flugel, H. (1981). Bacterial symbionts and low $^{13}C/^{12}C$ ratios in tissues of Pogonophora indicate unusual nutrition and metabolism. *Nature, London*, **293**, 616–20.

Southward, A. J. & Southward, E. C. (1982). The role of dissolved organic matter in the nutrition of deep-sea benthos. *American Zoologist*, **22**, 647–59.

Southward, E. C. (1979). Horizontal and vertical distribution of Pogonophora in the Atlantic Ocean. *Sarsia*, **64**, 51–5.

(1986). Gill symbionts in thyasirids and other bivalve molluscs. *Journal of the Marine Biological Association of the United Kingdom*, **66**, 889–914.

(1987). Contribution of symbiotic chemoautotrophs to the nutrition of benthic invertebrates. In *Microbes in the Sea*, ed. M. Sleigh, pp. 83–118. Chichester: Ellis Horwood.

(1988). Development of the gut and segmentation of newly settled stages of *Ridgeia* (Vestimentifera): implications for relationships between Vestimentifera and Pogonophora. *Journal of the Marine Biological Association of the United Kingdom*, **68**, 465–87.

Spärck, R. (1951). Density of bottom animals on the ocean floor. *Nature, London*, **168**, 112–13.

(1956a). Background and origin of the expedition. In *The Galathea Deep-Sea Expedition*, pp. 11–17. London: Allen & Unwin.

(1956b). The density of animals on the ocean floor. In *The Galathea Deep-Sea Expedition*, pp. 196–201. London: Allen & Unwin.

Stahl, D. A., Lane, D. J., Olsen, G. J. & Pace, N. R. (1984). Analysis of hydrothermal vent-associated symbionts by ribosomal RNA sequences. *Science, Washington*, **224**, 409–11.

Stanley, D. J. (1971). Bioturbation and sediment failure in some submarine canyons. *Vie et Milieu*, **22**, 541–55.

Starikova, N. D. (1970). Vertical distribution patterns of dissolved organic carbon in sea water and in interstitial solutions. *Okeanologiya*, **10**, 988–1000 (in Russian, English summary).

Stehli, F. G., Douglas, R. & Kafescegliou, I. (1972). Models for the evolution of planktonic foraminifera. In *Models in Paleobiology*, ed. T. J. M. Schopf, pp. 116–28. San Francisco: Freeman.

Steimle, F. W. & Terranova, R. J. (1988). Energy contents of northwest Atlantic continental slope organisms. *Deep-Sea Research*, **35A**, 415–23.

Stein, D. L. (1980). Description and occurrence of macrourid larvae and juveniles in the northeast Pacific Ocean off Oregon, U.S.A. *Deep-Sea Research*, **27A**, 889–900.

Stein, D. L. & Pearcy, W. G. (1982). Aspects of the reproduction, early life history, and biology of macrourid fishes off Oregon, U.S.A. *Deep-Sea Research*, **29A**, 1313–29.

Stein, J. L., Cary, S. C., Hessler, R. R., Ohta, S., Vetter, R. D., Childress, J. J. & Felbeck, H. (1988). Chemoautotrophic symbiosis in a hydrothermal vent gastropod. *Biological Bulletin. Marine Biological Laboratory, Woods Hole Mass.*, **174**, 373–8.

Stock, J. H. (1978). Abyssal Pycnogonida from the North-eastern Atlantic Basin, part 1. *Cahiers de Biologie Marin*, **19**, 189–219.

Stockton, W. L. & DeLaca, T. E. (1982). Food falls in the deep-sea: occurrence, quality, and significance. *Deep-Sea Research*, **29A**, 157–69.

Stordal, M. C., Johnson, J. W., Guinasso, N. L. & Schink, D. R. (1985). Quantitative evaluation of bioturbation rates in deep ocean sediments. II. Comparison of rates determined by ^{210}Pb and ^{239,240}Pu. *Marine Chemistry*, **17**, 99–114.

Strathmann, R. R. (1978). The evolution and loss of feeding larval stages of marine invertebrates. *Evolution*, **32**, 894–906.

Streeter, S. S. (1973). Bottom water and benthonic foraminifera in the North Atlantic: glacial-interglacial contrasts. *Quaternary Research*, **3 (1)**, 131–41.

Streeter, S. S. & Shackleton, N. J. (1979). Paleocirculation of the deep North Atlantic: 150,000 year record of benthic foraminifera and oxygen 8. *Science, Washington*, **203**, 168–70.

Suchanek, T. H., Williams, S. L., Ogden, J. C., Hubbard, D. K. & Gill, I. P. (1985). Utilization of shallow-water seagrass detritus by Caribbean deep-sea macrofauna: ^{13}C evidence. *Deep-Sea Research*, **32A**, 201–14.

Suess, E. (1988). Effects of microbial activity. *Nature, London*, **333**, 17–18.

Suess, E., Carson, B., Ritger, S. D., Moore, J. C., Jones, M. L., Kulm, L. D. & Cochrane, G. R. (1985). Biological communities at vent sites along the subduction zone off Oregon. *Bulletin of the Biological Society of Washington*, **6**, 475–84.

Sulak, K. J. (1977). The systematics and biology of *Bathypterois* (Pisces, Chlorophthalmidae) with a revised classification of benthic myctophiform fishes. *Galathea Report*, **14**, 49–108.

(1982). A comparative taxonomic and ecological analysis of temperate and tropical demersal deep-sea fish faunas in the western North Atlantic. Unpublished Ph.D. dissertation. University of Miami, Florida.

Sulkin, S. D. & van Heukelem, W. F. (1980). Ecological and evolutionary significance of nutritional flexibility in planktonic larvae of the deep-sea red crab *Geryon quinquedens* and the stone crab *Menippe mercenaria*. *Marine Ecology – Progress Series*, **2**, 91–5.

Svavarsson, J. (1984). Ischnomesidae (Isopoda: Asellota) from bathyal and abyssal depths in the Norwegian and North Polar Seas. *Sarsia*, **69**, 29–36.

Svedrup, H. U., Johnson M. W. & Fleming R. H. (1942). *The Oceans*. New Jersey: Prentice-Hall.

Swift, S. A., Hollister, C. D. & Chandler, R. S. (1985). Close-up stereo photographs of abyssal bedforms on the Nova Scotian Rise. *Marine Geology*, **66**, 303–22.

Swinbanks, D. (1985a). Japan finds clams and trouble. *Nature, London*, **315**, 624.

(1985b). New find near Japan's coast. *Nature, London*, **316**, 475.

Swinbanks, D. D. & Shirayama, Y. (1984). Burrow stratigraphy in relation to manganese diagenesis in modern deep-sea carbonates. *Deep-Sea Research*, **31A**, 1197–223.

(1986a). High levels of natural radionuclides in a deep-sea infaunal xenophyophore. *Nature, London*, **320**, 354–7.

(1986b). A model of the effects of an infaunal xenophyophone on ^{210}Pb distribution in deep-sea sediment. *La Mer*, **24**, 69–74.

Swinghamer, P. (1983). Generating ecological hypotheses from biomass spectra using causal analysis: a benthic example. *Marine Ecology – Progress Series*, **13**, 151–66.

(1985). Observations on size-structure and pelagic coupling of some shelf and abyssal benthic communities. In *Proceedings of the Nineteenth European Marine Biology Symposium*, ed. P. E. Gibbs, pp. 347–59. Cambridge: University Press.

Tabor, P. S., Deming, J. W., Ohwada, K. & Colwell, R. R. (1982). Activity and growth of microbial populations in pressurized deep-sea sediment and animal gut samples. *Applied and Environmental Microbiology*, **44**, 413–22.

Taghorn, G. L. (1982). Optional foraging by deposit-feeding invertebrates: Roles of particle size and organic coating. *Oecologia, Berlin*, **52**, 295–304.

Taghorn, G. L., Nowell, A. R. M. & Jumars, P. A. (1980). Induction of suspension feeding in spionid polychaetes by high particulate fluxes. *Science, Washington*, **210**, 562–4.

Takahashi, K. (1986). Seasonal fluxes of pelagic diatoms in the subarctic Pacific 1982–1983. *Deep-Sea Research*, **33A**, 1225–51.

(1987). Seasonal fluxes of silicoflagellates and *Actiniscus* in the subarctic Pacific during 1982–1984. *Journal of Marine Research*, **45**, 397–425.

Tanone, E. & Handa, N. (1980). Some characteristic features of the Avertical profile of organic matter in recent sediments from the Bering Sea. *Journal of the Oceanographical Society of Japan*, **36**, 1–14.

Taylor, L. R. (1961). Aggregation, variance and the mean. *Nature, London*, **189**, 732–5.

Tendal, O. S. (1972). A monograph of the Xenophyophoria (Rhizopodea, Protozoa). *Galathea Report*, **12**, 7–103.

(1979). Aspects of the biology of Komokiacea and Xenophyophoria. *Sarsia*, **64**, 13–17.

(1985a). A preliminary account of the Komokiacea and the Xenophyophorea. In *Peuplements Profonds du Golfe de Gascogne*, eds L. Laubier & C. Monniot, pp. 263–6. Brest: Institut Français de Recherche pour l'Exploitation de la Mer.

(1985b). Xenophyphores (Protozoa, Sarcodina) in the diet of *Neopilina galatheae* (Mollusca, Monoplacophora). *Galathea Reports*, **16**, 95–8.

Tendal, O. S. & Gooday, A. J. (1981). Xenophyophoria (Rhizopoda, Protozoa) in bottom photographs from the bathyal and abyssal NE Atlantic. *Oceanologica Acta*, **4**, 414–22.

Tendal, O. S. & Hessler, R. R. (1977). An introduction to the biology and systematics of Komokiacea (Textlariina, Foraminiferida). *Galathea Report*, **14**, 165–94.

Tendal, O. S., Swinbanks, D. D. & Shirayama, Y. (1982). A new infaunal xenophyophore (Xenophyophorea, Protozoa) with notes on its ecology and possible trace fossil analogues. *Oceanologica Acta*, **5**, 325–9.

Tendal, O. S. & Thomsen, E. (1988). Observations on the life position and size of the large foraminifer *Astrorhiza arenaria* Norman, 1876, from the shelf off Norway. *Sarsia*, **73**, 39–42.

Terborgh, J. (1971). Distribution on environmental gradients: theory and a preliminary interpretation of distributional patterns in the avifauna of the Cordillera Vilcabamba, Peru. *Ecology*, **52**, 23–40.

Thiel, H. (1972a). Die Bedeutung der Meiofauna in küstenfernen benthischen Lebensgemeinschaften verschiedener geographischer Regionen. *Verhandlungen der Deutschen Zoologischen Gesellschaft, Helgoland*, **65**, 37–42.

(1972b). Meiofauna und Struktur der benthischen Lebensgemeinschaft des Iberischen Tiefseebeckens. *'Meteor' Forschungsergebnisse* D, **12**, 36–51.

(1975). The size structure of the deep-sea benthos. *Internationale Revue des Gesamten Hydrobiologie*, **60**, 575–606.

(1979a). Structural aspects of the deep-sea benthos. *Ambio Special Report*, **6**, 25–31.

(1979b). First quantitative data on the deep Red Sea benthos. *Marine Ecology – Progress Series*, **1**, 347–50.

(1982). Zoobenthos of the CINECA area and other upwelling regions. *Rapport et procès-verbaux des réunions. Conseil permanent internationale pour l'exploration de la mer*, **180**, 323–34.

(1983). Meiobenthos and nanobenthos of the deep sea. In *The Sea*, vol. 8, ed. G. T. Rowe, pp. 167–230. New York: Wiley-Interscience.

Thiel, H. & Hessler, R. R. (1974). Ferngesteuertes Unterwasserfahrzeug erforscht Tiefseeboden. *U M S C H A U in Wissenschaft und Technik*, **74**, 451–3.

Thiel, H., Pfannkuche, O., Schriever, G. Lochte, K., Gooday, A. J., Hemleben, C., Mantoura, R. F. G., Patching, O., Turley, C. M. & Riemann, F. & Phytodetritus on the deep-sea floor in a central oceanic region of the northeast Atlantic. *Biological Oceanography*, **6** (1988/1989), 203–39.

Thiel, H., Pfannkuche, O., Theeg, R. & Schriever, G. (1987). Benthic metabolism and standing stock in the central and northern deep Red Sea. *Marine Ecology: Pubblicazione, della Stazione Zoologica di Napoli* **I**, 8, 1–20.

Thistle, D. (1978). Harpacticoid dispersion patterns: Implications for deep-sea diversity maintenance. *Journal of Marine Research*, **36**, 377–97.

(1979*a*). Deep-sea harpacticoid copepod diversity maintenance: The role of polychaetes. *Marine Biology*, **52**, 371–6.

(1979*b*). Harpacticoid copepods and biogenic structures: Implications for deep-sea diversity maintenance. In *Ecological Processes in Coastal and Marine Systems*, ed. R. J. Livingstone, pp. 217–31. New York: Plenum Press.

(1980). A revision of Ilyarachna (Crustacea, Isopoda) in the Atlantic with four new species. *Journal of Natural History*, **14**, 111–43.

(1981). Natural physical disturbances and communities of marine soft bottoms. *Marine Ecology – Progress Series*, **6**, 223–8.

(1982). Aspects of the natural history of the harpacticoid copepods of San Diego Trough. *Biological Oceanography*, **1**, 225–38.

(1983*a*). The stability-time hypothesis as a predictor of diversity in deep-sea soft-bottom communities: A test. *Deep-Sea Research*, **30A**, 267–77.

(1983*b*). The role of habitat heterogeneity in deep-sea diversity maintenance. *Deep-Sea Research*, **30A**, 1235–45.

(1988). A temporal difference in harpacticoid-copepod abundance at a deep-sea site: caused by benthic storms? *Deep-Sea Research*, **32A**, 1015–20.

Thistle, D. & Eckman, J. (1988). Response of harpacticoid copepods to habitat structure at a deep-sea site. *Hydrobiologia* **167/168**, 143–9.

Thistle, D. & Sherman, K. M. (1985). The nematode fauna of a deep-sea site exposed to strong near-bottom currents. *Deep-Sea Research*, **32A**, 1077–88.

Thistle, D. & Wilson, G. D. F. (1987). A hydrodynamically modified, abyssal isopod fauna. *Deep-Sea Research*, **34A**, 73–87.

Thistle, D., Yingst, J. Y. & Fauchald, K. (1985). A deep-sea benthic community exposed to strong bottom currents on the Scotian Rise (Western Atlantic). *Marine Geology*, **66**, 91–112.

Thomson, J. W. (1874). *The Depths of the Sea*. London: Macmillan.

Thompson, B. E. (1980). A new sipunculan from southern California, with ecological notes. *Deep-Sea Research*, **27A**, 951–7.

Thompson, I., Jones, D. S. & Dreibelbis, D. (1980). Annual internal growth banding and life history of the ocean quahog *Arctica islandica* (Mollusca: Bivalvia). *Marine Biology*, **57**, 25–34.

Thompson, J. & Wilson, T. R. S. (1980). Burrow-like structures at depth in a Cape Basin red clay core. *Deep-Sea Research*, **27A**, 197–202.

Thorndike, E. M., Gerard, R. D., Sullivan, L. G. & Paul, A. Z. (1982).

Long-term, time-lapse photography of the deep ocean floor. In *The Ocean Floor*, eds R. A. Scrutton & M. Talwani, pp. 255–75. New York: John Wiley.

Thorson, G. (1946). Reproduction and larval development of Danish marine bottom invertebrates. *Meddelelser fra Kommissionen for Danmarks Fiskeri- og Havundersogelser*. Kjobenhavn, Serie: Plankton. Bind 4, 523 pp.

   (1950). Reproduction and larval ecology of marine bottom invertebrates. *Biological Reviews*, **25**, 1–45.

   (1955). Modern aspects of marine level-bottom animal communities. *Journal of Marine Research*, **14**, 387–97.

Thunnell, R. C. & Reynolds L. A. (1984). Sedimentation of planktonic foraminifera: seasonal changes in species flux in the Panama Basin. *Micropaleontology*, **30**, 243–62.

Thurston, M. H. (1979). Scavenging abyssal amphipods from the North-East Atlantic Ocean. *Marine Biology*, **51**, 55–68.

Tietjen, J. H. (1971). Ecology and distribution of deep-sea meiobenthos off North Carolina. *Deep-Sea Research*, **18**, 941–57.

   (1976). Distribution and species diversity of deep-sea nematodes off North Carolina. *Deep-Sea Research*, **23**, 755–68.

   (1984). Distribution and species diversity of deep-sea nematodes in the Venezuela Basin. *Deep-Sea Research*, **31A**, 119–32.

Tietjen, J. H., Deming, J. W., Rowe, G. T., Macko, S. & Wilke, R. J. (1989). Meiobenthos of the Hatteras Abyssal Plain and Puerto Rico Trench: abundance, biomass and associations with bacteria and particulate fluxes. *Deep-Sea Research*, **36A**, 1567–77.

Tipper, J. C. (1979). Rarefaction and rarefiction—the use and abuse of a method in paleoecology, *Paleobiology*, **5**, 423–34.

Tirmizi, N. M. (1966). Crustacea Galatheidae. *John Murray Expeditions, Scientific Reports*, **11**, 169–234.

Toggweiler, J. R. (1988). Deep-sea carbon, a burning issue. *Nature, London*, **334**, 468–9.

Tokiska, T. (1953). *Ascidians of Saganmi Bay collected by His Majesty the Emperor of Japan*, Tokyo: Iwanami Shoten.

Trutschler, K. & Samtleben, C. (1988). Shell growth of *Astarte elliptica* (Bivalvia) from Kiel Bay (Western Baltic Sea). *Marine Ecology – Progress Series*, **42**, 155–62.

Tucholke, B. E., Hollister, C. D., Biscaye, P. E. & Gardner, W. D. (1985). Abyssal current character determined from sediment bedforms on the Nova Scotian continental rise. *Marine Geology*, **66**, 43–57.

Tufail, A. (1987). Microbial communities colonising nutrient-enriched marine sediment. *Hydrobiologia*, **148**, 245–55.

Tunnicliffe, V. (1988). Biogeography and evolution of hydrothermal-vent fauna in the eastern Pacific Ocean. *Proceedings of the Royal Society of London*, Series B, **233**, 347–66.

Tunnicliffe, V., Garrett, J. F. & Johnson, H. P. (1990). Physical and biological factors affecting the behaviour and mortality of hydrothermal vent tubeworms (vestimentiferans). *Deep-Sea Research*, **37A**, 103–25.

Tunnicliffe, V., Juniper, S. K. & de Burgh, M. E. (1985). The hydrothermal vent community on Axial Seamount, Juan de Fuca Ridge. *Bulletin of the Biological Society of Washington*, **6**, 453–64.

Turekian, K. K. (1976). *Oceans*. Englewood Cliffs, New Jersey: Prentice-Hall.

Turekian, K. K., Cochran, D. P., Kharkar D. P., Cerrato, R. M., Vaisnys, J. R., Sanders, H. L., Grassle, J. F. & Allen, J. A. (1975). Slow growth rate of deep-sea clam determined by ^{228}Ra chronology. *Proceedings of the National Academy of Science of the United States of America*, **180**, 2829–32.

Turekian, K. K., Cochrane, J. K. & Nozaki, Y. (1979). Growth rate of a clam from the Galapagos hot spring field using natural radionuclide ratios. *Nature, London*, **280**, 385–7.

Turley, C. M., Lochte, K. & Patterson, D. J. (1988). A barophilic flagellate isolated from 4500 m in the mid-North Atlantic. *Deep-Sea Research*, **35**, 1079–92.

Turner, R. D. (1973). Wood-boring bivalves, opportunistic species in the deep sea. *Science, Washington*, **180**, 1377–9.

(1977). Wood, molluscs, and deep-sea food chains. *Bulletin of the American Malacological Union, Inc.*, **1977**, 13–19.

(1985). Notes on molluscs of deep-sea vents and reducing sediments. *American Malacological Bulletin*, Special Edition No. 1, 23–34.

Turner, R. D. & Lutz, R. A. (1984). Growth and distribution of molluscs at deep-sea vents and seeps. *Oceanus*, **27**, 54–62.

Turner, R. D., Lutz, R. A. & Jablonski, D. (1985). Modes of molluscan larval development at deep-sea hydrothermal vents. *Bulletin of the Biological Society of Washington*, **6**, 167–84.

Tyler, P. A. (1980). Deep-sea ophiuroids. *Oceanography and Marine Biology: an Annual Review*, **18**, 125–53.

(1986). Studies of a benthic time-series: reproductive biology of benthic invertebrates in the Rockall Trough. *Proceedings of the Royal Society of Edinburgh*, **88B**, 175–90.

(1988). Seasonality in the deep-sea. *Oceanography and Marine Biology: an Annual Review*, **26**, 227–258.

Tyler, P. A. & Billett, D. S. M. (1988). The reproductive ecology of elasipodid holothurians from the NE Atlantic. *Biological Oceanography*, **5**, 273–96.

Tyler, P. A. & Gage, J. D. (1980). Reproduction and growth of the deep-sea brittlestar *Ophiura ljungmani* (Lyman). *Oceanologica Acta*, **3**, 177–85.

(1982*a*). The reproductive biology of *Ophiacantha bidentata* (Echinodermata: Ophiuroidea) from the Rockall Trough. *Journal of the Marine Biological Association of the United Kingdom*, **62**, 45–55.

(1982*b*). *Ophiopluteus ramosus*, the larval form of *Ophiocten gracilis* (Echinodermata: Ophiuroidea) from the Rockall Trough. *Journal of the Marine Biological Association of the United Kingdom*, **62**, 485–6.

(1984a). The reproductive biology of echinothurid and cidarid sea urchins from the deep-sea (Rockall Trough, northeast Atlantic Ocean). *Marine Biology*, **80**, 63–74.

(1984b). Seasonal reproduction of *Echinus affinis* (Echinodermata: Echinoidea) in the Rockall Trough, northeast Atlantic Ocean. *Deep-Sea Research*, **31A**, 387–402.

Tyler, P. A., Grant, A., Pain, S. L. & Gage, J. D. (1982). Is annual reproduction in deep-sea echinoderms a response to variability in their environment? *Nature, London*, **300**, 747–9.

Vaccaro, R. F., Capuzzo, J. M. & Marcus, N. H. (1981). The oceans and U.S. sewage sludge disposal policy. *Oceanus*, **24**, 55–59.

Vale, F. K. & Rex, M. A. (1988). Repaired shell damage in deep-sea prosobranch gastropods from the western North Atlantic. *Malacologia*, **28**, 65–79.

Valentine, J. W. (1973). *Evolutionary Paleoecology of the Marine Biosphere*, New Jersey: Prentice-Hall.

Valentine, J. W., Hedgecock, D. & Barr, L. G. (1975). Deep-sea asteroids: high genetic variability in a stable environment. *Evolution*, **29**, 203–12.

Van Dover, C. L., Berg, C. J. & Turner, R. D. (1988a). Recruitment of marine invertebrates to hard substrates at deep-sea hydrothermal vents on the east Pacific Rise and Galapagos spreading center. *Deep-Sea Research*, **35A**, 1833–49.

Van Dover, C. L., Franks P. J. S. & Ballard, R. D. (1987). Prediction of hydrothermal vent locations from distributions of brachyuran crabs. *Limnology and Oceanography*, **32**, 1006–10.

Van Dover, C. L., Fry, B., Grassle, J. F., Humphris, S. & Rona, P. A. (1988b). Feeding biology of the shrimp *Rimicaris exoculata* at hydrothermal vents on the Mid-Atlantic Ridge. *Marine Biology*, **98**, 209–16.

Van Dover, C. L., Szuts, E. Z., Chamberlain, B. C. & Cann, J. R. (1989). A novel eye in 'eyeless' shrimp from hydrothermal vents of the Mid-Atlantic Ridge. *Nature, London*, **337**, 458–60.

Van Praet, M. & Duchateau, G. (1984). Mise en évidence chez une Actinie abyssale (*Paracalliactis stephensoni*) d'un cycle saisonnier de reproduction. *Compte rendu hebdomadaire des séances de l'Académie des Sciences, Paris*, **299**, 687–90.

Vangenechten, J. H. D., Aston, S. R. & Fowler, S. W. (1983). Uptake of americium-241 from two experimentally labelled deep-sea sediments by three benthic species: a bivalve, a polychaete and an isopod. *Marine Ecology – Progress Series*, **13**, 219–228.

Vaugelas, J. de (1989). Deep-sea lebensspuren: remarks on some echiuran traces in the Porcupine Seabight, northeast Atlantic. *Deep-Sea Research*, **36**, 975–82.

Verwoort, W. (1985). Deep-water hydroids. In *Peuplements Profonds du Golfe de Gascogne*, ed. L. Laubier & C. Monniot, pp. 267–97. Brest: Institut Français de Recherche pour l'Exploitation de la Mer.

Vinogradova, M. E. & Tseitlin, V. B. (1983). Deep-sea pelagic domain (Aspects of bioenergetics). In *The Sea*, Vol. 8, ed. G. T. Rowe, pp. 123–65. New York: Wiley-Interscience.

Vinogradova, N. G. (1959). The zoogeographical distribution of the deep-water bottom fauna in the abyssal zone of the ocean. *Deep-Sea Research*, **5**, 205–8.

(1962a). Vertical zonation in the distribution of the deep-sea benthic fauna in the ocean. *Deep-Sea Research*, **8**, 245–50.

(1962b). Some problems of the study of deep-sea bottom fauna. *Journal of the Oceanographical Society of Japan*, 20th Anniversary Volume, 724–41.

(1969a). The vertical distribution of the deep-sea bottom fauna. In *The Pacific Ocean. Biology of the Ocean*, Book 2. *The Deep-Sea Bottom Fauna, Pleuston*, ed. V. G. Kort, pp. 125–53. Moscow: Izd-vo 'Nauka' (in Russian).

(1969b). The geographical distribution of the deep-sea bottom hauls. In *The Pacific Ocean Biology of the Ocean*, Book 2. *The Deep-Sea Bottom Fauna, Pleuston*, ed. V. G. Kort, pp. 154–81. Moscow: Izd-vo 'Nauka' (in Russian).

(1970). Deep-sea ascidians of the genus *Culeolus* of the Kurile-Kamchatka Trench. *Trudỹ Instituta Okeanologii*, **86**, 489–512.

(1979). The geographical distribution of the abyssal and hadal (ultra-abyssal) fauna in relation to the vertical zonation of the ocean. *Sarsia*, **64**, 41–50.

Vinogradova, N. G., Kudinova-Pasternak, R. K., Moskalev, L. I., Muromtseva, T. L. & Fedikov, N. F. (1974). Some regularities of the quantitative distribution of the bottom fauna of the Scotia Sea and the deep-sea trenches of the Atlantic sector of the Antarctic. *Trudỹ Instituta Okeanologii*, **98**, 157–82 (in Russian, English summary).

Vinogradova, N. G., Levenstein, R. Y. & Turpaeva, E. P. (1978a). Quantitative distribution of bottom fauna in research field of 16th voyage of sci. res. vessel 'Dimitry Mendeleev'. *Trudỹ Instituta Okeanologii*, **113**, 7–21 (in Russian, English summary).

Vinogradova, N. G., Zezina, O. N. & Levenstein, R. J. (1978b). Bottom fauna of the deep-sea trenches of the Macquarie complex. *Trudỹ Instituta Okeanologii*, **112**, 174–92 (in Russian, English summary).

Vivier, M.-H. (1978). Influence d'un déversement industriel profond sur la nématofaune (canyon de Cassidaigne, Mediterranée). *Tethys*, **8**, 307–21.

Volckaert, F. (1987). Spatial pattern of soft-bottom Polychaeta off Nova Scotia, Canada. *Marine Biology*, **93**, 627–39.

Wakefield, W. W. & Genin, A. (1987). The use of a Canadian (perspective) grid in deep-sea photography. *Deep-Sea Research*, **34A**, 469–78.

Walker, H. A. & Paul, J. F. (1989). Ocean dumping of sewage sludge. *Maritimes*, **33(2)**, 15–17.

Walker, M., Tyler, P. A. & Billett, D. S. M. (1987a). Biochemical and calorific contents of deep-sea aspidochirotid holothurians from the northeast Atlantic Ocean. *Comparative Biochemistry and Physiology*, **88A**, 549–51.

(1987*b*). Organic and calorific content of the body tissues of the deep-sea elasipodid holothurians in the northeast Atlantic Ocean. *Marine Biology*, **96**, 277–82.

Warén, A. (1984). A generic revision of the family Eulimidae. *Journal of Molluscan Studies, Supplement 13*, 1–96.

(1988). *Neopilina goesi*, a new Caribbean monoplecophoran dredged in 1869. *Proceedings of the Biologial Society of Washington*, **101**, 676–81.

(1989). New and little known molluses from Iceland. *Sarsia*, **74**, 1–28.

Warén, A. & Bouchet, P. (1989). New gastropods from East Pacific hydrothermal vents. *Zoologica Scripta*, **18**, 67–102.

Warén, A. & Sibuet, M. (1981). *Ophieulima* (Mollusca, Prosobranchia), a new genus of ophiuroid parasites. *Sarsia*, **66**, 103–7.

Warner, G. F. (1977). On the shapes of passive suspension feeders. In *Biology of Benthic Organisms*, ed. B. F. Keegan, P. O. Ceidigh & P. J. S. Boaden, pp. 567–76. Oxford: Pergamon.

Warren, B. A. (1981). Deep circulation of the World Ocean. In *Evolution of Physical Oceanography*, eds B. A. Warren & C. Wunsch, pp. 6–41. MIT Press.

(1983). Why is no deep water formed in the North Pacific? *Journal of Marine Research*, **41**, 327–47.

Warwick, R. M. (1984). Species size distributions in marine benthic communities. *Oecologia, Berlin*, **61**, 32–41.

Weatherly, G. L. & Kelley, E. A. (1985). Storms and flow reversals at the HEBBLE site. *Marine Geology*, **66**, 205–18.

Weaver, P. P. E. & Schultheiss, P. J. (1983). Vertical open burrows in deep-sea sediments 2 m in length. *Nature, London*, **301**, 329–31.

Weibe, P. H., Madin, L. R., Haury, L. R., Harbison, G. R. & Philbin, L. M. (1979). Diel vertical migration by *Salpa aspersa* and its potential for large-scale particulate organic matter transport to the deep-sea. *Marine Biology*, **53**, 249–55.

Wenner, C. A. (1979). Notes on fishes of the genus *Paraliparis* (Cylopteridae) on the middle Atlantic continental slope. *Copeia*, **1979(1)**, 145–6.

Wenner, C. A. & Musick, J. A. (1977). Biology of the morid fish *Antimora rostrata* in the western North Atlantic. *Journal of the Fisheries Research Board of Canada*, **34**, 2362–8.

Wenner, E. L. (1978). Some aspects of the biology of deep-sea lobsters of the family Polychelidae (Crustacea, Decapoda) from the western North Atlantic. *Fishery Bulletin*, **77**, 435–44.

(1980). Notes on the biology of a deep-sea penaeid, *Benthesicymus bartletti* Smith. *Crustaceana*, **38**, 290–4.

Wenner, E. L. & Boesch, D. F. (1979). Distribution patterns of epibenthic decapod Crustacea along the shelf-slope coenocline, Middle Atlantic Bight, USA. *Bulletin of the Biological Society of Washington*, **3**, 106–33.

Wetzel, A. (1981). Ecological and stratigraphic significance of biogenic structure in Quaternary deep-sea sediments off NW Africa. *Meteor Forschungsergebnisse*, Reihe C, No. 34, 1–47 (in German, English summary).

Wheatcroft, R. A., Smith, C. R. & Jumars. P. A. (1988). Dynamics of surficial trace assemblages in the deep-sea. *Deep-Sea Research*, **36A**, 71–91.

Whittaker, R. H. & Fairbanks, C. W. (1958). A study of plankton copepod communities in the Columbia Basin, southeastern Washington. *Ecology*, **54**, 46–65.

Wiebe, P. H., Copley, N., Van Dover, C., Tamse, A. & Manrique, F. (1988). Deep-water zooplankton of the Guayamas Basin hydrothermal vent field. *Deep-Sea Research*, **35A**, 985–1013.

Wiebe, P. H., Madin L. P., Harbison G. R. & Philbin L. M. (1979). Diel vertical migration by *Salpa aspera* and its potential for large scale POM transport to the deep-sea. *Marine Biology*, **53**, 249–55.

Wieser, W. (1953). Die Bezeihung zwischen Mundhohlengestalt, Ernahrungsweise und Verkommen bei freilebenden marinen Nemotoden. Eine okologisch-morphologische Studie. *Arkiv for Zoologi (Ser. II)*, **4**, 439–84.

(1960). Benthic studies in Buzzards Bay II. The meiofauna. *Limnology and Oceanography*, **5**, 121–37.

Wigley, R. L. & Emery, K. O. (1967). Benthic animals, particularly *Hyalinoecia* (Annelida) and *Ophiomusium* (Echinodermata), in sea-bottom photographs from the continental slope. In *Deep-Sea Photography*, ed. J. B. Hersey, pp. 235–49. Baltimore: Johns Hopkins Press.

Wigley, R. L. & Theroux, R. B. (1975). Deep-sea red crab, *Geryon quinquedens*, survey off northeastern United States. *Marine Fisheries Review*, **37**, 1–28.

Wikander, P. B. (1980). Biometry and behaviour in *Abra nitida* (Muller) and *A. longicallus* (Scacchi) (Bivalvia: Tellinacea). *Sarsia*, **65**, 255–68.

Williams, A. B. & Chace, F. A. (1982). A new caridean shrimp of the family Bresiliidae from thermal vents of the Galapagos Rift. *Journal of Crustacean Biology*, **2**, 136–47.

Williams, A. B. & Rona, P. A. (1986). Two new caridean shrimps (Bresiliidae) from a hydrothermal field on the Mid-Atlantic Ridge. *Journal of Crustacean Biology*, **6**, 446–62.

Williams, P. J. le B. (1975). Biological and chemical aspects of dissolved organic matter in sea water. In *Chemical Oceanography*, 2nd Edn., eds J. P. Riley & G. Skirrow, pp. 301–63. London: Academic Press.

Williams, P. M., Druffel, E. R. & Smith, K. L. (1987). Dietary carbon sources for deep-sea organisms as inferred from their organic radiocarbon activities. *Deep-Sea Research*, **34A**, 253–66.

Williams, R. & Moyse, J. (1988). Occurrence, distribution and orientation of *Poecilasma kaempferi* Darwin (Cirripedia: Pedunculata) epizoic on *Neolithodes grimaldi* Milne-Edwards and Bouvier (Decapoda: Anomura) in the Northeast Atlantic. *Journal of Crustacean Biology*, **8**, 177–86.

Williamson, D. I. (1982). The larval characters of *Dorhynchus thomsoni* Thomson (Crustacea, Brachyura, Majoidea) and their evolution. *Journal of Natural History*, **16**, 727–44.

Wilson, G. D. (1983*a*). Variation in the deep-sea sopod, *Eurycope iphthima* (Aselotta, Eurycopidae): depth-related clines in rostral morphology and in population structure. *Journal of Crustacean Biology*, **3**, 127–40.

(1983*b*). Systematics of a species complex in the deep-sea genus *Eurycope*, with a revision of six previously described species (Crustacea, Isopoda, Eurycopidae). *Bulletin of the Scripps Institution of Oceanography*, **25**, 1–64.

Wilson, G. D. F. & Hessler, R. R. (1987*a*). Speciation in the deep sea. *Annual Review of Ecology and Systematics*, **18**, 185–207.

(1987*b*). The effects of manganese nodule test mining on the benthic fauna in the North Equatorial Pacific. In *Environmental Effects of Deep-Sea Dredging*, eds F. N. Speiss, R. R. Hessler, G. Wilson & M. Weydert. Final report to the National Oceanic and Atmospheric Administration on contract NA83–SAC–00659. 24–86. Scripps Institution of Oceanography reference 87–5, La Jolla, California, 86 pp.

Wilson, J. B. (1979*a*). The distribution of the coral *Lophelia pertusa* (L.) [*L. prolifera* (Pallas)] in the north-east Atlantic. *Journal of the Marine Biological Association of the United Kingdom*, **59**, 149–62.

(1979*b*). 'Patch' development of the deep-water coral *Lophelia pertusa* (L.) on Rockall Bank. *Journal of the Marine Biological Association of the United Kingdom*, **59**, 165–77.

Wilson, M. (1982). *Challenger* reveals potentially important roughy resource off Tasmania. *Australian Fisheries*, **41**, 2–3.

Wilson, R. R. (1992). A comparison of ages estimated by the polarised light method with ages estimated by vertebrae in females of *Coryphaenoides acrolepis*. *Deep Sea Research*, **29A**, 1373–9.

Wilson, R. R. (1988). Analysis of growth zones and microstructure in otoliths of two macrourids from the North Pacific abyss. *Environmental Biology of Fishes*, **21**, 251–61.

Wilson, R. R. & Kaufman, R. S. *et al.* (1987). Seamount biota and biogeography. In *Seamounts, Islands and Atolls*, eds B. Keating, P. Fryer, R. Batiza & G. Boehlert, pp. 355–77. Geophysical Monograph No. 43. Washington: American Geophysical Union.

Wilson, R. R. & Smith, K. L. (1984). Effect of near-bottom currents on detection of bait by the abyssal grenadier fishes *Coryphaenoides* spp., recorded *in situ* with a video camera on a free vehicle. *Marine Biology*, **84**, 83–91.

Wilson, R. R. & Waples, R. S. (1983). Distribution, morphology, and biochemical genetics of *Coryphaenoides armatus* and *C. yaquinae* (Pisces: Macrouridae) in the central and eastern North Pacific. *Deep-Sea Research*, **30A**, 1127–45.

(1984). Electrophoretic and biometric variability in the abyssal grenadier *Coryphaenoides armatus* of the western North Atlantic, eastern South Pacific and eastern North Pacific Oceans. *Marine Biology*, **80**, 227–37.

Wimbush, M. (1976). The physics of the benthic boundary layer. In *The Benthic Boundary Layer*, ed. I. N. McCave, pp. 3–10. New York: Plenum Press.

Wimbush, M. & Munk, W. (1970). The benthic boundary layer. In *The Sea*, Vol. 4, ed. A. E. Maxwell, pp. 731–758. New York: Wiley-Interscience.

Wingstrand, K. G. (1985). On the anatomy and relationships of recent Monoplacophora (Mollusca). *Galathea Report*, **16**, 7–94.

Wirsen, C. O. & Jannasch, H. W. (1983). *In situ* studies on deep-sea amphipods and their intestinal microflora. *Marine Biology*, **78**, 69–73.

(1986). Microbial transformations in deep-sea sediments: free-vehicle studies. *Marine Biology*, **91**, 277–84.

Wishner, K. F. (1980*a*) Aspects of the community ecology of deep-sea benthopelagic plankton, with special reference to the gymnopleid copepods. *Marine Biology*, **60**, 179–187.

(1980*b*) The biomass of deep-sea benthopelagic plankton. *Deep-Sea Research*, **27A**, 203–216.

Wolff, T. (1956*a*). Isopoda from depths exceeding 6000 meters. *Galathea Report*, **2**, 85–157.

(1956*b*). Crustacea Tanaidacea from depths exceeding 6000 meters. *Galathea Report*, **2**, 187–241.

(1960). The hadal community, an introduction. *Deep-Sea Research*, **6**, 95–124.

(1961). Animal life from a single abyssal trawling. *Galathea Report*, **5**, 129–62.

(1962). The systematics and biology of bathyal and abyssal Isopoda Asellota. *Galathea Report*, **6**, 1–320.

(1970). The concept of the hadal or ultra abyssal fauna. *Deep-Sea Research*, **17**, 983–1003.

(1971). Archimède dive 7 to 4160 metres at Madeira: observations and collecting results. *Videnskabelige Meddelelser fra Dansk naturhistorisk Forening*, **134**, 127–47.

(1976). Utilization of seagrass in the deep sea. *Aquatic Botany*, **2**, 161–74.

(1979). Macrofaunal utilization of plant remains in the deep sea. *Sarsia*, **64**, 117–36.

(1980). Animals associated with seagrass in the deep sea. In *Handbook of Seagrass Biology: an Ecosystem Perspective*, ed. R. C. Phillips & C. P. McRoy, pp. 119–224. New York: Garland Press.

Woodhead, D. S. & Pentreath, R. J. (1983). A provisional assessment of radiation regimes in deep-sea ocean environments. In *Wastes in the Ocean*, Vol. 3, eds P. K. Park, D. R. Kester, I. W. Duedall & B. H. Ketchum, pp. 133–52. J. Wiley & Sons.

Woodin, S. A. (1983). Biotic interactions in recent marine sedimentary environments. In *Biotic Interactions in Recent and Fossil Benthic*

Communities, eds M. J. S. Tevesz & P. L. McCall, pp. 3–38. New York: Plenum Press.

Woodin, S. A. & Jackson, J. B. C. (1979). Interphyletic competition among marine benthos. *American Zoologist*, **19**, 1029–43.

Woods, D. R. & Tietjen, J. H. (1985). Horizontal and vertical distribution of meiofauna in the Venezuela Basin. *Marine Geology*, **68**, 233–41.

Worthington, L. V. (1970). The Norwegian Sea as a Mediterranean basin. *Deep-Sea Research*, **17**, 77–84.

Wright, J. E. (ed.) (1977). *Introduction to the Oceans*. Milton Keynes, U.K.: The Open University.

Wüst, G. (1961). On the vertical circulation of the Mediterranean Sea. *Journal of Geophysical Research*, **66**, 3261–71.

Wyrtki, K., Magaard, L. & Hager, J. (1976). Eddy energy in the oceans. *Journal of Geophysical Research*, **81**, 2641–6.

Yayanos, A. A. & Dietz, A. S. (1983). Death of a hadal deep-sea bacterium after decompression. *Science, Washington*, **220**, 497–8.

Yayanos, A. A., Dietz, A. S. & Van Boxtel, R. (1979). Isolation of a deep-sea barophilic bacterium and some of its growth characteristics. *Science, Washington*, **205**, 808–9.

(1981). Obligately barophilic bacterium from the Mariana Trench. *Proceedings of the National Academy of Science of the United States of America*, **78**, 5212–15.

Yingst, J. Y. & Aller, R. C. (1982). Biological activity and associated sedimentary structures in Hebble-area deposits, western North Atlantic. *Marine Geology*, **48**, 7–15.

Yingst, J. Y. & Rhoads, D. C. (1980). The role of bioturbation in the enhancement of microbial turnover rates in marine sediments. In *Marine Benthic Dynamics*, eds K. R. Tenore & B. C. Coull, pp. 407–21. Columbia: University of South Carolina Press.

Young, C. M. & Cameron, J. L. (1987). Laboratory and *in situ* flotation rates of lecithotrophic eggs from the bathyal echinoid *Phormosoma placenta*. *Deep-Sea Research*, **34A**, 1629–39.

(1989). Developmental rates as a function of depth in the bathyal echinoid *Linopneustes longspinus*. In *Reproduction, Genetics and Distribution of Marine Organisms*, eds J. S. Ryland & P. A. Tyler, pp. 225–31. Copenhagen: Olsen & Olsen.

Young, D. K., Jahn, W. H., Richardson, M. D. & Lohanick, A. W. (1985). Photographs of deep-sea lebensspuren: a comparison of sedimentary provinces in the Venezuela Basin, Caribbean Sea. *Marine Geology*, **68**, 269–301.

Zarenkov, N. A. (1969). Decapoda. In *Biology of the Pacific Ocean*. Part II. *The Deep-Sea Bottom Fauna*, ed. L. A. Zenkevitch, pp. 79–82 (in Russian, translated by U.S. Naval Oceanographic Office, Washington, D.C.).

Zenkevitch, L. A. (1966). The systematics and distribution of abyssal and hadal (ultra-abyssal) Echiuroidea. *Galathea Report*, **8**, 175–83.

Zenkevitch, L. A. & Birstein, Y. A. (1956). Studies of the deep-water fauna and related problems. *Deep-Sea Research*, **4**, 54–64.

(1960). On the problem of the antiquity of the deep-sea fauna. *Deep-Sea Research*, **7**, 10–23.

Zenkevitch, L. A. & Murina, V. V. (1976). Deep-sea Echiurida of the Pacific Ocean. *Trudy̆ Instituta Okeanologii*, **99**, 102–14 (in Russian, English summary).

Zezina, O. N. (1975). On some deep-sea brachiopods from the Gay Head–Bermuda transect. *Deep-Sea Research*, **22**, 903–12.

(1976). On the determination of growth rate and production of brachiopod species *Pelagodiscus atlanticus* (King) from bathyal and abyss. *Trudy̆ Instituta Okeanologii*, **99**, 85–90 (in Russian, English summary).

(1981). New and rare cancellothyroid brachiopods. *Trudy̆ Instituta Okeanologiya*, **115**, 155–64 (in Russian, English summary).

Zibrowius, H. (1980). Les scleractinaires de la Méditerranée et de l'Atlantique nord-oriental. *Memoires de la Institut Océanographique, Monaco*, **11**, 284 pp.

Zibrowius, H., Southward, E. C. & Day, J. H. (1979). New observations on a little known species of *Lumbrinereis* (Polychaeta) living on various cnidarians, with notes on its recent and fossil scleractinian hosts. *Journal of the Marine Biological Association of the United Kingdom*, **55**, 83–108.

Zobell, C. E. & Johnson, F. H. (1949). The influence of hydrostatic pressure on the growth and viability of terrestrial and marine bacteria. *Journal of Bacteriology*, **57**, 179–89.

Zobell, C. E. & Morita, R. A. (1957). Barophilic bacteria in some deep-sea sediments. *Journal of Bacteriology*, **73**, 563–8.

Zonenshayn, L. P., Murdmaa, I. O., Baranov, B. V., Kuznetsov, A. P., Kuzin, V. S., Kuz'min, M. I., Avdeyko, G. P., Stunzzhas, P. A., Lukashin, V. N., Barash, M. S., Valyashko, G. M. & Demina, L. L. (1987). An underwater gas source in the Sea of Okhotsk West of Paramushir Island. *Oceanology*, **27**, 598–602 (English translation of *Okeanologiya*).

索　引

J

机会主义者　52, 148, 161, 164, 166-167, 228, 243, 295

棘皮动物门　45, 85, 222

季节性繁殖　124, 138, 164, 166, 195, 227-228, 230-231, 233, 235-240, 242, 245, 251

季节性温跃层　10, 171, 240

加拉帕戈斯裂谷　269, 271, 274-275, 279-280, 283-285

甲烷水合物　286

甲胄海葵　280

胶结有孔虫　109, 113-116, 119, 254

孑遗种　194

节肢动物门　45, 56, 85

鲸鱼残骸　286

竞争替代　167

居住痕迹　255

巨型单细胞阿米巴虫　108, 113, 116, 136-137, 148, 157-158, 174

巨型底栖动物　44-45, 48, 53-54, 56-57, 68, 83-85, 87, 114, 116, 125, 134-136, 139-142, 144-147, 157-160, 162, 174-177, 179-180, 182-184, 190, 203, 220, 222, 224, 257, 259, 261-262, 264, 274, 282

巨型端足类　6, 45

均匀度　149-151, 155

K

空间分布　121, 123-125, 127-128, 130, 132-133, 157, 161, 164, 192

扩散模型　264

扩张中心　8, 15, 68, 269, 271-272, 285, 290

L

冷泉　6, 19, 68, 90, 102, 212, 271, 273-274, 277, 285-289

粒径谱　44, 135, 146-147

连续繁殖　227, 230, 235, 239

链索海葵　280

硫化物生物群落　140

硫氧化细菌　6, 287

柳珊瑚　3, 45, 70-71, 73-75, 77, 108, 174, 256,

259, 286, 290

六放海绵纲　68, 148

陆源沉积　15, 140

卵黄营养繁殖方式　192

伦敦倾废公约　296

落射荧光显微镜　212

绿洲　6, 269, 272, 274

滤食性动物　19, 119, 284

滤食性物种　284, 288

M

马里亚纳海沟　9, 217, 272, 280, 285

觅食策略　22, 59, 66, 73, 86, 159-160, 183, 197, 205-206, 211, 260

觅食行为　55, 59, 75, 101, 126, 211, 258, 261

觅食结构　254

觅食路径　261

密度跃层　298

绵鳚　63-64, 239, 281

牧食痕迹　255

N

南极底层水　11-12

南极中层水　11

内肛动物　85

能量流　138, 147, 204, 225

拟合模型　242-243

年代学　241

年龄结构　138, 164, 168, 227, 247-248, 292

纽形动物门　84-85, 91

P

爬行痕迹　254-255

排泄物　44, 48, 52-54, 56, 100, 118, 124, 140-141, 155, 157, 167, 197, 209, 220, 252, 254-255, 257, 259- 262, 268, 299

庞贝虫　278

平足目海参　49, 51-53, 103, 146-147, 159, 254-255, 257